国防电子信息技术丛书

U0225577

基于稀疏表示理论的空间谱估计

刘鲁涛　郭立民　郭沐然　著

電子工業出版社
Publishing House of Electronics Industry
北京 · BEIJING

内容简介

空间谱估计技术在雷达、声呐与通信等众多领域有着广泛的应用前景，几十年来一直是一个活跃的研究方向。随着稀疏表示和压缩感知理论的发展，基于稀疏理论的空间谱技术研究已成为来波方向估计发展的前沿和热点。其技术基础和特点明显有别于传统的空间谱估计方法，能够改善复杂电磁环境下来波方向估计应用中部分难以克服的问题。本书较为深入地论述了基于稀疏理论实现空间谱估计的关键技术、方法和性能，尤其是详细介绍了许多典型算法，并进行了深入讨论与研究，给出了定量和定性的分析结果。

本书可以作为电子对抗相关领域工程技术人员的参考书，也可以作为电子信息工程、信息对抗等相关专业高年级本科生、研究生的专业课程教材及参考书。

图书在版编目(CIP)数据

基于稀疏表示理论的空间谱估计 / 刘鲁涛，郭立民，郭沐然著. —北京：电子工业出版社，2023.9
ISBN 978-7-121-46352-5

Ⅰ. ①基…　Ⅱ. ①刘…　②郭…　③郭…　Ⅲ. ①空间谱－谱估计－研究　Ⅳ. ①TN911.23

中国国家版本馆 CIP 数据核字（2023）第 175536 号

责任编辑：窦　昊
印　　刷：三河市龙林印务有限公司
装　　订：三河市龙林印务有限公司
出版发行：电子工业出版社
　　　　　北京市海淀区万寿路 173 信箱　　　邮编：100036
开　　本：787×1 092　1/16　印张：14　字数：358.4 千字
版　　次：2023 年 9 月第 1 版
印　　次：2023 年 9 月第 1 次印刷
定　　价：85.00 元

凡所购买电子工业出版社图书有缺损问题，请向购买书店调换。若书店售缺，请与本社发行部联系，联系及邮购电话：（010）88254888，88258888。

质量投诉请发邮件至 zlts@phei.com.cn，盗版侵权举报请发邮件至 dbqq@phei.com.cn。

本书咨询联系方式：（010）88254466，douhao@phei.com.cn。

前　　言

空间谱估计是阵列信号处理的重要研究方向，即在特定空域内估计信号的能量分布，其核心目的是估计入射信号来波方向，进而实现目标定位需求。空间谱估计技术在雷达、声呐与通信等众多领域有着广泛的应用前景，几十年来一直是一个活跃的研究方向。随着稀疏表示和压缩感知理论的发展，基于稀疏理论的空间谱技术研究已成为来波方向估计发展的前沿和热点。其技术基础和特点明显有别于传统的空间谱估计方法，能够改善复杂电磁环境下来波方向估计应用中部分难以克服的问题。在过去十几年间，稀疏空间谱估计的新方法和新理论不断涌现，其研究和应用仍属于蓬勃发展阶段。为了推动该领域的研究和应用，作者在全面总结国内外相关的研究成果的基础上，结合课题组多年谱估计的理论研究和工程实践，写成此书。

全书共 9 章。第 1 章介绍空间谱估计的研究背景和发展，重点论述基于稀疏类空间谱估计技术的发展状况和特点。第 2 章阐述稀疏表示的基本理论，包括稀疏信号分解基本概念、稀疏恢复的条件以及稀疏重构的一些常规方法。第 3 章给出空间谱估计的阵列接收模型和一些传统空间谱估计的方法，详细论述将稀疏表示理论应用于空间谱估计的可行性及特殊性。第 2、3 章内容为深入理解稀疏谱估计方法的铺垫。第 4 章主要讲解如何使用较为简单的稀疏求解方法——贪婪算法实现空间谱估计。第 5 章利用 L_1 范数正则化思想，结合阵列接收特点构建稀疏优化问题，给出 L_1-SVD、L_1-SRACV 等稀疏类空间谱估计算法。第 6 章讨论使用更为严格的 L_p 范数约束结合阵列接收模型形成目标函数，并使用 FOCUSS 算法和近似牛顿迭代算法实现稀疏空间谱估计。第 7 章说明如何使用稀疏贝叶斯学习思想解决空间谱估计问题，介绍基本的相关矢量机稀疏贝叶斯方法、基于离网模型的稀疏贝叶斯方法。第 8 章主要论述几种基于协方差矩阵的稀疏迭代估计方法，包括：SPICE、LIKES、IAA 以及广义 SPICE 算法实现空间谱估计。第 9 章讲解基于原子范数实现无网格稀疏空间谱算法。

本书是一部较为系统、全面阐述稀疏表示理论实现空间谱估计的著作，较为深入地论述了基于稀疏理论实现空间谱估计的关键技术、方法和性能。尤其是详细介绍了许多典型算法，并进行了深入讨论与研究，给出了定量和定性的分析结果。本书可以作为电子对抗相关领域工程技术人员的参考书，也可以作为电子信息工程、信息对抗等相关专业高年级本科生、研究生的专业课程教材及参考书。

在成书过程中，博士研究生余涛、史林、吴亚男、赵健博以及硕士研究生饶泽靖、肖悦等对本书初稿提出了建设性意见，并修正了很多错误，对此表示感谢。同时感谢自然基金项目（项目编号：62001136，62071137）、航空重点基金（项目编号：201901012005）、电磁频谱协同探测与智能认知航空工业集团联合技术中心、哈尔滨工程大学现代船舶通信与信息技术工业和信息化部重点实验室及哈尔滨工程大学雷达与电子战（REW）团队的支持。

限于作者水平，尽管进行了细致的修正，仍然可能存在错误和不妥之处，恳请发现错误的读者提出问题和修改建议到 liulutao@hrbeu.edu.cn，我们将尽力改正。

刘鲁涛

2022 年 10 月

常用符号注释

Σ_k 表示所有 k 稀疏信号集合	$\odot$ 表示哈达玛积（Hadamard product）
$\boldsymbol{A}$ 表示阵列流形或字典库	$\otimes$ 表示克罗内克积（Kronecker product）
$\boldsymbol{a}(\theta)$ 表示导向矢量或字典库的原子	$\mathrm{vec}(\boldsymbol{X})$ 表示对矩阵 $\boldsymbol{X}$ 进行矢量化
L 表示采样快拍数	$\boldsymbol{1}_M$ 表示元素都为 1 的 M 维列矢量
M 表示阵列阵元数	$\boldsymbol{I}_M$ 表示 M 维单位阵
$\mathbb{C}$ 表示复数集	$\boldsymbol{X}(i,:)$ 表示矩阵 $\boldsymbol{X}$ 的第 i 行
$\mathbb{R}$ 表示实数集	$\boldsymbol{X}(:,j)$ 表示矩阵 $\boldsymbol{X}$ 的第 j 列
$\mathbb{S}^M$ 表示 M 维的共轭对称矩阵集	$\boldsymbol{X}\succeq 0$ 表示 $\boldsymbol{X}$ 为半正定阵
$\mathbb{E}\{\cdot\}$ 表示数学期望	
$\mathrm{tr}\{\cdot\}$ 表示矩阵的迹	
$\det\{\cdot\}$ 表示矩阵的行列式	
$\mathrm{rank}\{\cdot\}$ 表示矩阵的秩	
$\{\cdot\}^*$ 表示矩阵共轭	
$\{\cdot\}^{\mathrm{T}}$ 表示矩阵的转置	
$\{\cdot\}^{\mathrm{H}}$ 表示矩阵的共轭转置	
$\{\cdot\}^{\dagger}$ 表示矩阵的伪逆	
$\mathrm{diag}\{\boldsymbol{x}\}$ 表示矢量 $\boldsymbol{x}$ 组成的对角矩阵	
$\mathrm{Re}\{\cdot\}$ 表示实部	
$\mathrm{Im}\{\cdot\}$ 表示虚部	
$\|\cdot\|_p$ 表示矢量的 L_p 范数	
$\|\cdot\|_{\mathrm{F}}$ 表示矩阵的 Frobenius 范数	

目　录

第 1 章　空间谱估计研究背景和发展

基于阵列的空间谱估计技术是在自适应空域滤波和时域谱估计理论基础上发展的新技术。作为新兴的阵列信号处理分支，近四十年来从理论到应用都取得了长足的发展。但是，这些理论和应用成果都是在特定假设条件下得到的。随着空间谱估计技术的应用探索，人们发现许多场景经常不满足假设条件，导致估计性能难以达到要求。本章从空间谱估计技术发展出发，阐述空间谱估计发展亟待探讨和解决的问题，进而引出使用稀疏表示理论解决空间谱估计问题，并简要阐述其技术优势和特点。

1.1　阵列信号处理与空间谱估计

阵列信号处理技术又称空域信号处理技术，该技术利用空间位置不同的多个传感器（如天线、麦克风等）组成的传感器阵列，对空间中传播的信号进行接收、处理和分析。传感器位置的不同会导致各传感器接收到的信号具有空域差异性，对差异性的分析、处理可以实现信号的增强、压制和信号参数估计（包括接收信号个数、波形、功率与入射方向等参数），从而达到降低干扰或噪声、提取信号有用特征的目的。阵列信号处理技术可以灵活地实现波束控制、干扰抑制以及信号空间分辨等任务，几十年来阵列信号处理研究蓬勃发展，从理论到工程应用都取得了丰硕的成果[1]，在雷达[2]、声呐[3]、无线通信[4]、语音[5]、医疗成像[6]和射电天文[7]等众多领域得到广泛应用。例如，在雷达和声呐系统中，应用阵列信号处理技术可以完成对空中目标（如飞机、导弹等）和水下目标（如潜艇、无人潜航器等）的高分辨搜索、探测和跟踪。在第五代移动通信系统中，利用大规模天线阵列，可以获得诸如系统容量、覆盖范围等多项性能指标的提升，同时显著降低能耗。

当前，阵列信号处理技术主要演化为空间谱估计、自适应空域滤波、信源分离与信道估计[8]等多个分支，其中，空间谱估计和自适应空域滤波是两个重要研究方向。自适应空域滤波实质上是通过对各个阵元接收（发射）信号进行加权处理实现空域滤波，利用信号的空域特性增强有用信号接收（发射）方向的能量，对其他方向上的干扰和噪声信号进行抑制；而且可以根据环境变化，以一定优化准则自适应地改变各个阵元的加权因子。空间谱估计与空间滤波不同，它侧重于研究同时到达信号的空间参数估计，其目的主要是对多目标的入射方向和位置进行估计。空间谱表示空间中各个方向的无线电信号能量分布，如果求得空间谱，就很容易根据能量分布得到目标来波的方向估计。因此，空间谱估计技术也称波达方向（Direction Of Arrival，DOA）估计或测向技术。

空间谱估计作为无线通信领域的一个重要方向，伴随无线电技术的发展进步已经经历百年的发展历程[9]。最早关于空间谱估计的研究主要基于单个天线的方向图特性[10]。不久之后，针对多阵元和相位天线的波达方向的研究也逐渐开展起来。随着电子技术的迅速发展，可利用的无线电频段越来越宽，使得无线测向技术的应用日渐广泛。尤其是从模拟到数字电子技术的进步，使得无线电测向系统可以胜任在宽频段、大范围进行监控、定位和跟踪信号。由于对空域信号的检测和参数估计的要求越来越高，当前的无线电系统大多都采用阵列体制进行空间谱估计。

从最早使用常规波束形成（Coventional BeamForming，CBF）法[1]作为空间谱估计手段，到现在使用的线性预测方法[11]、多重信号分类（MUltiple SIgnal Classification，MUSIC）算法[12]、最大似然算法及加权子空间拟合算法[13]，空间谱估计相关理论已经日趋成熟并且得到广泛应用。随着信息技术日新月异的进步，对空间谱估计性能指标要求越来越高，已有的技术理论正受到日趋复杂信号环境的严峻挑战。例如，在当前电子侦察应用中，测向系统可能搭载在飞机或导弹等小平台下，可用阵元数和阵列孔径严重受限，截获脉冲数少，而且重要目标都配备了多个相干诱饵。这就要求测向系统在阵元少、低信噪比（Signal to Noise Ratio，SNR）、快拍有限、相干信号多等不利条件下，完成稳定的多目标来向估计。以 MUSIC 为代表的子空间方法和最大似然类方法难以适应这种应用场合，导致空间谱估计理论和应用发展遭遇了一定的瓶颈。如何突破传统阵列测向方法的技术缺陷，建立新的空间谱估计理论体系，利用有限的观测信息来实现相干目标的超分辨测向，成为当前亟待解决的问题。

稀疏表示理论是指利用信号在特定变换域上的稀疏性，将信号表示成超完备集合中若干基函数的线性组合，进而提取信号主要特征信息的过程。稀疏表示理论自 20 世纪 90 年代被提出后，得到较快的发展。特别是，随着人们对压缩感知（Compressive Sensing，CS）理论的重视，稀疏表示与稀疏重构在压缩感知框架内得到进一步的推进，逐渐在信号处理多个领域得到应用。稀疏表示理论的一个基本假设是支撑信号的基函数在某一变换域内具有稀疏性，这与阵列信号处理中假设入射信号在空间域具有稀疏性相一致。在阵列接收数据模型中，接收数据可以看成空间中几个特定方向入射信号和噪声叠加的结果，即同时入射的信号在整个空域具有稀疏性。基于这一假设，传统阵列信号接收模型可以通过对整个角度空间的密集划分转化为线性的稀疏信号模型，从而可以应用稀疏重构算法来达到估计空间谱的目的。近十年已经发展出大量的基于稀疏表示理论的空间谱估计算法[14-16]，此类算法的优势在于，在保证对多信号具有超分辨能力的同时，对有限接收快拍、相干信号入射等非理想信号环境的适应能力大大增强。

通过对阵列空间谱估计技术的多年研究，作者对该类算法逐步形成较为深入的认识。作者希望将稀疏类测向的经典算法和个人的一点心得体会汇编成书，提供给对该领域研究感兴趣的读者。希望通过对本书的阅读，读者可以较为快速地理解和掌握这类算法，深入理解该类算法与经典算法的联系，并运用相关的理论成果解决实际工程问题。本书可以作为无线电通信、雷达、电子战相关领域的工程技术人员参考书，也可以作为研究生“阵列信号处理”相关课程的教材。

1.2 空间谱估计发展和现状

空间谱估计的目的就是要确定同时处在空间某个区域内目标（信号）的方位信息，是影响无线电定位精度的主要环节，在通信、雷达等领域发挥着重要作用。当前，空间谱估计技术都是以阵列为基础的，探索计算简便、健壮性强、精度高的估计算法是阵列信号处理技术的主要方向。经过多年发展，目前，已经形成比较完整的知识体系，众多成果已经应用于实际通信信息系统中。

最早基于阵列的空间谱估计算法就是波束形成，亦称空域滤波[1]，其基本思想是对阵元接收到的数据进行加权处理，从而控制阵列的波束指向。波束形成类测向算法实质是一种非参数化的空间谱估计技术，通过波束搜索的方式检测是否存在入射信号，以此判断信号方向。这种方法利用时域与空域等效性的思想，将时域傅里叶估计方法扩展到空域。用空域各个阵元接收数据代替时域采样数据，其傅里叶变换的谱对应的不再是信号频率特性，而转化为信号空间入射方向信息（也称空间频率）。众所周知，信号频率分辨力受到观测的时间窗限制，同理，空域信号入射方向的分辨力受到阵列实际孔径的限制。也就是说，对于波束形成测向技术，一旦阵列孔径确定，其空域最大分辨力就确定了，我们称此分辨力为瑞利限（Rayleigh Limit）。所以，对于波束宽度内的多个空间目标，波束形成方法是难以分辨的。要提高波达方向估计的分辨力和精度，必须增大天线阵的孔径，促使波束变窄。例如，射电望远镜 SKY、FOLAR 为了观察太空中一个很小的区域，要设计长达几十甚至几百千米的天线阵列[17][18]。对于更多的实际应用，阵列测向系统的平台尺寸受到严格限制，所以需要更好的算法来提高测向精度和分辨力。因此，如何突破瑞利限一度成为学者们研究的重要问题，从而促进了超分辨测向技术的兴起和发展[19]。突破瑞利限的方法通常称为超分辨方法。

鉴于空域信号的波达方向估计与时域信号的频率估计处理方法有一定的近似性，很多时域信号处理技术在空域的波达方向估计中得到应用。20 世纪 70 年代逐渐形成一系列基于线性预测的高分辨测向技术。Pisarenko 首先使用二阶协方差矩阵提取了波达方向信息[20]，一些具有代表性的超分辨算法相继被提出，如 Burg 的最大熵法（MEM）[21]、Capon 的最小方差法（MVM）[22]。这些基于线性预测的方法没有合理利用噪声的统计特性，在噪声抑制方面表现不佳，因而在实际应用中有很大的局限性。而且，这些基于自回归滑动平均（ARMA）预测模型的非线性估计技术均假设信号谱为连续谱，对应空域则假定信号源在空间中是连续分布的，信号是空间平稳的随机过程[19]。这几种算法以信号连续分布为前提，在常规波束形成法的基础上进行改进，增加了已知信息的利用率，在很大程度上提高了阵列天线的分辨力。然而，由于信号模型过于理想，在实际应用中，测向指标不满足要求。这类方法的实现只依赖于阵列接收数据，所以也称非参数化方法（Nonparametric Method）。

随着波达方向估计研究的进一步发展，具有里程碑意义的是 1979 年提出的 MUSIC 算法，它标志着子空间类空间谱估计算法的兴起[12]。MUSIC 算法首先对接收信号进行数据协方差估计，然后通过数据协方差矩阵特征分解得到信号子空间和噪声子空间，利用二者的正交性，通过空间谱峰搜索得到信号的空间谱估计。对信号子空间和噪声子空间正交关系的巧妙使用，使得空间谱谱峰变得尖锐，从而极大提高了阵列对多目标的分辨力，这是波达方向估计发展史上的一次技术飞跃。旋转不变子空间算法（Estimating Signal Parameters via Rotational Invariance Techniques，ESPRIT）[23]是另一种重要的子空间分解类算法，与 MUSIC 算法一样，该算法首先对接收信号的协方差矩阵进行特征分解，然后利用子空间旋转不变性原理，通过最小二乘法（Least Square，LS）或总体最小二乘法（Total Least Square，TLS）直接解出波达方向。该算法估计精度和分辨力性能优异，而且直接给出闭合解，计算量较小，不需要谱峰搜索过程。但是，ESPRIT 算法只适用于规则阵列，算法具有局限性。子空间类算法能够实现超分辨波达方向估计，并且具有近似最优的测向性能，迅速主导了基于阵列的波达方向估计发展方向。以此为基础，学者们提出了一些针对复杂场景的子空间算法，用于解决相关信号测向[24]、宽带信号测向[25]、阵列失配测向[26]等问题。该类算法优越性不仅被大量理论分析所支撑[27]，也被实际测向系统所验证[28]并广泛推广。子空间类算法以数据二阶统计特征为基础，需要对阵列接收数据协方差矩阵进行估计，只有较多的采样快拍才能保证阵列协方差矩阵的平稳性。若阵元数比信源数多，阵列接收数据的信号分量一定可以用一个低秩子空间表示，在无模糊前提下，这个子空间将唯一确定信号的波达方向。子空间类算法需要通过协方差阵估计信号子空间和噪声子空间，通常信号子空间维度等于入射信号数。但是，如果有相干信号入射，将导致协方差矩阵丢秩，从而在子空间划分上引起错误。对于这样的“丢”秩情况，子空间类算法不能同时分辨相干信号源。对数据协方差矩阵进行空域平滑[24]，使修正数据协方差矩阵的秩得以恢复，进而使子空间算法可以处理相干信号问题。但是空间平滑处理的缺点是阵列有效孔径减小，降低参数估计精度；可估计的目标数目减少，而且平滑处理对阵列摆放也有特定要求。

20 世纪 80 年代后期，以最大似然（Maximum Likelihood，ML）算法[29]为代表的一种子空间拟合类算法受到学者们的关注。该类算法将信号似然函数表示成含有未知参数的条件概率密度函数，然后使用贝叶斯估计技术求取最优参数使似然函数最大化。这种算法相比子空间类算法效果更好，适用于低信噪比、小快拍数据和相干源情况。但是，由于建立的似然函数是非线性的，波达方向估计的最优解需要进行多维搜索求解，算法复杂度太高，而且收敛到全局最小值需要一个较好的初始值，对于大多数实时性要求较高的测向系统并不实用。因此后续关于该类算法的研究集中在算法复杂度简化的方向上，例如，Wax 提出的交替投影算法[30]，但是该算法是一种局部寻优方法。为寻找全局最优解，学者们将仿生智能优化算法方法引入波达方向估计的模型[31,32]，但是在估计精度和运算时间上还是难以达到特定要求。

由以上论述可以看出，子空间类算法与最大似然算法具有较好的超分辨能力，同时存在一些难以克服的缺陷亟待解决。这两类算法需要接收信源数精确已知，因此也称参数化测向方法（Parametric Method）。虽然有相关文献研究了信源估计[33-35]，但是在实际应用中，由于噪声情况多变，还是很难准确估计信号数，尤其是在信噪比低、阵元个数少、快拍有限等情况下，信源数估计错误概率很高。子空间类算法的估计精度和分辨力性能建立在大快拍和信号相关性不高的基础上，难以适应小快拍、低信噪比和信号相干入射的复杂信号环境。而最大似然算法在应用中又受到计算效率的制约，难以发挥其性能优势。随着信息技术的飞速发展，传统阵列测向方法实现高精度测向的能力，正受到日趋复杂信号环境的严峻挑战。在现代雷达、通信、导航等应用场景中，很多辐射源为了增强自身的隐蔽性，使用了如扩频、功率控制等技术，使得阵列接收信噪比大大降低。同时，为了达到抗干扰、反侦察的目的，跳频、布设相干诱饵等技术也在雷达系统中得到大量应用，导致侦察系统接收信号具有很强的时变特征或相关性。当前的侦察系统所接收到的辐射源个数大大增加，同时具有局部密集的特点，这又对传统测向方法的超分辨能力和多目标测向能力提出了更高要求，而子空间类算法和最大似然类算法在这些非理想信号环境中的性能表现不尽如人意。因此，研究出更高效的阵列测向理论和方法具有十分重要的意义。

近十几年，在信号稀疏表示和压缩感知理论的发展中，基于稀疏表示的空间谱估计方法逐渐被重视起来。在入射信号具有空域稀疏性的前提下，使用稀疏重构方法估计空间谱，可以较好克服子空间与最大似然方法存在的部分问题。在未知信源数、少量快拍、信号强相关条件下，基于稀疏表示的空间谱估计技术展现出了更好的健壮性。因此，基于稀疏理论的 DOA 估计逐渐变为热点研究问题。一般情况下，空间中同时被阵列接收的信号源个数有限，且正常状态下总是小于阵列阵元数量，这个事实符合空间中“稀疏”的定义，因此，稀疏重构算法应用于 DOA 估计是可行的。对稀疏重构算法来说，在空间中只有“0”（无信号）或“1”（有信号）的区别，而无所谓是相干源还是非相干源，也不会用到噪声空间和信号空间的正交特性。稀疏重构算法只是在它认为信号可能存在的位置（经常精确到信号入射点而非信号入射区域）不断地聚集能量，同时压制无信号区域的能量，从而实现精确估计和提高超分辨性能。这种在已知稀疏结构前提下的空间谱估计技术，也被称为半参数化方法（Semi-parameter Method）。

1.3　基于稀疏表示的空间谱估计概述

稀疏表示技术是指利用信号在特定变换域上的稀疏性，将信号表示成一个超完备集合中若干基函数的线性组合，进而提取原始信号中主要信息的过程。稀疏表示自 20 世纪 90 年代被提出之后[36]，便得到不断发展，目前已广泛运用在诸如图像处理[37]、模式识别[38]等领域。尤其自压缩感知理论提出以来[39]，稀疏表示在压缩感知框架内得到快速发展，创新性的算法和理论不断被提出。基于稀疏理论的 DOA 估计，实际就是通过稀疏信号的重构来实现波达方向估计。该类方法在相干源信号、信噪比较低、少快拍等情况下，依然可以获得较好的估计效果，部分克服了子空间和最大似然类空间谱算法存在的缺点和不足，因此在阵列信号 DOA 估计中也得到广泛重视。

1.3.1　基于 L_p 范数的稀疏 DOA 估计

在压缩感知理论出现之前，虽然人们并未从更深的理论分析过稀疏重构究竟可以达到怎样的 DOA 估计效果，但由于阵列模型可以转化为稀疏模型，基于稀疏重构进行 DOA 估计的研究工作已经开展。Fuchs 于 2001 年提出全局匹配滤波方法（Global Matched Filter，GMF）[40]，该方法首次将信号的稀疏表示应用到 DOA 估计中，该方法将波束扫描与空域采样联合起来实现了阵列测向。Gorodnitsky 等人在提出聚焦欠定系统求解器（FOCal Underdetermined System Solver，FOCUSS）算法[41]的同时，通过其在 DOA 估计中的应用验证了该算法的有效性，这也是较早将稀疏重构思想应用于 DOA 估计的文献。

由于基于稀疏表示的 DOA 估计模型是一个非确定多项式难求解（Non-deterministic Polynomial hard，NP-hard）问题，稀疏重构较为困难。2005 年，有学者将基匹配追踪（Matching Pursuit，MP）算法引入稀疏 DOA 估计[42-44]，这种算法直接应用于阵列测向问题时具有与波束形成类似的原理，因而在超分辨能力方面存在显著局限性，很难从根本上避免匹配追踪类重构算法超分辨能力方面的不足，且算法实现过程中需要引入主观参数，导致它们无法满足大多数实际阵列测向系统的需求。Malioutov 等人在 2002 年较为系统地描述了基于信号稀疏表示的阵列测向理论[14]。在建立稀疏表示模型过程中运用了空间角度的离散化，接着在求解优化问题过程中使用了二阶锥规划，从而获得了信号入射角度估计的高分辨力，核心思想是利用 L_1 范数松弛 L_0 范数约束以实现数据的最优化[14]。其另一个贡献是提出了 L_1-SVD 算法，针对多快拍情况通过奇异值分解（Singular Value Decomposition，SVD）来减小采样矩阵的规模，构造了更为简化的稀疏优化模型，使运算复杂度不随采样快拍的增加而增大，该算法已经成为稀疏测向领域的经典算法之一。文献[45]和[46]进一步改进了 L_1-SVD 算法，提出了加权子空间拟合的稀疏 DOA 估计思想，利用波束形成的思想设计加权矢量，正则化因子由最优加权矩阵来确定，进一步提高了测向精度。不同于直接对时域数据处理的稀疏 DOA 估计算法，Yin 等人提出了一种基于协方差矩阵矢量化的稀疏测向算法，称为 L_1-SRACV[47]。与 L_1-SVD 方法不同，L_1-SRACV 算法利用阵列接收数据的二阶统计量的稀疏表示来构造稀疏模型，可以避免信源数目估计。此外，该算法还给出了一个稳健的正则化参数的选择方法，实现了对噪声变化的自适应处理。以上基于 L_1 范数约束求解稀疏问题存在模型失配情况，有学者致力于引入其他约束来逼近 L_0 范数，2010 年，Hyder 等人提出了基于 L_0 范数的联合稀疏逼近技术，并给出 JLZA-DOA 估计算法[48]，通过最小化 L_2/L_0 范数逼近来实现 DOA 估计。相比于 L_1-SVD 算法，JLZA-DOA 算法的收敛速度更快、计算复杂度更低，该方法能在相干信号源以及较少快拍数的情况下实现高精度的 DOA 估计，并且对于较小的阵列流型误差具有健壮性，但该方法的性能受到过多超参数的限制，不同条件下相同的超参数难以保证全局最优。

1.3.2 基于协方差稀疏迭代的 DOA 估计

2011 年，Stoica 等人根据协方差矩阵匹配思想，提出一种基于协方差估计的稀疏迭代估计（SParse Iterative Covariance-based Estimation，SPICE）DOA 算法[49]。SPICE 算法并未真正地引入稀疏性约束条件，仅仅参考了阵列稀疏表示模型实现了 DOA 估计。该算法结合协方差拟合准则与凸优化理论，要求估计误差服从渐近正态分布，以估计得到的采样数据协方差矩阵与理论数据协方差矩阵之间的误差最小为目标进行优化，无须设定任何参数，不需要信源个数的先验信息，能够收敛到全局最优解。随后，文献[50]提出一种基于似然函数的稀疏参数估计（LIKelihood-based Estimation of Sparse parameters，LIKES）算法，采用与 SPICE 算法相同的协方差拟合准则，不同的是，LIKES 算法在迭代过程中自适应地改变稀疏结构。2014 年，Stoica 在文献[51]中将几种无超参数的稀疏估计算法[52][53]进行统一，将它们看成不同加权情况下的 SPICE 算法；并且给出 SPICE 算法与基于 L_1 范数约束的稀疏估计算法之间的联系[54]。在传统 SPICE 的基础上，Sward 等人对信号和噪声引入不同约束，提出广义稀疏协方差估计（Generalized SPICE）[55]算法，此方法是 SPICE 算法的一种推广，其在保持 SPICE 算法高精度、全局收敛及无超参数等优点的同时，更好地抑制了信号能量的旁瓣泄漏，改善了波达方向估计精度和分辨力。

1.3.3 基于稀疏贝叶斯学习的 DOA 估计

稀疏问题的求解完全可以放在贝叶斯估计框架中进行分析和讨论，而且这种统计优化方法更容易被理解和接受。因此，学者们展开了基于稀疏贝叶斯学习（Sparse Bayesian Learning，SBL）的 DOA 估计研究[56-59]。Tipping 于 2001 年最先提出稀疏贝叶斯学习的概念[38]。2008 年，文献[60]提出贝叶斯压缩感知理论，该理论应用后验概率密度函数来进行信号稀疏重构。Wipf 等人证明稀疏贝叶斯学习算法的解为全局收敛[61]。稀疏贝叶斯学习被认为是唯一一种与 L_0 范数优化具有相同全局收敛性的稀疏重构算法，SBL 算法可以清楚地描述信号的结构信息，无须预先知道信号的稀疏度，相比 L_p 范数约束类算法具有更稀疏的解。文献[56]将 SBL 思想引入阵列信号处理，提出基于相关矢量机的 DOA（Relevance Vector Machine DOA，RVM-DOA）估计算法。该方法运用期望最大化（Expectation Maximization，EM）算法解决入射信号的后验概率密度函数最大化问题，实现了高精度信号重构，完成了 DOA 估计。随后，基于 SBL 的 DOA 估计算法不断被提出，并取得较好的估计性能[57,58]。文献[62]基于 SBL 思想，研究了信号入射角度不在预设网格上时的 DOA 估计问题，根据阵列导向矢量的一阶泰勒展开式进行建模，提出了离网格稀疏贝叶斯推理（Off-Grid Sparse Bayesian Inference，OGSBI）算法，其假设离网误差在网格间距内服从非先验的均匀分布，然后利用线性变换对真实 DOA 进行逼近，实现了粗网格划分条件下高精度的离网 DOA 估计。鉴于上述 OGSBI

算法的计算复杂度较高，文献[63]对非网格上的入射信号采用多元函数求根的方式求解，提出求根离网稀疏贝叶斯学习（Root off-grid Sparse Bayesian Learning，Root-SBL）算法，能够以较低的计算量实现高精度的离网 DOA 估计，尤其是在离散网格间距较大时，通过动态网格更新依然能够保证很高的估计精度。文献[64]基于泰勒一阶展开式的 DOA 估计模型进行分析，给出此模型中量化误差估计的理论下限。文献[65]将阵列接收数据的协方差矩阵与离网模型结合起来，然后利用块稀疏贝叶斯学习框架，进一步降低了网格失配带来的误差。鉴于 SBL 的优越性，文献[66]利用入射信号的稀疏性构建了具有阵列误差的接收数据模型，并提出了基于 SBL 的 DOA 估计和阵列误差校正算法。

1.3.4　基于原子范数的 DOA 估计

前面基于稀疏表示的 DOA 估计算法都是以空间网格划分为基础进行问题建模的，然后通过一定的方法重构空间中各网格的幅度或能量谱，进而判断目标来波方向。因此，空间信源入射估计结果必然落在预先划分好的网格点上。在实际情况下，空间信源所在位置往往不在预先设定的网格上，这就会出现网格失配的问题。以网格划分为基础的估计方法，其估计精度和运算时间都与网格划分的粗细有密切关系。2012 年，Chandrasekeran 等人提出了原子范数的概念[67]，其利用集合凸包与单位范数球的关系，将 L_1 范数、核范数等稀疏重构常用范数从形式上统一为原子范数，并使用原子范数最小化（Atomic Norm Minimization，ANM）模型对信号进行重构。因为选取无限原子集进行信号重构，使得重构结果不受网格限制，所以原子范数理论为实现稀疏无网格 DOA 估计提供了理论基础。2013 年，Tang 等人使用原子范数法进行无噪声情况下的无网格线谱估计[68]，并且提出求解原子范数最小化问题等价于求解一个半正定规划问题，文献中还给出线谱估计时需要满足的最小频率间隔条件（可等效为 DOA 估计的最小角度间隔）的精确恢复条件。同年，Tang 等人将这一方法扩展到有噪声的情况[69]，提出原子范数软阈值方法，给出有噪声条件下谱估计时的误差理论上界，为噪声情况下的 DOA 估计提供进一步理论支撑。

2016 年，文献[70]和[71]分别独立提出使用原子范数法进行多观测矢量情况下的线谱估计，可以用来解决多快拍 DOA 估计问题。Chi 等人将问题扩展到多维情况，给出使用原子范数法进行二维线谱估计（相当于二维阵列 DOA 估计）的相关结论。Yang 等人[73]则从 Toeplitz 矩阵的范德蒙（Vandermonde）分解角度，给出了多重 Toeplitz 矩阵的范德蒙分解方法及其在参数估计问题中的应用，虽然已经超出 DOA 估计的研究范畴，但仍在二维阵列 DOA 估计研究中有重要的理论价值。

在理论层面，全拟合变分范数[74]与原子范数具有等价性，也可用于无网格 DOA 估计。此外，Yang 等人基于协方差拟合准则，提出稀疏与参数算法（Sparse and Parametric Approach，SPA）[75]和无网格 SPICE（GridLess SPICE，GLS）[76]算法，将 SPICE 算法扩展到无网格情况，并且从理论层面证明 SPA/GLS 算法和原子范数法在 DOA 估计问题中的等价性。由于以上无网格 DOA 估计方法都需要求解半正定规划，如何加速求解过程成为研究热点问题。求解原子范数最小化模型的对偶问题起到一定程度的加速效果[77]，但本质上还是求解半正定规划问题。交替方向乘子法（Alternating Direction Method of Multiplier，ADMM）[78]由于在大规模分布式优化问题中的优异表现，受到了学者们的关注，并引入 DOA 估计问题，Tang 等人在相关文献中都给出了使用 ADMM 方法求解原子范数最小化模型对应的半正定规划问题的框架[69]。

本章参考文献

[1] Krim H, Viberg M. Two decades of array signal processing research: the parametric approach [J]. IEEE Signal Processing Magazine, 1996, 13(4): 67-94.

[2] Li J, Stoica P. MIMO radar with colocated antennas [J]. IEEE Signal Processing Magazine, 2007, 24(5): 106-114.

[3] Carey W M. Sonar array characterization, experimental results [J]. IEEE Journal of Oceanic Engineering, 1998, 23(3): 297-306.

[4] Godara L C. Application of antenna arrays to mobile communications. II. Beam-forming and direction-of-arrival considerations [J]. Proceedings of the IEEE, 1997, 85(8): 1195-1245.

[5] Brandstein M S, Silverman H F. A practical methodology for speech source localization with microphone arrays [J]. Computer Speech & Language, 1997, 11(2): 91-126.

[6] Hynynen K, Chung A, Fjield T, et al. Feasibility of using ultrasound phased arrays for MRI monitored noninvasive surgery [J]. IEEE Transactions on Ultrasonics, Ferroelectrics, and Frequency Control, 1996, 43(6): 1043-1053.

[7] Warnick K F, Maaskant R, Ivashina M V, et al. High-sensitivity phased array receivers for radio astronomy [J]. Proceedings of the IEEE, 2016, 104(3): 607-622.

[8] Cao X-R, Liu R-W. General approach to blind source separation [J]. IEEE Transactions on Signal Processing, 1996, 44(3): 562-571.

[9] Keen R. Wireless Direction Finding [M]. Iliffe & Sons, Dorset House, 1938.

[10] Bellini E, Tosi A. A directive system of wireless telegraphy [J]. Proceedings of the Physical Society of London, 1907, 2(11): 771-775.

[11] Hirakawa M, Tsuji H, Sano A. Computationally efficient DOA estimation based on linear prediction with Capon method [C]. in Proceeding of the IEEE International Conference on Acoustics, Speech, and Signal Processing Proceedings, Salt Lake City, UT, USA, 2001: 3009-3012.

[12] Schmidt R. Multiple emitter location and signal parameter estimation [J]. IEEE Transactions on Antennas & Propagation, 1986, 34: 276-280.

[13] Viberg M, Ottersten B, Kailath T. Detection and estimation in sensor arrays using weighted subspace fitting [J]. IEEE Transactions on Signal Processing, 1991, 39(11): 2436-2449.

[14] Malioutov D, Çetin M, Willsky A S. A sparse signal reconstruction perspective for source localization with sensor arrays [J]. IEEE Transactions on Signal Processing, 2005, 53(8): 3010-3022.

[15] Liu Z, Huang Z, Zhou Y. An efficient maximum likelihood method for direction-of-arrival estimation via sparse Bayesian learning [J]. IEEE Transactions on Wireless Communications, 2012, 11(10): 1-11.

[16] Yang Z, Xie L. On gridless sparse methods for multi-snapshot DOA estimation [C]. in

Proceeding of the IEEE International Conference on Acoustics, Speech and Signal Processing (ICASSP), Shanghai, China, 2016: 3236-3240.
[17] De Vos M. LOFAR: the first of a new generation of radio telescopes [C]. in Proceeding of the IEEE International Conference on Acoustics, Speech, and Signal Processing, Philadelphia, PA, USA, 2005: v/865-v/868.
[18] Schaubert D H, Boryssenko A O, Van Ardenne A, et al. The square kilometer array (SKA) antenna [C]. in Proceeding of the IEEE International Symposium on Phased Array Systems and Technology, Boston, MA, USA, 2003: 351-358.
[19] 王永良. 空间谱估计理论与算法[M]. 北京：清华大学出版社，2004.
[20] Pisarenko V F. The retrieval of harmonics from a covariance function [J]. Geophysical Journal of the Royal Astronomical Society, 1973, 33(3): 347-366.
[21] Burg J P. Maximum entropy spectral analysis [C]. in Proceeding of the 37th Annual International Meeting Society of Exploration Geophysics, Oklahoma, US, 1967
[22] Capon J. High-resolution frequency-wavenumber spectrum analysis [J]. Proceedings of the IEEE, 1969, 57(8): 1408-1418.
[23] Paulraj A, Roy R, Kailath T. A subspace rotation approach to signal parameter estimation [J]. Proceedings of the IEEE, 1986, 74(7): 1044-1046.
[24] Pillai S U, Kwon B H. Forward/backward spatial smoothing techniques for coherent signal identification [J]. IEEE Transactions on Acoustics, Speech and Signal Processing, 1989, 37(1): 8-15.
[25] Hung H, Kaveh M. Focussing matrices for coherent signal-subspace processing [J]. IEEE Transactions on Acoustics, Speech, and Signal Processing, 1988, 36(8): 1272-1281.
[26] Friedlander B, Weiss A J. Direction finding in the presence of mutual coupling [J]. IEEE Transactions on Antennas and Propagation, 1991, 39(3): 273-284.
[27] Stoica P, Nehorai A. MUSIC, maximum likelihood and Cramér-Rao bound [J]. IEEE Transactions on Acoustics, Speech, and Signal Processing, 1989, 37(5): 720-741.
[28] Sarac U, Harmanci F K, Akgul T. Experimental analysis of detection and localization of multiple emitters in multipath environments [J]. IEEE Antennas and Propagation Magazine, 2008, 50(5): 61-70.
[29] Ottersten B, Viberg M, Stoica P, et al. Exact and Large Sample Maximum Likelihood Techniques for Parameter Estimation and Detection in Array Processing [M]. Radar Array Processing. Springer, Berlin, Heidelberg. 1993: 99-151.
[30] Ziskind I, Wax M. Maximum likelihood localization of multiple sources by alternating projection [J]. IEEE Transactions on Acoustics, Speech, and Signal Processing, 1988, 36(10): 1553-1560.
[31] Errasti-Alcala B, Fernandez-Recio R. Performance analysis of metaheuristic approaches for single-snapshot DOA estimation [J]. IEEE Antennas and Wireless Propagation Letters, 2013, 12: 166-169.
[32] Chen H, Li S, Liu J, et al. PSO algorithm for exact Stochastic ML estimation of DOA for

incoherent signals [C]. in Proceeding of the International Symposium on Communications and Information Technologies (ISCIT), Nara, Japan, 2015: 189-192.

[33] Stoica P, Selen Y. Model-order selection: a review of information criterion rules [J]. IEEE Signal Processing Magazine, 2004, 21(4): 36-47.

[34] Wu H-T, Yang J-F, Chen F-K. Source number estimator using Gerschgorin disks [C]. in Proceeding of the IEEE International Conference on Acoustics, Speech and Signal Processing, Adelaide, SA, 1994: IV/261-IV/264.

[35] He Z, Cichocki A, Xie S, et al. Detecting the number of clusters in n-way probabilistic clustering [J]. IEEE Transactions on Pattern Analysis and Machine Intelligence, 2010, 32(11): 2006-2021.

[36] Mallat S G, Zhang Z. Matching pursuits with time-frequency dictionaries [J]. IEEE Transactions on Signal Processing, 1993, 41(12): 3397-3415.

[37] Eslami R, Jacob M. Robust reconstruction of MRSI data using a sparse spectral model and high resolution MRI priors [J]. IEEE Transactions on Medical Imaging, 2010, 29(6): 1297-1309.

[38] Tipping M E. Sparse Bayesian learning and the relevance vector machine [J]. The Journal of Machine Learning Research, 2001, 1: 211-244.

[39] Donoho D L. Compressed sensing [J]. IEEE Transactions on Information Theory, 2006, 52(4): 1289-1306.

[40] Fuchs J J. On the application of the global matched filter to DOA estimation with uniform circular arrays [J]. IEEE Transactions on Signal Processing, 2001, 49(4): 702-709.

[41] Gorodnitsky I F, Rao B D. Sparse signal reconstruction from limited data using FOCUSS: A re-weighted minimum norm algorithm [J]. IEEE Transactions on Signal Processing, 1997, 45(3): 600-616.

[42] Karabulut G, Kurt T, Yongaçoglu A. Estimation of directions of arrival by matching pursuit (EDAMP) [J]. EURASIP Journal on Wireless Communications and Networking, 2005, 2005: 618605.

[43] Cotter S F. Multiple snapshot matching pursuit for direction of arrival (DOA) estimation [C]. in Proceeding of the 2007 15th European Signal Processing Conference, Poznan, Poland, 2007: 247-251.

[44] Emadi M, Miandji E, Unger J. OMP-based DOA estimation performance analysis [J]. Digital Signal Processing, 2018, 79: 57-65.

[45] Hu N, Ye Z, Xu D, et al. A sparse recovery algorithm for DOA estimation using weighted subspace fitting [J]. Signal Processing, 2012, 92(10): 2566-2570.

[46] Xu X, Wei X H, Ye Z F. DOA estimation based on sparse signal recovery utilizing weighted l1-norm penalty [J]. IEEE Signal Processing Letters, 2012, 19(3): 155-158.

[47] Yin J, Chen T. Direction-of-arrival estimation using a sparse representation of array covariance vectors [J]. IEEE Transactions on Signal Processing, 2011, 59(9): 4489-4493.

[48] Hyder M M, Mahata K. Direction-of-arrival estimation using a mixed l2, 0 norm

approximation [J]. IEEE Transactions on Signal Processing, 2010, 58(9): 4646-4655.
[49] Stoica P, Babu P, Li J. SPICE: A sparse covariance-based estimation method for array processing [J]. IEEE Transactions on Signal Processing, 2011, 59(2): 629-638.
[50] Stoica P, Babu P. SPICE and LIKES: Two hyperparameter-free methods for sparse-parameter estimation [J]. Signal Processing, 2012, 92(7): 1580-1590.
[51] Stoica P, Zachariah D, Li J. Weighted SPICE: A unifying approach for hyperparameter-free sparse estimation [J]. Digital Signal Processing, 2014, 33: 1-12.
[52] Tan X, Roberts W, Li J, et al. Sparse learning via iterative minimization with application to MIMO radar imaging [J]. IEEE Transactions on Signal Processing, 2011, 59(3): 1088-1101.
[53] Yardibi T, Li J, Stoica P, et al. Source localization and sensing: a nonparametric iterative adaptive approach based on weighted least squares [J]. IEEE Transactions on Aerospace and Electronic Systems, 2010, 46(1): 425-443.
[54] Rojas C R, Katselis D, Hjalmarsson H. A note on the SPICE method [J]. IEEE Transactions on Signal Processing, 2013, 61(18): 4545-4551.
[55] Swärd J, Adalbjörnsson S I, Jakobsson A. Generalized sparse covariance-based estimation [J]. Signal Processing, 2016, 143: 311-319.
[56] Bai H, Duarte M F, Janaswamy R . Direction of arrival estimation for complex sources through l_1 norm sparse bayesian learning[J]. IEEE Signal Processing Letters, 2019, 26(5): 765-769.
[57] Carlin M, Rocca P, Oliveri G, et al. Directions-of-arrival estimation through Bayesian Compressive Sensing strategies [J]. IEEE Transactions on Antennas and Propagation, 2013, 61(7): 3828-3838.
[58] Gerstoft P, Mecklenbräuker C F, Xenaki A, et al. Multisnapshot sparse Bayesian learning for DOA [J]. IEEE Signal Processing Letters, 2016, 23(10): 1469-1473.
[59] Liu Z, Huang Z, Zhou Y. Sparsity-inducing direction finding for narrowband and wideband signals based on array covariance vectors [J]. IEEE Transactions on Wireless Communications, 2013, 12(8): 1-12.
[60] Ji S, Xue Y, Carin L. Bayesian compressive sensing [J]. IEEE Transactions on Signal Processing, 2008, 56(6): 2346-2356.
[61] Wipf D P, Rao B D. Sparse Bayesian learning for basis selection [J]. IEEE Transactions on Signal Processing, 2004, 52(8): 2153-2164.
[62] Yang Z, Xie L, Zhang C. Off-grid direction of arrival estimation using sparse Bayesian inference [J]. IEEE Transactions on Signal Processing, 2013, 61(1): 38-43.
[63] Dai J, Bao X, Xu W, et al. Root sparse Bayesian learning for off-grid DOA estimation [J]. IEEE Signal Processing Letters, 2017, 24(1): 46-50.
[64] Tan Z, Yang P, Nehorai A. Joint sparse recovery method for compressed sensing with structured dictionary mismatches [J]. IEEE Transactions on Signal Processing, 2014, 62(19): 4997-5008.
[65] Zhang Y, Ye Z, Xu X, et al. Off-grid DOA estimation using array covariance matrix and

block-sparse Bayesian learning [J]. Signal Processing, 2014, 98(5): 197-201.

[66] Liu Z, Zhou Y. A unified framework and sparse Bayesian perspective for direction-of-arrival estimation in the presence of array imperfections [J]. IEEE Transactions on Signal Processing, 2013, 61(15): 3786-3798.

[67] Chandrasekaran V, Recht B, Parrilo P A, et al. The convex geometry of linear inverse problems [J]. Foundations of Computational Mathematics, 2012, 12: 805-849.

[68] Tang G, Bhaskar B N, Shah P, et al. Compressed sensing off the grid [J]. IEEE Transactions on Information Theory, 2013, 59(11): 7465-7490.

[69] Bhaskar B N, Tang G, Recht B. Atomic norm denoising with applications to line spectral estimation [J]. IEEE Transactions on Signal Processing, 2013, 61(23): 5987-5999.

[70] Yang Z, Xie L. Exact joint sparse frequency recovery via optimization methods [J]. IEEE Transactions on Signal Processing, 2016, 64(19): 5145-5157.

[71] Li Y, Chi Y. Off-the-grid line spectrum denoising and estimation with multiple measurement vectors [J]. IEEE Transactions on Signal Processing, 2016, 64(5): 1257-1269.

[72] Chi Y, Chen Y. Compressive two-dimensional harmonic retrieval via atomic norm minimization [J]. IEEE Transactions on Signal Processing, 2015, 63(4): 1030-1042.

[73] Yang Z, Xie L, Stoica P. Vandermonde decomposition of multilevel Toeplitz matrices with application to multidimensional super-resolution [J]. IEEE Transactions on Information Theory, 2016, 62(6): 3685-3701.

[74] Candès E J, Fernandez-Granda C. Towards a mathematical theory of super-resolution [J]. Communications on Pure and Applied Mathematics, 2014, 67(6): 906-956.

[75] Yang Z, Xie L, Zhang C. A discretization-free sparse and parametric approach for linear array signal processing [J]. IEEE Transactions on Signal Processing, 2014, 62(19): 4959-4973.

[76] Yang Z, Xie L. On gridless sparse methods for line spectral estimation from complete and incomplete data [J]. IEEE Transactions on Signal Processing, 2015, 63(12): 3139-3153.

[77] Tan Z, Eldar Y C, Nehorai A. Direction of arrival estimation using co-prime arrays: A super resolution viewpoint [J]. IEEE Transactions on Signal Processing, 2014, 62(21): 5565-5576.

[78] Boyd S, Parikh N, Chu E, et al. Distributed optimization and statistical learning via the alternating direction method of multipliers [J]. Foundations & Trends in Machine Learning, 2010, 3(1): 1-122.

第 2 章　稀疏表示的基本理论

信号稀疏表示是一种新兴的信号分析和综合方法，近 20 年吸引了学者们的广泛关注，被应用到信号处理的许多方面。本章主要对信号稀疏表示的基本理论进行简要的论述，包括相关研究的数学基础、稀疏信号的定义、过完备字典和信号的稀疏表示、信号稀疏重构的条件、信号稀疏重构的算法等内容，为将其引入阵列空间谱估计问题做一个较为全面的铺垫。

2.1　基本数学概念

很多物理系统可被建模为线性系统，因此现代信号处理一般将信号建模为位于特定矢量空间中的矢量。这不仅可以抓住信号的线性特征，而且从几何角度给我们提供了一些分析手段用以描述和比较信号，例如，信号的长度、信号间的距离与角度等。当信号位于高维或无限维空间中时，这种分析方法仍然十分有效。稀疏表示理论中大量应用矢量空间方面的知识，为便于阅读和理解，下面集中介绍要用到的内容，即范数与赋范线性空间、矢量的内积、信号分解和正交变换，以及框架概念。

2.1.1　范数与赋范线性空间

在数学上，线性空间又称矢量（向量）空间，主要关注的是矢量元素的位置。对于一个线性空间，如果已知空间中的一组基矢量（例如，三维空间中的各个坐标轴方向的单位矢量），便可确定空间中元素的坐标。线性空间只定义了加法和数乘运算，无法得出矢量的长度。想知道矢量的长度，必须引入范数，这就形成了赋范线性空间。

矢量 $\boldsymbol{x}\in\mathbb{R}^M$ 的欧几里得长度为 $\boldsymbol{x}$ 各元素 x_m 平方和的根：

$$\boldsymbol{x}\text{的欧几里得长度}=\sqrt{x_1^2+x_2^2+\cdots+x_M^2}$$

如图 2.1.1 所示为二维空间矢量 $\boldsymbol{x}$ 的欧几里得长度，它表示的是从原点 O 到 $\boldsymbol{x}$ 位置的直线距离。对于矢量空间，有时我们需要不同的“长度”的定义。例如，从坐标原点 O 到 $\boldsymbol{x}$ 位置不能沿直线路径到达，只能沿正交坐标轴方向到达 $\boldsymbol{x}$ 的位置，如图 2.1.2 所示。在该约束下，长度的定义为沿坐标方向从原点O到 $\boldsymbol{x}$ 的长度 $=|x_1|+|x_2|$

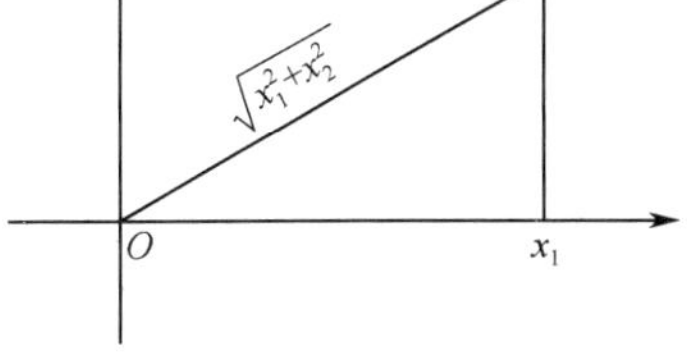

图 2.1.1　矢量 $\boldsymbol{x}$ 的欧几里得长度

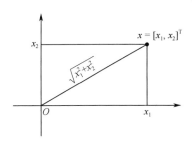

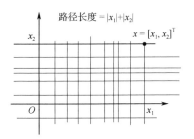

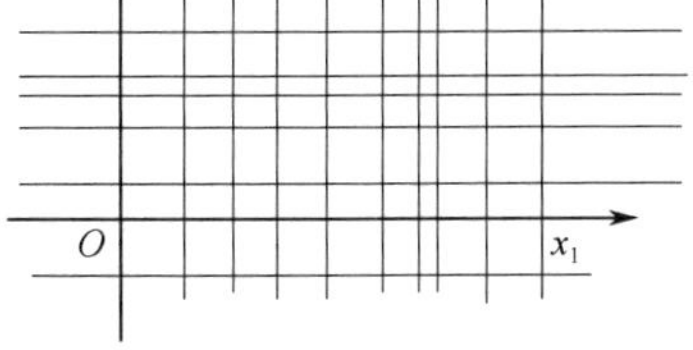

图 2.1.2　原点 O 到 $\boldsymbol{x}$ 沿网格的路径长度

在以上矢量空间例子中，可以根据不同需求或限制条件定义多种“长度”概念。

对于有限维实值离散信号，我们可以将其看成 M 维实数空间（记为 $\mathbb{R}^M$）中的一个矢量。在处理 $\mathbb{R}^M$ 中的矢量时，我们经常用范数作为量测“长度”，在 $p\in[1,\infty]$ 上定义的 L_p 范数为

$$\|\boldsymbol{x}\|_p=\begin{cases}\left(\sum_{m=1}^{M}|x_m|^p\right)^{\frac{1}{p}}, & p\in[1,\infty)\\ \max\limits_{m=1,2,\cdots,M}|x_m|, & p=\infty\end{cases} \tag{2.1.1}$$

当 $p=2$ 时，L_2 范数就是标准欧几里得长度，如图 2.1.1 中所示：

$$\|\boldsymbol{x}\|_2=\sqrt{\sum_{m=1}^{M}|x_m|^2}$$

当 $p=1$ 时，L_1 范数等于矢量各元素绝对值的和， 如图 2.1.2 中所示：

$$\|\boldsymbol{x}\|_1=\sum_{m=1}^{M}|x_m|$$

当 $p=\infty$ 时，L_∞ 范数（Chebysev 范数）等于矢量元素最大的绝对值：

$$\|\boldsymbol{x}\|_\infty=\max_{m=1,\cdots,M}|x_m|$$

定义 2.1.1（赋范线性空间）：设数域上有线性空间 $\mathcal{X}$，若线性空间上的范数满足下列条件：

（1）正定性：$\|\boldsymbol{x}\|_p\geqslant 0\ \forall\boldsymbol{x}\in\mathcal{X}$，且 $\|\boldsymbol{x}\|_p=0\Leftrightarrow\boldsymbol{x}=\boldsymbol{0}$；

（2）齐次性：$\|c\boldsymbol{x}\|_p=|c|\|\boldsymbol{x}\|_p\ \forall\boldsymbol{x}\in\mathcal{X}$，$c$ 为任意常数；

（3）次可加性（三角不等式）：$\|\boldsymbol{x}+\boldsymbol{y}\|_p\leqslant\|\boldsymbol{x}\|_p+\|\boldsymbol{y}\|_p$，

则称其为赋范线性空间。

在一些情况下，需要将范数的概念推广到 $0<p<1$。在这种情况下，使用式（2.1.1）定义的范数不满足范数的三角不等式，因此常称之为准范数。另外，我们还经常用到 L_0 范数（也称 Cardinality 函数）：

$$\|\boldsymbol{x}\|_0=\sum_{m=1}^{M}\Upsilon(x_m\neq 0)=|\mathrm{supp}(\boldsymbol{x})|,\ \Upsilon(x_m\neq 0)\doteq\begin{cases}1, & x_m\neq 0\\ 0, & x_m=0\end{cases} \tag{2.1.2}$$

式中，$\mathrm{supp}(\boldsymbol{x})=\{m\,|\,x_m\neq 0\}$ 为矢量 $\boldsymbol{x}$ 非零元素下标构成的集合，称为 $\boldsymbol{x}$ 的支撑集。$\|\boldsymbol{x}\|_0$ 表示矢量 $\boldsymbol{x}$ 非零元素的个数，也称支撑集的势。从严格意义上讲，$\|\boldsymbol{x}\|_0$ 范数连“准范数”都不是，但可以得到

$$\lim_{p\to 0}\|\boldsymbol{x}\|_p^p=\sum_{m=1}^{M}|x_m|^p=|\mathrm{supp}(\boldsymbol{x})|=\|\boldsymbol{x}\|_0 \tag{2.1.3}$$

在 p 取值不同时，L_p 范数呈现出显著不同的特性。为了说明这一点，先给出范数球（Norm Ball）的概念：

$$\mathcal{B}_p=\{\boldsymbol{x},\|\boldsymbol{x}\|_p\leqslant 1\}$$

即 L_p 范数小于或等于 1 的所有矢量组成的集合。图 2.1.3 给出了在二维空间 $\boldsymbol{x}\in\mathbb{R}^2$ 中几种不同范数产生的范数球的几何形状。

在信号处理上，一般用范数来度量估计的信号强度或误差大小。例如，给定一个信号 $\boldsymbol{x}\in\mathbb{R}^2$，假如想要用一维仿射空间 H_1（直线 H_1）中一个点近似地表示该信号。如果用 L_p 范

数来度量近似误差，那么我们的任务就是找到 $\hat{\boldsymbol{x}} \in H_1$ 使得 $\|\hat{\boldsymbol{x}} - \boldsymbol{x}\|_p$ 取最小值。如图 2.1.4 所示，p 的选择会对这一近似误差结果产生不同影响。为了找到由不同 L_p 范数所产生的最佳近似点 $\hat{\boldsymbol{x}}_p \in H_1$，我们可以想象一个中心位于 $\boldsymbol{x}$ 的范数球不断扩大（或缩小）直到与 H_1 相交，这个交点为该 L_p 范数下满足要求的估计值 $\hat{\boldsymbol{x}}_p$。可以看到，p 越大，近似误差在各个维度扩散得越均匀；反之，p 越小，近似误差扩散得越不均匀（越靠近坐标轴），并且 $\hat{\boldsymbol{x}}_p$ 表现出稀疏性。这种直观感觉可以推广到更高维的情况，为了更好地理解不同范数对信号的描述，假设有两个 M 维信号 $\boldsymbol{x} = [1, 0, \cdots, 0]$ 和 $\boldsymbol{y} = [1/\sqrt{M}, 1/\sqrt{M}, \cdots, 1/\sqrt{M}]$。显然，二者具有相同的 L_2 范数 $\|\boldsymbol{x}\|_2 = \|\boldsymbol{y}\|_2 = 1$，但是它们的 L_1 范数是不同的，即 $\|\boldsymbol{x}\|_1 < \|\boldsymbol{y}\|_1$。在信号能量相同的条件下（$L_2$ 范数相同），$\boldsymbol{x}$ 可以理解为信号的能量集中在一个维度，而 $\boldsymbol{y}$ 的能量均匀分布在各个维度上，信号 $\boldsymbol{x}$ 表现为更好的稀疏性，也说明利用 L_1 范数作为度量标准可以提升信号估计的稀疏性。所以，$L_p(p \leqslant 1)$ 范数在稀疏信号建模和求解中起着非常重要的作用。关于稀疏信号的建模求解与 $L_p(p \leqslant 1)$ 范数的关系，将在后面的章节详细讨论。

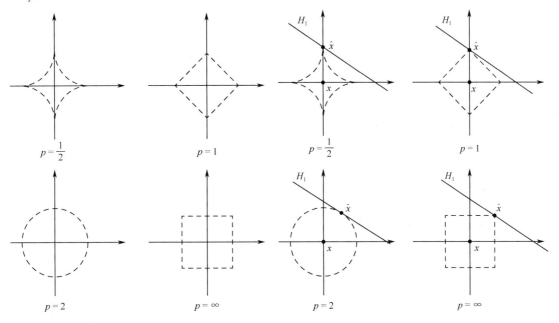

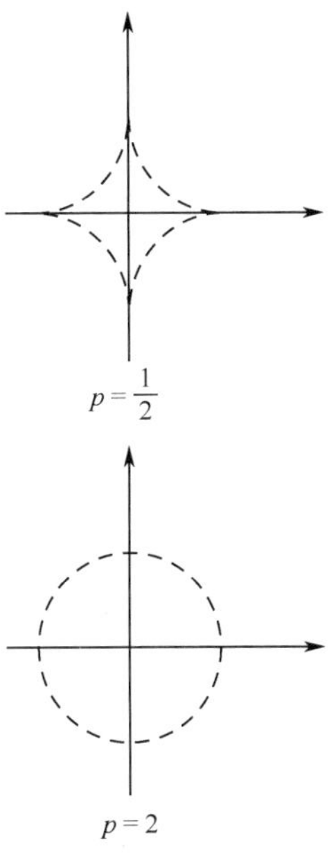

图 2.1.3　$\mathbb{R}^2$ 中由 L_p 范数产生的不同范数球

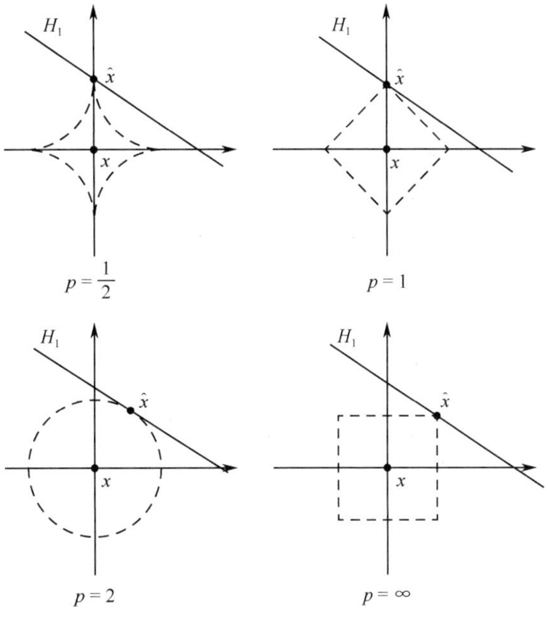

图 2.1.4　不同范数的近似误差

2.1.2　矢量的内积

定义 2.1.2（内积）：设 $\mathcal{X}$ 是数域 $\mathcal{K}$ 上的线性空间，对于任意 $\boldsymbol{x}, \boldsymbol{y} \in \mathcal{X}$ 都有一个 $\mathcal{K}$ 中的数 $\langle \boldsymbol{x}, \boldsymbol{y} \rangle$ 与之对应，使得对任意的 $\boldsymbol{x}, \boldsymbol{y}, \boldsymbol{z} \in \mathcal{X}$ 和标量 $c \in \mathcal{K}$，有

$$\langle \boldsymbol{x}, \boldsymbol{x} \rangle \geqslant 0;\quad \langle \boldsymbol{x}, \boldsymbol{x} \rangle = 0，\text{当且仅当} \boldsymbol{x}=0$$

$$\langle \boldsymbol{x}+\boldsymbol{y}, \boldsymbol{z} \rangle = \langle \boldsymbol{x}, \boldsymbol{z} \rangle + \langle \boldsymbol{y}, \boldsymbol{z} \rangle$$

$$\langle c\boldsymbol{x}, \boldsymbol{y} \rangle = c\langle \boldsymbol{x}, \boldsymbol{y} \rangle$$

$$\langle \boldsymbol{x}, \boldsymbol{y} \rangle = \langle \boldsymbol{y}, \boldsymbol{x} \rangle$$

称 $\langle \cdot, \cdot \rangle$ 是 $\mathcal{X}$ 上的一个内积。在矢量空间 $\mathbb{C}^M$ 内的标准内积为

$$\langle \boldsymbol{x}, \boldsymbol{y} \rangle = \boldsymbol{y}^{\mathrm{H}} \boldsymbol{x} = \sum_{m=1}^{M} x_m y_m^* \tag{2.1.4}$$

定义了内积的矢量空间称为内积空间。内积空间是增添了一个额外结构的矢量空间，这个额外的结构就是内积，或称为标量积。内积允许我们更为严格地讨论矢量的“夹角”和“长度”。

2.1.3 信号分解和正交变换

将一个实际的物理信号分解成有限或无限个信号成分，是分析和处理信号最常用的方法。这样做，一方面有助于了解信号的性质，提取其中的有用信息；另一方面，对信号的分解有助于去除信号中的干扰因素以及冗余信息。假设 H 是由一组 M 维矢量 $\boldsymbol{\Psi} = [\boldsymbol{\psi}_1, \boldsymbol{\psi}_2, \cdots, \boldsymbol{\psi}_N]$ 张成的希尔伯特空间：

$$H = \mathrm{span}\{\boldsymbol{\psi}_1, \boldsymbol{\psi}_2, \cdots, \boldsymbol{\psi}_N\}$$

如果这 N 个矢量是线性无关的，则称它们是空间 H 的一组“基”。如果把信号 $\boldsymbol{x}$ 看成空间 H 中的一个元素，可以将其分解为

$$\boldsymbol{x} = \sum_{n=1}^{N} c_n \boldsymbol{\psi}_n = \boldsymbol{\Psi} \boldsymbol{c} \tag{2.1.5}$$

式中，矢量 $\boldsymbol{c}=[c_1, c_2, \cdots, c_N]^{\mathrm{T}}$ 是一个 N 维矢量，$\{c_n\}_{n=1}^{N}$ 为分解系数，c_n 为信号 $\boldsymbol{x}$ 在 $\boldsymbol{\psi}_n$ 的投影大小。空间中任意一个 M 维矢量 $\boldsymbol{x}$ 都可以用这样一组矢量 $\{\boldsymbol{\psi}_n\}_{n=1}^{N}$ 表示，那么称这组矢量是完备的。如果 N 个矢量之间线性无关，那么它们构成空间 H 的一组基矢量。在众多的基中，一组重要的基是正交基，正交基满足

$$\langle \boldsymbol{\psi}_i, \boldsymbol{\psi}_j \rangle = \begin{cases} 1, & i = j \\ 0, & i \neq j \end{cases} \Leftrightarrow \boldsymbol{\Psi}^{\mathrm{H}} \boldsymbol{\Psi} = \boldsymbol{I} \tag{2.1.6}$$

正交基的优点是可以很容易得到分解系数：

$$\begin{aligned} c_n &= \langle \boldsymbol{x}, \boldsymbol{\psi}_n \rangle \\ \boldsymbol{c} &= \boldsymbol{\Psi}^{\mathrm{H}} \boldsymbol{x} \end{aligned} \tag{2.1.7}$$

另外，正交变换保证了变换前后信号能量是不变的，该性质称为保范变换。

2.1.4 框架

正交基具有很多优点，在信号处理中应用广泛。但是，讨论信号分解问题时，使用的一组矢量可以是正交的，也可以是非正交的。利用一组不是正交基的矢量来分析信号，同样具有重要意义。本节将正交基的概念推广到更一般的情况，即所谓的框架（Frame）[1]。该理论最早用于研究不规则采样重构带限信号，后来发现框架理论在研究信号离散表示的完备性、稳定性及冗余度方面非常有用[2]。

定义 2.1.3（框架）：一个矢量集合 $\boldsymbol{\Psi} = [\boldsymbol{\psi}_1, \boldsymbol{\psi}_2, \cdots, \boldsymbol{\psi}_N]$（其中 $\boldsymbol{\psi}_n \in \mathbb{C}^M, M < N$），如果存在 $0 < A \leqslant B < \infty$，使得对于所有的矢量 $\boldsymbol{x} \in \mathbb{C}^M$ 都有

$$A\|\boldsymbol{x}\|_2^2 \leqslant \|\boldsymbol{\Psi}^{\mathrm{H}} \boldsymbol{x}\|_2^2 = \sum_{n=1}^{N} |\langle \boldsymbol{x}, \boldsymbol{\psi}_n \rangle|^2 \leqslant B\|\boldsymbol{x}\|_2^2 \tag{2.1.8}$$

成立，则称 $\boldsymbol{\Psi}$ 是空间 $\mathbb{C}^M$ 的一个框架。

下面对框架的定义做一个简要的解释[2][3]：

（1）范数平方$\|\boldsymbol{x}\|_2^2$表示信号能量，它是有限的。$\sum_{n=1}^{N}\left|\left\langle \boldsymbol{x},\boldsymbol{\psi}_n\right\rangle\right|^2$表示$\boldsymbol{x}$在变换域内的能量，即分解系数的能量。简单地说，如果要保证能由分解系数稳定重构出$\boldsymbol{x}$，那么分解系数能量必须是有限的。除非$\boldsymbol{x}$的元素都是零，否则分解系数不都是零。

（2）条件$0<A$意味着矩阵$\boldsymbol{\Psi}$的行必须是线性无关的，否则有$\left\|\boldsymbol{\Psi}^{\mathrm{H}}\boldsymbol{x}\right\|_2^2=0$。如果$A$取不等式成立的最大值，而$B$取不等式成立的最小值，那么称它们为最优框架边界。如果A=B，那么称这个框架是紧框架[4][5]。进一步，如果A=B=1，那么$\boldsymbol{\Psi}$是一个正交基。

（3）框架的概念具有一般性，只要求$0<A\leqslant B<\infty$。可见$\boldsymbol{\Psi}$不一定是正交基，其列矢量可能线性相关。对于一个$M\times N$维矩阵$\boldsymbol{\Psi}$，A和B分别对应矩阵$\boldsymbol{\Psi}^{\mathrm{H}}\boldsymbol{\Psi}$的最小和最大特征值。框架因其冗余性可以提供关于数据的更丰富表示[5]，一个给定的信号$\boldsymbol{x}$，存在无限多的系数矢量$\boldsymbol{c}$满足$\boldsymbol{x}=\boldsymbol{\Psi c}$。

总之，一个框架用于信号的分解和重构，可以保证这组框架对信号的分解是完备的，且由分解系数对信号的重构也是稳定的。在有关稀疏逼近的文献中，框架和其中的矢量一般分别称为过完备字典（原子字典）和原子。

2.2　稀疏信号表示与分解

在信号分析中，如何对信号进行表示是非常重要的问题。人们一直试图寻找更“经济”的信号表示方法来降低信号处理的成本，稀疏表示就是其中一个成功的例子。稀疏表示是一种基于过完备字典表示的数据表示方法，能够用尽可能简洁稀疏的方式表示数据。稀疏表示系数中的非零系数揭示了数据只和过完备字典中很小一部分的原子有密切的相关性。稀疏表示在抓住信号本质的同时简化了后续的分析和处理过程[6]。

信号的稀疏表示最早可以追溯到视神经系统的研究，并在神经生理方面的研究取得了一定的发展[7-9]。20 世纪 90 年代，稀疏表示的思想被引入信号处理领域，1993 年，Mallat 和 Zhang 首次提出应用过完备字典对信号进行稀疏分解的思想[10]。稀疏表示以其独特的优越性，近年来引起了人们越来越多的关注，已被应用于语音[11]、图像[12]、视频[13]、模式识别[14]等领域。

2.2.1　稀疏信号与可压缩信号

定义 2.2.1（稀疏信号）：如果信号$\boldsymbol{x}\in\mathbb{C}^M$最多只有$K$个元素不为零，即

$$\|\boldsymbol{x}\|_0\leqslant K\ll M \tag{2.2.1}$$

那么称$\boldsymbol{x}$是K稀疏信号。表示所有K稀疏的信号集合记为

$$\varSigma_K=\left\{\boldsymbol{x},\|\boldsymbol{x}\|_0\leqslant K\right\} \tag{2.2.2}$$

从以上定义可以看出，信号的稀疏特性指的是信号矢量大部分元素为 0。在自然界中，我们处理的大部分信号看起来并不是稀疏信号，其稀疏特性是隐藏的。文献[15]指出，如果一个信号在某个特定的域内可以分解成很多成分，并且利用其中很小一部分成分就能够准确表述这个信号的特征，则该信号是稀疏的。在特定域存在一个变换矩阵$\boldsymbol{\Psi}=[\boldsymbol{\psi}_1,\boldsymbol{\psi}_2,\cdots,\boldsymbol{\psi}_N]$，信号$\boldsymbol{x}\in\mathbb{C}^M$可以表示成$\boldsymbol{\Psi}$中矢量的线性组合，即

$$\boldsymbol{x}=\sum_{n=1}^{N}s_n\boldsymbol{\psi}_n=\boldsymbol{\Psi s} \tag{2.2.3}$$

式中，$\boldsymbol{s}=[s_1,\cdots,s_N]^{\mathrm{T}}\in\mathbb{C}^N$ 为信号在新基$\boldsymbol{\Psi}$下的变换系数，如果矢量$\boldsymbol{s}$有K个非零项（$K\ll N$），此时同样也称$\boldsymbol{x}$是K稀疏信号，或者称$\boldsymbol{x}$在变换域$\boldsymbol{\Psi}$中是K稀疏的。变换系数$\boldsymbol{s}$的非零系数就是信号$\boldsymbol{x}$携带的信息，所以也称$\boldsymbol{s}$为$\boldsymbol{x}$的信息矢量，称$\boldsymbol{\Psi}$为稀疏基。如果一个信号本身就是K稀疏信号，那么其稀疏基矩阵就为单位矩阵$\boldsymbol{I}$。变换系数$\boldsymbol{s}$中非零系数的位置集合称为稀疏结构，称$\alpha=K/N$为稀疏比。稀疏比是度量变换系数$\boldsymbol{s}$中非零分量数量的一个尺度，$\boldsymbol{s}$中非零元素的个数反映信号$\boldsymbol{x}$固有的自由度，也称$\boldsymbol{s}$支撑集的势，记为$\mathrm{card}(\boldsymbol{s})$。由$L_0$范数定义可知，$\mathrm{card}(\boldsymbol{s})=\|\boldsymbol{s}\|_0$。

从几何角度讲，如果存在两个K稀疏信号，那么这两个信号的线性组合一般不再是K稀疏的，因为它们的支撑集不一致。也就是说，对于任意的$\boldsymbol{x},\boldsymbol{y}\in\Sigma_K$，我们不一定会获得$\boldsymbol{x}+\boldsymbol{y}\in\Sigma_K$，实际上，$\boldsymbol{x}+\boldsymbol{y}$属于$\Sigma_{2K}$。图2.2.1中表示了由$\Sigma_2\subset\mathbb{R}^3$定义的子空间并集。稀疏信号模型是一个高度非线性模型，即稀疏信号集合Σ_K并不能构成线性空间，而是由C_M^K个可能子空间并集组成。在图2.2.1中，只有$\mathrm{C}_3^2=3$个可能的子空间（3个阴影平面），但是，当M、K较大时，将要考虑较多的子空间，这会对信号的稀疏表示和信号重构算法的设计产生很大影响。

如果可以掌握一个信号的稀疏特性，那么将给信号在实际中的应用、传输和存储带来很大方便。在现实世界中，大多数信号不是“严格”稀疏的。若信号$\boldsymbol{x}$在变换域$\boldsymbol{\Psi}$下，系数矢量$\boldsymbol{s}$中仅有小部分系数具有较大的值，即较大系数的个数K远小于系数矢量维度，则信号$\boldsymbol{x}$称为变换矩阵$\boldsymbol{\Psi}$下的可压缩信号。更确切地说，信号可以通过稀疏信号近似表达，即可压缩信号是指可用K个大系数很好地逼近原信号。用$\hat{\boldsymbol{s}}\in\Sigma_K$表示仅保留其幅度最大的$K$个系数，则此时用$\hat{\boldsymbol{s}}$近似$\boldsymbol{s}$所引起的误差可以定量地表示为

$$\sigma_K(\boldsymbol{s})_p=\min_{\hat{\boldsymbol{s}}\in\Sigma_K}\|\hat{\boldsymbol{s}}-\boldsymbol{s}\|_p \tag{2.2.4}$$

由上式可知，如果$\boldsymbol{s}\in\Sigma_K$，则$\sigma_K(\boldsymbol{s})_p=0$。当$\boldsymbol{s}$不是绝对稀疏信号时，最优的近似表达应该是$\hat{\boldsymbol{s}}$恰好取了$\boldsymbol{s}$的$K$个幅度最大的元素而其他元素为零。

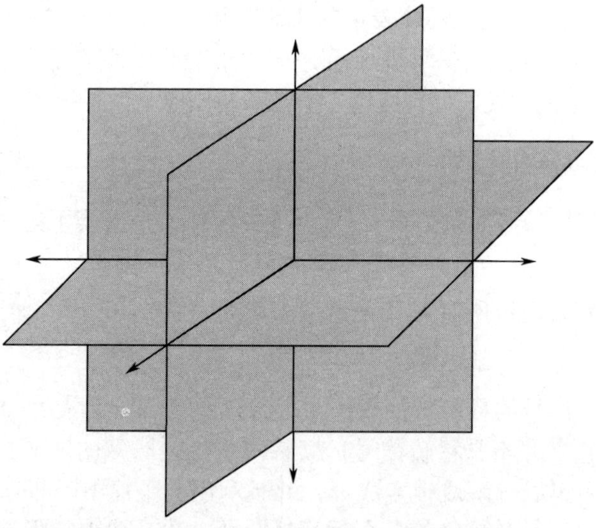

图2.2.1　$\mathbb{R}^3$空间中所包含的Σ_2子空间

信号的可压缩性也可以理解为信号本身在变换域中的衰减情况，可由其在变换域的系数按照幅度由大到小排序后的衰减速度来衡量。具体而言，若系数矢量$\boldsymbol{s}$中各元素按照幅度排

序，$|s_1| \geqslant |s_2| \geqslant \cdots \geqslant |s_N|$，则若存在大于零的常数 C 和 q，使得 s_n，$n=1,\cdots,N$ 满足

$$|s_n| < Cn^{-q} \tag{2.2.5}$$

则称系数 s_n 服从指数型衰减，其表明信号 $\boldsymbol{s}$ 是可压缩信号。由上式可知常数 q 越大，变换系数的幅度衰减越快，信号的可压缩性越强。在实际应用中，很多信号在适当变换域内的系数的幅度都满足指数型衰减。

2.2.2　稀疏表示与过完备字典

稀疏信号表示就是在保证信号信息不被破坏的情况下，尽量降低信号的维数。利用正交变换实现信号的稀疏表示是信号压缩的常用方法。正交变换可以去除信号中的相关性和将信号能量集中到少数的系数上，运算简单方便。例如，时域采样正弦信号组合：

$$x(n) = \sin(2\pi f_1 n\Delta t) + \sin(2\pi f_2 n\Delta t),\ n = 1,\cdots,100$$

其中，$f_1 = 5\text{Hz}$，$f_2 = 30\text{Hz}$，采样率 $f = 1/\Delta t = 100\text{Hz}$。我们把时域认为是标准基而频域是傅里叶基。如图 2.2.2 所示，正弦信号在时域标准基下进行采样，多数采样值都较大而不具有稀疏性质，但经过傅里叶变换后只在信号的频率位置有较大幅度的谱线，而其他频点幅度值为零或者很小（由于是时域截断信号，所以图 2.2.2 中非信号频率位置的幅度不全为零）。所以这个时域叠加的正弦信号在变换域是稀疏的，此时的稀疏基就是离散傅里叶分解矩阵[16]，变换域就是频域。反之亦然，时域的单位冲激脉冲在时域中是稀疏的，而其频域包含大量频率成分。又如，自然图像通常由大面积平滑区域、纹理区域和少量边缘构成，小波变换是通过不断将图像分解成低频和高频成分来实现的，其中低频成分粗略表示原图，高频成分表现为图像的细节和边缘。而图像中平滑区域和纹理区域包含很少的高频信息，所以经过小波变换，图像大部分小波系数为零或近似为零。大量研究证明，在图像处理中，数据中包含很强的相关性，通过正交变换可以将图像信号压缩为变换域的稀疏信号。图像这种二维信号在多级小波变换[17,18]或离散余弦变换[19,20]下多表现出稀疏性。

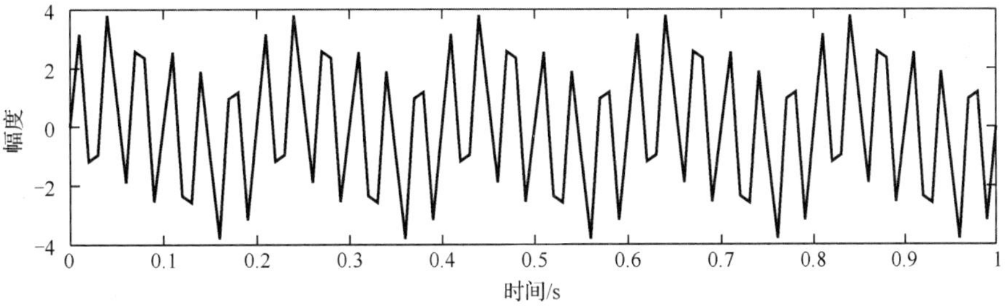

（a）信号时域波形

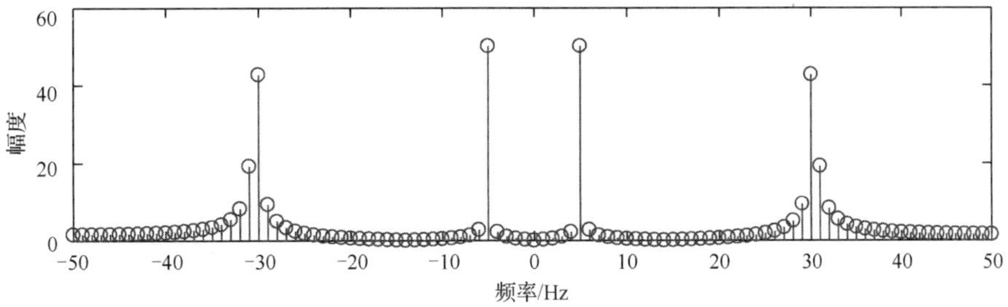

（b）信号频谱

图 2.2.2　信号稀疏性示意图

以上例子给出了信号在正交基下表现出的稀疏性。正交基的缺点是，当信号包含多种“模式”时，利用单一的正交变换不能很好地匹配要分解的信号。例如，傅里叶变换对于谐波、均匀平滑信号分解非常有效；但它缺乏灵活性，当信号有间断点和尖脉冲时，经过傅里叶变换，间断点和尖峰的频谱将贯穿整个频率轴，从而无法得到好的稀疏表示。所以信号的稀疏性与选择的变换域密切相关，变换域中的基函数越贴近信号特征，信号的表达越稀疏；基函数与信号越不相关，信号的表达越复杂。研究结构越复杂的信号，基函数的选择也就越复杂，为实现对复杂信号更加简明有效的表示，近年来发展了一种新的信号表示理论，其基本思想是：用过完备冗余函数集合形成框架（过完备字典）取代正交基，利用过完备字典中少量列矢量将信号所含的全部信息表示出来[2]。字典的过完备性使得其中矢量在信号组成的空间中足够密，矢量间的正交性不再被保证，因此每个矢量不再是信号空间的基，而改称为原子。信号在过完备字典上的分解结果是稀疏的，信号可以表示为少数原子的线性组合，即信号稀疏表示。而利用过完备字典得到信号稀疏表示的过程称为信号的稀疏分解，或称为稀疏逼近（sparse approximation）、高度非线性逼近（highly nonlinear approximation）[21]。大量结论证明，过完备字典分解比传统的正交分解精度高，适用范围更广。其主要优势在于：

（1）将信号的信息集中在少数原子上，便于信息提取、理解和进一步处理。

（2）过完备字典包含各种原子，使得我们可以自适应地从字典中选取和信号内在结构最匹配的原子来表示信号[22]。

2.2.3 稀疏表示与压缩感知

2.2.3.1 稀疏表示问题

如图 2.2.3 所示，稀疏表示理论的两个重要内容分别是信号的稀疏表示和稀疏重构（也称稀疏信号恢复）。稀疏表示指某一信号可以在过完备字典下进行稀疏编码，即过完备字典中较少原子的线性组合可以近似地表示该信号。在其相应的编码系数中，较多元素为零，较少的元素具有非零较大值。其中，非零元素揭示该信号仅与过完备字典中较少的原子之间具有紧密相关性，正好这种相关性能较好地表达信号的内在特征，且具有一定的物理意义。对于稀疏表示模型

$$\boldsymbol{y}=\boldsymbol{A}\boldsymbol{s} \tag{2.2.6}$$

可以认为是高维稀疏矢量 $\boldsymbol{s}\in\mathbb{R}^N$，经过完备字典 $\boldsymbol{A}\in\mathbb{R}^{M\times N}(M\ll N)$，将其映射到低维空间中，得到 $\boldsymbol{y}\in\mathbb{R}^M$。由于 $M\ll N$，所以涉及的问题是欠定的，无法通过求解线性方程组求解。考虑到信号的稀疏特性，一旦确定过完备字典，就可以通过求解以下 L_0 范数的优化问题重构信号

$$\begin{cases}\hat{\boldsymbol{s}}=\arg\min\|\boldsymbol{s}\|_0\\ \text{s.t.}\quad \boldsymbol{y}=\boldsymbol{A}\boldsymbol{s}\end{cases} \tag{2.2.7}$$

得到稀疏矢量的估计 $\hat{\boldsymbol{s}}$，最终得到信号 $\boldsymbol{y}$ 的稀疏逼近。

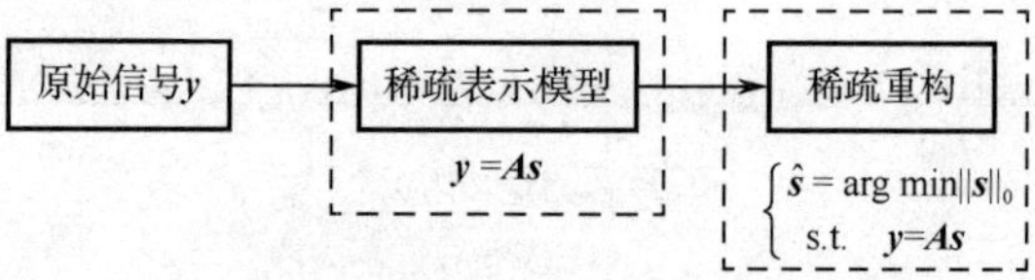

图 2.2.3 稀疏表示理论的信号处理过程

总之，使用过完备字典代替传统正交基，目的就是适应信号的各种模式，以求得 $\boldsymbol{y}$ 的最优稀疏表示，并利用过完备字典中的相关原子抓住信号 $\boldsymbol{y}$ 的主要特征。通过增加字典的冗余性，可以为信号的表示提供更多的选择，提高信号逼近的灵活性，进而提高对复杂信号的表示能力，同时还对噪声以及误差具有一定的健壮性。因此，对基于过完备字典的稀疏表示理论研究主要在两个方面进行。

（1）根据目标信号的特点设计具有稀疏表示能力的过完备字典，即过完备字典的设计问题。选用或者构造过完备字典尽可能和信号的内在结构或性状相匹配，以便用更少的原子来表示信号，表示结果更加稀疏。新型字典设计应具备自适应功能，目前原子库的构造方法一般可分为两类[23]。一类基于解析式产生的原子库，其通常建立在谐波分析基础上，用一类简单的数学函数为给定信号建模，然后围绕模型设计一种有效的表示，如小波原子库和多尺度分析原子库[24][25]等。另一类通过学习的方式训练生成，基于学习的原子库，能够直接从数据中更准确地提取出复杂信号的本质特征，更好地自适应于信号的变换。典型的原子学习方法有最优方向方法（Method of Optimal Direction，MOD）、K 奇异值分解（K-Singular Value Decomposition，K-SVD）等方法[26][27]。

（2）从原子库中找出尽量少的原子，将信号表示为这些原子的线性组合，即稀疏重构问题。这一问题主要包括信号的稀疏度量方式及其相应的优化方法。在实际应用中，如何结合先验信息与稀疏度量方式求解相应的优化模型是值得深入研究的问题。同时，关于线性系统中稀疏解的唯一性[28]、稀疏表示的最小误差与信号重构的条件[29]也被广泛关注。

2.2.3.2　压缩感知问题

压缩感知又称压缩采样，是一种利用信号的稀疏性，在随机欠采样信号前提下，无失真恢复和重构信号的技术。该理论打破了传统奈奎斯特采样定理的限制，因此采样率不用再受限于信号的带宽。信号压缩采样后，只有某些重要数据被保留下来，其余大量的冗余数据会直接被舍弃，有利于信号的传输、存储与处理，而且相比于高采样率的奈奎斯特定理，可大大减少设备的采样负担。

压缩感知整体框架如图 2.2.4 所示，假设存在一个 N 维信号 $\boldsymbol{x}$，可以表示成稀疏形式：

$$\boldsymbol{x}=\boldsymbol{\Psi s} \tag{2.2.8}$$

其中，$\boldsymbol{s}$ 为 N 维稀疏矢量，$\boldsymbol{\Psi}$ 为变换基矩阵。由于 $\boldsymbol{x}$ 存在大量冗余信息，我们可以利用 $M\times N$ 压缩矩阵 $\boldsymbol{\Phi}$（也叫观测矩阵，$N\gg M$）将 $\boldsymbol{x}$ 从高维空间映射到低维空间中，从而获得 M 维测量值

$$\boldsymbol{y}=\boldsymbol{\Phi x}=\boldsymbol{\Phi\Psi s}=\boldsymbol{\Theta s} \tag{2.2.9}$$

式中，$\boldsymbol{\Theta}=\boldsymbol{\Phi\Psi}$ 称为感知矩阵。通过对测量值 $\boldsymbol{y}$ 的稀疏重构得到 $\boldsymbol{s}$，最终通过 $\boldsymbol{\Psi}$ 唯一恢复 $\boldsymbol{x}=\boldsymbol{\Psi s}$。唯一恢复的前提条件是，$\boldsymbol{x}$ 在变换域是 K 稀疏的。由于 $N\gg M$，用 $\boldsymbol{y}$ 代替 $\boldsymbol{x}$ 既可以大大减少数据量，又可以保证 $\boldsymbol{x}$ 是可恢复的。显然，式（2.2.9）也是一个欠定方程，$\boldsymbol{s}$ 有无穷个解。但由于已经假设 $\boldsymbol{s}$ 是稀疏信号，所以压缩感知中稀疏矢量 $\boldsymbol{s}$ 的求解通常可以通过以下优化方式得到：

$$\begin{cases}\hat{\boldsymbol{s}}=\arg\min\|\boldsymbol{s}\|_0\\ \text{s.t.}\quad \boldsymbol{y}=\boldsymbol{\Theta s}\end{cases} \tag{2.2.10}$$

估计出稀疏矢量 $\hat{\boldsymbol{s}}$ 后，可以通过变换矩阵 $\boldsymbol{\Psi}$ 恢复出原始信号：

$$\hat{\boldsymbol{x}}=\boldsymbol{\Psi}\hat{\boldsymbol{s}} \tag{2.2.11}$$

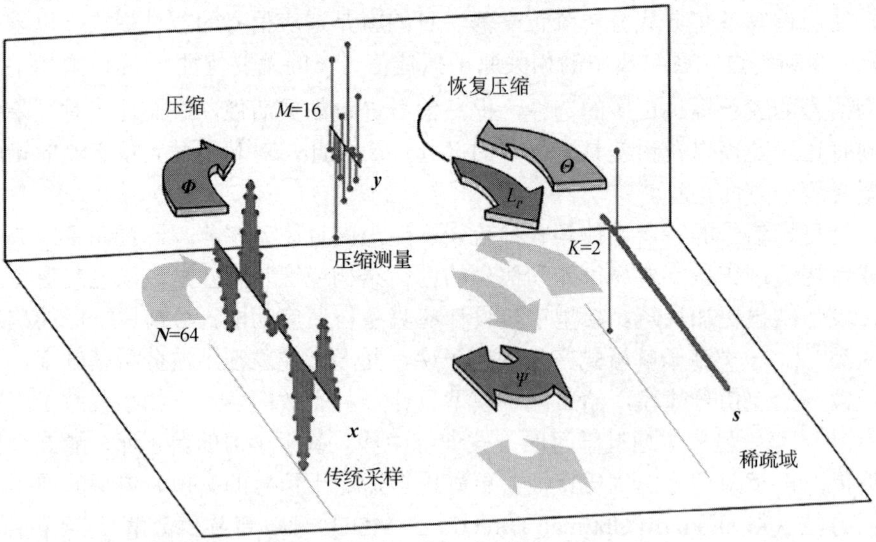

图 2.2.4　压缩感知整体框架示意图[25]

整个压缩感知信号处理流程如图 2.2.5 所示。综上所述，压缩感知理论主要研究三个重要方面。

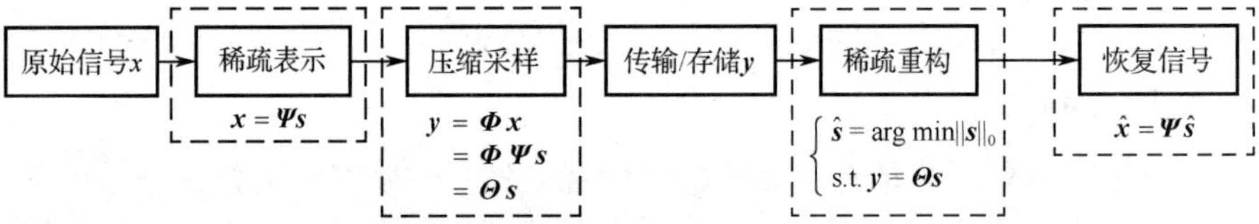

图 2.2.5　压缩感知信号处理流程图

（1）信号稀疏表示。信号的稀疏性是压缩感知理论的重要前提，从稀疏表示理论的研究可知，高维数据普遍具有稀疏性。我们要做的就是寻找一种合适的稀疏变换，为信号提供简洁、直接的分析方式。关于稀疏表示理论前文已经论述，这里不再赘述。

（2）信号压缩采样。设计适当的观测矩阵 $\boldsymbol{\Phi}$ 实现压缩采样是压缩感知理论的核心问题。要求设计一个与变换基 $\boldsymbol{\Psi}$ 不相关的观测矩阵 $\boldsymbol{\Phi}$，既要在低速率采样过程中保持信号的有效信息，又要基于采样的结果保证能够恢复原信号。一个好的观测矩阵符合某些限定条件，并可以降低采样观测矢量的维数，确保高效稳定地重构原始信号。目前，较常用的观测矩阵有随机高斯矩阵[30]、随机伯努利矩阵[31]和托普利兹矩阵[32]等。

（3）信号的重构算法。重构算法的设计是压缩感知过程的最终环节，直接影响着信号精确恢复的概率，因此，如何设计高效的重构算法对应用压缩感知理论同样起着至关重要的作用。从算法的角度看，理论最终研究的是欠定线性方程组稀疏解的唯一性和等价性问题。根据线性代数的基本理论，求解这一问题会得到无数多组解。不过，信号稀疏性这个前提从根本上转化了问题，从而使问题变得可解，而且观测矩阵满足的限定条件也为信号的精确恢复提供了理论保证。

压缩感知理论的提出在稀疏表示理论之后，信号的稀疏性是压缩感知理论的重要前提，压缩感知理论与应用借鉴了信号稀疏表示理论。压缩感知理论同时也促进了稀疏表示理论的快速发展。如式（2.2.6）与式（2.2.9）所示，如果将压缩感知的 $M \times N(M \ll N)$ 维感知矩阵 $\boldsymbol{\Theta}$

看作稀疏表示中的过完备字典 $\boldsymbol{A}$，稀疏重构与压缩感知的重构可以等效为同一个问题。而稀疏表示理论没有压缩采样的过程。

2.3 稀疏重构的条件

信号 $\boldsymbol{y}\in\mathbb{R}^M$ 的稀疏表示可以认为是有一个 K 稀疏矢量 $\boldsymbol{s}\in\mathbb{R}^N$，通过过完备字典 $\boldsymbol{A}\in\mathbb{R}^{M\times N}$ 投影后得到 $\boldsymbol{y}$，数学上表示为式（2.2.6），即

$$\boldsymbol{y}=\boldsymbol{A}\boldsymbol{s}$$

原信号 $\boldsymbol{y}$ 的维数远小于稀疏信号 $\boldsymbol{s}$ 的维数（$M\ll N$），求上式的逆问题会得到无数组解。为得到稀疏解 $\boldsymbol{s}$，需要求解式（2.2.7）所示的带约束 L_0 范数最小化问题。稀疏重构算法性能不仅由稀疏信号自身的特点决定，而且与过完备字典 $\boldsymbol{A}$ 的性质也密切相关。那么 $\boldsymbol{A}$ 满足什么性质，才能做到重构的 $\hat{\boldsymbol{s}}$ 保留 $\boldsymbol{y}\in\mathbb{R}^M$ 的全部有用信息，并且满足 K 稀疏性？下面介绍可精确重构信号的过完备字典需要具备的一些特性。

2.3.1 零空间条件

研究过完备字典 $\boldsymbol{A}$ 应该具有的特性，要从它的零空间开始着手。

定义 2.3.1（零空间）：已知 $\boldsymbol{A}\in\mathbb{R}^{M\times N}$，其零空间定义为

$$\mathrm{Null}(\boldsymbol{A})=\{\boldsymbol{z}:\boldsymbol{A}\boldsymbol{z}=0\}$$

即线性方程组 $\boldsymbol{A}\boldsymbol{z}=0$ 所有解的集合。

对于任意稀疏信号 $\boldsymbol{s}$，如果希望基于 $\boldsymbol{y}=\boldsymbol{A}\boldsymbol{s}$ 无失真地重构出该稀疏信号，则对任何一对不同的稀疏矢量 $\boldsymbol{s}$ 和 $\boldsymbol{s}'\in\Sigma_K$，一定有 $\boldsymbol{A}\boldsymbol{s}\neq\boldsymbol{A}\boldsymbol{s}'$。否则，基于信号 $\boldsymbol{y}$ 将无法区别出矢量 $\boldsymbol{s}$ 和 $\boldsymbol{s}'$。这个结论很容易证明：假设 $\boldsymbol{A}\boldsymbol{s}=\boldsymbol{A}\boldsymbol{s}'$，则有 $\boldsymbol{A}(\boldsymbol{s}-\boldsymbol{s}')=0$，其中 $(\boldsymbol{s}-\boldsymbol{s}')\in\Sigma_{2K}$。从 $\boldsymbol{A}(\boldsymbol{s}-\boldsymbol{s}')=0$ 中可以看出，矩阵 $\boldsymbol{A}$ 可以唯一表达 $\boldsymbol{s}$ 的充分必要条件是 $\mathrm{Null}(\boldsymbol{A})$ 不含有集合 $\Sigma_{2K}=\left\{\boldsymbol{z}:\|\boldsymbol{z}\|_0\leqslant 2K\right\}$ 中的元素，即 $\mathrm{Null}(\boldsymbol{A})$ 与 Σ_{2K} 的交集应该是空集。有很多类似方法描述这个性质，其中最常用的是 Spark 常数。

定义 2.3.2（Spark 常数[29]）：一个矩阵 $\boldsymbol{A}$ 的 Spark 常数，是指这个矩阵列矢量中最少的线性相关列矢量个数，一个矩阵 $\boldsymbol{A}$ 的 Spark 常数可以表示为

$$\begin{aligned}\mathrm{Spark}(\boldsymbol{A})&=\min_{\boldsymbol{s}\neq\boldsymbol{0}}\|\boldsymbol{s}\|_0,\ \text{s.t.}\ \boldsymbol{A}\boldsymbol{s}=0\\&=\min\{K:\mathrm{Null}(\boldsymbol{A})\cap\Sigma_K\neq\{0\}\}\end{aligned}\tag{2.3.1}$$

从定义可以看出，Spark 常数的含义是从矩阵 $\boldsymbol{A}$ 所有列中最少抽取多少个列可以满足线性相关性。这里考虑“最少”，是因为矢量越多越容易满足线性相关性的要求。对于 $\boldsymbol{A}\in\mathbb{R}^{M\times N}$，若 $\boldsymbol{A}$ 没有全为零的列矢量，则 $\mathrm{Spark}(\boldsymbol{A})\geqslant 2$；同时，$\mathrm{Spark}(\boldsymbol{A})\leqslant\mathrm{rank}(\boldsymbol{A})+1$。

Donoho 和 Elad 在文献[29]中给出了字典矩阵 $\boldsymbol{A}$ 一般情况下能够进行稀疏重构的充要条件。

定理 2.3.1：当且仅当 $\mathrm{Spark}(\boldsymbol{A})>2K$，对于任意 $\boldsymbol{y}\in\mathbb{R}^M$，至多存在一个稀疏信号 $\boldsymbol{s}\in\Sigma_K$，使得 $\boldsymbol{y}=\boldsymbol{A}\boldsymbol{s}$。

证明：采用反证法。首先假设 $\mathrm{Spark}(\boldsymbol{A})\leqslant 2K$ 时，对于任何矢量 $\boldsymbol{y}\in\mathbb{R}^M$，至多存在一个信号 $\boldsymbol{s}\in\Sigma_K$，使得 $\boldsymbol{y}=\boldsymbol{A}\boldsymbol{s}$。因为 $\mathrm{Spark}(\boldsymbol{A})\leqslant 2K$，说明在矩阵 $\boldsymbol{A}$ 中至多存在 $2K$ 个线性相关的列矢量，因而可能存在矢量 $\boldsymbol{h}\in\mathrm{Null}(\boldsymbol{A})$ 是一个包含 $2K$ 个元素不为零的矢量，即 $\boldsymbol{h}\in\Sigma_{2K}$。令

$\boldsymbol{h}=\boldsymbol{s}-\boldsymbol{s}'$，其中$\boldsymbol{s}$和$\boldsymbol{s}'\in\Sigma_K$。由于$\boldsymbol{h}\in\mathrm{Null}(\boldsymbol{A})$，所以有$\boldsymbol{A}\boldsymbol{h}=\boldsymbol{A}(\boldsymbol{s}-\boldsymbol{s}')=0$，因而$\boldsymbol{A}\boldsymbol{s}=\boldsymbol{A}\boldsymbol{s}'$。这与至多存在一个信号$\boldsymbol{s}\in\Sigma_K$使得$\boldsymbol{y}=\boldsymbol{A}\boldsymbol{s}$相矛盾，所以，假设$\mathrm{Spark}(\boldsymbol{A})\leqslant 2K$不成立。现在假设$\mathrm{Spark}(\boldsymbol{A})>2K$，针对个别的$\boldsymbol{y}$，同时存在$\boldsymbol{s}$和$\boldsymbol{s}'\in\Sigma_K$，使得$\boldsymbol{y}=\boldsymbol{A}\boldsymbol{s}=\boldsymbol{A}\boldsymbol{s}'$。令$\boldsymbol{h}=\boldsymbol{s}-\boldsymbol{s}'$，可以得出$\boldsymbol{A}\boldsymbol{h}=\boldsymbol{A}(\boldsymbol{s}-\boldsymbol{s}')=0$且$\boldsymbol{h}\in\Sigma_{2K}$。由于$\mathrm{Spark}(\boldsymbol{A})>2K$，表明任意$2K$个列矢量是线性无关的。所以，要使$\boldsymbol{A}\boldsymbol{h}=0$成立，必须有$\boldsymbol{h}=0$，即$\boldsymbol{s}=\boldsymbol{s}'$。证毕。

当信号为真正稀疏信号时，定理 2.3.1 给出的矩阵 Spark 性质完整描述了有效重构稀疏信号的充要条件。但在实际应用中，很多实际信号仅是近似稀疏信号（可压缩信号），研究近似稀疏信号的重构条件和性能，需要对矩阵$\boldsymbol{A}$的零空间引入一些更为严格的条件。必须确保$\mathrm{Null}(\boldsymbol{A})$中不包含稀疏的矢量，也不包含可以压缩的近似稀疏矢量。

为了更好地表述过完备字典$\boldsymbol{A}$的性质，我们首先给出一些定义。假设$\Lambda\subset\{1,2,\cdots,N\}$是一个索引集的子集，$\Lambda^c\subset\{1,2,\cdots,N\}\setminus\Lambda$是其相应的补集。就长度为$N$的矢量$\boldsymbol{s}_\Lambda$而言，这个矢量中所有下标属于集合$\Lambda^c$的元素都被设为零；类似地，就$M\times N$维矩阵$\boldsymbol{A}_\Lambda$而言，其所有列下标属于集合$\Lambda^c$的列矢量被设为零矢量。

定义 2.3.3（零空间特性[2][33]）：对于矩阵$\boldsymbol{A}\in\mathbb{R}^{M\times N}$，如果存在一个常数$C\in(0,1)$，使得

$$\|\boldsymbol{h}_\Lambda\|_1\leqslant C\|\boldsymbol{h}_{\Lambda^c}\|_1 \tag{2.3.2}$$

对所有$\boldsymbol{h}\in\mathrm{Null}(\boldsymbol{A})$和所有$|\Lambda|\leqslant K$的集合$\Lambda$都成立（$|\Lambda|$表示集合$\Lambda$中元素的个数），则称矩阵$\boldsymbol{A}$满足$K$阶零空间特性（Null Space Property，NSP）。

零空间特性定量地描述了矩阵$\boldsymbol{A}$零空间矢量的元素分布是比较“平坦”的，不是近似稀疏的。由式（2.3.2）可以看出，如果$\boldsymbol{h}$是近似稀疏的，则可以令Λ为最大的K个“非零”元素下标集合，这样将导致式（2.3.2）不成立。由此得到结论，矩阵$\boldsymbol{A}$满足K阶零空间特性，那么在$\mathrm{Null}(\boldsymbol{A})$中唯一的$K$稀疏矢量就是零矢量$\boldsymbol{h}=\boldsymbol{0}$。而且，$\boldsymbol{h}$中非零元素个数不应该少于$2K$。否则，如果将较大的$K$个元素选入索引集$\Lambda$，剩下的少于$K$个非零元素归入$\Lambda^c$，就难以满足式（2.3.2）的条件。同时，$\boldsymbol{h}$中的非零元素应该有较为平坦的分布，即各非零元素的绝对值相差不大。NSP 条件的另一个表达方式为[2]

$$\|\boldsymbol{h}_\Lambda\|_2\leqslant\frac{C\|\boldsymbol{h}_{\Lambda^c}\|_1}{\sqrt{K}} \tag{2.3.3}$$

式中要求$C>0$。式（2.3.2）与式（2.3.3）表示的含义一致，前者相对后者要求更严格[2]。

为了完整地论述零空间特性在稀疏信号重构过程中的作用，现在讨论在处理非严格稀疏信号$\boldsymbol{s}$时，如何衡量基于信号稀疏性的重构算法性能。这里用$f:\mathbb{R}^M\to\mathbb{R}^N$表示一种基于信号稀疏性重构算法，而且$M\ll N$。对于所有$\boldsymbol{s}$，可以要求该重构算法确保下式成立：

$$\|f(\boldsymbol{A}\boldsymbol{s})-\boldsymbol{s}\|_2\leqslant C\frac{\sigma_K(\boldsymbol{s})_p}{\sqrt{K}},\ \ p=1 \tag{2.3.4}$$

式中，$\sigma_K(\boldsymbol{s})_p=\min\|\boldsymbol{s}-\boldsymbol{s}'\|_p,\boldsymbol{s}'\in\Sigma_K$表示通过重构算法$f$得出的$K$稀疏近似解；$\sigma_K(\boldsymbol{s})_p$的含义十分明显，它表示除去$\boldsymbol{s}$的$K$个幅值最大元素后的矢量$L_p$范数，即如果$\Lambda$表示$\boldsymbol{s}$的$K$个最大元素的下标集合，则$\sigma_K(\boldsymbol{s})_p=\|\boldsymbol{s}_{\Lambda^c}\|_p$。式（2.3.4）要保证重构算法$f(\boldsymbol{A}\boldsymbol{s})$能够正确重构出所有可能的信号$\boldsymbol{s}'\in\Sigma_K$，同时要保证重建稀疏信号$\boldsymbol{s}'$逼近信号$\boldsymbol{s}$应具有一定的健壮性。下面的定理给出了矩阵$\boldsymbol{A}$零空间性质和式（2.3.4）的关系。

定理 2.3.2[34]：假设f表示$\mathbb{R}^M\to\mathbb{R}^N$任意一种稀疏重构算法。如果$(\boldsymbol{A},f)$满足式（2.3.4），

则矩阵 $\boldsymbol{A}$ 满足 $2K$ 阶零空间特性。

证明：设 $\boldsymbol{h}\in \mathrm{Null}(\boldsymbol{A})$，$\Lambda$ 是矢量 $\boldsymbol{h}$ 中 $2K$ 个最大元素的下标集。这里把集合 Λ 分成两个集合 Λ_0 和 Λ_1，使得 $|\Lambda_0|=|\Lambda_1|=K$，令矢量 $\boldsymbol{s}=\boldsymbol{h}_{\Lambda_1}+\boldsymbol{h}_{\Lambda^c},\boldsymbol{s}'=-\boldsymbol{h}_{\Lambda_0}$，有 $\boldsymbol{h}=\boldsymbol{s}-\boldsymbol{s}'$。由于 $\boldsymbol{h}\in \mathrm{Null}(\boldsymbol{A})$，有

$$\boldsymbol{A}\boldsymbol{h}=\boldsymbol{A}(\boldsymbol{s}-\boldsymbol{s}')=\boldsymbol{0} \tag{2.3.5}$$

可以得到 $\boldsymbol{A}\boldsymbol{s}=\boldsymbol{A}\boldsymbol{s}'$。由于 $\boldsymbol{s}'\in\Sigma_K$，所以 $\boldsymbol{s}'=f(\boldsymbol{A}\boldsymbol{s})$，可以得到

$$\|\boldsymbol{h}_\Lambda\|_2\leqslant\|\boldsymbol{h}\|_2=\|\boldsymbol{s}-\boldsymbol{s}'\|_2=\|\boldsymbol{s}-f(\boldsymbol{A}\boldsymbol{s})\|_2 \tag{2.3.6}$$

根据式（2.3.4），已知 $\|\boldsymbol{s}-f(\boldsymbol{A}\boldsymbol{s})\|_2\leqslant C\dfrac{\sigma_K(\boldsymbol{s})_1}{\sqrt{K}}$，所以有

$$\|\boldsymbol{h}_\Lambda\|_2\leqslant\|\boldsymbol{s}-f(\boldsymbol{A}\boldsymbol{s})\|_2\leqslant C\frac{\sigma_K(\boldsymbol{s})_1}{\sqrt{K}}=\sqrt{2}C\frac{\|\boldsymbol{h}_{\Lambda^c}\|_1}{\sqrt{2K}} \tag{2.3.7}$$

式（2.3.7）中最后一个表达式的分母为 $2K$ 是因为 $|\Lambda|=2K$，见式（2.3.3）。所以，根据零空间特性的定义，可以得出矩阵 $\boldsymbol{A}$ 满足 $2K$ 阶零空间特性。证毕。

2.3.2 字典矩阵的约束等距性质

2.3.1 节论述的零空间条件在讨论稀疏重构问题中并未考虑噪声影响。在实际应用中，对信号进行测量时，会不可避免地引入测量噪声，噪声对稀疏恢复具有一定影响。很多学者对存在噪声时稀疏信号的重构性能进行了研究，存在测量噪声的信号稀疏表示模型可以表示为

$$\boldsymbol{y}=\boldsymbol{A}\boldsymbol{s}+\boldsymbol{e} \tag{2.3.8}$$

式中，$\boldsymbol{e}$ 表示测量噪声。针对含噪声的情况，Candès 和 Tao 提出了相应的精确重构准则，即约束等距特性（Restricted Isometry Property，RIP），对存在测量噪声时的重构性能进行了研究。

定义 2.3.4（约束等距特性[35][36]）：若存在常数 $\delta_K\in(0,1)$，使得

$$(1-\delta_K)\|\boldsymbol{s}\|_2^2\leqslant\|\boldsymbol{A}\boldsymbol{s}\|_2^2\leqslant(1+\delta_K)\|\boldsymbol{s}\|_2^2 \tag{2.3.9}$$

对于任意 K 稀疏信号 $\boldsymbol{s}\in\Sigma_K$ 都成立，则矩阵 $\boldsymbol{A}$ 满足 K 阶约束等距特性，对所有 K 稀疏矢量 $\boldsymbol{s}$ 均满足上式的最小常数 δ_K，称为矩阵 $\boldsymbol{A}$ 的约束等距常数。

如果 δ_K 等于 0，式（2.3.9）给出的就是正交变换的保范特性，$\boldsymbol{A}$ 就是正交阵。RIP 条件表述了任意从矩阵 $\boldsymbol{A}$ 中取 K 列形成的子集近似正交。显然，δ_K 越小，矩阵的正交性越好，但由于 $\boldsymbol{A}$ 的列数大于行数，因此不可能完全正交。具有 RIP 性质的矩阵 $\boldsymbol{A}$ 近似地保持了任意 K 稀疏矢量 $\boldsymbol{s}$ 的欧几里得范数。同时也说明，K 稀疏信号 $\boldsymbol{s}$ 不能在 $\boldsymbol{A}$ 的零空间上，否则将没有希望重构这些矢量。RIP 条件的另一个含义是，如果 $\boldsymbol{A}$ 满足 $2K$ 阶 RIP，则式（2.3.9）近似保持了任意两个 K 稀疏矢量之间的欧几里得距离。令 $\boldsymbol{s}_1,\boldsymbol{s}_2\in\Sigma_K$，则差 $\boldsymbol{s}_1-\boldsymbol{s}_2\in\Sigma_{2K}$，有

$$(1-\delta_{2K})\|\boldsymbol{s}_1-\boldsymbol{s}_2\|_2^2\leqslant\|\boldsymbol{A}(\boldsymbol{s}_1-\boldsymbol{s}_2)\|_2^2\leqslant(1+\delta_{2K})\|\boldsymbol{s}_1-\boldsymbol{s}_2\|_2^2 \tag{2.3.10}$$

这样，当 δ_{2K} 远小于 1 时，$\|\boldsymbol{A}\boldsymbol{s}_1-\boldsymbol{A}\boldsymbol{s}_2\|_2^2\approx\|\boldsymbol{s}_1-\boldsymbol{s}_2\|_2^2$，即保持了欧几里得距离，这对克服噪声的影响起到重要作用。RIP 是稀疏恢复中一个非常重要的特性。

定理 2.3.3：当 $\delta_{2K}<1$ 时，可以基于测量矢量 $\boldsymbol{y}=\boldsymbol{A}\boldsymbol{s}$ 重构出原始 K 阶稀疏矢量，这个重构出的 K 阶稀疏矢量是满足方程 $\boldsymbol{y}=\boldsymbol{A}\boldsymbol{s}$ 的唯一稀疏解，即非零元素个数最少。

证明：假如存在另一个解 $\boldsymbol{s}'=\boldsymbol{s}+\boldsymbol{h}$，$\boldsymbol{h}\neq\boldsymbol{0}$，那么有 $\boldsymbol{A}\boldsymbol{h}=\boldsymbol{0}$。因为 $\|\boldsymbol{h}\|_2\neq 0$，由约束等距特性定义中的不等式 $\|\boldsymbol{A}\boldsymbol{h}\|_2\geqslant(1-\delta_{2K})\|\boldsymbol{h}\|_2$ 不能成立，所以 $\boldsymbol{h}\notin\Sigma_{2K}$，说明 $\boldsymbol{h}$ 一定至少有 $2K+1$ 个非零元素。又由于 $\boldsymbol{s}$ 是 K 稀疏的，所以 $\boldsymbol{s}'$ 一定至少有 $K+1$ 个非零元素，即重构出的 $\boldsymbol{s}$ 是唯一

有 K 个非零元素的稀疏解。进一步，如果 $\delta_{2K}=1$，由约束等距特性定义可知，矩阵 $\boldsymbol{A}$ 中的 $2K$ 列子集可能是线性相关的，也就是说，存在矢量 $\boldsymbol{h}\in\Sigma_{2K}$，使得 $\boldsymbol{Ah}=\boldsymbol{0}$。同样，可以把矢量 $\boldsymbol{h}$ 分解为两个 K 阶稀疏的矢量 $\boldsymbol{s}$ 和 $\boldsymbol{s}'$，即 $\boldsymbol{h}=\boldsymbol{s}-\boldsymbol{s}'$，进而有 $\boldsymbol{As}=\boldsymbol{As}'$。这说明存在两个不同的 K 阶稀疏矢量可以得到同样的测量值，显然无法基于测量值重构出唯一的 K 阶稀疏矢量。所以，如果希望重构出独一无二的 K 阶稀疏矢量，必须保证 $\delta_{2K}<1$。证毕。

对于一个矩阵 $\boldsymbol{A}$，一定阶数的 RIP 常数越小越好。RIP 常数越小，说明该矩阵内任意小于该阶数的列矢量之间正交性越好，利用其对稀疏信号进行变换后，矩阵 $\boldsymbol{A}$ 各列“采集”到的信息差异性越大，越有利于进行信号的重构。将式（2.3.9）关于 RIP 的定义与框架式（2.1.8）定义进行比较，可以发现两者非常相似。最后，我们讨论 RIP 与 NSP 的关系，如果一个矩阵满足 RIP，那么它就满足 NSP。

定理 2.3.4[37]：假设矩阵 $\boldsymbol{A}$ 以参数 $\delta_{2K}<\sqrt{2}-1$ 满足 $2K$ 阶约束等距特性，那么 $\boldsymbol{A}$ 以参数

$$C=\frac{\sqrt{2}\delta_{2K}}{1-(1+\sqrt{2}\delta_{2K})}$$

满足 $2K$ 阶零空间特性。该定理的证明可见文献[34,3]

2.3.3 字典矩阵与相关性

通过对过完备字典矩阵 $\boldsymbol{A}\in\mathbb{R}^{M\times N}$ 的 Spark 常数、RIP 条件、零空间性质的讨论，我们得出关于 K 稀疏信号重构可实现性和唯一性的条件。但是，验证一个过完备字典矩阵 $\boldsymbol{A}$ 是否满足其中任意一条性质，都需要在字典矩阵中穷举所有 C_N^K 种组合，对于维度较大的 $\boldsymbol{A}$ 来讲，其复杂度过高。所以在很多实际情况中，一般采用易于计算的性质来衡量信号是否能被精确地稀疏重构。字典矩阵相关性就是一种最常用的评价标准。

定义 2.3.5（字典矩阵相关性[28]）：任意矩阵 $\boldsymbol{A}\in\mathbb{R}^{M\times N}$ 的相关性 $\boldsymbol{\mu}(\boldsymbol{A})$，是指 $\boldsymbol{A}$ 的任意两列 $\boldsymbol{a}_i$ 和 $\boldsymbol{a}_j$ 归一化内积绝对值的最大值

$$\mu(\boldsymbol{A})=\max_{1\leqslant i,j\leqslant N,i\neq j}\frac{\left|\left\langle \boldsymbol{a}_i,\boldsymbol{a}_j\right\rangle\right|}{\left\|\boldsymbol{a}_i\right\|_2\left\|\boldsymbol{a}_j\right\|_2} \tag{2.3.11}$$

经过证明，$\boldsymbol{\mu}(\boldsymbol{A})\in[\sqrt{(N-M)/M(N-1)},1]$[38][39]，当 $M\ll N$ 时，下界近似为 $\mu(\boldsymbol{A})=1/\sqrt{M}$。

对于未知稀疏矢量 $\boldsymbol{s}$，经过变换矩阵 $\boldsymbol{A}$ 将信息投影到低维矢量 $\boldsymbol{y}$ 后，$\boldsymbol{A}$ 的列矢量相关性越弱，$\boldsymbol{y}$ 保留 $\boldsymbol{s}$ 的信息越多。$\mu(\boldsymbol{A})$ 是 $\boldsymbol{A}$ 列矢量之间相关性的度量，因此，$\mu(\boldsymbol{A})$ 越小越有利于稀疏信号 $\boldsymbol{s}$ 的重构。字典矩阵相关性与 Spark、零空间、RIP 等性质都有一定的联系。下面的定理描述了相关性与 Spark、RIP 的关系。

定理 2.3.5：对于任意的矩阵 $\boldsymbol{A}\in\mathbb{R}^{M\times N}$，有

$$\mathrm{Spark}(\boldsymbol{A})\geqslant 1+\frac{1}{\mu(\boldsymbol{A})} \tag{2.3.12}$$

定理的证明可参考文献[34]。结合定理 2.3.5 和定理 2.3.1，可以得到以下关于唯一性的定理。

定理 2.3.6：若 $\boldsymbol{y}=\boldsymbol{As}$，且稀疏信号 $\boldsymbol{s}$ 和过完备字典 $\boldsymbol{A}$ 满足

$$\|\boldsymbol{s}\|_0<\frac{1}{2}\left(1+\frac{1}{\mu(\boldsymbol{A})}\right) \tag{2.3.13}$$

对于每个信号 $\boldsymbol{y}$，至多存在一个稀疏信号 $\boldsymbol{s}$，满足 $\boldsymbol{y}=\boldsymbol{As}$。

下面的定理描述了字典 $\boldsymbol{A}$ 相关性与 RIP 的关系。

定理 2.3.7：如果 $\boldsymbol{A}$ 的各列具有单位 L_2 范数，且相关性为 $\mu(\boldsymbol{A})$，那么对于所有 $K<1/\mu(\boldsymbol{A})$，$\boldsymbol{A}$ 以参数 $\delta_K=(K-1)/\mu(\boldsymbol{A})$ 满足 K 阶 RIP[34]。

2.3.4　多测量值的稀疏分解

上面的分析主要针对的是单次测量值（Single-Measurement Vector，SMV）情况展开的讨论，即观测信号 $\boldsymbol{y}$ 为一个矢量。如果采用多次测量（Multiple-Measurement Vector，MMV）来研究稀疏问题，则稀疏模型变为

$$\boldsymbol{Y}=\boldsymbol{AS} \tag{2.3.14}$$

式中，$\boldsymbol{Y}=[\boldsymbol{y}(1),\boldsymbol{y}(2),\cdots,\boldsymbol{y}(L)]$，而 $\boldsymbol{S}=[\boldsymbol{s}(1),\boldsymbol{s}(2),\cdots,\boldsymbol{s}(L)]$ 为行稀疏矩阵，L 为测量次数。采用多次测量进行稀疏重构，也是工程应用上常见的问题。本节给出能够准确重构出行稀疏矩阵 $\boldsymbol{S}$ 的充分条件，该条件中利用了前面章节提到的相关内容。

定理 2.3.8[40][41]：式（2.3.14）所示模型中 K 阶行稀疏矩阵 $\boldsymbol{S}$ 可以被准确恢复出来，或者存在唯一 K 阶稀疏矩阵 $\boldsymbol{S}$ 的条件是

$$K<\frac{\mathrm{Spark}(\boldsymbol{A})+\mathrm{rank}(\boldsymbol{Y})-1}{2} \tag{2.3.15}$$

式中，K 为行稀疏矩阵 $\boldsymbol{S}$ 的稀疏度。

证明：假设矩阵 $\boldsymbol{A}\in\mathbb{C}^{M\times N}$、$\boldsymbol{S}_1\in\mathbb{C}^{N\times L}$ 与 $\boldsymbol{S}_2\in\mathbb{C}^{N\times L}$（$\boldsymbol{S}_1\neq\boldsymbol{S}_2$），均满足 $\boldsymbol{Y}=\boldsymbol{AS}_1=\boldsymbol{AS}_2$。由矩阵秩的性质

$$\mathrm{rank}(\boldsymbol{AS})\leqslant\min\{\mathrm{rank}(\boldsymbol{A}),\mathrm{rank}(\boldsymbol{S})\}$$

可知

$$\begin{aligned}\mathrm{rank}(\boldsymbol{S}_1)\geqslant\mathrm{rank}(\boldsymbol{Y})\\ \mathrm{rank}(\boldsymbol{S}_2)\geqslant\mathrm{rank}(\boldsymbol{Y})\end{aligned} \tag{2.3.16}$$

假设 $\boldsymbol{S}_1$ 非零行的下标集为 $\Lambda_1=\Lambda_{11}+\Lambda_{12}$，$\boldsymbol{S}_2$ 非零行的下标集为 $\Lambda_2=\Lambda_{21}+\Lambda_{22}$，其中 $\boldsymbol{S}_1$ 和 $\boldsymbol{S}_2$ 共有的非零行下标集为 $\Lambda_{12}=\Lambda_{21}$。假设 r_1 和 r_2 代表 $\boldsymbol{A}_{\Lambda_1}$ 和 $\boldsymbol{A}_{\Lambda_2}$ 中的列矢量个数，r_{12} 代表 $\boldsymbol{A}_{\Lambda_{12}}$ 中的列矢量个数，则存在如下等式：

$$\boldsymbol{Y}=[\boldsymbol{A}_{\Lambda_{11}},\boldsymbol{A}_{\Lambda_{12}}]\begin{bmatrix}\boldsymbol{S}_{\Lambda_{11}}\\ \boldsymbol{S}_{\Lambda_{12}}\end{bmatrix}=[\boldsymbol{A}_{\Lambda_{12}},\boldsymbol{A}_{\Lambda_{22}}]\begin{bmatrix}\boldsymbol{S}_{\Lambda_{21}}\\ \boldsymbol{S}_{\Lambda_{22}}\end{bmatrix} \tag{2.3.17}$$

进一步推导得到

$$\boldsymbol{A}(\boldsymbol{S}_1-\boldsymbol{S}_2)=[\boldsymbol{A}_{\Lambda_{11}},\boldsymbol{A}_{\Lambda_{12}},\boldsymbol{A}_{\Lambda_{22}}]\begin{bmatrix}\boldsymbol{S}_{\Lambda_{11}}\\ \boldsymbol{S}_{\Lambda_{12}}-\boldsymbol{S}_{\Lambda_{21}}\\ -\boldsymbol{S}_{\Lambda_{22}}\end{bmatrix}=\boldsymbol{0} \tag{2.3.18}$$

所以有

$$\dim\{\mathrm{Null}([\boldsymbol{A}_{\Lambda_{11}},\boldsymbol{A}_{\Lambda_{12}},\boldsymbol{A}_{\Lambda_{22}}])\}\geqslant\mathrm{rank}\left(\begin{bmatrix}\boldsymbol{S}_{\Lambda_{11}}\\ \boldsymbol{S}_{\Lambda_{12}}-\boldsymbol{S}_{\Lambda_{21}}\\ -\boldsymbol{S}_{\Lambda_{22}}\end{bmatrix}\right) \tag{2.3.19}$$

式中，$\dim\{\mathrm{Null}([\boldsymbol{A}_{\Lambda_{11}},\boldsymbol{A}_{\Lambda_{12}},\boldsymbol{A}_{\Lambda_{22}}])\}$ 表示 $[\boldsymbol{A}_{\Lambda_{11}},\boldsymbol{A}_{\Lambda_{12}},\boldsymbol{A}_{\Lambda_{22}}]$ 零空间的维数。而且很容易得到

$$\mathrm{rank}\left(\begin{bmatrix} \boldsymbol{S}_{\Lambda_{11}} \\ \boldsymbol{S}_{\Lambda_{12}} - \boldsymbol{S}_{\Lambda_{21}} \\ -\boldsymbol{S}_{\Lambda_{22}} \end{bmatrix}\right) \geqslant \max\{\mathrm{rank}(\boldsymbol{S}_{\Lambda_{11}}), \mathrm{rank}(\boldsymbol{S}_{\Lambda_{22}})\} \tag{2.3.20}$$

对于 $\boldsymbol{S}_{\Lambda_{11}}$，有

$$\dim\{\mathrm{Null}(\boldsymbol{S}_{\Lambda_{11}})\} \leqslant \dim\{\mathrm{Null}(\boldsymbol{S}_{\Lambda_1})\} + r_{12} \tag{2.3.21}$$

进一步

$$\mathrm{rank}(\boldsymbol{S}_{\Lambda_1}) - r_{12} \leqslant \mathrm{rank}(\boldsymbol{S}_{\Lambda_{11}}) \tag{2.3.22}$$

结合以上分析，由式（2.3.16）、式（2.3.19）、式（2.3.20）和式（2.3.22）可以得到下面的性质：

$$\dim\{\mathrm{Null}([\boldsymbol{A}_{\Lambda_{11}}, \boldsymbol{A}_{\Lambda_{12}}, \boldsymbol{A}_{\Lambda_{22}}])\} \geqslant \mathrm{rank}(\boldsymbol{Y}) - r_{12} \tag{2.3.23}$$

由 Spark 常数的定义可知

$$\mathrm{rank}([\boldsymbol{A}_{\Lambda_{11}}, \boldsymbol{A}_{\Lambda_{12}}, \boldsymbol{A}_{\Lambda_{22}}]) \geqslant \mathrm{Spark}([\boldsymbol{A}_{\Lambda_{11}}, \boldsymbol{A}_{\Lambda_{12}}, \boldsymbol{A}_{\Lambda_{22}}]) - 1 \geqslant \mathrm{Spark}(\boldsymbol{A}) - 1 \tag{2.3.24}$$

再结合式（2.3.23）可得

$$\begin{aligned} r_1 + r_2 - r_{12} &= \#\mathrm{Cols}([\boldsymbol{A}_{\Lambda_{11}}, \boldsymbol{A}_{\Lambda_{12}}, \boldsymbol{A}_{\Lambda_{22}}]) \\ &= \mathrm{rank}([\boldsymbol{A}_{\Lambda_{11}}, \boldsymbol{A}_{\Lambda_{12}}, \boldsymbol{A}_{\Lambda_{22}}]) + \dim\{\mathrm{Null}([\boldsymbol{A}_{\Lambda_{11}}, \boldsymbol{A}_{\Lambda_{12}}, \boldsymbol{A}_{\Lambda_{22}}])\} \\ &\geqslant \mathrm{Spark}(\boldsymbol{A}) - 1 + \mathrm{rank}(\boldsymbol{Y}) - r_{12} \end{aligned} \tag{2.3.25}$$

式中，#Cols(·) 表示矩阵的列数。所以

$$r_1 + r_2 \geqslant \mathrm{Spark}(\boldsymbol{A}) - 1 + \mathrm{rank}(\boldsymbol{Y}) \tag{2.3.26}$$

如果 $\boldsymbol{S}_1$ 和 $\boldsymbol{S}_2$ 都是行稀疏矩阵，并有 $\boldsymbol{Y} = \boldsymbol{A}\boldsymbol{S}_1 = \boldsymbol{A}\boldsymbol{S}_2$， r_1 和 r_2 要满足式（2.3.15），则

$$r_1 + r_2 < \mathrm{Spark}(\boldsymbol{A}) - 1 + \mathrm{rank}(\boldsymbol{Y}) \tag{2.3.27}$$

推出的式（2.3.26）与式（2.3.27）相矛盾，所以式 $\boldsymbol{Y} = \boldsymbol{A}\boldsymbol{S}$ 只有唯一解 $\boldsymbol{S}_1 = \boldsymbol{S}_2$，即 $r_1 = r_2 = K$ 。综上所述，在式（2.3.15）所表述条件成立的情况下，行稀疏矩阵可被无失真地重构出来。证毕。

利用式（2.3.15）来验证信号稀疏重构的条件相对于使用 RIP 等条件更方便和直观。

2.4 稀疏重构算法介绍

对于稀疏表示模型式（2.2.6），一个重要的问题就是已知测量信号 $\boldsymbol{y}$ 和过完备字典 $\boldsymbol{A} \in \mathbb{R}^{M \times N}$（$M \ll N$）的条件下，重构出稀疏信号 $\boldsymbol{s}$ 。观测矢量 $\boldsymbol{y}$ 的维数 M 远小于稀疏信号 $\boldsymbol{s}$ 的维数 N，导致式（2.2.6）有无穷多个解，即该问题是欠定的，很难直接从观测矢量 $\boldsymbol{y}$ 中重构出原始信号。由于已知信号矢量 $\boldsymbol{s}$ 具有稀疏性，寻求的解应该满足非零元素个数尽量少。在所有范数中，L_0 范数用来度量矢量中非零元素的个数。因此，重构的最直接方法是求解式（2.2.7）所示的最优化问题。对于含噪声的信号，若噪声分布已知，则需要求解下列最优化问题：

$$\begin{aligned} &\min_{\boldsymbol{s}} \|\boldsymbol{s}\|_0 \\ &\text{s.t.} \quad \|\boldsymbol{y} - \boldsymbol{A}\boldsymbol{s}\|_2^2 \leqslant \varepsilon \end{aligned}$$

式中，ε 为允许的最大误差。Candès 等证明了求解以上最小 L_0 范数优化可以解决稀疏重构问题，但求解最小 L_0 范数是一个 NP-hard 问题，需要穷举 $\boldsymbol{s}$ 中非零值的所有排列可能。为搜索

出最稀疏的解，穷尽所有非零项的组合，其计算复杂度极大。因此，国内外学者相继提出了一系列优化重构算法，主要包括：

（1）贪婪追踪类算法。这类算法不对稀疏性做约束，通过每次迭代时选择一个局部最优解来逐步逼近原始信号。贪婪类算法思想是以迭代的方式在字典中选择最少的列矢量，以线性组合的方式逼近信号。这类算法包括匹配追踪算法、正交匹配追踪算法[42]等。

（2）凸松弛类算法。凸松弛方法将原来的 L_0 范数问题转化为合适的 L_1 范数问题，使得原来的 NP-hard 问题转变为一个可解的凸优化问题。在保证算法全局最优的同时，能很好地逼近 L_0 范数。这类算法包括基追踪算法[43]、内点法[44]等。

（3）贝叶斯学习类算法。这类算法假设稀疏解矢量中的元素都是满足特定先验分布的随机变量，这个先验分布倾向于获得稀疏解。建立包含测量数据的最大后验概率估计器，通过寻找后验概率最大值而得到稀疏解。这类算法包括相关矢量机贝叶斯学习、拉普拉斯贝叶斯学习[45]等。

当然，稀疏重构技术种类很多，本书将结合 DOA 估计问题，在后文中详细阐述各种常用稀疏重构方法的性能及其适用条件。

2.5 本章小结

本章主要介绍了与稀疏表示理论相关的一些基础知识。首先给出了稀疏表示的基本概念和相关模型，以及稀疏表示理论与压缩感知理论的联系和区别。随后介绍了稀疏表示精确重构的理论依据，包括 NSP、RIP 和字典相关性等，还给出了多测量模型精确重构的依据。最后介绍了用于稀疏重构的常用算法，包括正交匹配追踪算法、凸松弛算法以及稀疏贝叶斯算法。介绍这些基础理论，主要是为后续章节的研究做简要的铺垫。

本章参考文献

[1] Christensen O. An Introduction to Frames and Riesz Bases [M]. Boston, MA: Birkhäuser, 2003.

[2] 胡广书. 现代信号处理教程. 第 2 版 [M]. 北京：清华大学出版社，2015.

[3] 李峰，郭毅. 压缩感知浅析 [M]. 北京：科学出版社，2015.

[4] Kovacevic J, Chebira A. Life beyond bases: The advent of frames (Part I) [J]. IEEE Signal Processing Magazine, 2007, 24(4): 86-104.

[5] Kovacevic J, Chebira A. Life beyond bases: The advent of frames (Part II) [J]. IEEE Signal Processing Magazine, 2007, 24(5): 115-125.

[6] 何艳敏. 稀疏表示在图像压缩和去噪中的应用研究[D]. 成都：电子科技大学，2012.

[7] Field D J. Relations between the statistics of natural images and the response properties of cortical cells [J]. Journal Optical Society, 1987, 4(2): 379-394.

[8] Hubel D H, Wiesel T N. Receptive fields, binocular interaction and functional architecture in the cat’s visual cortex [J]. The Journal of Physiology, 1962, 160(1): 106-154.

[9] Hubel D H, Wiesel T N. Receptive fields of single neurons in the cat's striate cortex [J]. Journal of Physiology, 1959, 148: 574-591.

[10] Mallat S G, Zhang Z. Matching pursuits with time-frequency dictionaries [J]. IEEE Transactions on Signal Processing, 1993, 41(12): 3397-3415.

[11] Daudet L. Sparse and structured decompositions of signals with the molecular matching pursuit [J]. IEEE Transactions on Audio, Speech, and Language Processing, 2006, 14(5): 1808- 1816.

[12] Ventura R, Vandergheynst P, Frossard P. Low-rate and flexible image coding with redundant representations [J]. IEEE Transactions on Image Processing, 2006, 15(3): 726-739.

[13] Rahmoune A, Vandergheynst P, Frossard P. Flexible motion-adaptive video coding with redundant expansions [J]. IEEE Transactions on Circuits and Systems for Video Technology, 2006, 16(2): 178-190.

[14] Wright J, Yang A Y, Ganesh A, et al. Robust face recognition via sparse representation [J]. IEEE Transactions on Pattern Analysis and Machine Intelligence, 2009, 31(2): 201-227.

[15] Santosa F, Symes W W. Linear inversion of band-limited reflection seismograms [J]. Siam Journal on Scientific & Statistical Computing, 1986, 7(4): 1307-1330.

[16] Bracewell R. The Fourier Transform & Its Applications (Third Edition) [M]. Jurong: McGraw Hill, 1999.

[17] Daubechies I. Ten Lectures on Wavelets [M]. Philadelphia, PA: SIAM, 1992.

[18] Mallat S G. A Wavelet Tour of Signal Processing [M]. Waltham, MA: Academic Press, 1999.

[19] Rao K R, Yip P. Discrete Cosine Transform-Algorithms Advantages Applications [M].

London: Academic Press, 1990.
[20] 鲁业频，李凤亭，陈兆龙等. 离散余弦变换编码的现状与发展研究[J]. 通信学报，2004, 25(2): 106-118.
[21] Temlyakov V. Nonlinear methods of approximation [J]. Foundations of Computational Mathematics, 2002, 33(1): 33-107.
[22] 郭金库，刘光斌，余志勇. 信号稀疏表示理论及其应用[M]. 北京：科学出版社，2013.
[23] Rubinstein R, Bruckstein A M, Elad M. Dictionaries for sparse representation modeling [J]. Proceedings of the IEEE, 2010, 98(6): 1045-1057.
[24] Do M N, Vetterli M. The contourlet transform: An efficient directional multiresolution image representation [J]. IEEE Transactions on Image Processing, 2005, 14(12): 2091-2106.
[25] Laue H. Demystifying Compressive Sensing [J], IEEE Signal Processing Magazine, 2017, 34(4): 171-176.
[26] Engan K, Aase S O, Hakon Husoy J. Method of optimal directions for frame design [C]. in Proceeding of the IEEE International Conference on Acoustics, Speech, and Signal Processing, Phoenix, AZ, USA, 1999: 2443-2446.
[27] Aharon M, Elad M, Bruckstein A. K-SVD: An algorithm for designing overcomplete dictionaries for sparse representation [J]. IEEE Transactions on Signal Processing, 2006, 54(11): 4311-4322.
[28] Donoho D L, Elad M. Optimally sparse representation in general (nonorthogonal) dictionaries via $\ell 1$ minimization [J]. Proceedings of the National Academy of Sciences, 2003, 100(5): 2197-2202.
[29] Donoho D L, Elad M, Temlyakov V N. Stable recovery of sparse overcomplete representations in the presence of noise [J]. IEEE Transactions on Information Theory, 2006, 52(1): 6-18.
[30] Baraniuk R G. A lecture on compressive sensing [J]. IEEE Signal Processing Magazine, 2007, 24(4): 1-9.
[31] Baraniuk R, Davenport M, Devore R, et al. A simple proof of the restricted isometry property for random matrices [J]. Constructive Approximation, 2008, 28(3): 253-263.
[32] Bajwa W U, Haupt J D, Raz G M, et al. Toeplitz-structured compressed sensing matrices [C]. in Proceeding of the IEEE/SP 14th Workshop on Statistical Signal Processing, Madison, WI, USA, 2007: 294-298.
[33] Eldar Y C, Kutyniok G. Compressed Sensing: Theory and Applications [M]. Cambridge: Cambridge University Press, 2012.
[34] Cohen A, Dahmen W, Devore R. Compressed sensing and best k-term approximation [J]. Journal of the American Mathematical Society, 2009, 22(1): 211-231.
[35] Candès E J. The restricted isometry property and its implications for compressed sensing [J]. Comptes Rendus Mathematique, 2008, 346(9-10): 589-592.
[36] Candès E J, Tao T. Decoding by linear programming [J]. IEEE Transactions on Information Theory, 2005, 51(12): 4203-4215.
[37] Davenport M A, Duarte M F, Eldar Y C, et al. Introduction to compressed sensing [M]//ELDAR Y C, KUTYNIOK G. Compressed Sensing: Theory and Applications.

Cambridge; Cambridge University Press. 2011.

[38] Welch L. Lower bounds on the maximum cross correlation of signals (Corresp.) [J]. IEEE Transactions on Information Theory, 1974, 20(3): 397-399.

[39] Strohmer T, Heath R W. Grassmannian frames with applications to coding and communication [J]. Applied & Computational Harmonic Analysis, 2003, 14(3): 257-275.

[40] Chen J, Huo X. Theoretical results on sparse representations of multiple-measurement vectors [J]. IEEE Transactions on Signal Processing, 2006, 54: 4634-4643.

[41] Davies M E, Eldar Y C. Rank awareness in joint sparse recovery [J]. IEEE Transactions on Information Theory, 2012, 58(2): 1135-1146.

[42] Tropp J A, Gilbert A C. Signal recovery from random measurements via orthogonal matching pursuit [J]. IEEE Transactions on Information Theory, 2007, 53(12): 4655-4666.

[43] Chen S, Donoho D, Saunders M. Atomic decomposition by basis pursuit [J]. SIAM Review, 1998, 20(1): 33-61.

[44] Kim S, Koh K, Lustig M, et al. An interior-point method for large-scale ℓ1-regularized least squares [J]. IEEE Journal of Selected Topics in Signal Processing, 2007, 1(4): 606-617.

[45] Tipping M E. Sparse Bayesian learning and the relevance vector machine [J]. The Journal of Machine Learning Research, 2001, 1: 211-244.

第 3 章　空间谱估计相关基础

空间谱估计作为阵列信号处理的重要研究领域，主要研究内容是利用天线阵列接收空域中的来波信号，并实现对各来波信号入射方向的估计。空域中的信号数量有限且不可能覆盖整个空域范围，故其具有天然的稀疏性。所以，可以利用阵列接收信号在空域上的天然稀疏性实现阵列精确测向。将空域上的稀疏信号通过稀疏重构算法估计出来等效于实现空间谱估计任务，这也为阵列测向技术的研究开辟了新思路。本章中重点介绍阵列接收数据的数学模型，包括传统模型以及稀疏表示模型。此外，介绍几种与本书后续研究紧密相关的阵列波达方向估计经典算法。

3.1　阵列接收信号模型

空间谱估计技术实际就是从复杂的观测数据中提取目标的入射参数，相当于从观测空间对目标空间的重构过程。这个重构过程将受到众多因素的影响，如复杂电磁环境、入射信号特点、空间阵列排布等。这种重构的基础就是对接收数据的模型进行数学描述，准确的模型描述有助于算法的设计，有利于提高估计精度。

3.1.1　窄带信号阵列接收模型

阵列信号处理的硬件前端，是由性能相同的多个传感器按一定几何形状排列而成的阵列，阵列中的每个传感器都被称为“阵元”。这个传感器阵列对空域中的信号进行接收，并通过微波前端将获取的信号输入后端信号处理单元，即阵列信号处理单元，然后进行信息处理。

图 3.1.1 展示了一个线性阵列接收空间信号的示意图，阵列由 M 个各向同性的阵元构成，各阵元的位置相对于参考阵元位置的距离为 $\{d_1, d_2, \cdots, d_M\}$。来自空间的一个远场窄带信号 $u(t)\mathrm{e}^{\mathrm{j}2\pi f_\mathrm{c} t}$ 入射到该阵列上，$u(t)$ 是基带信号，f_c 是信号载波频率，假设各阵元不存在通道不一致、互耦等情况的影响，入射信号被阵列接收后可以写成发射信号的延迟形式：

$$\boldsymbol{y}_{\mathrm{pb}}(t)=\begin{bmatrix} u(t-\tau_1)\mathrm{e}^{\mathrm{j}\omega_\mathrm{c}(t-\tau_1)} \\ u(t-\tau_2)\mathrm{e}^{\mathrm{j}\omega_\mathrm{c}(t-\tau_2)} \\ \vdots \\ u(t-\tau_m)\mathrm{e}^{\mathrm{j}\omega_\mathrm{c}(t-\tau_m)} \\ \vdots \\ u(t-\tau_M)\mathrm{e}^{\mathrm{j}\omega_\mathrm{c}(t-\tau_M)} \end{bmatrix} \tag{3.1.1}$$

式中，$\omega_\mathrm{c} = 2\pi f_\mathrm{c}$ 为信号载波角频率；τ_m 是由信号来波方向 θ 决定的传播延时，在图 3.1.1 所示的线阵中该传播延时为

$$\tau_m = \tau_0 + (d_m/c)\sin\theta,\ m=1,2,\cdots,M \tag{3.1.2}$$

式中，τ_0 是发射信号到参考阵元的传播延时，d_m 是第 m 个阵元到参考阵元的距离，c 是电磁

波的传播速度。不失一般性，假设 $\tau_0=0$，则有

$$\tau_m=(d_m/c)\sin\theta,\ m=1,2,\cdots,M \tag{3.1.3}$$

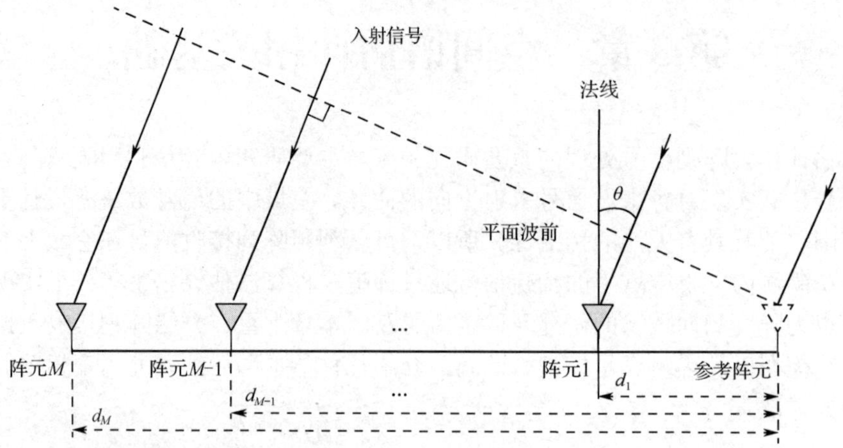

图 3.1.1　线性阵列示意图

如果将天线接收的带通信号搬移到基带，则有

$$\boldsymbol{y}(t)=\begin{bmatrix} u(t-\tau_1)\mathrm{e}^{-\mathrm{j}\omega_c\tau_1} \\ u(t-\tau_2)\mathrm{e}^{-\mathrm{j}\omega_c\tau_2} \\ \vdots \\ u(t-\tau_m)\mathrm{e}^{-\mathrm{j}\omega_c\tau_m} \\ \vdots \\ u(t-\tau_M)\mathrm{e}^{-\mathrm{j}\omega_c\tau_M} \end{bmatrix} \tag{3.1.4}$$

假设阵列孔径为 L_{ape}（以信号波长 λ 为单位），则信号通过整个阵列的最大时间为 $L_{\mathrm{ape}}\lambda/c=L_{\mathrm{ape}}/f_{\mathrm{c}}$，并且有 $\tau_m\leqslant L_{\mathrm{ape}}/f_{\mathrm{c}}$。那么，如果信号的带宽 $B_s\ll f_{\mathrm{c}}/L_{\mathrm{ape}}$（或 $B_s/f_{\mathrm{c}}\ll 1/L_{\mathrm{ape}}$），则有

$$u(t-\tau_m)\approx u(t-\tau_1) \tag{3.1.5}$$

满足 $B_s/f_{\mathrm{c}}\ll 1/L_{\mathrm{ape}}$ 条件，即被认为接收信号是窄带信号。在此条件下，各阵元接收延时的基带信号基本相同。令 $u(t-\tau_1)=s(t)$，则阵列接收的基带数据模型可以表示为

$$\boldsymbol{y}(t)=\begin{bmatrix} \mathrm{e}^{-\mathrm{j}\omega_c\tau_1} \\ \mathrm{e}^{-\mathrm{j}\omega_c\tau_2} \\ \vdots \\ \mathrm{e}^{-\mathrm{j}\omega_c\tau_M} \end{bmatrix} s(t)=\boldsymbol{a}(\theta)s(t) \tag{3.1.6}$$

式中，$\boldsymbol{a}(\theta)=[\mathrm{e}^{-\mathrm{j}\omega_c\tau_1},\mathrm{e}^{-\mathrm{j}\omega_c\tau_2},\cdots,\mathrm{e}^{-\mathrm{j}\omega_c\tau_M}]^{\mathrm{T}}$ 称为导向矢量，它就是入射信号 $s(t)$ 在阵列接收端的输出响应。以图 3.1.1 线性阵列为例，其导向矢量为

$$\boldsymbol{a}(\theta)=\begin{bmatrix} \mathrm{e}^{-\mathrm{j}\omega_c\tau_1} \\ \mathrm{e}^{-\mathrm{j}\omega_c\tau_2} \\ \vdots \\ \mathrm{e}^{-\mathrm{j}\omega_c\tau_M} \end{bmatrix}=\begin{bmatrix} \mathrm{e}^{-\mathrm{j}2\pi d_1\sin\theta/\lambda} \\ \mathrm{e}^{-\mathrm{j}2\pi d_2\sin\theta/\lambda} \\ \vdots \\ \mathrm{e}^{-\mathrm{j}2\pi d_M\sin\theta/\lambda} \end{bmatrix} \tag{3.1.7}$$

由上所述，如果有 K 个信号同时入射到阵列，则可以将接收数据模型写成

$$\boldsymbol{y}(t)=\begin{bmatrix} e^{-j\omega_c\tau_{11}} & e^{-j\omega_c\tau_{12}} & \cdots & e^{-j\omega_c\tau_{1k}} & \cdots & e^{-j\omega_c\tau_{1K}} \\ e^{-j\omega_c\tau_{21}} & e^{-j\omega_c\tau_{22}} & \cdots & e^{-j\omega_c\tau_{2k}} & \cdots & e^{-j\omega_c\tau_{2K}} \\ \vdots & \vdots & \vdots & \vdots & \ddots & \vdots \\ e^{-j\omega_c\tau_{m1}} & e^{-j\omega_c\tau_{m2}} & \cdots & e^{-j\omega_c\tau_{mk}} & \cdots & e^{-j\omega_c\tau_{mK}} \\ \vdots & \vdots & \vdots & \vdots & \ddots & \vdots \\ e^{-j\omega_c\tau_{M1}} & e^{-j\omega_c\tau_{M2}} & \cdots & e^{-j\omega_c\tau_{Mk}} & \cdots & e^{-j\omega_c\tau_{MK}} \end{bmatrix}\begin{bmatrix} s_1(t) \\ s_2(t) \\ \vdots \\ s_k(t) \\ \vdots \\ s_K(t) \end{bmatrix} = \left[\boldsymbol{a}(\theta_1)\quad \boldsymbol{a}(\theta_2)\quad \cdots\quad \boldsymbol{a}(\theta_k)\quad \cdots\quad \boldsymbol{a}(\theta_K)\right]\begin{bmatrix} s_1(t) \\ s_2(t) \\ \vdots \\ s_k(t) \\ \vdots \\ s_K(t) \end{bmatrix} \tag{3.1.8}$$

式中，τ_{mk} 表示第 k 个信号到达第 m 个阵元时相对参考阵元的传播延时，$\boldsymbol{a}(\theta_k)$ 表示入射方向为 θ_k 的导向矢量，

$$\boldsymbol{a}(\theta_k)=[e^{-j\omega_c\tau_{1k}},e^{-j\omega_c\tau_{2k}},\cdots,e^{-j\omega_c\tau_{mk}},\cdots,e^{-j\omega_c\tau_{Mk}}]^{\mathrm{T}},\ k=1,2,\cdots,K \tag{3.1.9}$$

考虑到噪声影响，K 个信号同时入射到阵列，则接收数据矢量可写为如下形式：

$$\boldsymbol{y}(t)=\boldsymbol{A}(\boldsymbol{\theta})\boldsymbol{s}(t)+\boldsymbol{e}(t) \tag{3.1.10a}$$

式中，$\boldsymbol{s}(t)=[s_1(t),s_2(t),\cdots,s_k(t),\cdots,s_K(t)]^{\mathrm{T}}$ 为 K 维入射信号矢量，$\boldsymbol{e}(t)=[e_1(t),e_2(t),\cdots,e_m(t),\cdots e_M(t)]^{\mathrm{T}}$ 为 M 维噪声矢量，$\boldsymbol{A}(\boldsymbol{\theta})$ 表示 $M\times K$ 维导向矢量矩阵，也称阵列流形矩阵：

$$\boldsymbol{A}(\boldsymbol{\theta})=[\boldsymbol{a}(\theta_1),\boldsymbol{a}(\theta_2),\cdots,\boldsymbol{a}(\theta_k),\cdots,\boldsymbol{a}(\theta_K)],\ \boldsymbol{\theta}=[\theta_1,\theta_2,\cdots,\theta_k,\cdots,\theta_K]^{\mathrm{T}} \tag{3.1.10b}$$

对于 L 个采样快拍情况，可以得到阵列输出数据模型为

$$\boldsymbol{Y}=\boldsymbol{A}(\boldsymbol{\theta})\boldsymbol{S}+\boldsymbol{E} \tag{3.1.10c}$$

式中，

$$\begin{aligned}\boldsymbol{Y}&=[\boldsymbol{y}(t_1),\boldsymbol{y}(t_2),\cdots,\boldsymbol{y}(t_L)]\\ \boldsymbol{S}&=[\boldsymbol{s}(t_1),\boldsymbol{s}(t_2),\cdots,\boldsymbol{s}(t_L)]\\ \boldsymbol{E}&=[\boldsymbol{e}(t_1),\boldsymbol{e}(t_2),\cdots,\boldsymbol{e}(t_L)]\end{aligned}$$

由上面的分析可以知道，传播延时参数 τ 一旦确定，相应的导向矢量也就确定了。传播延时参数是目标入射方向和阵元位置的函数，对于不同的阵列摆放形式，其阵元间传播延时 τ 的表达式都可由几何关系推导出来。如图 3.1.2 所示，可以推出三维空间阵元间的延时表达式

$$\tau=\frac{1}{c}(x\cos\varphi\sin\theta+y\sin\varphi\sin\theta+z\cos\theta) \tag{3.1.11}$$

以排布在 y 轴上的 M 维均匀线阵为例，阵元位置集合为

$$\{x=0,\ y=md,\ z=0,\ m=0,1,\cdots,M-1,\ d=\lambda/2\}$$

如果以坐标原点阵元为参考位置，信号 k 在 z-O-y 面内传播，入射二维角度为 $(\varphi_k=90^\circ,\theta_k)$，则阵元 m 接收信号和参考阵元接收信号之间的传播延时为

$$\tau_{mk}=\frac{1}{c}md\sin\theta_k \tag{3.1.12}$$

则有

$$\omega_{\mathrm{c}}\tau_{mk}=\frac{2\pi md\sin\theta_k}{\lambda} \tag{3.1.13}$$

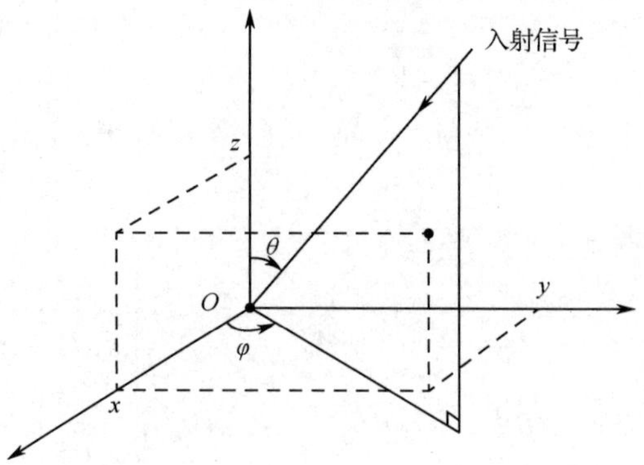

图 3.1.2　空间两个阵元的几何关系［参考阵元位置坐标（0,0,0）］

记 $\phi_k=2\pi d\sin\theta_k/\lambda$，则 M 维均匀线阵导向矢量矩阵可表示为

$$\begin{aligned}\boldsymbol{A}(\boldsymbol{\theta})&=[\boldsymbol{a}(\theta_1),\boldsymbol{a}(\theta_2),\cdots,\boldsymbol{a}(\theta_K)]\\&=\begin{bmatrix}1&1&\cdots&1\\ \mathrm{e}^{-\mathrm{j}\phi_1}&\mathrm{e}^{-\mathrm{j}\phi_2}&\cdots&\mathrm{e}^{-\mathrm{j}\phi_K}\\ \vdots&\vdots&\ddots&\vdots\\ \mathrm{e}^{-\mathrm{j}(M-1)\phi_1}&\mathrm{e}^{-\mathrm{j}(M-1)\phi_2}&\cdots&\mathrm{e}^{-\mathrm{j}(M-1)\phi_K}\end{bmatrix}\end{aligned} \tag{3.1.14}$$

由上式可以看出，均匀线阵导向矢量矩阵是一个范德蒙矩阵。相对于其他形式摆放的阵列，均匀线阵接收数据特点更突出、处理方法更灵活。

3.1.2　宽带信号阵列接收模型

在窄带信号条件下，阵列接收到的信号包络保持不变，因此可以将信号的相位延迟近似为载波频率和传播延时的乘积。窄带信号阵列处理模型根据信号到达各个阵元不同的相对相位差来构造，导向矢量只与波达方向和阵元位置有关。在宽带阵列信号处理中，阵列接收到的信号包络不能认为近似不变，相位延迟与传播延时也不再存在简单线性关系。因此，不能将阵列接收信号模型在时域中表达为简单的矢量表达式形式，需要转换到频域上来表述。

根据傅里叶变换的定义，任何信号在时间上的延迟（延时，或称时延）都可以表示为信号在频域上的搬移。当确定阵列所接收的信号为宽带信号时，将观测时间窗 T 内的采样信号平均地分成 Q 个子时间段 T_d。对于每个时间段 T_d 都进行 J 点离散傅里叶变换，对于第 q 个时间段内的接收数据频域模型[1,2][17]：

$$\boldsymbol{Y}_q(f_i)=\boldsymbol{A}(f_i)\boldsymbol{S}_q(f_i)+\boldsymbol{E}_q(f_i),\ i=1,2,\cdots,J,\ q=1,2,\cdots,Q \tag{3.1.15}$$

式中，$\boldsymbol{Y}_q(f_i)$、$\boldsymbol{S}_q(f_i)$、$\boldsymbol{E}_q(f_i)$ 分别为对应于频率 f_i 的阵列接收数据、入射信号及噪声的傅里叶变换。式（3.1.15）的阵列流形为

$$\boldsymbol{A}(f_i)=[\boldsymbol{a}_1(f_i),\boldsymbol{a}_2(f_i),\cdots,\boldsymbol{a}_k(f_i),\cdots,\boldsymbol{a}_K(f_i)] \tag{3.1.16a}$$

$$\boldsymbol{a}_k(f_i)=[\mathrm{e}^{-\mathrm{j}2\pi f_i\tau_{1k}},\mathrm{e}^{-\mathrm{j}2\pi f_i\tau_{2k}},\cdots,\mathrm{e}^{-\mathrm{j}2\pi f_i\tau_{Mk}}]^{\mathrm{T}} \tag{3.1.16b}$$

可以看到，宽带信号在频域上的阵列接收数据模型与窄带信号在时域上的阵列接收数据模型有相同的表达形式。需要注意的是，在式（3.1.15）中，宽带信号划分为 J 个子带信号。因此，对于任意子时间段 T_d，有 J 个类似式（3.1.15）的表达式成立。

3.1.3　相干信号的接收模型

相干信号是实际应用环境中经常遇到的一类信号，比如，信号在无线传输过程中出现的多径现象、敌方布设的有源电磁诱饵等。对多个同时到达相干信号的检测和波达方向估计是阵列空间谱估计的难题之一。若考虑多个同时入射信号，这些信号之间的统计关系有三种可能：不相关、相关和相干。在统计学中，用来描述不同信号之间相关特性的统计量是相关系数。对于两个平稳信号 $s_i(t)$ 和 $s_j(t)$，它们之间的相关系数定义为

$$\rho_{ij}=\frac{\mathbb{E}[s_i(t)s_j^*(t)]}{\sqrt{\mathbb{E}\left[\left|s_i(t)\right|^2\right]\mathbb{E}\left[\left|s_j(t)\right|^2\right]}} \tag{3.1.17}$$

显然 $\left|\rho_{ij}\right|\leqslant 1$，信号之间的相关性为

$$\begin{cases}\left|\rho_{ij}\right|=1, & s_i(t)\text{和}s_j(t)\text{相干}\\ 0<\left|\rho_{ij}\right|<1, & s_i(t)\text{和}s_j(t)\text{相关}\\ \left|\rho_{ij}\right|=0, & s_i(t)\text{和}s_j(t)\text{不相关}\end{cases}$$

由上式的定义可知，当两个信号相干时，这两个信号之间只相差一个复常数。设 $s_0(t)$ 为生成信源，存在 K 个相干信号源

$$s_k(t)=\alpha_k s_0(t),\ k=0,1,\cdots,K-1$$

以不同方向入射到一个阵列上，由数据模型式（3.1.10c），不考虑噪声影响可以得到相干信号接收模型

$$\boldsymbol{Y}=\boldsymbol{A}(\boldsymbol{\theta})\boldsymbol{S}=\boldsymbol{A}(\boldsymbol{\theta})\begin{bmatrix}1\\ \alpha_1\\ \vdots\\ \alpha_{K-1}\end{bmatrix}[s_0(t_1),s_0(t_2),\cdots,s_0(t_L)] \tag{3.1.18}$$

由式（3.1.18）可以看出，信号的相干性关系使得接收模型 $\boldsymbol{Y}$ 变成了秩 1 矩阵。相干信号入射导致的丢秩现象，使得相干信号入射方向估计成为空间谱估计中的一个难点问题。

3.1.4　克拉美罗界

在参数估计领域，评价一个算法估计优劣的一个重要衡量指标就是克拉美罗界（Cramer-Rao Bound，CRB）。所谓克拉美罗界，是指无偏估计量的误差方差下界，估计误差的方差越靠近克拉美罗界，说明算法估计的效果就越好。无偏估计量的方差只能无限逼近 CRB，而不会小于 CRB。克拉美罗界本身不关心具体的估计方式，只是去反映利用已有信息所能估计参数的最好效果。本节针对基于阵列的波达方向估计问题，简要介绍随机入射信号模型的克拉美罗界。

假设入射信号波形为随机矢量，其均值为零；假设噪声为零均值高斯白噪声，且功率为 σ_0。接收空间信号的阵列由具有各向同性的 M 个阵元组成，K 个不相关信号 $\boldsymbol{s}(t)=[s_1(t),s_2(t),\cdots,s_K(t)]^{\mathrm{T}}$，入射方向为 $\boldsymbol{\theta}=[\theta_1,\theta_2,\cdots,\theta_K]^{\mathrm{T}}$，接收数据快拍数为 L，阵列输出模型为

$$\boldsymbol{y}(t_l)=\boldsymbol{A}(\boldsymbol{\theta})\boldsymbol{s}(t_l)+\boldsymbol{e}(t_l),\ l=1,2,\cdots,L \tag{3.1.19}$$

根据假设可知

$$\boldsymbol{y}(t) \sim \mathcal{CN}(0, \boldsymbol{R}) \tag{3.1.20}$$

式中，数据协方差阵

$$\boldsymbol{R} = \boldsymbol{A}(\boldsymbol{\theta})\mathrm{diag}(\boldsymbol{p})\boldsymbol{A}^{\mathrm{H}}(\boldsymbol{\theta}) + \sigma_0 \boldsymbol{I}_M \tag{3.1.21}$$

式中，$\boldsymbol{p} = [p_1, p_2, \cdots, p_K]^{\mathrm{T}}$，表示入射信号的功率矢量；$\mathrm{diag}(\boldsymbol{p}) = \mathbb{E}[\boldsymbol{s}(t)\boldsymbol{s}^{\mathrm{H}}(t)]$ 为信号协方差阵。定义未知参数矢量

$$\boldsymbol{\omega} = [\boldsymbol{\theta}^{\mathrm{T}}, \boldsymbol{\tau}^{\mathrm{T}}]^{\mathrm{T}}, \boldsymbol{\tau} = [\boldsymbol{p}^{\mathrm{T}}, \sigma_0]^{\mathrm{T}} \tag{3.1.22}$$

Fisher 信息矩阵[3]为

$$\begin{aligned} \boldsymbol{F}(m,n) &= L \ \mathrm{tr}\left\{ \boldsymbol{R}^{-1} \frac{\partial \boldsymbol{R}}{\partial \omega_m} \boldsymbol{R}^{-1} \frac{\partial \boldsymbol{R}}{\partial \omega_n} \right\} \\ &= L \ \boldsymbol{r}_m^{\mathrm{H}} \boldsymbol{W}_R \boldsymbol{r}_n \end{aligned} \tag{3.1.23}$$

式中，$\boldsymbol{W}_R = \boldsymbol{R}^{-\mathrm{T}} \otimes \boldsymbol{R}^{-1}$，$\omega_m$ 表示 $\boldsymbol{\omega}$ 的第 m 个元素，$\boldsymbol{r}_m = \mathrm{vec}\left(\frac{\partial \boldsymbol{R}}{\partial \omega_m} \right)$。对 Fisher 信息矩阵进行分块表示：

$$\boldsymbol{F} = \begin{pmatrix} \boldsymbol{F}_{\theta\theta} & \boldsymbol{F}_{\theta\tau} \\ \boldsymbol{F}_{\tau\theta} & \boldsymbol{F}_{\tau\tau} \end{pmatrix} \tag{3.1.24}$$

由于协方差矩阵可以表示为

$$\begin{aligned} \boldsymbol{R} &= \boldsymbol{A}(\boldsymbol{\theta})\mathrm{diag}(\boldsymbol{p})\boldsymbol{A}^{\mathrm{H}}(\boldsymbol{\theta}) + \sigma_0 \boldsymbol{I}_M \\ &= \sum_{k=1}^{K} \boldsymbol{a}(\theta_k) p_k \boldsymbol{a}^{\mathrm{H}}(\theta_k) + \sigma_0 \boldsymbol{I}_M \end{aligned} \tag{3.1.25}$$

根据式（3.1.25）可得

$$\begin{aligned} \boldsymbol{r}_{\theta_k} &= \mathrm{vec}\left(\frac{\partial \boldsymbol{R}}{\partial \theta_k} \right) = p_k \ \mathrm{vec}[\boldsymbol{a}'(\theta_k)\boldsymbol{a}^{\mathrm{H}}(\theta_k) + \boldsymbol{a}(\theta_k)(\boldsymbol{a}'(\theta_k))^{\mathrm{H}}] \\ &= p_k[\boldsymbol{a}^*(\theta_k) \otimes \boldsymbol{a}'(\theta_k) + (\boldsymbol{a}'(\theta_k))^* \otimes \boldsymbol{a}(\theta_k)] \end{aligned} \tag{3.1.26}$$

$$\boldsymbol{r}_{p_k} = \mathrm{vec}\left(\frac{\partial \boldsymbol{R}}{\partial p_k} \right) = \mathrm{vec}[\boldsymbol{a}(\theta_k)\boldsymbol{a}^{\mathrm{H}}(\theta_k)] = \boldsymbol{a}^*(\theta_k) \otimes \boldsymbol{a}(\theta_k) \tag{3.1.27}$$

$$\boldsymbol{r}_{\sigma_0} = \mathrm{vec}\left(\frac{\partial \boldsymbol{R}}{\partial \sigma_0} \right) = \mathrm{vec}(\boldsymbol{I}_M) \tag{3.1.28}$$

式中，$\boldsymbol{a}'(\theta_k) = \dfrac{\partial \boldsymbol{a}(\theta_k)}{\partial \theta_k}$。结合式（3.1.24）、式（3.1.26）、式（3.1.27）和式（3.1.28），可将 Fisher 信息矩阵中的各子块矩阵表示为

$$\begin{aligned} \boldsymbol{F}_{\theta\theta} &= L\boldsymbol{D}_{\theta}^{\mathrm{H}} \boldsymbol{W}_R \boldsymbol{D}_{\theta} \\ \boldsymbol{F}_{\theta\tau} &= L\boldsymbol{D}_{\theta}^{\mathrm{H}} \boldsymbol{W}_R \boldsymbol{D}_{\tau} \\ \boldsymbol{F}_{\tau\theta} &= L\boldsymbol{D}_{\tau}^{\mathrm{H}} \boldsymbol{W}_R \boldsymbol{D}_{\theta} \\ \boldsymbol{F}_{\tau\tau} &= L\boldsymbol{D}_{\tau}^{\mathrm{H}} \boldsymbol{W}_R \boldsymbol{D}_{\tau} \end{aligned} \tag{3.1.29}$$

式中，$\boldsymbol{D}_{\theta} = [\boldsymbol{r}_{\theta_1}, \cdots, \boldsymbol{r}_{\theta_K}], \boldsymbol{D}_{\tau} = [\boldsymbol{r}_{p_1}, \cdots, \boldsymbol{r}_{p_K}, \boldsymbol{r}_{\sigma_0}]$。最终可得信号来波方向估计的克拉美罗界为

$$\mathrm{CRB}_{\theta} = (\boldsymbol{F}_{\theta\theta} - \boldsymbol{F}_{\theta\tau}\boldsymbol{F}_{\tau\tau}^{-1}\boldsymbol{F}_{\tau\theta})^{-1} \tag{3.1.30}$$

其对角线元素为各入射方向估计的克拉美罗界。阵列空间谱估计的克拉美罗界的详细介绍见参考文献[4-6]。

3.2 波达方向估计经典方法

本节主要讨论几个常用的经典波达方向估计算法，包括基本的波束搜索算法、基于小方差无畸变准则的 Capon 算法、基于子空间技术的 MUSIC 和 ESPRIT 算法、以及最大似然估计方法，并对部分算法给出简短的推导过程和性能分析。

3.2.1 波束搜索测向算法

波束搜索测向算法[7]实际就是传统的波束形成技术，它利用期望波束指向不同的权矢量对接收信号进行合成，从而实现对不同空域角度“入射”信号功率的估计。为简化讨论，假设 M 维阵列接收的数据中仅包含一个入射角度为 θ_k 的目标信号，利用波束指向为 θ 的波束形成权矢量 $\boldsymbol{w}(\theta)$ 对接收信号进行合成。信号和噪声不相关，由接收数据模型式（3.1.10）可以得到阵列输出的归一化空间谱为

$$\begin{aligned}P(\theta)&=\mathbb{E}\left\{\frac{1}{M^2}\left|\boldsymbol{w}^{\mathrm{H}}(\theta)\boldsymbol{y}(t)\right|^2\right\}\\&=\mathbb{E}\left\{\frac{1}{M^2}\left|\boldsymbol{w}^{\mathrm{H}}(\theta)\boldsymbol{a}(\theta_k)s(t)+\boldsymbol{w}^{\mathrm{H}}(\theta)\boldsymbol{e}(t)\right|^2\right\}\\&=\frac{\sigma_{\mathrm{s}}}{M^2}\left|\boldsymbol{w}^{\mathrm{H}}(\theta)\boldsymbol{a}(\theta_k)\right|^2+\frac{\sigma_0}{M}\\&=\frac{\sigma_{\mathrm{s}}}{M^2}G(\theta)+\frac{\sigma_0}{M}\end{aligned}\tag{3.2.1}$$

式中，σ_{s} 和 σ_0 为信号和噪声功率，$G(\theta)=\left|\boldsymbol{w}^{\mathrm{H}}(\theta)\boldsymbol{a}(\theta_k)\right|^2$ 表示权矢量 $\boldsymbol{w}(\theta)$ 对 θ_k 方向入射信号的增益。当 $\boldsymbol{w}(\theta)=\boldsymbol{a}(\theta_k)$ 时，$G(\theta)$ 取得最大值，此时可得到该方向上的输入信号功率估计。因此，改变权矢量 $\boldsymbol{w}(\theta)$ 的波束指向对接收信号在整个空域角度范围内进行扫描，就可以得到接收信号的功率分布，所以，上述方法也称波束扫描功率谱估计。当阵列为均匀线阵且阵元间距为 d 时，阵列天线增益 $G(\theta)$ 可写为

$$\begin{aligned}G(\theta)&=\left|\boldsymbol{w}^{\mathrm{H}}(\theta)\boldsymbol{a}(\theta_k)\right|^2\\&=\left|\sum_{m=1}^{M}\mathrm{e}^{\mathrm{j}2\pi d(m-1)(\sin\theta-\sin\theta_k)/\lambda}\right|^2\\&=\frac{\sin^2\{\pi Md(\sin\theta-\sin\theta_k)/\lambda\}}{\sin^2(\pi d\left(\sin\theta-\sin\theta_k\right)/\lambda)}\end{aligned}\tag{3.2.2}$$

当 $\sin\theta-\sin\theta_k=q\lambda/Md,q=0,\pm1,\cdots$ 时，阵列增益 $G(\theta)$ 有最大值。一般而言，要保证对接收信号空间谱进行有效估计，必须避免测向模糊。这要求阵列增益在全部空域范围内仅存在一个最大值，且该最大值仅在 $q=0$ 时取得，即 $\theta=\theta_k$ 时出现。根据阵列增益取得最大值的位置可以对目标的角度和功率进行估计。波束搜索测向的局限性在于其目标分辨力较低，即使权矢量 $\boldsymbol{w}(\theta)$ 对应的角度 θ 不等于目标角度 θ_k，θ_k 方向上依然可能存在较大的“功率”输出，从而影响邻近空域范围内其他目标的功率估计，这就限制了该算法对空域邻近目标的分辨力。要改善波束扫描方法的空间分辨力，必须增大阵列的孔径。但在大多数情况下，尤其是弹载或机载系统，阵列孔径不可能太大。对于低频天线阵列，在有限平台条件下采用该算法获得

的空间分辨力更低，这严重限制了波束搜索算法的应用。

3.2.2 Capon 测向算法

Capon 为了解决波束搜索算法分辨力不足问题，在 1969 年提出了最小方差谱估计算法[8][9]，这种算法由最小方差无畸变响应（MVDR）波束形成器演化而来。这种波束形成器试图最小化噪声和干扰输出功率，同时保持观测方向功率值输出一定。假定其权重矢量 $\boldsymbol{w}$ 和目标导向矢量 $\boldsymbol{a}(\theta)$ 乘积为 1，可以得到目标函数和约束条件如下：

$$\begin{aligned}&\min_{\boldsymbol{w}}\ P(\boldsymbol{w})\\&\text{s.t.}\ \ \boldsymbol{w}^{\mathrm{H}}\boldsymbol{a}(\theta)=1\end{aligned}\tag{3.2.3}$$

式中，输出功率 $P(\boldsymbol{w})=\mathbb{E}[\boldsymbol{w}^{\mathrm{H}}\boldsymbol{y}(t)\boldsymbol{y}^{\mathrm{H}}(t)\boldsymbol{w}]=\boldsymbol{w}^{\mathrm{H}}\boldsymbol{R}\boldsymbol{w}$，接收数据协方差矩阵 $\boldsymbol{R}=\mathbb{E}\ [\boldsymbol{y}(t)\boldsymbol{y}^{\mathrm{H}}(t)]$。可以使用拉格朗日（Lagrangian）乘数法解决式（3.2.3）所示的最优化问题。首先将上述优化问题变为无约束最优化问题：

$$\min_{\boldsymbol{w}}\ \boldsymbol{w}^{\mathrm{H}}\boldsymbol{R}\boldsymbol{w}+\lambda(\boldsymbol{w}^{\mathrm{H}}\boldsymbol{a}(\theta)-1)\tag{3.2.4}$$

对式（3.2.4）所示的目标函数求关于 $\boldsymbol{w}^{\mathrm{H}}$ 的梯度，并令其为零，可以得到最优权矢量的解为

$$\boldsymbol{w}^{\mathrm{H}}=-\lambda\boldsymbol{a}^{\mathrm{H}}(\theta)\boldsymbol{R}^{-1}(\theta)\tag{3.2.5}$$

再应用约束条件 $\boldsymbol{w}^{\mathrm{H}}\boldsymbol{a}(\theta)=1$，可以得到

$$\lambda=-\frac{1}{\boldsymbol{a}^{\mathrm{H}}(\theta)\boldsymbol{R}^{-1}\boldsymbol{a}(\theta)}\tag{3.2.6}$$

所以

$$\boldsymbol{w}_{\mathrm{MVDR}}=\frac{\boldsymbol{R}^{-1}\boldsymbol{a}(\theta)}{\boldsymbol{a}^{\mathrm{H}}(\theta)\boldsymbol{R}^{-1}\boldsymbol{a}(\theta)}\tag{3.2.7}$$

将其代入 $P(\boldsymbol{w})=\boldsymbol{w}^{\mathrm{H}}\boldsymbol{R}\boldsymbol{w}$，得到空间谱估计：

$$P_{\mathrm{Cap}}(\theta)=\frac{\boldsymbol{a}^{\mathrm{H}}(\theta)\boldsymbol{R}^{-1}}{\boldsymbol{a}^{\mathrm{H}}(\theta)\boldsymbol{R}^{-1}\boldsymbol{a}(\theta)}\boldsymbol{R}\frac{\boldsymbol{R}^{-1}\boldsymbol{a}(\theta)}{\boldsymbol{a}^{\mathrm{H}}(\theta)\boldsymbol{R}^{-1}\boldsymbol{a}(\theta)}=\frac{1}{\boldsymbol{a}^{\mathrm{H}}(\theta)\boldsymbol{R}^{-1}\boldsymbol{a}(\theta)}\tag{3.2.8}$$

Capon 算法同样以空间角度 θ 为变量进行空间谱估计，以搜索的谱峰位置获得目标来波方向的估计。

3.2.3 MUSIC 测向算法

Schmidt 提出的 MUSIC 算法实现了多目标的超分辨 DOA 估计[10]。该算法基于协方差矩阵的特征分解，将多个特征矢量分成信号与噪声子空间两个部分，并利用两个子空间的正交性原理实现超分辨测向。MUSIC 算法因其较高的分辨力及稳定性而被广泛应用，下面简述其原理和实现方法。

假设入射信号和噪声不相关，由式（3.1.10a）可知，M 维阵列接收数据 $\boldsymbol{y}(t)$ 的协方差矩阵为

$$\boldsymbol{R}=\mathbb{E}\ [\boldsymbol{y}(t)\boldsymbol{y}^{\mathrm{H}}(t)]=\boldsymbol{A}(\boldsymbol{\theta})\boldsymbol{R}_{\mathrm{s}}\boldsymbol{A}^{\mathrm{H}}(\boldsymbol{\theta})+\boldsymbol{R}_{\mathrm{e}}\tag{3.2.9}$$

式中，$\boldsymbol{R}_{\mathrm{s}}$ 表示入射信号的协方差矩阵，$\boldsymbol{R}_{\mathrm{e}}$ 表示噪声的协方差矩阵，两者定义为

$$\begin{cases}\boldsymbol{R}_{\mathrm{s}}=\mathbb{E}\ [\boldsymbol{s}(t)\boldsymbol{s}^{\mathrm{H}}(t)]\\\boldsymbol{R}_{\mathrm{e}}=\mathbb{E}\ [\boldsymbol{e}(t)\boldsymbol{e}^{\mathrm{H}}(t)]\end{cases}\tag{3.2.10}$$

如果 K 个入射信号相互独立，则 $\boldsymbol{R}_\mathrm{s}$ 是一个对角阵，其对角线上的元素分别代表各信号的功率。$\boldsymbol{A}(\boldsymbol{\theta})\boldsymbol{R}_\mathrm{s}\boldsymbol{A}^\mathrm{H}(\boldsymbol{\theta})$ 为共轭对称阵，所以特征值是正实数。在各个阵元噪声为空时白噪声的假设下，噪声的协方差矩阵 $\boldsymbol{R}_\mathrm{e}=\sigma_0\boldsymbol{I}_M$，这里 σ_0 表示噪声功率。对数据协方差矩阵 $\boldsymbol{R}$ 进行特征分解：

$$\boldsymbol{R}=\sum_{m=1}^{M}\lambda_m\boldsymbol{u}_m\boldsymbol{u}_m^\mathrm{H}=\boldsymbol{U}_\mathrm{s}\boldsymbol{\Lambda}_\mathrm{s}\boldsymbol{U}_\mathrm{s}^\mathrm{H}+\boldsymbol{U}_\mathrm{e}\boldsymbol{\Lambda}_\mathrm{e}\boldsymbol{U}_\mathrm{e}^\mathrm{H} \tag{3.2.11}$$

式中，λ_m 与 $\boldsymbol{u}_m$ 分别表示 $\boldsymbol{R}$ 的第 m 个特征值和该特征值对应的特征矢量。特征值满足 $\lambda_1\geqslant\lambda_2\geqslant\cdots\geqslant\lambda_K\geqslant\lambda_{K+1}\geqslant\cdots\geqslant\lambda_M$，$M$ 个特征值可以构成两个对角矩阵 $\boldsymbol{\Lambda}_\mathrm{s}=\mathrm{diag}\{\lambda_1,\lambda_2,\cdots,\lambda_K\}$ 和 $\boldsymbol{\Lambda}_\mathrm{e}=\mathrm{diag}\{\lambda_{K+1},\lambda_{K+2},\cdots,\lambda_M\}$，分别由相对较大的信号特征值和较小的噪声特征值构成。因此，$\boldsymbol{U}_\mathrm{s}=[\boldsymbol{u}_1,\boldsymbol{u}_2,\cdots,\boldsymbol{u}_K]$ 构成了信号子空间，$\boldsymbol{U}_\mathrm{e}=[\boldsymbol{u}_{K+1},\boldsymbol{u}_{K+2},\cdots,\boldsymbol{u}_M]$ 构成了噪声子空间。根据信号子空间与噪声子空间的正交关系，可推断出阵列导向矢量也与噪声子空间具有正交关系，即

$$\boldsymbol{a}^\mathrm{H}(\theta_k)\boldsymbol{U}_\mathrm{e}=0,\ k=1,2,\cdots,K \tag{3.2.12}$$

然而，实际测向系统中接收数据快拍有限，所以通常采用最大似然估计的方法来近似计算协方差矩阵：

$$\hat{\boldsymbol{R}}=\frac{1}{L}\sum_{l=1}^{L}\boldsymbol{y}(t_l)\boldsymbol{y}^\mathrm{H}(t_l) \tag{3.2.13}$$

其中，L 是采样快拍数。对 $\hat{\boldsymbol{R}}$ 进行特征分解得到噪声子空间 $\hat{\boldsymbol{U}}_\mathrm{e}$ 后，利用信号子空间与噪声子空间的正交原理来构造 MUSIC 算法的空间谱函数：

$$P_\mathrm{MUSIC}(\theta)=\frac{1}{\boldsymbol{a}^\mathrm{H}(\theta)\hat{\boldsymbol{U}}_\mathrm{e}\hat{\boldsymbol{U}}_\mathrm{e}^\mathrm{H}\boldsymbol{a}(\theta)} \tag{3.2.14}$$

上述空间谱是对导向矢量与噪声子空间之间正交特性的衡量，并不是物理意义上真正的谱含义，所以也被称为空间伪谱。伪谱中 K 个极大值点所对应的角度就是信号波达方向估计值。关于 MUSIC 方法的性能分析参见文献[5,6]。MUSIC 算法步骤如算法 3.1 所示。

算法 3.1　多重信号分类算法（MUSIC 算法）

输入：多快拍接收数据 $\boldsymbol{Y}\in\mathbb{C}^{M\times L}$。

1）计算采样协方差阵 $\hat{\boldsymbol{R}}$；

2）对 $\hat{\boldsymbol{R}}$ 进行特征分解，求出对应特征值及特征矢量；

3）按照特征值大小排序，根据特征值判断信号数 K 并确定信号与噪声子空间 $\boldsymbol{U}_\mathrm{s}$ 与 $\boldsymbol{U}_\mathrm{e}$；

4）通过式（3.2.14）得到空间谱估计；

5）对空间谱进行谱峰搜索，前 K 个极大值点对应的角度就是目标入射方向。

输出：目标入射角度 θ。

3.2.4 Root-MUSIC 算法

经典的 MUSIC 算法适合于阵元任意摆放的测向问题，算法需要进行谱峰搜索来找到目标入射方向。对于相邻阵元间距为 d 的 M 维均匀线阵，可以使用 Root-MUSIC 算法实现空间谱估计[11][12]，该算法以求多项式根替代了谱峰搜索过程。定义一个多项式

$$f(z)=\boldsymbol{u}_m^\mathrm{H}\boldsymbol{p}(z),\ m=K+1,\cdots,M \tag{3.2.15}$$

式中，$\boldsymbol{u}_m$ 是阵列接收数据协方差矩阵中 $M-K$ 个小特征值对应着的特征矢量，它们共同组成了噪声子空间 $\boldsymbol{U}_\mathrm{e}=[\boldsymbol{u}_{K+1},\boldsymbol{u}_{K+2},\cdots,\boldsymbol{u}_M]$，见式（3.2.11）。设

$$\boldsymbol{p}(z)=[1,z,\cdots,z^{M-1}]^{\mathrm{T}} \tag{3.2.16}$$

当 $z=\exp\{\mathrm{j}2\pi d\sin(\theta)/\lambda\}$ 时，$\boldsymbol{p}(z)$ 就是均匀阵列形成的导向矢量。将式（3.2.15）改写为

$$g(z)=\boldsymbol{p}^{\mathrm{H}}(z)\boldsymbol{U}_{\mathrm{e}}\boldsymbol{U}_{\mathrm{e}}^{\mathrm{H}}\boldsymbol{p}(z) \tag{3.2.17}$$

如果信号由角度 θ_k 入射，由信号空间与噪声子正交性，可知上式结果应该为零。因此，入射目标方向可以通过求解式（3.2.17）的根来实现。由于上式存在 z^* 项，将式（3.2.17）化简为

$$g(z)=z^{M-1}\boldsymbol{p}^{\mathrm{T}}(z^{-1})\boldsymbol{U}_{\mathrm{e}}\boldsymbol{U}_{\mathrm{e}}^{\mathrm{H}}\boldsymbol{p}(z) \tag{3.2.18}$$

显然，$g(z)$ 的阶数是 $2(M-1)$，所以有 $M-1$ 对共轭根，其中分布在单位圆上的 K 个根是我们需要的，即

$$z_k=\exp\{\mathrm{j}2\pi d\sin(\theta_k)/\lambda\},\ 1\leqslant k\leqslant K \tag{3.2.19}$$

在实际的测向系统中，因为有噪声的存在，由式（3.2.18）求得的根不可能正好在单位圆上，所以只需要选取其中模值最接近单位圆的 K 个根即可，波达方向的估计值为

$$\hat{\theta}_k=\arcsin\left\{\frac{\lambda}{2\pi d}\arg(\hat{z}_k)\right\},\quad k=1,2,\cdots,K \tag{3.2.20}$$

Root-MUSIC 算法步骤如算法 3.2 所示。

算法 3.2 求根 MUSIC 算法（Root-MUSIC）

输入：多快拍接收数据 $\boldsymbol{Y}\in\mathbb{C}^{M\times L}$ 。

1）计算采样协方差阵 $\hat{\boldsymbol{R}}$ ；

2）对 $\hat{\boldsymbol{R}}$ 进行特征分解，求出对应特征值及特征矢量；

3）按照特征值排序，根据特征值判断信号数 K 并确定信号与噪声子空间 $\boldsymbol{U}_{\mathrm{s}}$ 与 $\boldsymbol{U}_{\mathrm{e}}$ ；

4）根据式（3.2.17）定义，求多项式 $g(z)$ 的根；

5）找出单位圆附近上的 K 个根，根据式（3.2.19）求出对应信源角度 θ 。

输出：目标入射角度 θ 。

Root-MUSIC 算法与经典 MUSIC 算法的基本原理是相同的，只不过是用多项式求根的过程代替了空间谱搜索的过程，一般只适用于均匀线阵情况。因为接收信号过程中的噪声影响，求得的根无法满足刚好在单位圆上，所以会对估计带来一定的误差。当经典 MUSIC 算法 DOA 估计的均方根误差（RMSE）和 Root-MUSIC 算法求根估计的 RMSE 相等时，经典 MUSIC 算法 DOA 估计的精度要比 Root-MUSIC 算法 DOA 估计的精度略低[12][13]。所以，Root-MUSIC 算法波达方向估计的性能比经典 MUSIC 算法好。

3.2.5 ESPRIT 算法

基于旋转不变技术的参数估计方法（ESPRIT）[14][15]也属于一种子空间测向方法。算法的核心思想是：阵列接收数据矢量经过旋转后张成的信号子空间与原矢量张成的信号子空间相同，即信号子空间的特性保持不变。为了保证信号子空间的旋转不变性，可以通过平移等手段将阵列划分成两个或两个以上结构相同的子阵列，这样，只要找到两个子阵之间的旋转不变关系，就可以得到关于波达方向的信息。

将一个由 M 个阵元组成的均匀线阵分解为距离为 $\varDelta$ 的两个结构完全相同的子阵。对于任意一个入射信号 $s_k(t)$，两个子阵的输出结果只有一个相位差值 $\phi_k(\varDelta)$ 。以图 3.2.1 为例，两个子阵分别包含 $M-1$ 个阵元，两子阵的间距 $\varDelta$ 等于相邻阵元的间距 d。可以得到两个子阵接收

数据模型分别为

$$\begin{cases} \boldsymbol{y}_1(t)=[\boldsymbol{a}(\theta_1),\boldsymbol{a}(\theta_2),\cdots,\boldsymbol{a}(\theta_K)]\boldsymbol{s}(t)+\boldsymbol{e}_1(t)=\boldsymbol{A}\boldsymbol{s}(t)+\boldsymbol{e}_1(t) \\ \boldsymbol{y}_2(t)=[\boldsymbol{a}(\theta_1)\mathrm{e}^{\mathrm{j}\phi_1},\boldsymbol{a}(\theta_2)\mathrm{e}^{\mathrm{j}\phi_2},\cdots,\boldsymbol{a}(\theta_K)\mathrm{e}^{\mathrm{j}\phi_K}]\boldsymbol{s}(t)+\boldsymbol{e}_2(t)=\boldsymbol{A\Phi s}(t)+\boldsymbol{e}_2(t) \end{cases} \tag{3.2.21}$$

式中，第一个子阵的阵列流形为 $\boldsymbol{A}$，第二个子阵的阵列流形为 $\boldsymbol{A\Phi}$，且

$$\boldsymbol{\Phi}=\mathrm{diag}\{\mathrm{e}^{\mathrm{j}\phi_1},\mathrm{e}^{\mathrm{j}\phi_2},\cdots,\mathrm{e}^{\mathrm{j}\phi_K}\} \tag{3.2.22}$$

$$\phi_k=\frac{2\pi\Delta}{\lambda}\sin\theta_k=\frac{2\pi d}{\lambda}\sin\theta_k,\ k=1,2,\cdots,K \tag{3.2.23}$$

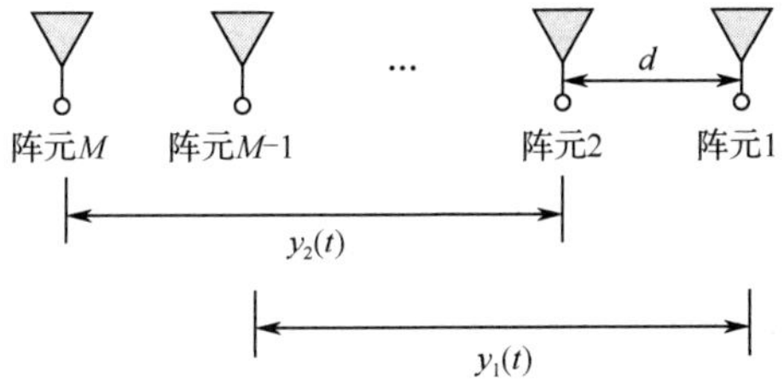

图 3.2.1　子阵列划分示意图

显而易见，如果能求得 $\boldsymbol{\Phi}$ 的对角线元素 ϕ_k，就可以计算出目标的波达方向。假设两个子阵采集了 L 个快拍数据，则有

$$\begin{cases} \boldsymbol{Y}_1=\boldsymbol{AS}+\boldsymbol{E}_1 \\ \boldsymbol{Y}_2=\boldsymbol{A\Phi S}+\boldsymbol{E}_2 \end{cases} \tag{3.2.24}$$

将两个子阵的接收数据组成一个 $2(M-1)\times L$ 维矩阵

$$\boldsymbol{Z}=\begin{bmatrix}\boldsymbol{Y}_1\\\boldsymbol{Y}_2\end{bmatrix}=\begin{bmatrix}\boldsymbol{A}\\\boldsymbol{A\Phi}\end{bmatrix}\boldsymbol{S}+\begin{bmatrix}\boldsymbol{E}_1\\\boldsymbol{E}_2\end{bmatrix}=\boldsymbol{A}_z\boldsymbol{S}+\boldsymbol{E}_z \tag{3.2.25}$$

式中，

$$\boldsymbol{A}_z=\begin{bmatrix}\boldsymbol{A}\\\boldsymbol{A\Phi}\end{bmatrix},\ \boldsymbol{E}_z=\begin{bmatrix}\boldsymbol{E}_1\\\boldsymbol{E}_2\end{bmatrix}$$

新数据协方差矩阵

$$\boldsymbol{R}_z=\mathbb{E}\,[\boldsymbol{ZZ}^{\mathrm{H}}]=\boldsymbol{A}_z\boldsymbol{R}_{\mathrm{s}}\boldsymbol{A}_z^{\mathrm{H}}+\boldsymbol{R}_{\mathrm{e}} \tag{3.2.26}$$

式中，

$$\boldsymbol{R}_{\mathrm{s}}=\mathbb{E}\,[\boldsymbol{SS}^{\mathrm{H}}],\ \boldsymbol{R}_{\mathrm{e}}=\mathbb{E}\,[\boldsymbol{E}_z\boldsymbol{E}_z^{\mathrm{H}}]$$

对 $\boldsymbol{R}_z$ 进行特征分解，可以得到 $2(M-1)\times K$ 维信号子空间 $\boldsymbol{U}_{\mathrm{s}}$。由于 $\boldsymbol{A}_z$ 与 $\boldsymbol{U}_{\mathrm{s}}$ 张成同样的空间，所以存在一个唯一的非奇异矩阵 $\boldsymbol{T}$，使得

$$\boldsymbol{U}_{\mathrm{s}}=\boldsymbol{A}_z\boldsymbol{T}=\begin{bmatrix}\boldsymbol{AT}\\\boldsymbol{A\Phi T}\end{bmatrix} \tag{3.2.27}$$

将 $\boldsymbol{U}_{\mathrm{s}}$ 分解成两个 $(M-1)\times K$ 矩阵，可以得到

$$\boldsymbol{U}_{\mathrm{s}}=\begin{bmatrix}\boldsymbol{U}_{\mathrm{s1}}\\\boldsymbol{U}_{\mathrm{s2}}\end{bmatrix}=\begin{bmatrix}\boldsymbol{AT}\\\boldsymbol{A\Phi T}\end{bmatrix} \tag{3.2.28}$$

由式（3.2.28）可知 $\boldsymbol{U}_{\mathrm{s1}}$ 与 $\boldsymbol{U}_{\mathrm{s2}}$ 有如下关系：

$$\boldsymbol{U}_{\mathrm{s2}}=\boldsymbol{U}_{\mathrm{s1}}\boldsymbol{T}^{-1}\boldsymbol{\Phi T}=\boldsymbol{U}_{\mathrm{s1}}\boldsymbol{\Psi} \tag{3.2.29}$$

式中，$\boldsymbol{\Psi}=\boldsymbol{T}^{-1}\boldsymbol{\Phi T}$。矩阵 $\boldsymbol{\Psi}$ 与 $\boldsymbol{\Phi}$ 相似，所以两者特征值相同。因此，通过对 $\boldsymbol{\Psi}$ 的特征分解得

到 K 个特征值，再结合式（3.2.23）计算入射信号的波达方向。$\boldsymbol{\Psi}$ 的求法有很多，比如，当 $\boldsymbol{U}_{\text{s1}}$ 列满秩时，也就是第一个子阵的信号子空间的维数等于信源个数，可以通过最小二乘的方法来求解 $\boldsymbol{\Psi}$，且解是唯一的：

$$\boldsymbol{\Psi} = \boldsymbol{U}_{\text{s1}}^{\dagger}\boldsymbol{U}_{\text{s2}} = (\boldsymbol{U}_{\text{s1}}^{\text{H}}\boldsymbol{U}_{\text{s1}})^{-1}\boldsymbol{U}_{\text{s1}}^{\text{H}}\boldsymbol{U}_{\text{s2}} \tag{3.2.30}$$

最小二乘 ESPRIT 算法步骤如算法 3.3 所示。

算法 3.3　最小二乘 ESPRIT 算法（LS-ESPRIT）

输入：通过两个子阵得到接收数据 $\boldsymbol{Y}_1, \boldsymbol{Y}_2$。

1）将两组接收数据组合为一个新矩阵 $\boldsymbol{Z}$，并计算协方差阵 $\boldsymbol{R}_z$；

2）对 $\boldsymbol{R}_z$ 进行特征分解得到信号子空间 $\boldsymbol{U}_{\text{s}}$，对信号子空间 $\boldsymbol{U}_{\text{s}}$ 分块得到两个子阵数据的信号子空间 $\boldsymbol{U}_{\text{s1}}$ 和 $\boldsymbol{U}_{\text{s2}}$，见式（3.2.28）；

3）通过式（3.2.30）得到 $\boldsymbol{\Psi}$，然后对其进行特征分解得到 K 个特征值 ϕ_k；

4）通过式（3.2.23）可以得到目标入射角度。

输出：目标入射角度 θ。

ESPRIT 算法估计性能与子阵选择的情况有密切关系，其与 MUSIC 和 Root-MUSIC 之间的性能比较参见文献[16,17]。

3.2.6　最大似然算法

最大似然估计是统计信号处理中的一项标准技术，其利用信号的统计特性建立以待估计参数为变量的似然函数，然后通过最大化似然函数值对待估参数进行计算。当将最大似然理论用于目标的角度估计问题时，根据入射信号模型的不同，可以分为确定性最大似然算法与随机性最大似然算法。下面以确定性最大似然算法为例，对最大似然算法的基本思想进行介绍。

若阵列接收数据符合式（3.1.10）中的数据模型，其中接收目标信号 $\boldsymbol{s}(t)$ 为确定性未知信号，噪声信号 $\boldsymbol{e}(t)$ 是均值为 0，方差为 σ 的均匀高斯白噪声，则 M 维阵列接收数据 $\boldsymbol{y}(t)$ 的一阶矩和二阶矩满足如下条件：

$$\mathbb{E}[\boldsymbol{y}(t)] = \overline{\boldsymbol{y}}(t) = \boldsymbol{A}(\boldsymbol{\theta})\boldsymbol{s}(t) \tag{3.2.31}$$

$$\mathbb{E}[(\boldsymbol{y}(t)-\overline{\boldsymbol{y}}(t))(\boldsymbol{y}(t)-\overline{\boldsymbol{y}}(t))^{\text{H}}] = \sigma\boldsymbol{I}_M \tag{3.2.32}$$

有 $\boldsymbol{y}(t)$ 的概率密度函数为

$$p(\boldsymbol{y}(t)\,|\,\sigma,\boldsymbol{s}(t),\boldsymbol{\theta}) = \frac{1}{\det(\pi\sigma\boldsymbol{I}_M)}\exp\left\{-\frac{\|\boldsymbol{y}(t)-\boldsymbol{A}(\boldsymbol{\theta})\boldsymbol{s}(t)\|_2^2}{\sigma}\right\} \tag{3.2.33}$$

观测矢量各个快拍之间相互独立，所以 L 个快拍的联合概率密度函数为

$$p\left(\boldsymbol{y}(t_1),\cdots,\boldsymbol{y}(t_L)\,|\,\sigma,\boldsymbol{s}(t),\boldsymbol{\theta}\right) = \prod_{l=1}^{L}\frac{1}{\det(\pi\sigma\boldsymbol{I}_M)}\exp\left\{-\frac{\|\boldsymbol{y}(t_l)-\boldsymbol{A}(\boldsymbol{\theta})\boldsymbol{s}(t_l)\|_2^2}{\sigma}\right\} \tag{3.2.34}$$

对上式两端求负对数，可以得到似然函数

$$\begin{aligned} L(\sigma,\boldsymbol{s}(t),\boldsymbol{\theta}) &= -\ln p(\boldsymbol{y}(t_1),\cdots,\boldsymbol{y}(t_L)\,|\,\sigma,\boldsymbol{s}(t),\boldsymbol{\theta}) \\ &= LM\ln\pi + LM\ln\sigma + \frac{1}{\sigma}\text{tr}\{(\boldsymbol{Y}-\boldsymbol{A}(\boldsymbol{\theta})\boldsymbol{S})(\boldsymbol{Y}-\boldsymbol{A}(\boldsymbol{\theta})\boldsymbol{S})^{\text{H}}\} \\ &= LM\ln\pi + LM\ln\sigma + \frac{1}{\sigma}\text{tr}(\boldsymbol{R}^{-1}\hat{\boldsymbol{R}}) \end{aligned} \tag{3.2.35}$$

似然函数是关于未知参数 $\sigma, \boldsymbol{s}(t), \boldsymbol{\theta}$ 的函数，求上式关于 $\boldsymbol{s}(t)$ 和 σ 的最小化问题，可以得到最大似然估计

$$\begin{aligned}\hat{\sigma} &= \frac{1}{M}\mathrm{tr}(\boldsymbol{P}_A^{\perp}\hat{\boldsymbol{R}}) \\ \hat{\boldsymbol{s}}(t) &= \boldsymbol{A}^{\dagger}(\boldsymbol{\theta})\boldsymbol{y}(t) = (\boldsymbol{A}^{\mathrm{H}}(\boldsymbol{\theta})\boldsymbol{A}(\boldsymbol{\theta}))^{-1}\boldsymbol{A}^{\mathrm{H}}(\boldsymbol{\theta})\boldsymbol{y}(t)\end{aligned} \tag{3.2.36}$$

式中，$\boldsymbol{P}_A^{\perp} = \boldsymbol{I} - \boldsymbol{A}(\boldsymbol{\theta})\boldsymbol{A}^{\dagger}(\boldsymbol{\theta})$ 为 $\boldsymbol{A}(\boldsymbol{\theta})$ 投影矩阵的正交矩阵。将式（3.2.36）代入式（3.2.35），可以推得波达方向 $\boldsymbol{\theta}$ 的确定性最大似然估计

$$\hat{\boldsymbol{\theta}} = \arg\{\min_{\boldsymbol{\theta}} \mathrm{tr}(\boldsymbol{P}_A^{\perp}\hat{\boldsymbol{R}})\} \tag{3.2.37}$$

最大似然算法具有理论上的最优参数估计性能。由式（3.2.37）可以看出，最大似然估计算法需要进行高维参数优化，该方法计算量巨大，求解困难。因此，很多学者给出了多种近似求解方法，如 AP 算法[18]、IQML 算法[19]等。

3.3　稀疏表示解决 DOA 估计问题的合理性

稀疏表示理论能应用于 DOA 估计，是由阵列接收数据模型中隐含的空域信号稀疏性决定的[20][21]。在阵列所面对的整个空域中，信号总是从空域有限的几个空间角度投射到阵列。图 3.3.1 就展示了阵列接收信号的空域稀疏性，在一维阵列中，整个待测空域可以视为一条范围为 180° 的半圆弧线（假设目标与阵列距离 R 一定，这个假设对分析问题没有影响），入射信源就是弧线上的几个点。对于二维阵列，整个待测空间可以视为半球面，入射信源则是半球面上的几个点。如果将整个待测空域网格化为 N 个离散角度，有 K 个信源从不同网格所在位置入射，那么该 K 个网格接收能量为非零值；其他网格所在范围没有信源入射就对应零值。只要 $N \gg K$，对于整个待测空间来说信源入射角度是稀疏分布的。

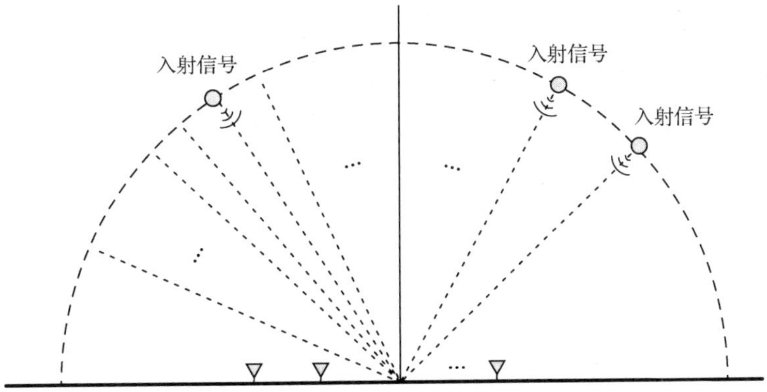

图 3.3.1　入射信号的空域稀疏性示意图

接下来用数学模型来详细描述使用稀疏模型的合理性。首先将整个待测空域按一定角度间隔进行网格划分，得到离散角度集合 $\{\tilde{\theta}_1, \tilde{\theta}_2, \cdots, \tilde{\theta}_N\}$ 来表示整个待测空域。如果信号的来波方向已经包含在上述角度集合中，角度集合形成的矢量 $\boldsymbol{\Omega} = [\tilde{\theta}_1, \tilde{\theta}_2, \cdots, \tilde{\theta}_N]$ 可以比较恰当地表示整个空域。假设有 K 个信号从不同空间角度入射 $\boldsymbol{\theta} = [\theta_1, \theta_2, \cdots, \theta_K]$，空间入射方向经过上述量化后，在无噪声条件下阵列数据模型可以表示为

$$\boldsymbol{y}(t)=\boldsymbol{A}(\boldsymbol{\theta})\boldsymbol{s}(t)=\boldsymbol{A}(\boldsymbol{\Omega})\tilde{\boldsymbol{s}}(t)=[\boldsymbol{a}(\tilde{\theta}_1),\boldsymbol{a}(\tilde{\theta}_2),\cdots,\boldsymbol{a}(\tilde{\theta}_N)]\begin{bmatrix}\tilde{s}_1(t)\\ \tilde{s}_2(t)\\ \vdots\\ \tilde{s}_N(t)\end{bmatrix} \tag{3.3.1}$$

式中，$\boldsymbol{A}(\boldsymbol{\theta})$为阵列实际接收信号的导向矢量矩阵，见式（3.1.10）；而$\boldsymbol{A}(\boldsymbol{\Omega})=[\boldsymbol{a}(\tilde{\theta}_1),\boldsymbol{a}(\tilde{\theta}_2),\cdots,\boldsymbol{a}(\tilde{\theta}_N)]$为目标可能入射到阵列的导向矢量矩阵，由$\boldsymbol{\Omega}$中各元素所对应导向矢量组成。$\tilde{\boldsymbol{s}}(t)$是原入射信号矢量$\boldsymbol{s}(t)$的补零扩展矢量。经过空域角度量化后得到阵列接收数据稀疏模型$\boldsymbol{y}(t)=\boldsymbol{A}(\boldsymbol{\Omega})\tilde{\boldsymbol{s}}(t)$，与前面介绍的阵列接收模型式（3.1.8）在形式上相同；不同的是，$\boldsymbol{A}(\boldsymbol{\Omega})$是已知的，即每一个可能信源入射方向的导向矢量都已知，并不依赖于实际接收数据的信源入射角度$\theta_k, k\in\{1,2,\cdots,K\}$。假设式（3.3.1）中量化角度满足$\tilde{\theta}_n=\theta_k$，$n\in\{1,2,\cdots,N\}$，$k\in\{1,2,\cdots,K\}$，则有$\tilde{\boldsymbol{s}}(t)$中第$n$个元素不为零，原阵列接收模型与稀疏模型关系示意图如图 3.3.2 所示。接收信号$\boldsymbol{y}(t)$可以看作不同导向矢量的线性组合，在划分网格数与实际来波数量满足$N\gg K$条件下，接收数据矢量$\boldsymbol{y}(t)$可以被认为在变换域是稀疏的。$\boldsymbol{A}(\boldsymbol{\Omega})$是过完备字典，导向矢量是字典的原子，$\tilde{\boldsymbol{s}}(t)$是$K$稀疏矢量。因此阵列信号的波达方向估计问题就转变为稀疏重构问题，即对$\tilde{\boldsymbol{s}}(t)$的估计问题。

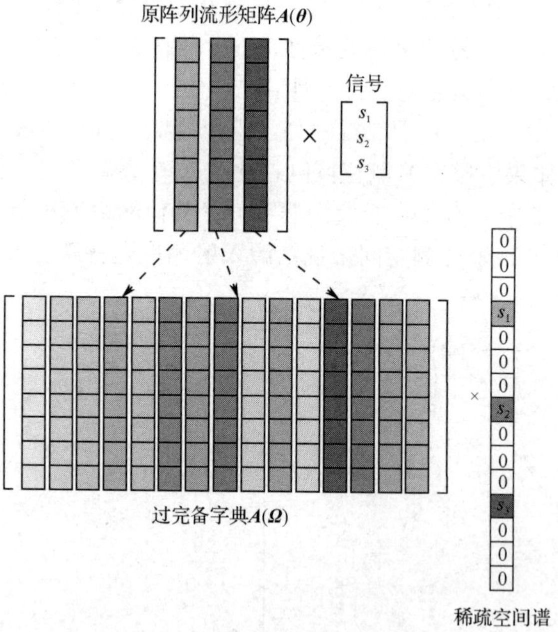

图 3.3.2 接收数据稀疏化模型示意图

确定式（3.3.1）中的数据模型具有稀疏性后，我们需要寻找合适的稀疏重构方法对噪声条件下的接收数据$\boldsymbol{y}(t)=\boldsymbol{A}(\boldsymbol{\Omega})\tilde{\boldsymbol{s}}(t)+\boldsymbol{e}(t)$进行稀疏重构，即对$\tilde{\boldsymbol{s}}(t)$进行估计。由于噪声的影响，阵列接收数据在变换域不再是严格稀疏的。这与 2.2 节论述的可压缩信号情况类似，最终重构的矢量$\tilde{\boldsymbol{s}}(t)$不可能是严格稀疏的。在重构出的矢量$\tilde{\boldsymbol{s}}(t)$中，$K$个绝对值最大的元素位置对应于$K$个来波方向（来波方向的$K$个位置接收能量较大，而其余位置的能量较小）。上面的介绍仅仅是从数据模型的形式上解释了稀疏表示方法应用于空间谱估计问题中的合理性。Bilik 从稀疏重构理论的角度详细阐述了空域扩展的阵列接收信号模型与稀疏重构的联系[22]。

上述内容是针对单快拍接收数据情况进行分析的结果。在空间谱估计的问题中，往往可以得到多个快拍数据。令

$$\begin{cases} \boldsymbol{Y} = [\boldsymbol{y}(t_1), \boldsymbol{y}(t_2), \cdots, \boldsymbol{y}(t_L)] \\ \tilde{\boldsymbol{S}} = [\tilde{\boldsymbol{s}}(t_1), \tilde{\boldsymbol{s}}(t_2), \cdots, \tilde{\boldsymbol{s}}(t_L)] \\ \boldsymbol{E} = [\boldsymbol{e}(t_1), \boldsymbol{e}(t_2), \cdots, \boldsymbol{e}(t_L)] \end{cases} \tag{3.3.2}$$

多快拍阵列数据稀疏模型为

$$\boldsymbol{Y} = \boldsymbol{A}(\boldsymbol{\Omega})\tilde{\boldsymbol{S}} + \boldsymbol{E} \tag{3.3.3}$$

注意，信号矩阵 $\tilde{\boldsymbol{S}}$ 为行稀疏矩阵。对于这个多次测量的稀疏重构问题，文献[18]给出了其在无噪声条件下的唯一重构定理。由 2.3.4 节的定理 2.3.7，对于无噪条件下的多测量矢量问题 $\boldsymbol{Y} = \boldsymbol{A}(\boldsymbol{\Omega})\tilde{\boldsymbol{S}}$，行稀疏矩阵 $\tilde{\boldsymbol{S}}$ 可以被唯一重构的充分必要条件为

$$\left|\mathrm{supp}(\tilde{\boldsymbol{S}})\right| < \frac{\mathrm{Spark}(\boldsymbol{A}(\boldsymbol{\Omega})) + \mathrm{rank}(\boldsymbol{Y}) - 1}{2} \tag{3.3.4}$$

对于 M 维阵列，有 $\mathrm{Spark}(\boldsymbol{A}(\boldsymbol{\Omega})) = M + 1$；在无噪声条件下，当快拍数 L 大于接收信号数 K 时，接收数据矩阵的秩为 $\mathrm{rank}(\boldsymbol{Y}) = K$；信号矩阵的支撑集的个数为 $\left|\mathrm{supp}(\tilde{\boldsymbol{S}})\right| = K$。由式（3.3.4）可得

$$K < M \tag{3.3.5}$$

针对波达方向估计问题，上式明确了在多快拍情况下的精确重构条件，即接收信号的个数 K 必须小于阵列阵元的个数 M，才能保证精确重构。巧合的是，这个最大可估计信号个数与 MUSIC 等传统 DOA 估计方法所能估计的最大信号个数一致。需要说明的是，对于以上结论，虽然其应用的对象为无噪声多测量矢量模型，但在含噪声环境下仍然有效。

3.4　稀疏表示测向方法的特殊性

稀疏表示理论的一个基本假设是测量信号在变换域中是稀疏的，这与阵列观测模型中假设入射信号在空间域具有稀疏性相一致。在阵列观测模型当中，阵列的输出可以看成空域中少量几个离散方向上入射信号和噪声叠加的结果。基于这一假设，对整个角度空间的密集划分，可以将阵列输出模型转化为线性的稀疏信号表示模型，从而可以应用稀疏重构算法进行空间谱估计。根据稀疏表示相关理论发展出了各种空间谱估计算法，这些算法对入射信号个数等先验知识的依赖性减弱，且对小快拍、相干信号等非理想信号环境的适应能力强。但是，如果将基于阵列的空间谱估计问题当作一般的稀疏重构问题来看待是不准确的。例如，角度空间划分过密并不能改善谱估计分辨力。密集的网格造成 $\boldsymbol{A}(\boldsymbol{\Omega})$ 邻近原子之间相关性很强，使得重构入射方向邻近的两个信号难以实现，因此，不能简单地通过密集划分角度满足测向的超高分辨力需求。传统的阵列测向问题和稀疏表示理论之间既联系紧密，又有着不可忽略的差异性。随着人们对稀疏表示类空间谱估计算法研究的不断深入，其在阵列测向的特殊性也逐渐凸显出来。这种特殊性主要是由阵列测向模型的特有结构造成的，主要包括以下几个方面。

（1）如第 2 章所述，稀疏表示框架下过完备字典一般是由有限个原子构成的，而波达方向估计中目标入射方向在空域是一个连续变量，这将导致原子（导向矢量）数目是无限的。也就是说，原子 $\boldsymbol{a}(\tilde{\theta})$ 是连续变量 $\tilde{\theta}$ 的函数，所对应的过完备字典 $\boldsymbol{A}(\boldsymbol{\Omega})$ 理论上是一个无限大

的集合。当稀疏表示理论被套用在阵列测向模型中时，如果信号入射方向没有落在预先划分的网格上，稀疏表示模型与真实测向模型之间将始终存在一个不可消除的模型拟合误差。

（2）稀疏表示理论的前提是变换域中的基函数（原子）之间满足 RIP 条件。高度相关的基函数会导致其无法被正确区分，从而给重构带来困难甚至错误。在空间谱估计中，各个原子 $\boldsymbol{a}(\tilde{\theta})$ 都是相关的，图 3.4.1 给出的是 10 阵元半波长均匀线阵的导向矢量相关系数示意图。基于稀疏表示的阵列测向模型中，通过划分密集细化达到高分辨效果是徒劳的，细化网格导致所用字典集的邻近原子产生高度相关，图 3.4.1 中深色的反对角线区域原子间相关性很强，这与稀疏表示理论的 RIP 条件相矛盾，进而对重构结果造成很大影响。虽然现在普遍使用的迭代网格细分方法能够减小这一局限性的影响[21]，但始终无法消除邻近原子之间的高度相关性所带来的不利影响。

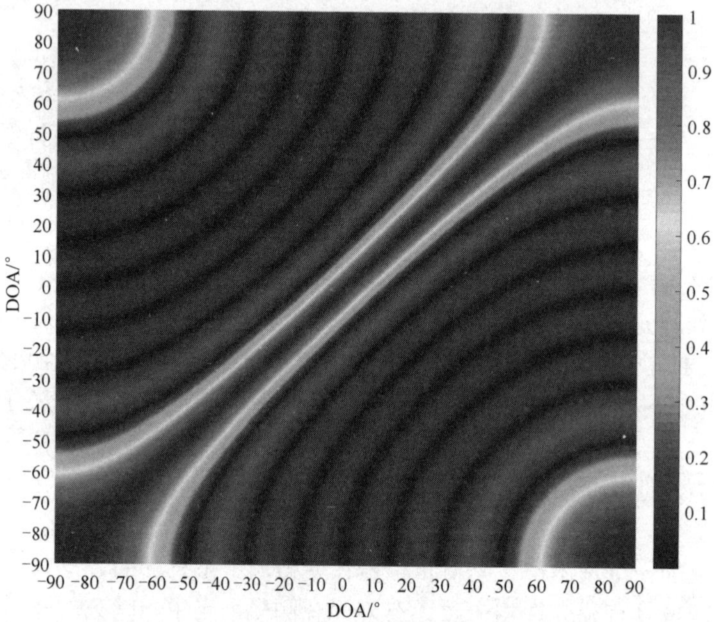

图 3.4.1 导向矢量之间的相关系数示意图

（3）在一般稀疏框架下，研究的测量信号大多是单一测量矢量；而空间谱估计问题中通常可以得到多快拍数据，并且希望利用多快拍得到更好的参数估计性能。将稀疏表示理论扩展到多个快拍，减小多快拍的时间冗余性、提高算法的估计性能是一个非常重要的问题。

（4）稀疏表示理论的重构依据大都基于原子间不相关或弱相关，而在空间谱估计中，冗余字典矩阵 $\boldsymbol{A}(\boldsymbol{\Omega})$ 中的原子是相关的，很可能难以满足不相关或弱相关要求。这并不意味着将稀疏表示理论应用于 DOA 估计就不能获得满意的性能。一般稀疏信号的成功重构是以稀疏信号重构误差评判的，微小的支撑集误差可能导致大的估计误差；对于空间谱估计问题，重构带来的微小支撑集误差是可接受的。也就是说，如果估计的稀疏矢量 $\tilde{\boldsymbol{s}}(t)$ 非零项在真值附近，只要得到的测向结果满足误差精度要求，就是可以接受的结果，不能简单定义为重构错误。

综合以上分析可以看出，将阵列测向问题视为一个简单的稀疏重构问题，不仅会因为重构算法重构相似信号分量时的性能局限而降低估计精度，而且会由于重构模型与真实模型之间误差的存在而对超分辨测向提出挑战。因此，利用空域稀疏性，避免由网格划分和字典原子强相关性带来的不利影响，从根本上解决小快拍、低信噪比和相干源等信号环境下的测向问题，有着重要研究价值。

3.5　本章小结

本章主要介绍了基于阵列的波达方向估计技术。首先，从阵列信号的数据模型出发，分别给出了阵列信号处理中的窄带信号模型和宽带信号模型；然后介绍了经典的窄带信号 DOA 估计算法；最后论述了使用稀疏表示理论研究 DOA 估计问题的合理性，同时给出了使用稀疏表示理论解决 DOA 估计的特殊性。这些基础理论与第 2 章一样，为后续研究内容提供了必要的铺垫。

本章参考文献

[1] Wang H, Kaveh M. Coherent signal-subspace processing for the detection and estimation of angles of arrival of multiple wide-band sources [J]. IEEE Transactions on Acoustics, Speech, and Signal Processing, 1985, 33(4): 823-831.

[2] Wang H , Kaveh M . Estimation of angles-of-arrival for wideband sources [C]. in Proceeding of the IEEE International Conference on Acoustics, Speech, and Signal Processing (ICASSP), San Diego, CA, USA , 1984.

[3] Kay S M. Fundamentals of Statistical Processing, Volume I: Estimation Theory [M]. Upper Saddle River, NJ: Prentice Hall PTR, 1993.

[4] Stoica P, Larsson E G, Gershman A B. The stochastic CRB for array processing: A textbook derivation [J]. IEEE Signal Process Letters, 2001, 8(5): 148-150.

[5] Stoica P, Nehorai A. MUSIC, maximum likelihood and Cramér-Rao bound [J]. IEEE Transactions on Acoustics, Speech, and Signal Processing, 1989, 37(5): 720-741.

[6] Stoica P, Nehorai A. MUSIC, maximum likelihood, and Cramer-Rao bound: Further results and comparisons [J]. IEEE Transactions on Acoustics, Speech, and Signal Processing, 1990, 38(12): 2140-2150.

[7] Van Veen B D, Buckley K M. Beamforming: A versatile approach to spatial filtering [J]. IEEE ASSP Magazine, 2002, 5(2): 4-24.

[8] Capon J. High-resolution frequency-wavenumber spectrum analysis [J]. Proceedings of the IEEE, 1969, 57(8): 1408-1418.

[9] Li F, Vaccaro R J, Tufts D W. Min-norm linear prediction for arbitrary sensor arrays [C]. in Proceeding of the IEEE International Conference on Acoustics, Speech, and Signal Processing (ICASSP), Glasgow, UK, 1989: 2613-2616.

[10] Schmidt R. Multiple emitter location and signal parameter estimation [J]. IEEE Transactions on Antennas & Propagation, 1986, 34: 276-280.

[11] Barabell A. Improving the resolution performance of eigenstructure-based direction-finding algorithms [C]. in Proceeding of the IEEE International Conference on Acoustics, Speech, and Signal Processing (ICASSP), Boston, MA, USA, 1983: 336-339.

[12] Rao B D, Hari K V S. Performance analysis of Root-Music [J]. IEEE Transactions on Acoustics, Speech, and Signal Processing, 1989, 37(12): 1939-1949.

[13] Krim H, Forster P, Proakis J G. Operator approach to performance analysis of root-MUSIC and root-min-norm [J]. IEEE Transactions on Signal Processing, 1992, 40(7): 1687- 1696.

[14] Roy R, Paulraj A, Kailath T. ESPRIT-A subspace rotation approach to estimation of parameters of cisoids in noise [J]. IEEE Transactions on Acoustics, Speech, and Signal Processing, 1986, 34(5): 1340-1342.

[15] Roy R, Kailath T. ESPRIT-estimation of signal parameters via rotational invariance techniques [J]. IEEE Transactions on Acoustics, Speech, and Signal Processing, 1989,

37(7): 984-995.

[16] Rao B D, Hari K V S. Performance analysis of ESPRIT and TAM in determining the direction of arrival of plane waves in noise [J]. IEEE Transactions on Acoustics, Speech and Signal Processing, 1989, 37(12): 1990-1995.

[17] 王永良. 空间谱估计理论与算法[M]. 北京：清华大学出版社，2004.

[18] Ziskind I, Wax M. Maximum likelihood localization of multiple sources by alternating projection [J]. IEEE Transactions on Acoustics, Speech, and Signal Processing, 1988, 36(10): 1553-1560.

[19] Bresler Y, Macovski A. Exact maximum likelihood estimation of superimposed exponential signals in noise [C]. in Proceeding of the IEEE International Conference on Acoustics, Speech, and Signal Processing (ICASSP), Tampa, FL, USA, 1985: 1824-1827.

[20] Gurbuz A C, Cevher V, Mcclellan J H. Bearing estimation via spatial sparsity using compressive sensing [J]. IEEE Transactions on Aerospace and Electronic Systems, 2012, 48(2): 1358-1369.

[21] Malioutov D M. A sparse signal reconstruction perspective for source localization with sensor arrays [D]: Massachusetts Institute of Technology, 2003.

[22] Bilik I. Spatial compressive sensing for direction-of-arrival estimation of multiple sources using dynamic sensor arrays [J]. IEEE Transactions on Aerospace and Electronic Systems, 2011, 47(3): 1754-1769.

第 4 章　基于贪婪技术的 DOA 估计

由 3.3 节的分析可知，通过空域离散角度集合$\{\tilde{\theta}_1,\tilde{\theta}_2,\cdots,\tilde{\theta}_N\}$，可以得到由$N$个导向矢量构成的一个过完备字典库$\boldsymbol{A}(\boldsymbol{\Omega})$。如果不考虑噪声的影响，接收数据$\boldsymbol{y}(t)$可以分解成过完备字典库中一些原子的线性组合：

$$\boldsymbol{y}(t)=\boldsymbol{A}(\boldsymbol{\Omega})\tilde{\boldsymbol{s}}(t)$$

式中，信号矢量$\tilde{\boldsymbol{s}}(t)$具有稀疏性。如果估计出$\tilde{\boldsymbol{s}}(t)$，即可由它的非零元素位置得到 DOA 估计结果。从M维观测值$\boldsymbol{y}(t)$中恢复N维信号$\tilde{\boldsymbol{s}}(t)$的信号重构过程，可转化为求解$L_0$范数最小化问题，见式（2.2.7）。前文已经提到，L_0范数最小化是一个 NP-hard 问题，涉及复杂度为2^N的组合搜索，对于较大的字典库几乎无法实现。在各类稀疏重构算法中，贪婪方法具有计算量小的特点，便于硬件实现。在系统要求不是非常苛刻的条件下，信号重构效果能满足一般的性能要求。

贪婪思想是非常接近人类日常思维的一种解题策略，其思想是在求解问题时做出在当前看来是最好的选择，通过这样的每一步最优解来逐渐逼近整体的最优解。虽然最后求出的解并不能保证是全局最优的，但它能为某些问题确定一个一定程度上的近似解。贪婪算法的思想充分体现出直接性与实用性，通过化繁为简来解决问题，将复杂烦琐的求解过程简化为一个个小步骤的组合。贪婪算法每次选择一个局部最优解加入支撑集，经过一系列迭代选择后，逐渐逼近全局最优解。贪婪算法最早应用于稀疏重构的就是 Mallat 提出的匹配追踪（Matching Pursuit，MP）算法[1]，随后，Pati 等人又提出了正交匹配追踪（Orthogonal Matching Pursuit，OMP）算法[2]，明显提高了运算速度。在以上基本贪婪算法的基础上，学者们又提出了多种改进方法，如 ROMP 算法[3]、CoSaMP 算法[4]以及 SP 算法[5]，等等。

本章针对阵列接收的稀疏表示模型，讨论了匹配追踪算法和正交匹配追踪算法的原理，并证明了算法的收敛性。然后，介绍几种较为复杂的贪婪算法；针对 DOA 估计结果分析了贪婪算法的估计性能。最后，通过相关仿真实验给出使用贪婪算法实现空间谱估计的可行性和优缺点。

4.1　匹配追踪算法

匹配追踪算法的目的是将已知信号分解成字典库中若干原子的加权和，从而找到信号的最佳近似表达方式。匹配追踪算法原理是：假定输入信号$\boldsymbol{y}(t)$与字典库$\boldsymbol{A}(\boldsymbol{\Omega})$中的部分原子在结构上具有一定的相关性，这种相关性可以通过数据与字典库中原子的内积来度量，内积越大表示数据与该原子的相关性越强。因此，可以使用这个原子来近似表示数据。去除该原子对信号的影响，得到的残差与字典中的原子再次进行内积计算，从字典库中选出另一个原子表示这个残差，重复上述过程，信号残差将变得越来越小，最终得到一组原子，可以用来近似表示原输入信号$\boldsymbol{y}(t)$。

针对 DOA 估计问题，首先需要确定阵列完备字典库$\boldsymbol{A}(\boldsymbol{\Omega})$中的导向矢量$\{\boldsymbol{a}(\tilde{\theta}_n)\}_{n=1}^N$，为方

便论述，本章将 $\boldsymbol{a}(\tilde{\theta}_n)$ 简写为 $\boldsymbol{a}_n$。设置一个索引集 Λ，初始化残差 $\boldsymbol{r}_0=\boldsymbol{y}(t)$，计算字典库中每一个原子与残差值之间的相关性，将相关性最大的原子在 $\boldsymbol{A}(\boldsymbol{\Omega})$ 中位置（列索引）放入到索引集 Λ，即找到与数据 $\boldsymbol{y}(t)$ 关系最密切的原子。从数据中减去该原子的影响得到新的残差，反复迭代以上过程，直到满足迭代终止条件。在多次迭代之后，找出与 $\boldsymbol{y}(t)$ 关系最为密切的 K 个原子，以及它们在 $\boldsymbol{A}(\boldsymbol{\Omega})$ 中的位置，即可从角度矢量 $\boldsymbol{\Omega}$ 中找到信号源的真实入射角度。假设 $\boldsymbol{A}(\boldsymbol{\Omega})$ 的列矢量（原子）事先已经被归一化处理，算法 4.1 给出了 MP 算法进行信号分解的步骤。最终可以得到接收信号 $\boldsymbol{y}(t)$ 的线性表示：

$$\boldsymbol{y}(t)\approx\sum_{j=1}^{K}s_{\gamma_j}(t)\boldsymbol{a}_{\gamma_j} \tag{4.1.1}$$

可以认为信号空间 $\boldsymbol{U}_{\mathrm{s}}=\mathrm{span}\{\boldsymbol{a}_{\gamma_1},\boldsymbol{a}_{\gamma_2},\cdots,\boldsymbol{a}_{\gamma_K}\}$。由于 $\boldsymbol{r}^{(j-1)}=\left\langle\boldsymbol{r}^{(j-1)},\boldsymbol{a}_{\gamma_j}\right\rangle\boldsymbol{a}_{\gamma_j}+\boldsymbol{r}^{(j)}$，可知 $\boldsymbol{r}^{(j)}$ 和 $\boldsymbol{a}_{\gamma_j}$ 成正交关系。因此，有

$$\left\|\boldsymbol{r}^{(j-1)}\right\|_2^2=\left\|\boldsymbol{r}^{(j)}\right\|_2^2+\left|\left\langle\boldsymbol{r}^{(j-1)},\boldsymbol{a}_{\gamma_j}\right\rangle\right|^2 \tag{4.1.2}$$

可以推得

$$\left\|\boldsymbol{r}^{(j)}\right\|_2^2=\left\|\boldsymbol{r}^{(j-1)}\right\|_2^2-\left|\left\langle\boldsymbol{r}^{(j-1)},\boldsymbol{a}_{\gamma_j}\right\rangle\right|^2\leqslant\left\|\boldsymbol{r}^{(j-1)}\right\|^2 \tag{4.1.3}$$

所以残差在迭代过程中逐渐减小，故而 MP 算法收敛。

算法 4.1　匹配追踪算法

输入： 接收数据 $\boldsymbol{y}(t)$，字典矩阵 $\boldsymbol{A}(\boldsymbol{\Omega})\in\mathbb{C}^{M\times N}$，稀疏度 K。

初始化： 残差 $\boldsymbol{r}^{(0)}=\boldsymbol{y}(t)$，索引集 $\Lambda^{(0)}=\varnothing$，$j=1$。

重复：

1）寻找支撑索引：$\gamma_j=\arg\max\limits_{n\in\{1,2,\cdots,N\}}\left|\left\langle\boldsymbol{r}^{(j-1)},\boldsymbol{a}_n\right\rangle\right|$；$n$ 为字典矩阵 $\boldsymbol{A}(\boldsymbol{\Omega})$ 列的索引；

2）更新索引集：$\Lambda^{(j)}=\Lambda^{(j-1)}\cup\{\gamma_j\}$；

3）加权系数（接收信号复幅度）计算：$s_{\gamma_j}=\left\langle\boldsymbol{r}^{(j-1)},\boldsymbol{a}_{\gamma_j}\right\rangle$；

4）残差：$\boldsymbol{r}^{(j)}=\boldsymbol{r}^{(j-1)}-s_{\gamma_j}\boldsymbol{a}_{\gamma_j}$，$j=j+1$；

直到达到停止条件，例如，$\left\|\boldsymbol{r}^{(j)}\right\|<\delta$ 或到达迭代次数。

输出： 支撑索引集 Λ，目标入射方向。

MP 算法在选择最优原子时，只能保证信号残差和新选择的原子正交 $\boldsymbol{r}^{(j)}\perp\boldsymbol{a}_{\gamma_j}$；不能保证 $\boldsymbol{r}^{(j)}\perp\{\boldsymbol{a}_{\gamma_1},\boldsymbol{a}_{\gamma_2},\cdots,\boldsymbol{a}_{\gamma_j}\}$。也就是说，信号残差 $\boldsymbol{r}^{(j)}$ 与已选择的原子集合可能存在非正交性情况。如果残差 $\boldsymbol{r}^{(j)}$ 和原子集合 $\{\boldsymbol{a}_{\gamma_1},\boldsymbol{a}_{\gamma_2},\cdots,\boldsymbol{a}_{\gamma_j}\}$ 不正交，那么后续迭代还可能出现已经选出的原子，导致 MP 算法需要更多次迭代，降低算法的收敛速度。4.2 节的正交匹配追踪算法克服了 MP 算法的这个缺陷[2]。

4.2 正交匹配追踪算法

4.2.1 算法原理

正交匹配追踪算法的原子选择原则与 MP 算法一致，但残差更新原则不同。OMP 算法改进之处就在于，确保残差与之前选出的所有原子均具有正交性。假设第 j 次迭代之后选出的所有原子构成矩阵 $\boldsymbol{D}^{(j)}=[\boldsymbol{a}_{\gamma_1},\boldsymbol{a}_{\gamma_2},\cdots,\boldsymbol{a}_{\gamma_j}]$，数据在子空间 $\boldsymbol{D}^{(j)}$ 的投影为 $\boldsymbol{D}^{(j)}\{(\boldsymbol{D}^{(j)})^{\mathrm{H}}\boldsymbol{D}^{(j)}\}^{-1}(\boldsymbol{D}^{(j)})^{\mathrm{H}}\boldsymbol{y}(t)$，正交匹配追踪算法的残余信号迭代公式为

$$\boldsymbol{r}^{(j)}=\boldsymbol{y}(t)-\boldsymbol{D}^{(j)}\{(\boldsymbol{D}^{(j)})^{\mathrm{H}}\boldsymbol{D}^{(j)}\}^{-1}(\boldsymbol{D}^{(j)})^{\mathrm{H}}\boldsymbol{y}(t) \tag{4.2.1}$$

正交化处理保证了残差信号与之前迭代选出的所有原子成正交关系，避免了迭代过程中选出的原子再次被选择，从而使算法的收敛速度更快且拥有更好的重构性能。OMP 算法重构的步骤由算法 4.2 给出。

算法 4.2　正交匹配追踪算法

输入： 接收数据 $\boldsymbol{y}(t)$，完备字典 $\boldsymbol{A}(\boldsymbol{\Omega})\in\mathbb{C}^{M\times N}$，稀疏度 K。

初始化： $\boldsymbol{r}^{(0)}=\boldsymbol{y}(t)$，索引集 $\Lambda^{(0)}=\varnothing$，重构原子集 $\boldsymbol{D}^{(0)}=[\varnothing]$, $j=1$。

重复：

1）寻找支撑索引：$\gamma_j=\arg\max\limits_{n\in\{1,2,\cdots,N\}}\left|\left\langle\boldsymbol{r}^{(j-1)},\boldsymbol{a}_n\right\rangle\right|$；

2）更新索引集与原子集 $\Lambda^{(j)}=\Lambda^{(j-1)}\cup\{\gamma_j\}$，$\boldsymbol{D}^{(j)}=[\boldsymbol{D}^{(j-1)},\boldsymbol{a}_{\gamma_j}]$；

3）利用最小二乘法得到加权系数（接收信号复幅度）：

$$\boldsymbol{s}^{(j)}=\{(\boldsymbol{D}^{(j)})^{\mathrm{H}}\boldsymbol{D}^{(j)}\}^{-1}(\boldsymbol{D}^{(j)})^{\mathrm{H}}\boldsymbol{y}(t)$$

4）更新残差：$\boldsymbol{r}^{(j)}=\boldsymbol{y}(t)-\boldsymbol{D}^{(j)}\boldsymbol{s}^{(j)}$；　$j=j+1$；

直到达到停止条件，例如：$\left\|\boldsymbol{r}^{(j)}\right\|_2<\delta$ 或迭代次数为 K。

输出： 支撑索引集 Λ，目标入射方向。

4.2.2 算法收敛性

观测信号 $\boldsymbol{y}(t)$ 经过 j 步分解后，如果它的残差 $\boldsymbol{r}^{(j)}$ 与前面选出的原子都正交，则有

$$\boldsymbol{y}(t)=\sum_{n=1}^{j}s_n^{(j)}\hat{\boldsymbol{a}}_n+\boldsymbol{r}^{(j)},\ \left\langle\boldsymbol{r}^{(j)},\hat{\boldsymbol{a}}_n\right\rangle=0,\ n=1,2,\cdots,j \tag{4.2.2}$$

式中，$s_n^{(j)}$ 为 j 次迭代后选中原子 $\hat{\boldsymbol{a}}_n$ 的加权系数。而经过 $j+1$ 步分解后模型变为

$$\boldsymbol{y}(t)=\sum_{n=1}^{j+1}s_n^{(j+1)}(t)\hat{\boldsymbol{a}}_n+\boldsymbol{r}^{(j+1)},\ \left\langle\boldsymbol{r}^{(j+1)},\hat{\boldsymbol{a}}_n\right\rangle=0,\ n=1,2,\cdots,j+1 \tag{4.2.3}$$

用式（4.2.3）减去式（4.2.2），得

$$\sum_{n=1}^{j}\left(s_n^{(j+1)}-s_n^{(j)}\right)\hat{\boldsymbol{a}}_n+s_{j+1}^{(j+1)}\hat{\boldsymbol{a}}_{j+1}+\boldsymbol{r}^{(j+1)}-\boldsymbol{r}^{(j)}=0 \tag{4.2.4}$$

我们知道，过完备字典矩阵 $\boldsymbol{A}(\boldsymbol{\Omega})$ 的原子是非正交的，引入一个辅助模型表示原子 $\hat{\boldsymbol{a}}_{j+1}$ 对前 j 个项 $\hat{\boldsymbol{a}}_n(n=1,\cdots,j)$ 的依赖程度：

$$\hat{\boldsymbol{a}}_{j+1} = \sum_{n=1}^{j} b_n^{(j)} \hat{\boldsymbol{a}}_n + \boldsymbol{\eta}_j, \ \langle \boldsymbol{\eta}_j, \hat{\boldsymbol{a}}_n \rangle = 0, \ n = 1, 2, \cdots, j \tag{4.2.5}$$

上式右侧第一项是 $\hat{\boldsymbol{a}}_{j+1}$ 在子空间 $\boldsymbol{V}_j = \text{span}\{\hat{\boldsymbol{a}}_1, \cdots, \hat{\boldsymbol{a}}_j\}$ 上的正交投影，第二项是残差，因此，

$$\sum_{n=1}^{j} b_n^{(j)} \hat{\boldsymbol{a}}_n = \boldsymbol{P}_{\boldsymbol{V}_j} \hat{\boldsymbol{a}}_{j+1}, \ \boldsymbol{\eta}_j = \boldsymbol{P}_{\boldsymbol{V}_j}^{\perp} \hat{\boldsymbol{a}}_{j+1} \tag{4.2.6}$$

式中，$\boldsymbol{P}_{\boldsymbol{V}_j}$ 是 $\boldsymbol{V}_j$ 的投影矩阵，$\boldsymbol{P}_{\boldsymbol{V}_j}^{\perp}$ 是 $\boldsymbol{P}_{\boldsymbol{V}_j}$ 的正交阵，这里系数 $b_n^{(j)}$ 的上标表示第 j 步迭代时的取值。将式（4.2.5）代入式（4.2.4）中，有

$$\sum_{n=1}^{j} \left(s_n^{(j+1)} - s_n^{(j)} + s_{j+1}^{(j+1)} b_n^{(j)} \right) \hat{\boldsymbol{a}}_n + \left(s_{j+1}^{(j+1)} \boldsymbol{\eta}_j + \boldsymbol{r}^{(j+1)} - \boldsymbol{r}^{(j)} \right) = 0 \tag{4.2.7}$$

式中，$s_{j+1}^{(j+1)}$ 为第 $j+1$ 次迭代之后，选中原子 $\hat{\boldsymbol{a}}_{j+1}$ 的加权系数。如果以下两式成立，则式（4.2.7）必然成立，即

$$s_n^{(j+1)} - s_n^{(j)} + s_{j+1}^{(j+1)} b_n^{(j)} = 0, \ n = 1, 2, \cdots, j \tag{4.2.8}$$

$$s_{j+1}^{(j+1)} \boldsymbol{\eta}_j + \boldsymbol{r}^{(j+1)} - \boldsymbol{r}^{(j)} = 0 \tag{4.2.9}$$

式（4.2.9）左右两侧与 $\hat{\boldsymbol{a}}_{j+1}$ 做内积运算：

$$\langle s_{j+1}^{(j+1)} \boldsymbol{\eta}_j, \hat{\boldsymbol{a}}_{j+1} \rangle + \langle \boldsymbol{r}^{(j+1)}, \hat{\boldsymbol{a}}_{j+1} \rangle = \langle \boldsymbol{r}^{(j)}, \hat{\boldsymbol{a}}_{j+1} \rangle \tag{4.2.10}$$

按照定义，上式中 $\langle \boldsymbol{r}^{(j+1)}, \hat{\boldsymbol{a}}_{j+1} \rangle = 0$，所以可以推得

$$s_{j+1}^{(j+1)} = \langle \boldsymbol{r}^{(j)}, \hat{\boldsymbol{a}}_{j+1} \rangle / \langle \boldsymbol{\eta}_j, \hat{\boldsymbol{a}}_{j+1} \rangle \tag{4.2.11}$$

使用 $\boldsymbol{\eta}_j$ 对式（4.2.5）左右两侧做内积运算，得

$$\langle \boldsymbol{\eta}_j, \hat{\boldsymbol{a}}_{j+1} \rangle = \|\boldsymbol{\eta}_j\|_2^2 \tag{4.2.12}$$

将其代入式（4.2.11），有

$$s_{j+1}^{(j+1)} = \langle \boldsymbol{r}^{(j+1)}, \hat{\boldsymbol{a}}_{j+1} \rangle / \|\boldsymbol{\eta}_j\|_2^2 \tag{4.2.13}$$

用式（4.2.6）可以求出 $b_n^{(j)}$ 与 $\boldsymbol{\eta}_j$。由式（4.2.3）和式（4.2.12）可知，$\boldsymbol{\eta}_j$ 与 $\boldsymbol{r}^{(j+1)}$ 相互正交，将式（4.2.13）代入式（4.2.9），得

$$\|\boldsymbol{r}^{(j)}\|_2^2 = \|\langle \boldsymbol{r}^{(j+1)}, \hat{\boldsymbol{a}}_{j+1} \rangle\|_2^2 / \|\boldsymbol{\eta}_j\|_2^2 + \|\boldsymbol{r}^{(j+1)}\|_2^2 \tag{4.2.14}$$

由此可见，每一次迭代的残差都比它的上一次残差小，由此证明 OMP 算法是收敛的。

4.2.3 多快拍 OMP 算法

前面讲述的内容是针对单次测量模型的估计算法。信号入射方向在单快拍下就被估计出来，这是基于统计协方差的子空间 DOA 估计方法无法实现的。OMP 方法同样也适合多测量矢量（Multiple Measurement Vector，MMV）模型，可以利用多个数据间的信息进行联合估计[6][7]。尤其是在低信噪比的条件下，使用 MMV 进行重构可以提高 DOA 估计性能，增加算法估计的稳定性。在多快拍情况下，使用残差矩阵 $\boldsymbol{M}$ 代替残差矢量 $\boldsymbol{r}$，该矩阵中包含了每一个观测快拍的残差信息，然后用 $\|\langle \boldsymbol{M}, \boldsymbol{a}_n \rangle\|_2$ 代替 $|\langle \boldsymbol{r}, \boldsymbol{a}_n \rangle|$ 来衡量残差与字典库中原子相关度。假设测量快拍数为 L，多快拍 OMP 算法（MMV-OMP Algorithm）步骤由算法 4.3 给出。

算法 4.3 多快拍 OMP 算法

输入：接收数据矩阵 $\boldsymbol{Y} \in \mathbb{C}^{M \times L}$，字典矩阵 $\boldsymbol{A}(\boldsymbol{\Omega}) \in \mathbb{C}^{M \times N}$，稀疏度 K。

初始化：残差 $\boldsymbol{M}^{(0)} = \boldsymbol{Y}$，索引集 $\Lambda^{(0)} = \varnothing$，原子集 $\boldsymbol{D}^{(0)}=[\varnothing]$, $j=1$。

重复：

1）寻找支撑索引：满足 $\gamma_j = \arg\max\limits_{n=1,2,\cdots,N} \left\| \left\langle \boldsymbol{M}^{(j-1)}, \boldsymbol{a}_n \right\rangle \right\|_2$；

2）更新索引集与原子集 $\Lambda^{(j)} = \Lambda^{(j-1)} \bigcup \{\gamma_j\}$，$\boldsymbol{D}^{(j)}=[\boldsymbol{D}^{(j-1)}, \boldsymbol{a}_{\gamma_j}]$；

3）利用最小二乘法得到重构信号矩阵 $\boldsymbol{S}^{(j)}=\{(\boldsymbol{D}^{(j)})^{\mathrm{H}} \boldsymbol{D}^{(j)}\}^{-1} (\boldsymbol{D}^{(j)})^{\mathrm{H}} \boldsymbol{Y}$；

4）更新残差 $\boldsymbol{M}^{(j)} = \boldsymbol{Y} - \boldsymbol{D}^{(j)} \boldsymbol{S}^{(j)}$, $j = j+1$。

直到达到停止条件，例如：$\left\| \boldsymbol{M}^{(j)} \right\|_2 < \delta$ 或迭代次数为 K。

输出：支撑索引集 Λ，目标入射方向。

4.3 其他贪婪算法

4.3.1 正则化正交匹配追踪算法

正则化正交匹配追踪算法（Regularized Orthogonal Matching Pursuit algorithm，ROMP 算法）[3]是一种在 OMP 算法基础上改进的算法。ROMP 算法不同于 OMP 算法之处在于，每次迭代过程中会选择多个原子，并对选择出的原子进行正则化处理。

在 K 稀疏信号的重构过程中，ROMP 算法同样进行数据与原子相关性运算，在过完备集中选择出 K 个相关系数最大的原子索引值，并将其存入到初始支撑集中；接下来，算法需要对原子进行一次筛选操作，根据正则化条件，将支撑集中元素所对应的相关系数分为若干组，从中选择出能量最大的一组，并将其对应的索引值放入最终的支撑集中；重复上述过程，最终得到重构结果。ROMP 算法通过引入正则化方法，以信号中原子的“贡献”作为分组依据，将最优的原子保留，保证了原子选择的全局最优性。值得注意的是，在一般的稀疏重构问题中，每次迭代选择 K 个原子时，只要取相关系数最大的 K 个即可；而对于 DOA 估计问题，我们要选择的是相关系数曲线中最大 K 个“谱峰”对应的原子。ROMP 算法流程由算法 4.4 给出。

算法 4.4 正则化正交匹配追踪算法

输入：接收数据 $\boldsymbol{y}(t)$，完备字典 $\boldsymbol{A}(\boldsymbol{\Omega})$，稀疏度 K。

初始化：残差 $\boldsymbol{r}^{(0)} = \boldsymbol{y}(t)$，支撑索引集 $\Lambda^{(0)} = \varnothing$，重构原子集 $\boldsymbol{D}^{(0)}=[\varnothing]$, $j=1$。

重复：

1）计算所有原子的相关系数：$\boldsymbol{u} = [u_1, u_2, \cdots, u_N]^{\mathrm{T}} = \left| \boldsymbol{A}^{\mathrm{H}}(\boldsymbol{\Omega}) \boldsymbol{r}^{(j-1)} \right|$，将 $\boldsymbol{u}$ 中最大的 K 个谱峰位置选出，将其位置索引值存入集合 J_{tem}；

2）正则化处理：

寻找若干子集 $J_0 \subseteq J_{\mathrm{tem}}$，满足条件 $u_p \leqslant 2u_q$, $p,q \in J_0$；

在多个 J_0 中，选出集合 $\hat{J} = \arg\max\limits_{J_0} \left\| \boldsymbol{u}_{J_0} \right\|_2^2$；

3）更新支撑索引集 $\Lambda^{(j)}=\Lambda^{(j-1)}\cup\hat{J}$；$\boldsymbol{D}^{(j)}=\boldsymbol{A}(:,\Lambda^{(j)})$；

4）重构信号 $\boldsymbol{s}^{(j)}=\{(\boldsymbol{D}^{(j)})^{\mathrm{H}}\boldsymbol{D}^{(j)}\}^{-1}(\boldsymbol{D}^{(j)})^{\mathrm{H}}\boldsymbol{y}(t)$；

5）更新残差 $\boldsymbol{r}^{(j)}=\boldsymbol{y}(t)-\boldsymbol{D}^{(j)}\boldsymbol{s}^{(j)}$，$j=j+1$。

直到达到停止条件：例如：$\left\|\boldsymbol{r}^{(j)}\right\|_2<\delta$ 或迭代次数为 K。

输出： 支撑索引集 Λ，目标入射方向。

正则化算法可以实现对原子进行分组，并且每次迭代实现多个原子的选择，这种方式加快了算法的重构进度。但是，由于每一次循环只选择其中能量最大的一组原子放入索引集中，当多组之间的能量相差比较大时，算法有很好的效果，如果两组或者多组的能量相互接近，这种处理方式有一定的不足，甚至会有选择错误的情况出现，最终可能影响信号重构的精度。

4.3.2　子空间追踪算法

前面介绍的贪婪算法中，原子一旦被选择，就一直被保留在索引集中，而子空间追踪（Subspace Pursuit，SP）算法特点是，已选择的原子在下一次迭代中有可能被去除[8]。SP 算法引入回溯的思想进行再次筛选，删去其中匹配度较低的部分原子来确保选择的最优性。算法首先选择出 K 个原子，并将其加入支撑集，随着迭代的进行，支撑集中的原子数目会出现大于稀疏度的情况，按照最小二乘估计原则评价众多原子的重要性，进而删去一部分重要性较低的原子，使支撑集中的原子数目始终与稀疏度的大小持平。信号重构以及残差更新方式与其他贪婪类算法相同。SP 算法的流程由算法 4.5 给出。

算法 4.5　子空间追踪算法

输入： 接收数据 $\boldsymbol{y}(t)$，完备字典 $\boldsymbol{A}(\boldsymbol{\Omega})$，稀疏度 K。

初始化： 残差 $\boldsymbol{r}^{(0)}=\boldsymbol{y}(t)$，支撑索引集 $\Lambda^{(0)}=\varnothing$，重构原子集 $\boldsymbol{D}^{(0)}=[\varnothing]$，$j=1$。

重复：

1）计算 $\boldsymbol{u}=[u_1,u_2,\cdots,u_N]^{\mathrm{T}}=\left|\boldsymbol{A}^{\mathrm{H}}(\boldsymbol{\Omega})\boldsymbol{r}^{(j-1)}\right|$，将 $\boldsymbol{u}$ 中最大的 K 个谱峰位置选出，将位置序号存入索引集合 J；

2）临时索引集 $\tilde{\Lambda}^{(j)}=\Lambda^{(j-1)}\cup J$；$\boldsymbol{D}^{(j)}=\boldsymbol{A}(:,\tilde{\Lambda}^{(j)})$；

3）重构信号 $\boldsymbol{s}^{(j)}=\{(\boldsymbol{D}^{(j)})^{\mathrm{H}}\boldsymbol{D}^{(j)}\}^{-1}(\boldsymbol{D}^{(j)})^{\mathrm{H}}\boldsymbol{y}(t)$；

4）将 $\left|\hat{\boldsymbol{s}}^{(j)}\right|$ 的前 K 个最大值对应的原子索引值放入 $\Lambda^{(j)}$；

5）更新残差 $\boldsymbol{r}^{(j)}=\boldsymbol{y}(t)-\boldsymbol{D}^{(j)}\boldsymbol{s}^{(j)}(t)$；

6）如果 $\left\|\boldsymbol{r}^{(j)}\right\|_2>\left\|\boldsymbol{r}^{(j-1)}\right\|_2$，$\Lambda^{(j)}=\Lambda^{(j-1)}$，退出循环；否则 $j=j+1$。

达到停止条件：迭代次数为 K 或满足精度条件。

输出： 支撑索引集 Λ，目标入射方向。

4.4　稀疏重构 DOA 估计与贪婪算法性能分析

一般稀疏重构的前提是，过完备字典矩阵 $\boldsymbol{A}$ 的各原子之间具有一定的随机性，满足式（2.3.9）所示的 RIP 条件。一般稀疏重构问题更注重非零项位置是否准确，或者说，重构结果前 K 个最大值点的位置与实际非零位置是否完全匹配。只有找到稀疏矢量的实际非零位置，才算重构成功。在 3.4 节已经论述过基于稀疏重构的空间谱估计问题有其自身的特殊性，由于噪声、网格大小、导向矢量的相关性等因素的影响，估计结果与信号真实入射网格很难做到完全匹配。DOA 估计的精度与网格划分有一定关系，通过网格划细来提高估计精度，也不一定能够使估计结果落到正确的网格上。接下来，通过阵列接收模型与 RIP 条件来讨论一下稀疏重构 DOA 估计“测不准”的原因，然后给出贪婪算法估计性能分析。

以 M 维均匀线阵为例，过完备字典 $\boldsymbol{A}(\boldsymbol{\Omega})$ 由式（3.1.7）定义的导向矢量组成，经过归一化处理 $\boldsymbol{A}(\boldsymbol{\Omega})$ 的第 p 个原子

$$\boldsymbol{a}(\theta_p)=\frac{1}{\sqrt{M}}\left[1,\exp\left\{\mathrm{j}\frac{2\pi d}{\lambda}\sin\theta_p\right\},\cdots,\exp\left\{\mathrm{j}\frac{2\pi d(M-1)}{\lambda}\sin\theta_p\right\}\right]^{\mathrm{T}} \tag{4.4.1}$$

先考虑稀疏度 $K=2$ 时的 RIP 情况[9]。根据数据接收模型，对任意 $p,q\in\{1,\cdots,N\}$，有

$$\begin{aligned}\|\boldsymbol{y}(t)\|_2^2&=\|\boldsymbol{A}(\boldsymbol{\Omega})\tilde{\boldsymbol{s}}(t)\|_2^2=\|\boldsymbol{a}(\theta_p)s_p(t)+\boldsymbol{a}(\theta_q)s_q(t)\|_2^2\\&=|s_p(t)|^2+|s_q(t)|^2+2|s_p(t)||s_q(t)|\mathrm{Re}\{\boldsymbol{a}^{\mathrm{H}}(\theta_p)\boldsymbol{a}(\theta_q)\mathrm{e}^{\mathrm{j}\varphi_{pq}}\}\end{aligned} \tag{4.4.2}$$

式中，相位角 $\varphi_{pq}=\arg\{s_p(t)s_q^*(t)\}$。将式（4.4.2）代入式（2.3.9）所示的 RIP 条件，可得

$$|s_p(t)|^2+|s_q(t)|^2\pm2|s_p(t)||s_q(t)|\frac{\mathrm{Re}\{\boldsymbol{a}^{\mathrm{H}}(\theta_p)\boldsymbol{a}(\theta_q)\mathrm{e}^{\mathrm{j}\varphi_{pq}}\}}{\delta_2}\geqslant0 \tag{4.4.3}$$

对于均匀线阵，有

$$\begin{aligned}\boldsymbol{a}^{\mathrm{H}}(\theta_p)\boldsymbol{a}(\theta_q)&=\frac{1}{M}\sum_{m=0}^{M-1}\exp\left\{\mathrm{j}\frac{2\pi md}{\lambda}(\sin\theta_q-\sin\theta_p)\right\}\\&=\frac{\sin\left(\dfrac{\pi Md}{\lambda}(\sin\theta_q-\sin\theta_p)\right)}{M\left(\dfrac{\pi d}{\lambda}(\sin\theta_q-\sin\theta_p)\right)}\end{aligned} \tag{4.4.4}$$

可知 $\boldsymbol{a}^{\mathrm{H}}(\theta_p)\boldsymbol{a}(\theta_q)$ 为实数，因此式（4.4.3）可以写为

$$|s_p(t)|^2+|s_q(t)|^2\pm2|s_p(t)||s_q(t)|\frac{\boldsymbol{a}^{\mathrm{H}}(\theta_p)\boldsymbol{a}(\theta_q)\cdot\mathrm{Re}\{\mathrm{e}^{\mathrm{j}\varphi_{pq}}\}}{\delta_2}\geqslant0 \tag{4.4.5}$$

首先假设 $\varphi_{pq}=0$，可得

$$|s_p(t)|^2+|s_q(t)|^2\pm2|s_p(t)||s_q(t)|\frac{\boldsymbol{a}^{\mathrm{H}}(\theta_p)\boldsymbol{a}(\theta_q)}{\delta_2}\geqslant0 \tag{4.4.6}$$

对于任意入射方向的两个信号，上式成立的条件为

$$\boldsymbol{a}^{\mathrm{H}}(\theta_p)\boldsymbol{a}(\theta_q)\leqslant\delta_2 \tag{4.4.7}$$

与 $s_p(t)$ 和 $s_q(t)$ 无关。

扩展到稀疏度为 $K\geqslant2$ 的情况，可得

$$\boldsymbol{y}(t)=\|\boldsymbol{A}(\boldsymbol{\Omega})\tilde{\boldsymbol{s}}(t)\|_2^2=\sum_{i=1}^{K}|s_i|^2\pm\frac{2}{\delta_K}\sum_{\substack{p=1\\q>p}}^{K-1}s_p(t)s_q(t)\mathrm{Re}\{\boldsymbol{a}^{\mathrm{H}}(\theta_p)\boldsymbol{a}(\theta_q)\}\geqslant0 \tag{4.4.8}$$

同理，代入式（2.3.9）得到 RIP 成立条件为

$$\boldsymbol{a}^{\mathrm{H}}(\theta_p)\boldsymbol{a}(\theta_q)\leqslant\delta_K,p,q\in\{1,2,\cdots,K\} \tag{4.4.9}$$

图 4.4.1 给出了 10 阵元均匀线阵情况下 $\theta_p=0^\circ$ 时 $|\boldsymbol{a}^{\mathrm{H}}(\theta_p)\boldsymbol{a}(\theta_q)|$ 的曲线图。该图与指向阵

列视轴方向的常规方向图一致。从图中可以看出，主波束内导向矢量间相关性大，而主波束外相关性小；而且远离主波束指向相关性也不是单调递减的趋势。因此，要恢复波束内入射方向很近的信号，则要求式（4.4.7）中 $\delta_K \to 1$（δ_k 最大值为 1，见 RIP 条件），然而，这是没有任何意义的。RIP 条件反映的是字典 $\boldsymbol{A}(\boldsymbol{\Omega})$ 各列的相关程度，对于 DOA 估计问题，处于同一波束宽度范围内的导向矢量是高度相关的。对于入射方向邻近的信号，是否可以正确重构不取决于划分网格大小，主要由入射信号导向矢量的相关性决定。式（4.4.7）给出的结果是在假设 $\varphi_{pq}=0$ 情况下获得的，如果 $\varphi_{pq}\neq 0$，则重构条件可以放宽为

$$\boldsymbol{a}^{\mathrm{H}}(\theta_p)\boldsymbol{a}(\theta_q)\cos(\varphi_{pq}) \leqslant \delta_2$$

这样更有利于邻近信号的正确重构。实际上，φ_{pq} 反映的是两个入射信号的相关程度。也就是说，除了导向矢量间的相关性，信号相关性对稀疏重构也有一定的影响。

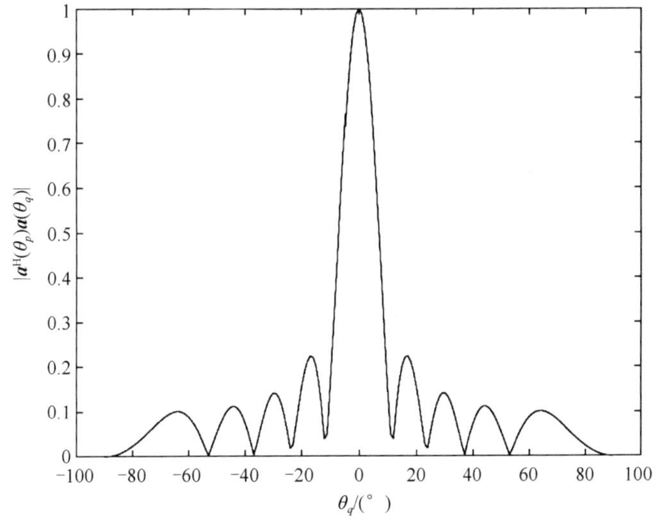

图 4.4.1 原子相关系数曲线（$\theta_p=0^\circ, d/\lambda=0.5$）

从贪婪算法原理分析，其相关系数计算类似于波束搜索的空间谱估计。因此，其 DOA 估计精度和分辨力应当与波束搜索测向算法相当。在波束范围内贪婪算法难以实现测向的超分辨；在噪声环境中进行稀疏重构时，贪婪算法估计的角度与实际值有所偏差，偏差值会控制在一个波束宽度之内。由此可见，贪婪算法处理 DOA 估计问题和传统波束搜索测向算法联系密切。对波束形成技术的一些提高精度和分辨力的措施，也同样可以用来改善贪婪算法的 DOA 估计性能，如增加阵元数（降低主波束宽度）、非均匀谱加权（抑制旁瓣增加分辨力）等[9]。

4.5 仿真与性能分析

均方根估计误差与成功估计概率是仿真实验中用来衡量 DOA 估计性能的主要指标。DOA 估计的均方根误差定义为

$$\mathrm{RMSE}=\sqrt{\frac{1}{CK}\sum_{c=1}^{C}\sum_{k=1}^{K}(\hat{\theta}_{kc}-\theta_k)^2}$$

式中，C 表示蒙特卡洛实验次数，K 表示入射信号源的个数，θ_k 表示第 k 个空间入射信号源

的真实角度值，$\hat{\theta}_{kc}$ 表示第 c 次实验中第 k 个入射信号源的估计角度。测向成功概率的定义可表示为

$$\eta = \frac{C_d}{C}$$

其中，C 表示蒙特卡洛实验次数，C_d 是测向误差范围内成功估计出所有入射信号的次数。在本书的仿真实验中，采用信噪比定义

$$\text{SNR} = \frac{\left\|\mathbb{E}\{\boldsymbol{A}(\boldsymbol{\theta})\boldsymbol{s}(t)\}\right\|_2^2}{\left\|\mathbb{E}(\boldsymbol{e}(t))\right\|_2^2}$$

定义中的各变量含义见阵列接收信号模型式（3.1.10）。在该信噪比定义下，阵列阵元数变化并不会引起信噪比变化。

实验一：三种算法 OMP、ROMP 与 SP 在单快拍条件下的 DOA 估计性能比较

仿真条件：假设空间远场存在两个不相关等功率辐射源，入射方向分别为 $\theta_1 = -12^\circ$ 与 $\theta_2 = 8^\circ$；使用阵元间距为半波长的 10 阵元均匀线阵接收信号；噪声为零均值复高斯白噪声；OMP、ROMP 与 SP 三种算法的角度网格大小设为 1°，每个信噪比进行 100 次独立的蒙特卡洛实验。

图 4.5.1 是各算法 RMSE 随 SNR 的变化曲线。从图中可以看出，OMP、ROMP 和 SP 算法都可以在一个快拍数情况下实现 DOA 估计。但在 10 阵元均匀线阵条件下，信噪比大于 10dB 才能有较好的角度估计性能。其中，OMP 算法在 DOA 估计中表现的测向性能最佳。这个结论与一般稀疏重构问题结论并不一致，主要是由空间谱估计问题中原子的特性造成的。前文已经论述，基于稀疏表示的阵列接收数据模型中的原子就是导向矢量，而导向矢量随角度不同两两之间存在多变的相关性，如图 4.4.1 所示。邻近角度导向矢量之间的相关性强，而在一定角度间隔下也有可能相关性很低。而 SP 和 ROMP 算法与 OMP 算法的最大不同之处是每次选择多个备选原子，这很可能直接导致 DOA 估计性能下降。下面我们举例说明这个问题。

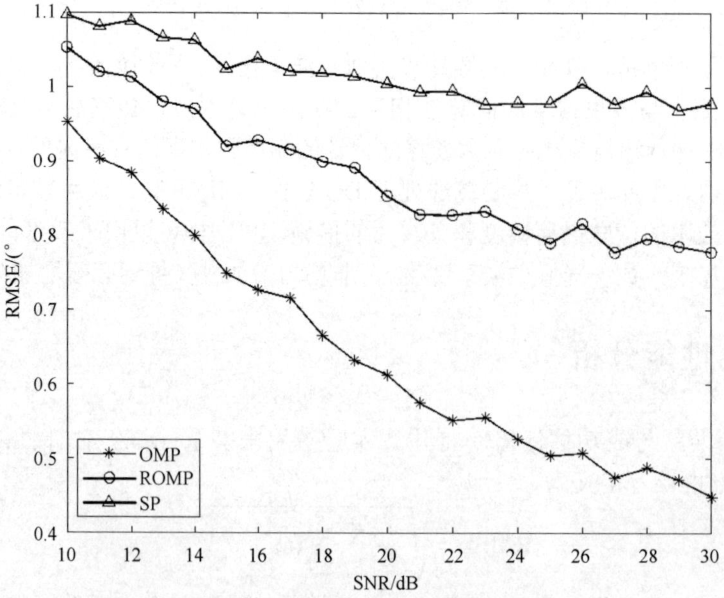

图 4.5.1 RMSE 随 SNR 的变化关系

仿真条件不变，目标真实入射方向为$\theta_1 = 8°, \theta_2 = -12°$。首次迭代先计算接收数据与各原子之间的相关系数$u_n = \left|\left\langle \boldsymbol{r}^{(0)}, \boldsymbol{a}_n \right\rangle\right| = \boldsymbol{a}_n^{\mathrm{H}} \boldsymbol{y}(t)$，$n = 1,2,\cdots,N$，由于噪声影响相关系数的谱峰可能出现在$\theta_1 = 8°$与$\theta_2 = -11°$位置，其中，原子$\boldsymbol{a}(8°)$处对应的相关系数最大，而$\boldsymbol{a}(-11°)$处对应的相关系数略高于真值$\boldsymbol{a}(-12°)$处的相关系数，如图 4.5.2 所示。对于 OMP 算法，每次迭代只选出一个原子，导向矢量$\boldsymbol{a}(8°)$被选出后，利用式（4.2.1）计算残差

$$\boldsymbol{r}^{(1)} = \boldsymbol{y}(t) - \boldsymbol{a}(8°)(\boldsymbol{a}^{\mathrm{H}}(8°)\boldsymbol{a}(8°))^{-1}\boldsymbol{a}^{\mathrm{H}}(8°)\boldsymbol{y}(t) \tag{4.5.1}$$

将残差$\boldsymbol{r}^{(1)}$与字典再次进行匹配，计算相关系数$u_n = \left|\left\langle \boldsymbol{r}^{(1)}, \boldsymbol{a}_n \right\rangle\right|$，$n = 1,2,\cdots,N$，见图 4.5.3。从图中可以看出，得到的残差$\boldsymbol{r}^{(1)}$不再包含有原子$\boldsymbol{a}(8°)$的成分。

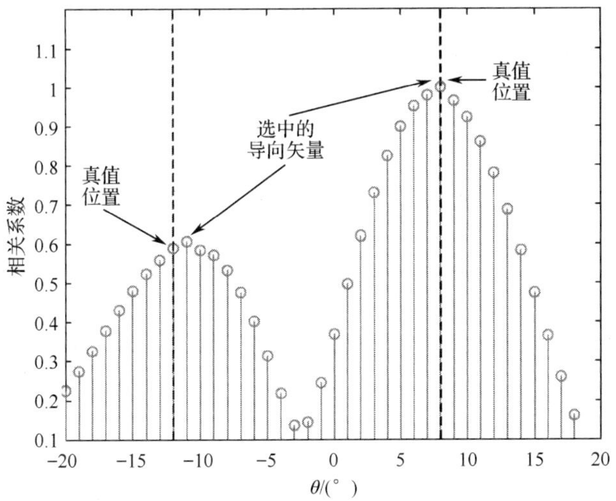

图 4.5.2　OMP 算法第一次迭代相关系数谱图

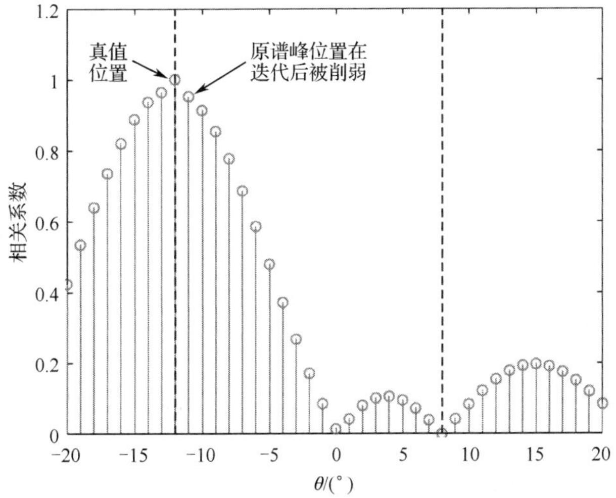

图 4.5.3　OMP 算法第二次迭代相关系数谱图

对比图 4.5.2 和图 4.5.3 可以看出，由于原子间非正交关系，数据中$\boldsymbol{a}(8°)$成分得到正交抑制之后，其他原子与残差$\boldsymbol{r}^{(1)}$相关系数如下式所示：

$$
\begin{aligned}
u_n &= \left\langle \boldsymbol{r}^{(1)}, \boldsymbol{a}_n \right\rangle \\
&= \boldsymbol{a}_n^{\mathrm{H}} \boldsymbol{y}(t) - (\boldsymbol{a}_n^{\mathrm{H}} \boldsymbol{a}(8^\circ))(\boldsymbol{a}^{\mathrm{H}}(8^\circ)\boldsymbol{a}(8^\circ))^{-1} \boldsymbol{a}^{\mathrm{H}}(8^\circ)\boldsymbol{y}(t) \\
&= \boldsymbol{a}_n^{\mathrm{H}} [\boldsymbol{I} - \boldsymbol{a}(8^\circ)(\boldsymbol{a}^{\mathrm{H}}(8^\circ)\boldsymbol{a}(8^\circ))^{-1} \boldsymbol{a}^{\mathrm{H}}(8^\circ)] \boldsymbol{y}(t) \\
&= \boldsymbol{a}_n^{\mathrm{H}} \boldsymbol{P}_{\boldsymbol{a}(8^\circ)}^{\perp} \boldsymbol{y}(t)
\end{aligned}
\tag{4.5.2}
$$

式中，$\boldsymbol{P}_{\boldsymbol{a}(8^\circ)}^{\perp}$ 为 $\boldsymbol{a}(8^\circ)$ 投影矩阵的正交矩阵。由于 $\boldsymbol{a}_n$ 与 $\boldsymbol{a}(8^\circ)$ 随 n 的不同相关性也不相同，所以 $\boldsymbol{a}_n^{\mathrm{H}} \boldsymbol{P}_{\boldsymbol{a}(8^\circ)}^{\perp} \boldsymbol{y}(t)$ 取值各不相同。由此，可能出现

$$
\left| \boldsymbol{a}^{\mathrm{H}}(-11^\circ) \boldsymbol{P}_{\boldsymbol{a}(8^\circ)}^{\perp} \boldsymbol{y}(t) \right| < \left| \boldsymbol{a}^{\mathrm{H}}(-12^\circ) \boldsymbol{P}_{\boldsymbol{a}(8^\circ)}^{\perp} \boldsymbol{y}(t) \right|
$$

的情况。因此，我们可能再次筛选出正确原子 $\boldsymbol{a}(-12^\circ)$，如图 4.5.3 所示。

对于 SP 与 ROMP 算法，其原理是一次选出多个相关系数大的谱峰位置。因此，第一次迭代会同时选出两个原子 $\boldsymbol{a}(8^\circ)$ 与 $\boldsymbol{a}(-11^\circ)$，如图 4.5.2 所示。第一次迭代后，残差 $\boldsymbol{r}^{(1)}$ 计算将去除这两个原子的影响，由于原子 $\boldsymbol{a}(-11^\circ)$ 与 $\boldsymbol{a}(-12^\circ)$ 相关性很强，残差 $\boldsymbol{r}^{(1)}$ 中原子 $\boldsymbol{a}(-12^\circ)$ 的成分也被严重削弱，如图 4.5.4 所示。因此，在之后迭代处理很难再选出原子 $\boldsymbol{a}(-12^\circ)$。

对于 SP 与 ROMP 算法，一旦初次选择原子在真值附近，基本不可能如 OMP 一样得到修正的结果。对于字典库原子相关性很低或相关性是随机变化的情况，基本不会出现 OMP 算法统计性能优于 SP 和 ROMP 的情况。以上现象可以说是贪婪算法进行空间谱估计的特有问题，SP 与 ROMP 等复杂的贪婪算法在估计精度上相比 OMP 并不占优势。在阵列天线数庞大、入射信号较多（低稀疏性）的情况下，SP 与 ROMP 才可能体现出优势，算法每次选出多个备选原子，将会提升收敛速度且欠估计概率较小。

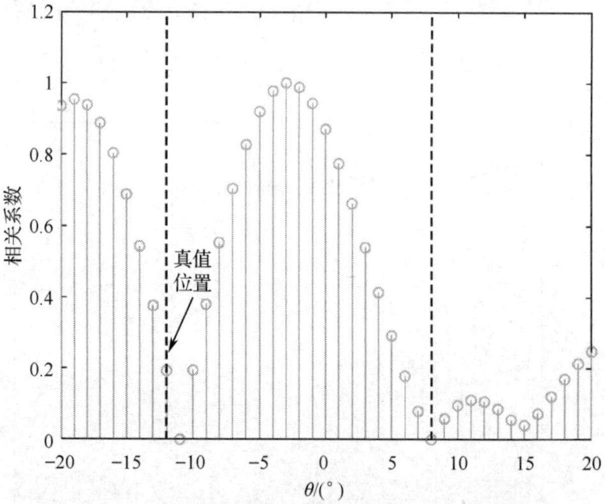

图 4.5.4　SP 算法第二次迭代相关系数谱图

实验二：OMP、Capon、MUSIC 和常规波束（CBF）算法在多快拍条件下的 DOA 估计性能比较

仿真条件：假设空间远场存在三个不相关等功率辐射源，入射方向分别为 $\theta_1 = -12^\circ$ 与 $\theta_2 = 8^\circ$，$\theta_3 = -40^\circ$；使用阵元间距为半波长的 10 阵元均匀线阵接收信号；噪声为零均值复高斯白噪声；OMP、Capon、MSUIC 和 CBF 算法角度搜索网格设为 1°，不同快拍数和不同

信噪比情况下各进行多次独立蒙特卡洛实验。

各算法随采样快拍数变化的测向性能如图 4.5.5 所示。与其他几个方法相比，OMP 算法在采样点较少的情况下 RMSE 性能尚可。随着采样点增加，MUSIC、Capon 算法的性能提高更快，而 OMP 算法与 CBF 算法的 RMSE 性能基本是一致。图 4.5.6 给出了在较多快拍下各算法的 RMSE 随 SNR 变化的测向性能。在较高信噪比情况下，MUSIC、Capon 算法的测向精度更高，OMP 算法与 CBF 算法测向精度较低。

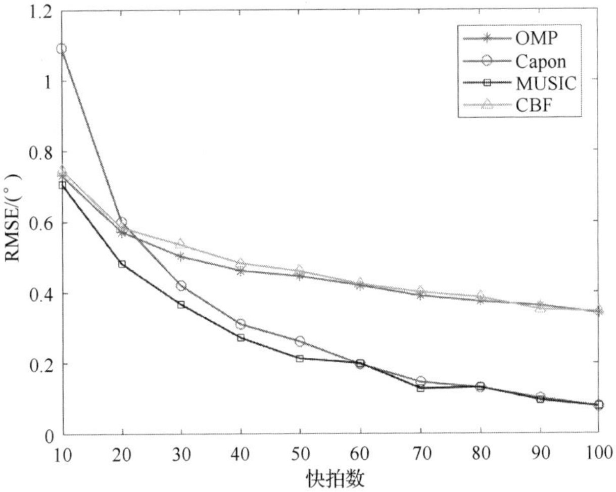

图 4.5.5　RMSE 随采样快拍数变化关系（SNR=5dB）

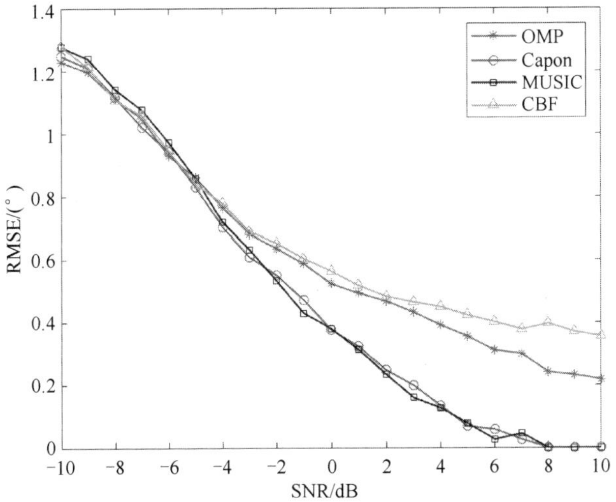

图 4.5.6　RMSE 随 SNR 变化关系（快拍数 L=100）

实验三：OMP、Capon、MUSIC 和 CBF 算法在多快拍条件下的分辨力

仿真条件：假设空间远场存在两个不相关等功率辐射源，其中一个信号入射角为 $\theta_1 = 0^\circ$，另一个信号入射角与第一个信号入射角的间隔为变量 $\Delta\theta$。使用阵元间距为半波长的 10 阵元均匀线阵接收信号；噪声为零均值复高斯均匀白噪声，信噪比 SNR=5dB；采样快拍数 L=100。OMP、Capon、MUSIC 和 CBF 算法搜索角度网格大小设为 1°，不同角度间隔进行 100 次独立的蒙特卡洛实验。

图 4.5.7 给出了信号不相关条件下各算法成功分辨信号的最小角度间隔。成功分辨定义为：成功分辨出两个入射信号的同时，信号波达方向估计误差小于 $\varepsilon\,(\left|\hat{\theta}_k-\theta_k\right|\leqslant\varepsilon,k=1,2)$。从图中可以看出，在角度间隔$10^\circ$以内，OMP 算法测向成功概率迅速下降，其分辨力与 CBF 基本一致，角度分辨力弱于 MUSIC 和 Capon 算法。从仿真结果可知，OMP 算法并不具备超分辨能力，这与 4.4 节的分析一致。

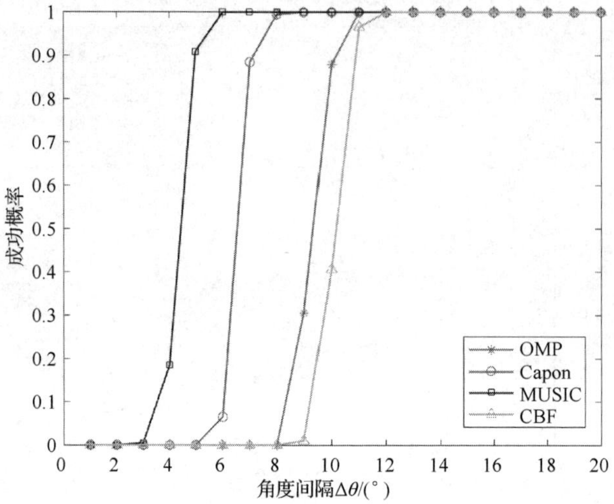

图 4.5.7　测向成功概率随角度间隔 $\Delta\theta$ 变化关系（$\left|\hat{\theta}_k-\theta_k\right|\leqslant 1^\circ$）

实验四：不同数量阵元均匀线阵情况下 OMP 算法的分辨性能

其他条件与实验三相同，使用不同数量阵元的均匀线阵来分析 OMP 算法的分辨力。如图 4.5.8 所示，阵元数分别为$M=6$、8、10、15 的情况下，OMP 算法的测向成功概率达到 90%对应的角度间隔分别为$\Delta\theta=18^\circ$、13°、10°和7°；角度间隔与阵列半波功率波束宽度$B_\theta=102^\circ/M$ [10]基本相同，这个结果再次印证了 OMP 算法在测向性能上与波束搜索测向算法基本一致，并不具备超分辨能力。对于要求具有超分辨能力的测向系统，该方法并不是一个好的选择。

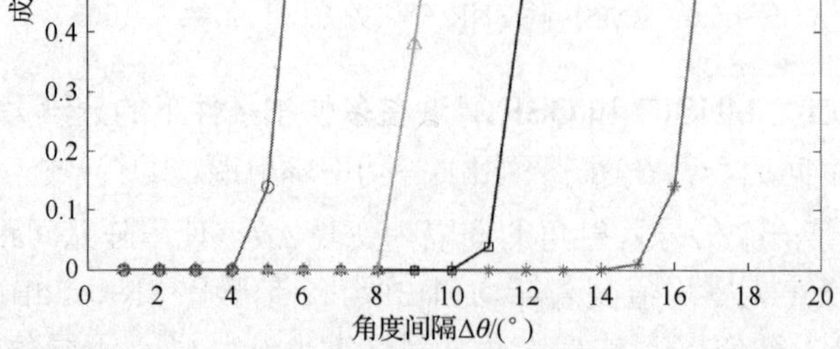

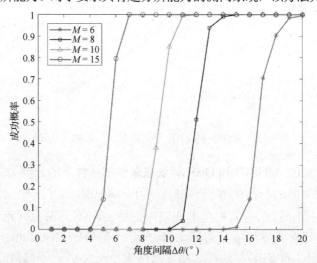

图 4.5.8　测向成功概率随阵元数变化的关系（$\left|\hat{\theta}_k-\theta_k\right|\leqslant 1^\circ$）

4.6　本章小结

本章针对阵列接收信号稀疏模型，选择了几种典型的贪婪算法，研究其空间谱估计问题，并给出一些定性和定量的分析。贪婪算法直接对 L_0 范数进行优化，每次迭代都会筛选出一个局部最优解，然后根据这个局部最优解对接收数据进行不断逼近，直到达到对信号的最佳逼近。在阵列空间谱估计问题中，导向矢量形成的过完备字典矩阵由阵列布阵形式和目标入射角决定，有时不能够严格满足 RIP 条件的要求，采用贪婪算法得到的波达方向估计性能并不理想。从 OMP 原理分析，可以将该算法看成是波束搜索算法的一种变形。通过仿真，对 OMP、MUSIC、Capon 和 CBF 几种算法在测向精度和分辨力进行比较，也印证了分析结果。可以说贪婪算法计算复杂度相对较小，容易理解与实现。但是，在具有较多快拍的条件下，贪婪类算法在测向精度和多目标分辨力方面没有优势，该类算法在处理超分辨 DOA 估计问题中并不合适。

本章参考文献

[1] Mallat S G, Zhang Z. Matching pursuits with time-frequency dictionaries [J]. IEEE Transactions on Signal Processing, 1993, 41(12): 3397-3415.

[2] Pati Y C, Rezaiifar R, Krishnaprasad P S. Orthogonal matching pursuit: Recursive function approximation with applications to wavelet decomposition [C]. in Proceeding of the Asilomar Conference on Signals, Systems and Computers, Pacific Grove, CA, USA, 1993: 40-44.

[3] Needell D, Vershynin R. Uniform uncertainty principle and signal recovery via regularized orthogonal matching pursuit [J]. Foundations of Computational Mathematics, 2009, 9: 317-334.

[4] Needell D, Tropp J A. CoSaMP: Iterative signal recovery from incomplete and inaccurate samples [J]. Applied and Computational Harmonic Analysis, 2008, 26(3): 301-321.

[5] Dai W, Milenkovic O. Subspace pursuit for compressive sensing: Closing the gap between performance and complexity [J]. IEEE Transactions on Information Theory, 2009, 55(5): 2230-2249.

[6] Chen J, Huo X. Theoretical results on sparse representations of multiple-measurement vectors [J]. IEEE Transactions on Signal Processing, 2006, 54: 4634-4643.

[7] Cotter S F, Rao B D, Engan K, et al. Sparse solutions to linear inverse problems with multiple measurement vectors [J]. IEEE Transactions on Signal Processing, 2005, 53(7): 2477-2488.

[8] Dai W, Milenkovic O. Subspace pursuit for compressive sensing signal reconstruction [J]. IEEE Transactions on Information Theory, 2009, 55(5): 2230-2249.

[9] 韩学兵. 稀疏恢复算法研究及其在 DOA 估计中的应用[D]. 北京：清华大学，2011.

[10] Van Trees H L. Optimum Array Processing: Part IV of Detection, Estimation, and Modulation Theory [M]. New York, NY: Wiley Interscience, 2002.

第 5 章　基于 L_1 范数正则化的 DOA 估计

从第 4 章可以看到，直接对 L_0 范数约束进行 DOA 估计很难达到满意的结果。Donoho、Candès 等人在文献[1-3]中讨论了稀疏重构算法中稀疏性和 L_1 范数优化之间的关联性，并给出了使用 L_1 范数代替 L_0 范数实现信号稀疏重构的充分条件。L_0 范数不连续，相应目标函数的优化是一个 NP-hard 问题。L_1 范数是对 L_0 范数的凸松弛，表征了 L_0 范数的凸包，因此，L_1 范数对应目标函数的优化问题不再存在局部收敛可能性，可以较为方便地求得全局最优解。因此，可以使用 L_1 范数代替 L_0 范数解决稀疏模型的优化问题。

本章首先讨论正则化技术，说明如何通过 L_1 范数正则化建立最小化问题模型，从而诱导解的稀疏性。其次针对阵列接收数据的稀疏表示模型，使用 L_1 范数正则化思想解决空间谱估计问题，讨论了 L_1-SVD 及加权 L_1-SVD 等算法的原理。再次，由于 L_1 范数正则化最小化问题的求解较为复杂，我们给出求解此类优化问题的具体实现方法。L_1-SVD 算法在测向精度、信号空间分辨力和相关信号分辨等方面展现出良好的性能，但是这种算法依赖于正则化参数的正确选取。接着讨论一种不需要引入正则参数的 L_1-SRACV 算法。该算法通过对协方差矩阵和噪声统计特性分析，确定了数据协方差阵和真实协方差阵之间误差的上限，使得该算法不再依赖于正则化参数。最后，给出了相关算法的测向性能仿真。

5.1　不适定逆问题求解与正则化

形如式（3.3.1）的数学模型

$$\boldsymbol{y}(t)=\boldsymbol{A}(\boldsymbol{\Omega})\tilde{\boldsymbol{s}}(t) \tag{5.1.1}$$

在已知信号 $\boldsymbol{y}(t)\in\mathbb{C}^M$ 和有限维字典 $\boldsymbol{A}(\boldsymbol{\Omega})\in\mathbb{C}^{M\times N}$ 的条件下，估计 $\tilde{\boldsymbol{s}}(t)$ 并不是一件简单的事。如果 $\boldsymbol{A}(\boldsymbol{\Omega})$ 是一个行满秩阵（$M<N$），$\tilde{\boldsymbol{s}}(t)$ 的解并不唯一。对 $\tilde{\boldsymbol{s}}(t)$ 的求解过程在数学上称为一个不适定（ill-posed）逆问题。从不适定逆问题中得到唯一解 $\tilde{\boldsymbol{s}}(t)$，需要对解的形式进行恰当约束。本节将对线性不适定逆问题以及如何利用正则化技术解决不适定逆问题做简要讨论，进而引出 L_1 范数正则化技术解决 DOA 估计的稀疏求解问题。

5.1.1　正则化技术

1. 不适定逆问题的求解

设有数学模型

$$\boldsymbol{y}=T(\boldsymbol{x}) \tag{5.1.2}$$

式中，$\boldsymbol{x}\in\mathbb{C}^N$ 是待求参数，$\boldsymbol{y}\in\mathbb{C}^M$ 是观测数据，$T(\cdot)$ 是一个连续函数算子。在已知 $\boldsymbol{y}$ 的情况下，求解 $\boldsymbol{x}$ 可能遇到无解、多解或解不稳定的情况，这就是不适定逆问题。为简化问题，假设 $T(\cdot)$ 为线性算子，式（5.1.2）的问题将变为

$$\boldsymbol{y}=\boldsymbol{T}\boldsymbol{x},\ \boldsymbol{T}\in\mathbb{C}^{M\times N} \tag{5.1.3}$$

如果上述逆问题无解，说明 $\boldsymbol{T}$ 不是满射，有的观测数据 $\boldsymbol{y}$ 无对应解 $\boldsymbol{x}$，即 $\boldsymbol{y}$ 不属于 $\boldsymbol{T}$ 张成的子空间；如果逆问题多解，说明 $\boldsymbol{T}$ 不是单射，有 $\boldsymbol{x}' \in \mathrm{Null}(\boldsymbol{T})$ 使得 $\boldsymbol{y} = \boldsymbol{T}(\boldsymbol{x}+\boldsymbol{x}')$。一般对式（5.1.3）的逆问题，可利用伪逆 $\boldsymbol{T}^\dagger$ 得到唯一的最小 L_2 范数解（也称为最小二乘解）

$$\hat{\boldsymbol{x}} = \boldsymbol{T}^\dagger \boldsymbol{y} \tag{5.1.4}$$

下面我们对最小 L_2 范数解进行简单的分析。首先对满秩矩阵 $\boldsymbol{T}$ 进行奇异值分解（Singular Value Decomposition，SVD）：

$$\boldsymbol{T} = \boldsymbol{U\Sigma V}^{\mathrm{H}} = \sum_{i=1}^{\min(M,N)} \boldsymbol{u}_i \sigma_i \boldsymbol{v}_i^{\mathrm{H}} \tag{5.1.5}$$

令 $K = \mathrm{rank}(\boldsymbol{T})$，那么 $\boldsymbol{T}$ 的伪逆矩阵为

$$\boldsymbol{T}^\dagger = \sum_{i=1}^{K} \boldsymbol{v}_i \sigma_i^{-1} \boldsymbol{u}_i^{\mathrm{H}} \tag{5.1.6}$$

通过伪逆矩阵可以得到最小 L_2 范数解

$$\begin{aligned}\hat{\boldsymbol{x}} &= \boldsymbol{T}^\dagger \boldsymbol{y} = \boldsymbol{T}^\dagger \boldsymbol{T}\boldsymbol{x} \\ &= \left(\sum_{j=1}^{K} \boldsymbol{v}_j \sigma_j^{-1} \boldsymbol{u}_j^{\mathrm{H}}\right)\boldsymbol{y} = \sum_{j=1}^{K} \boldsymbol{v}_j \sigma_j^{-1} \boldsymbol{u}_j^{\mathrm{H}} \left(\sum_{i=1}^{\min(M,N)} \boldsymbol{u}_i \sigma_i \boldsymbol{v}_i^{\mathrm{H}}\right)\boldsymbol{x} \\ &= \sum_{j=1}^{K}\sum_{i=1}^{\min(M,N)} \frac{\sigma_i}{\sigma_j} \boldsymbol{v}_j \boldsymbol{u}_j^{\mathrm{H}} \boldsymbol{u}_i \boldsymbol{v}_i^{\mathrm{H}} \boldsymbol{x} = \sum_{i=1}^{K} \boldsymbol{v}_i \boldsymbol{v}_i^{\mathrm{H}} \boldsymbol{x} = \left(\boldsymbol{I}_N - \sum_{i=K+1}^{N} \boldsymbol{v}_i \boldsymbol{v}_i^{\mathrm{H}}\right)\boldsymbol{x}\end{aligned} \tag{5.1.7}$$

从式（5.1.7）可以看出，当 $K < N$ 时，通过引入伪逆矩阵得到的 $\hat{\boldsymbol{x}}$ 是真实解 $\boldsymbol{x}$ 的一个近似。真值 $\boldsymbol{x}$ 位于 $\mathrm{Null}(\boldsymbol{T})$ 内的分量被忽略了，因此得到的是该问题的最小二乘解。

当矩阵 $\boldsymbol{T}^\dagger$ 的条件数（$\sigma_1^{-1}/\sigma_K^{-1}$）很大时，很难通过 $\boldsymbol{T}^\dagger$ 得到理想的最小 L_2 范数解 $\hat{\boldsymbol{x}}$。例如，在系统有加性噪声 $\boldsymbol{e}$ 的情况时

$$\boldsymbol{y} = \boldsymbol{T}\boldsymbol{x} + \boldsymbol{e} \tag{5.1.8}$$

最小 L_2 范数解为

$$\boldsymbol{T}^\dagger \boldsymbol{y} = \boldsymbol{T}^\dagger(\boldsymbol{T}\boldsymbol{x} + \boldsymbol{e}) = \hat{\boldsymbol{x}} + \sum_{i=1}^{K} \boldsymbol{v}_i \sigma_i^{-1} \boldsymbol{u}_i^{\mathrm{H}} \boldsymbol{e} \tag{5.1.9}$$

从上式可以看出，若 $\boldsymbol{T}$ 存在很小的奇异值 σ_i，噪声 $\boldsymbol{e}$ 乘以 σ_i^{-1} 会导致噪声被严重放大，即使是微小的扰动噪声也可能掩盖有用信号。因此，不适定逆问题领域中很多研究都在试图寻找 $\boldsymbol{T}^\dagger$ 的近似值，并要保证它对噪声的敏感性小。

2. 二次正则化

正则化技术通过引入先验条件对不适定逆问题的解进行一定限制，从而提供一个稳定、合理且有意义的解。例如，已知解矢量 $\boldsymbol{x}$ 为平滑曲线，那么可以使用正则化函数来限制解的导数范围，这样就可以排除许多非平滑的解。正则化的工作就是既最小化某一测量函数 $J_1(\boldsymbol{x})$，保证 $\boldsymbol{T}\boldsymbol{x}$ 更接近 $\boldsymbol{y}$；同时也最小化另一种测量函数 $J_2(\boldsymbol{x})$，保证 $\boldsymbol{x}$ 满足先验条件。通常情况下，找不到 $\boldsymbol{x}$ 使得两个测量函数同时达到最优值，折中处理方法是采取两者的线性组合来作为优化的目标函数

$$J(\boldsymbol{x}) = J_1(\boldsymbol{x}) + \lambda J_2(\boldsymbol{x}),\ \lambda > 0 \tag{5.1.10}$$

式中，$J_1(\boldsymbol{x})$ 与拟合观测数据的程度有关，正则化函数 $J_2(\boldsymbol{x})$ 与先验条件有关，而 λ 是一个用于平衡测量函数 $J_1(\boldsymbol{x})$ 和 $J_2(\boldsymbol{x})$ 的正则化参数。选取不同的 λ，式（5.1.10）的最小化问题会产生不同的解。如果 λ=0，那么最小化结果只会关注结果与观测数据的拟合程度。如果 λ 很

大，结果会得到一个更倾向于满足先验条件的解。因此，根据实际情况选择一个合适的 λ 在正则化方法中非常重要。正则化有效地解决了不适定逆问题求解的不稳定性，通过使用函数 $J_1(\boldsymbol{x})$ 允许 $\boldsymbol{y}$ 在 $\boldsymbol{T}$ 张成的空间之外（对于任何 $\boldsymbol{y}$ 都有解），同时，选择合适的 $J_2(\boldsymbol{x})$ 可显著改善多解的情况并降低求解过程对噪声的敏感度。

最常见的正则化方法之一是吉洪诺夫（Tikhonov）正则化[4]，它通过寻找更小的 L_2 范数解来限制小奇异值引起的放大量。其函数形式为

$$J(\boldsymbol{x}) = \|\boldsymbol{Tx} - \boldsymbol{y}\|_2^2 + \lambda\|\boldsymbol{x}\|_2^2 \tag{5.1.11}$$

式中，$J_1(\boldsymbol{x})=\|\boldsymbol{Tx} - \boldsymbol{y}\|_2^2$ 为残差的 L_2 范数，表示 $\boldsymbol{Tx}$ 与观测数据 $\boldsymbol{y}$ 的拟合程度；正则项 $\|\boldsymbol{x}\|_2^2$ 约束 $\boldsymbol{x}$ 的 L_2 范数。式（5.1.11）的最小化问题有闭合解

$$\hat{\boldsymbol{x}} = (\boldsymbol{T}^{\mathrm{H}}\boldsymbol{T} + \lambda\boldsymbol{I})^{-1}\boldsymbol{T}^{\mathrm{H}}\boldsymbol{y} = \sum_{i=1}^{K}\left(\frac{\sigma_i^2}{\sigma_i^2 + \lambda}\right)\frac{(\boldsymbol{u}_i^{\mathrm{H}}\boldsymbol{y})}{\sigma_i}\boldsymbol{v}_i \tag{5.1.12}$$

如式（5.1.12）所示，吉洪诺夫正则化可以被看作加权的广义逆过程，其权值 $w_i = \sigma_i^2/(\sigma_i^2 + \lambda)$。该方法的主要思想是，大奇异值对解的影响基本保持不变，小奇异值的影响被正则参数 λ 严格限制，从而保证得到一个更稳定的解。对不适定逆问题进行回归分析时经常使用吉洪诺夫正则化方法，也称为岭回归（Ridge Regression）。吉洪诺夫正则化是二次正则化（也称为 L_2 范数正则化）方法的一种，其他正则化方法可见文献[5]。

5.1.2 稀疏正则化

正则化函数的选择依赖于人们对于解的需求或先验知识，取决于具体的应用场合，不同的需求对应不同的正则化。5.1.1 节的二次正则化方法适用于许多实际应用，对数据拟合项和正则项同时使用 L_2 范数会导致解对数据的线性依赖，其优点在于拥有闭合解和易选择正则化参数。如式（5.1.12）所示，由于求逆算子总是数据的线性函数，不可能通过线性逆映射恢复出参数 $\boldsymbol{x}$ 属于 $\mathrm{Null}(\boldsymbol{T})$ 的部分（即 $\boldsymbol{x}$ 中剧烈变化特征不可恢复）。这是由于算子 $\boldsymbol{T}$ 在大多数的逆问题中都只表现出低通频率响应和平滑效应；而高频分量属于 $\boldsymbol{T}$ 的零空间，不能通过线性逆映射来恢复。使用非线性形式的正则化会使解的形式显著改变，能恢复原参数 $\boldsymbol{x}$ 中变化剧烈的特征信息。当然，使用非线性正则化会使计算量显著增加。对于不适定逆问题，恢复解中剧烈变化特征的正则化方法有全变分正则化[6]、熵正则化[7]、L_p（$0<p\leqslant 1$）正则化[8-10]等。这类正则化函数使解矢量不再平滑，解矢量的能量更为集中（解矢量大部分元素绝对值很小，少量元素绝对值很大），也就是说，解矢量具有稀疏特性。

以 L_1 正则化为例，对目标函数式（5.1.10）取 $J_2(\boldsymbol{x}) = \|\boldsymbol{x}\|_1$ 可以得到偏稀疏的解。如果希望进一步突出 $\boldsymbol{x}$ 剧烈变化特征，可以使用 L_p $(0<p<1)$ 正则项 $J_2(\boldsymbol{x}) = \|\boldsymbol{x}\|_p$。随着 p 趋近于零，重构解 $\boldsymbol{x}$ 的能量将更加集中在少数元素中。但是，L_p 范数（$0<p<1$）为非凸函数，求解不如 L_1 正则化方便。

数学上，当没有噪声时，给定一个信号 $\boldsymbol{y}\in\mathbb{C}^M$ 和一个过完备基 $\boldsymbol{T}\in\mathbb{C}^{M\times N}$，求稀疏矢量 $\boldsymbol{x}\in\mathbb{C}^N$ 满足 $\boldsymbol{y}=\boldsymbol{Tx}$，由式（2.2.7）可以表述为

$$\begin{aligned}&\min\|\boldsymbol{x}\|_0\\&\text{s.t.}\quad \boldsymbol{y}=\boldsymbol{Tx}\end{aligned} \tag{5.1.13}$$

前面已经说明这是一个 NP-hard 问题。在一定条件下时，这个问题的解可以通过解决一

个相似问题来得到

$$\begin{aligned}&\min\|\boldsymbol{x}\|_p^p\ ,\ 0<p\leqslant 1\\&\text{s.t.}\quad \boldsymbol{y}=\boldsymbol{T}\boldsymbol{x}\end{aligned} \tag{5.1.14}$$

当存在噪声时，可以写为

$$\begin{aligned}&\min_{\boldsymbol{x}}\|\boldsymbol{x}\|_p^p\ ,\ 0<p\leqslant 1\\&\text{s.t.}\quad \|\boldsymbol{y}-\boldsymbol{T}\boldsymbol{x}\|\leqslant\varepsilon\end{aligned} \tag{5.1.15}$$

式（5.1.15）等价于下列非约束最小化问题

$$\min_{\boldsymbol{x}}\|\boldsymbol{y}-\boldsymbol{T}\boldsymbol{x}\|_2^2+\lambda\|\boldsymbol{x}\|_p^p \tag{5.1.16}$$

如果令 $J_1(\boldsymbol{x})=\|\boldsymbol{y}-\boldsymbol{T}\boldsymbol{x}\|_2^2, J_2(\boldsymbol{x})=\|\boldsymbol{x}\|_p^p$，我们就得到式（5.1.10）所示的组合优化形式。具备能量集中特性的正则化函数非常适合稀疏信号的求解，在 5.1.3 节给出正则化的直观解释。

5.1.3 正则化直观解释

下面分别使用 L_2 范数正则项和 L_1 范数正则项约束，对式（5.1.10）的最小化问题求解给出一个较为直观的解释。图 5.1.1（a）说明如何在 L_2 范数正则项 $J_2(\boldsymbol{x})=\|\boldsymbol{x}\|_2^2$ 约束条件下，对 $J_1(\boldsymbol{x})=\|\boldsymbol{y}-\boldsymbol{T}\boldsymbol{x}\|_2^2$ 进行优化的过程。虚线椭圆区域是最小化 $J_1(\boldsymbol{x})=\|\boldsymbol{y}-\boldsymbol{T}\boldsymbol{x}\|_2^2$ 区域，实线圆是 $\|\boldsymbol{x}\|_2^2\leqslant C$ 的限定区域。如果没有正则化限定条件，使用梯度下降算法，在椭圆区域内，$\boldsymbol{x}$ 一直沿着梯度 $\nabla J_1(\boldsymbol{x})$ 的反方向移动，不断靠近全局最优值 $\boldsymbol{x}_0$，最终到达 $\boldsymbol{x}_0$ 位置。由于存在限定条件，$\boldsymbol{x}$ 不能离开圆形区域，只能在圆的边缘并沿着切线方向（点线箭头）向 $\boldsymbol{x}_0$ 位置靠近，$\boldsymbol{x}$ 最终是在满足限定条件的基础上尽量让 $J_1(\boldsymbol{x})$ 最小。根据矢量间的几何关系，$\boldsymbol{x}$ 沿圆的切线运动方向一直与 $\boldsymbol{x}$ 的方向（法线）保持垂直。在 $\boldsymbol{x}$ 整个运动过程中，只要 $-\nabla J_1(\boldsymbol{x})$ 与 $\boldsymbol{x}$ 运行方向成锐角（$\boldsymbol{x}$ 切线方向在 $-\nabla J_1(\boldsymbol{x})$ 上有正向分量），那么 $\boldsymbol{x}$ 就会继续运动，寻找使 $J_1(\boldsymbol{x})$ 更小的位置。只有当 $-\nabla J_1(\boldsymbol{x})$ 与 $\boldsymbol{x}$ 的切线方向垂直时（$\boldsymbol{x}$ 的切线方向在 $-\nabla J_1(\boldsymbol{x})$ 方向没有分量），$\boldsymbol{x}$ 才会停止运动，该位置 $J_1(\boldsymbol{x})$ 最小且同时满足限定条件 $\|\boldsymbol{x}\|_2^2\leqslant C$。此时，$-\nabla J_1(\boldsymbol{x})$ 与 $\boldsymbol{x}$ 的方向成平行关系。根据平行关系得到约束条件下最优解满足

$$-\nabla J_1(\boldsymbol{x})=2\lambda\boldsymbol{x}\Rightarrow\nabla J_1(\boldsymbol{x})+2\lambda\boldsymbol{x}=0 \tag{5.1.17}$$

其中，λ 是一个常数。根据凸优化理论，凸函数梯度为 0 时，凸函数取得全局最优值。对于目标函数 $J(\boldsymbol{x})=J_1(\boldsymbol{x})+\lambda\|\boldsymbol{x}\|_2^2$，其梯度就是式（5.1.17）。

通过图 5.1.1（a）我们对 L_2 范数正则化的优化过程进行了直观描述，只要在优化 $J_1(\boldsymbol{x})$ 的过程中满足（5.1.17）条件，就能找到全局最优值。

通过对上面 L_2 范数正则化的讨论，L_1 范数正则化就很容易理解了。图 5.1.1（b）说明了在 L_1 范数正则化下对 $J_1(\boldsymbol{x})$ 进行优化的过程。$J_1(\boldsymbol{x})$ 情况保持不变，L_1 范数限定解的可行区域是一个正方形，满足 $\|\boldsymbol{x}\|_1\leqslant C$。在 $J_1(\boldsymbol{x})$ 优化过程中，点 $\boldsymbol{x}$ 只要保证移动方向与 $-\nabla J_1(\boldsymbol{x})$ 成锐角即可，同时要保证 $\boldsymbol{x}$ 不能离开正方形区域。因此，最终 $\boldsymbol{x}$ 只能沿着正方形某一边缘位置移动到正方形的一个顶点位置停止。

满足正则化条件的最优化问题，实际上是找到 $J_1(\boldsymbol{x})$ 区域与限定区域边沿的交点，即同时满足限定条件和 $J_1(\boldsymbol{x})$ 最小。正则化约束 $\|\boldsymbol{x}\|_1\leqslant C$ 与 $\|\boldsymbol{x}\|_2^2\leqslant C$ 的不同之处就在于，有很大的

概率 $J_1(\boldsymbol{x})$ 的等高线和 $\|\boldsymbol{x}\|_1 = C$ 在坐标轴上相遇，最优解部分元素为 0，因而可以达到稀疏的效果；而 $J_1(\boldsymbol{x})$ 的等高线与 $\|\boldsymbol{x}\|_2^2 = C$ 在坐标轴上相遇的概率就比较小了，见图 5.1.2。高维信号与二维信号情况一致，约束边界 $\|\boldsymbol{x}\|_2^2 = C$ 是平滑的且与中心点等距；而约束边界 $\|\boldsymbol{x}\|_1 = C$ 是包含凸点的，这些凸点更接近 $J_1(\boldsymbol{x})$ 的最优解位置，而凸点位置的 $\boldsymbol{x}$ 是具有稀疏性的。针对阵列测向的稀疏模型，本章使用 L_1 正则化技术来解决 DOA 估计问题。

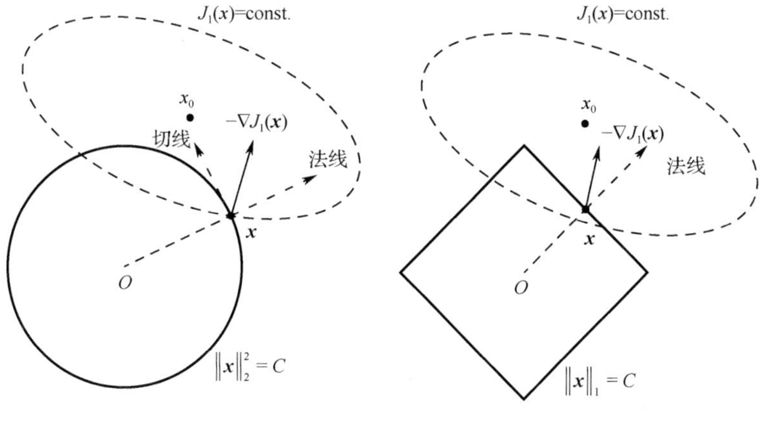

（a）L_2范数　　（b）L_1范数

图 5.1.1　二维信号正则约束下的优化过程

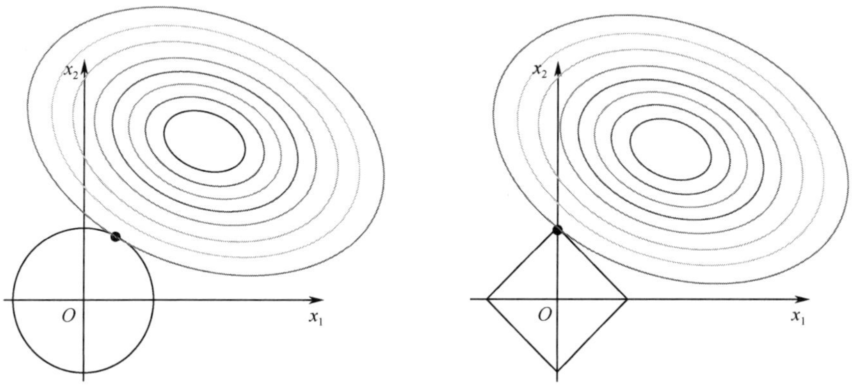

（a）L_2范数　　（b）L_1范数

图 5.1.2　正则化最优解位置示意图

5.2　基于 L_1 范数的 DOA 估计方法

5.2.1　单快拍信号重构

假设使用 M 个阵元组成的线阵接收空间入射信号，如第 3 章中的图 3.3.1 所示。测向空域范围 $[-90^\circ, 90^\circ]$ 按需求均匀划分为 $N-1$ 个网格，得到长度为 N 的一个空间角度序列 $\boldsymbol{\Omega}=[\tilde{\theta}_1, \tilde{\theta}_2, \cdots, \tilde{\theta}_N]$。每个入射角度都有对应的阵列导向矢量，共同构成过完备字典 $\boldsymbol{A}(\boldsymbol{\Omega}) = [\boldsymbol{a}(\tilde{\theta}_1), \boldsymbol{a}(\tilde{\theta}_2), \cdots, \boldsymbol{a}(\tilde{\theta}_N)]$。由入射信号在空间稀疏分布的假设，阵列在时刻 t 接收的数据

稀疏模型为

$$\boldsymbol{y}(t)=\boldsymbol{A}(\boldsymbol{\Omega})\tilde{\boldsymbol{s}}(t)+\boldsymbol{e}(t) \tag{5.2.1}$$

在以上稀疏模型中，空间谱估计问题相当于估计稀疏矢量$\tilde{\boldsymbol{s}}(t)$。为求解该稀疏矢量，可以采用最小二乘拟合与$L_1$范数正则化构建无约束最小化问题：

$$\min_{\tilde{\boldsymbol{s}}}\left\|\boldsymbol{y}-\boldsymbol{A}(\boldsymbol{\Omega})\tilde{\boldsymbol{s}}\right\|_2^2+\lambda\left\|\tilde{\boldsymbol{s}}\right\|_1 \tag{5.2.2}$$

为书写简单，本书常省去时间变量t。除了将式（5.2.1）所示模型转化为式（5.2.2）所示的最小化问题，还可以写成有约束形式最小化问题：

$$\begin{aligned}&\min_{\tilde{\boldsymbol{s}}}\left\|\tilde{\boldsymbol{s}}\right\|_1\\ &\text{s. t.}\quad \left\|\boldsymbol{y}-\boldsymbol{A}(\boldsymbol{\Omega})\tilde{\boldsymbol{s}}\right\|_2\leqslant\beta\end{aligned} \tag{5.2.3}$$

式中，β为限制噪声大小的正则化参数。交换式（5.2.3）的目标函数和约束的位置，得到另一种形式的有约束最小化问题：

$$\begin{aligned}&\min_{\tilde{\boldsymbol{s}}}\left\|\boldsymbol{y}-\boldsymbol{A}(\boldsymbol{\Omega})\tilde{\boldsymbol{s}}\right\|_2\\ &\text{s.t.}\quad \left\|\tilde{\boldsymbol{s}}\right\|_1\leqslant\delta\end{aligned} \tag{5.2.4}$$

式中，正则参数δ用于限制信号的稀疏度。

上述三种形式的优化问题，只要其对应的正则参数选择合适，重构出来的解都是等价的。这意味着从一种优化形式转换到另一种形式，我们只需要正确映射其正则化参数即可。但是，这并不是一件简单的事，尽管这样的映射存在，几个优化问题之间的映射关系很可能是非线性且不连续的。

形如式（5.2.2）的正则化无约束优化问题，可以转化为一个标准的二阶锥规划问题（Second-Order Cone Programming，SOCP）。标准二阶锥规划形式如下：

$$\begin{aligned}&\min_{\boldsymbol{x}}\quad \boldsymbol{c}^{\mathrm{T}}\boldsymbol{x}\\ &\text{s.t.}\quad \left\|\boldsymbol{a}_i^{\mathrm{T}}\boldsymbol{x}+\boldsymbol{b}\right\|_2\leqslant\boldsymbol{d}_i^{\mathrm{T}}\boldsymbol{x}+e_i,\quad i=1,\cdots,p\\ &\qquad \boldsymbol{g}_j^{\mathrm{T}}\boldsymbol{x}=h_j,\qquad\qquad j=1,\cdots,q\end{aligned} \tag{5.2.5}$$

式中，除了$\boldsymbol{x}$为待求变量外，其他都是常数矢量或标量。因为 SOCP 中目标函数必须是线性函数，所以我们引入松弛变量q、r与$\boldsymbol{z}$，使得

$$\begin{aligned}&\left\|\tilde{\boldsymbol{s}}\right\|_1\leqslant q\ \Leftrightarrow\left\|[\mathrm{Re}(\tilde{s}_n),\mathrm{Im}(\tilde{s}_n)]\right\|_2\leqslant q_n,\ q=\sum_{n=1}^{N}q_n=\boldsymbol{1}^{\mathrm{T}}\boldsymbol{q}\\ &\boldsymbol{z}=\boldsymbol{y}-\boldsymbol{A}(\boldsymbol{\Omega})\tilde{\boldsymbol{s}}\\ &\left\|\boldsymbol{z}\right\|_2^2\leqslant r\end{aligned} \tag{5.2.6}$$

式中，$\tilde{s}_n$表示矢量$\tilde{\boldsymbol{s}}$第n个元素，$\boldsymbol{1}$表示元素全为 1 的矢量。则式（5.2.2）最小化问题转化为以下标准的二阶锥规划形式

$$\begin{aligned}&\min_{\tilde{\boldsymbol{s}}}\quad r+\lambda\boldsymbol{1}^{\mathrm{T}}\boldsymbol{q}\\ &\text{s.t.}\quad \boldsymbol{y}-\boldsymbol{A}(\boldsymbol{\Omega})\tilde{\boldsymbol{s}}=\boldsymbol{z}\\ &\qquad \left\|\boldsymbol{z}\right\|_2^2\leqslant r\end{aligned} \tag{5.2.7}$$

二阶锥规划问题是一个标准的凸优化问题，目前凸优化算法已经相当成熟，可以直接使用工具包来求解，如 CVX、SeDuMi [12]、SDPT3 [13]等。

假设空间有三个信号，分别从空间角度10°、20°和–30°方向入射；采用 10 阵元均匀阵列接收单快拍数据，使用基于 L_1 范数稀疏重构算法得到的空间谱，如图 5.2.1 所示。从图中可以看出，单快拍情况下可以成功地估计出三个信号的波达方向，而且谱峰很尖锐；CBF 算法无法区分空间角度在波束内的两个信号。这证明了稀疏重构算法具有超分辨能力。由于只使用一个快拍，稀疏重构也很难得到较高的估计精度，估计结果与实际目标入射方向有微小偏差，因此需要引入多快拍数据来改善 DOA 估计精度。

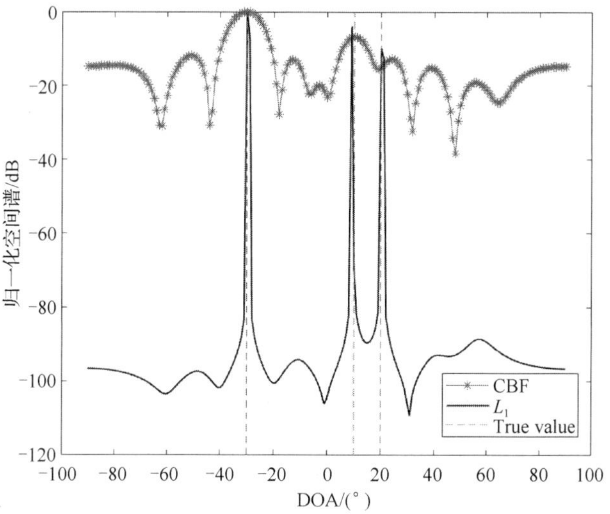

图 5.2.1　单快拍稀疏重构 DOA 估计空间谱（SNR=20dB）

5.2.2　多快拍时间联合重构方法

式（5.2.7）给出的最小化问题，适合单快拍条件下的 DOA 估计。如何在多快拍情况下，基于 L_1 范数正则化技术构建类似式（5.2.2）的最小化问题是本节论述的重点内容。多快拍情况下，接收数据稀疏模型为

$$\boldsymbol{Y}=\boldsymbol{A}(\boldsymbol{\Omega})\tilde{\boldsymbol{S}}+\boldsymbol{E} \tag{5.2.8}$$

各个变量具体定义见第 3 章中的式（3.3.2）与式（3.3.3）。

由于接收数据模型为矩阵，解决多快拍优化问题的思路是如何将接收数据合理地矢量化，以形成类似式（5.2.2）所示的优化模型。最容易想到的方法就是直接对 L 个快拍接收数据进行时域平均处理：

$$\overline{\boldsymbol{y}}=\mathbb{E}[\boldsymbol{y}(t)]=\frac{1}{L}\sum_{l=1}^{L}\boldsymbol{y}(t_l) \tag{5.2.9}$$

可以直接得到与单快拍情况相同形式的信号模型：

$$\overline{\boldsymbol{y}}=\boldsymbol{A}(\boldsymbol{\Omega})\overline{\boldsymbol{s}}+\overline{\boldsymbol{e}} \tag{5.2.10}$$

式中，$\overline{\boldsymbol{s}}=\mathbb{E}[\tilde{\boldsymbol{s}}(t)]$ 和 $\overline{\boldsymbol{e}}=\mathbb{E}[\boldsymbol{e}(t)]$ 分别为信号时域均值和噪声时域均值。经过时域平均处理，一定程度上抑制了随机噪声的影响，但 DOA 估计精度未必因为多快拍数据引入而改善。主要原因在于，该平均处理可改善估计性能的前提是信号为非零均值信号。均值操作相当于一个低通滤波过程，信号必须保证非零频分量占优，时域均值处理才有较大意义。

对信号形式不做任何假设的前提下，需要有一种合理使用多快拍数据的方法。为了使多快拍情况下的数据变成矢量，可以将阵列输出矩阵 $\boldsymbol{Y}$、信号矩阵 $\tilde{\boldsymbol{S}}$ 和噪声矩阵 $\boldsymbol{E}$ 进行矢量化处理：

$$\breve{\boldsymbol{y}}=\mathrm{vec}(\boldsymbol{Y})=\begin{bmatrix}\boldsymbol{y}(t_1)\\ \boldsymbol{y}(t_2)\\ \vdots \\ \boldsymbol{y}(t_L)\end{bmatrix},\ \breve{\boldsymbol{s}}=\mathrm{vec}(\tilde{\boldsymbol{S}})=\begin{bmatrix}\tilde{\boldsymbol{s}}(t_1)\\ \tilde{\boldsymbol{s}}(t_2)\\ \vdots \\ \tilde{\boldsymbol{s}}(t_L)\end{bmatrix},\ \breve{\boldsymbol{e}}=\mathrm{vec}(\boldsymbol{E})=\begin{bmatrix}\boldsymbol{e}(t_1)\\ \boldsymbol{e}(t_2)\\ \vdots \\ \boldsymbol{e}(t_L)\end{bmatrix} \tag{5.2.11}$$

那么矢量化的接收数据稀疏模型变为

$$\breve{\boldsymbol{y}}=\breve{\boldsymbol{A}}\breve{\boldsymbol{s}}+\breve{\boldsymbol{e}} \tag{5.2.12}$$

式中

$$\breve{\boldsymbol{A}}=\begin{pmatrix}\boldsymbol{A}(\boldsymbol{\Omega}) & & \\ & \ddots & \\ & & \boldsymbol{A}(\boldsymbol{\Omega})\end{pmatrix}_{ML\times NL} \tag{5.2.13}$$

原来的过完备基 $\boldsymbol{A}(\boldsymbol{\Omega})$ 作为块对角线上的矩阵，构成新的过完备基 $\breve{\boldsymbol{A}}$，$\boldsymbol{A}(\boldsymbol{\Omega})$ 共重复 L 次。矢量化之后，式（5.2.12）中 $\breve{\boldsymbol{s}}$ 不但包含空间角度信息，还包含时域信息。明显不同于 5.2.1 节的单快拍情况，对 $\breve{\boldsymbol{s}}$ 强制稀疏并不合理，因为信号矩阵 $\tilde{\boldsymbol{S}}=[\tilde{\boldsymbol{s}}(t_1),\tilde{\boldsymbol{s}}(t_2),\cdots,\tilde{\boldsymbol{s}}(t_L)]$ 在时域维度上并不一定具有稀疏性。

针对该情况，可以增加一个对信号矩阵 $\tilde{\boldsymbol{S}}$ 的先验条件，使得解只在空间维度是稀疏的，而在时间上是否稀疏不做要求。处理方法就是对信号矩阵 $\tilde{\boldsymbol{S}}$ 各行的时域采样取 L_2 范数，$\tilde{\boldsymbol{S}}$ 第 n 行的 L_2 范数定义为

$$\breve{s}_n^{[L_2]}=\sqrt{\sum_{l=1}^{L}\left|\tilde{s}_n(t_l)\right|^2},\ n\in\{1,2,\cdots,N\} \tag{5.2.14a}$$

式中，$\tilde{s}_n(t_l)=\tilde{\boldsymbol{S}}(n,l)$。我们得到一个不包含时域信息的空域信号矢量

$$\breve{\boldsymbol{s}}^{[L_2]}=\left[\breve{s}_1^{[L_2]},\breve{s}_2^{[L_2]},\cdots,\breve{s}_N^{[L_2]}\right]^{\mathrm{T}} \tag{5.2.14b}$$

该矢量就是要估计的多快拍空间谱矢量。然后对 $\breve{\boldsymbol{s}}^{[L_2]}$ 取 L_1 范数进行强制稀疏，得到下列优化问题

$$\min_{\breve{s}}\left\|\breve{\boldsymbol{y}}-\breve{\boldsymbol{A}}\breve{\boldsymbol{s}}\right\|_2^2+\lambda\left\|\breve{\boldsymbol{s}}^{[L_2]}\right\|_1 \tag{5.2.15}$$

式中，$\left\|\breve{\boldsymbol{s}}^{[L_2]}\right\|_1$ 有时也写为 $\left\|\tilde{\boldsymbol{S}}\right\|_{2,1}$。该目标函数可以转化为二阶锥规划形式

$$\begin{aligned}&\min_{\breve{s}}\ p+\lambda q\\ &\text{s.t.}\ \ \left\|\boldsymbol{z}_1^{\mathrm{T}},\boldsymbol{z}_2^{\mathrm{T}},\cdots,\boldsymbol{z}_L^{\mathrm{T}}\right\|_2^2\leqslant p\\ &\boldsymbol{1}^{\mathrm{T}}\boldsymbol{r}\leqslant q\\ &\sqrt{\sum_{l=1}^{L}\left|\tilde{s}_n(t_l)\right|^2}\leqslant r_n,\ n=1,2,\cdots,N\\ &\boldsymbol{z}_l=\boldsymbol{y}(t_l)-\boldsymbol{A}(\boldsymbol{\Omega})\tilde{\boldsymbol{s}}(t_l),\ l=1,2,\cdots,L\end{aligned} \tag{5.2.16}$$

计算得到 $\breve{\boldsymbol{s}}$ 后，根据式（5.2.11）可以还原 $N\times L$ 维矩阵 $\tilde{\boldsymbol{S}}=\mathrm{unvec}(\breve{s})$，由式（5.2.14）得到空间谱 $\breve{\boldsymbol{s}}^{[L_2]}$。根据空间谱能量分布，即可得到信源入射方向。我们称该方法为多快拍时间联合

重构方法（Joint-time L_1 Method）。

图 5.2.2 为多快拍时间联合信号重构估计算法的性能仿真。其中，信号来自10°、5°和−15°三个方向；采用 10 阵元均匀阵列接收；SNR = 10dB；快拍数 $L=15$。图 5.2.2（a）、（b）和（c）为$|\tilde{\boldsymbol{s}}|$与 unvec($|\tilde{\boldsymbol{s}}|$)的估计结果，从图中可以看出使用多快拍数据后得到了更为精确的空间谱，$\tilde{\boldsymbol{S}}$ 的每一列都显示出了在空域的稀疏性且空域稀疏结构保持一致。图 5.2.2（d）为信号矢量 $\tilde{\boldsymbol{s}}^{[L_2]}$ 的空间谱，与传统 DOA 估计算法得到的空间谱进行比较，可以看出这种基于 L_1 范数的稀疏重构算法拥有更尖锐的谱峰且旁瓣极低，有利于信号数估计和分辨空间邻近入射信源。这种算法的主要缺点就是计算量受到快拍数的严重影响，凸优化计算量随着快拍数而超线性增加。如采用内点法求解式（5.2.16）这个 SOCP 问题，其运算量与网格数 N 和快拍数 L 有关，算法复杂度达到 $O(L^3N^3)$ [14]。因此，如果使用采样快拍较多，该算法不适合实时性要求很高的应用场合。

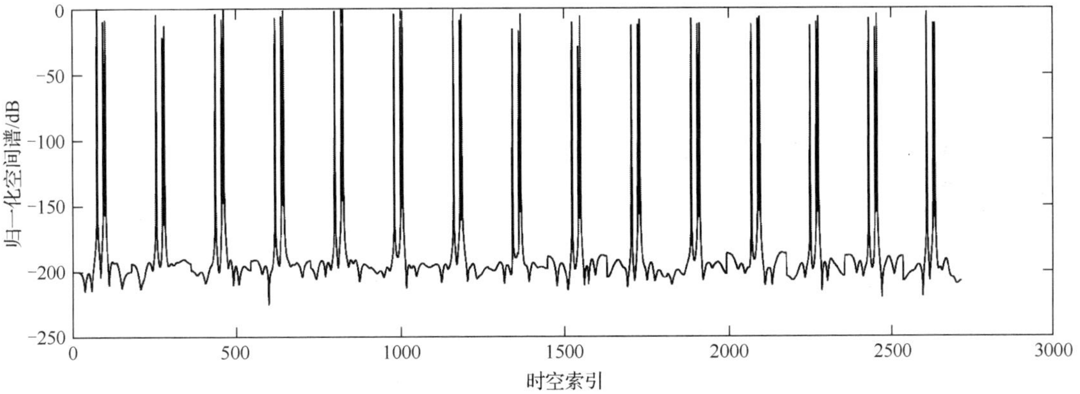

（a）归一化时空稀疏谱$|\tilde{\boldsymbol{s}}|$的估计

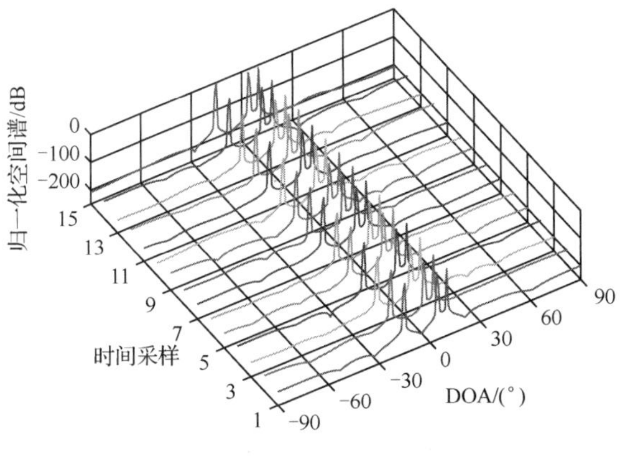

（b）unvec($|\tilde{\boldsymbol{s}}|$)三维图

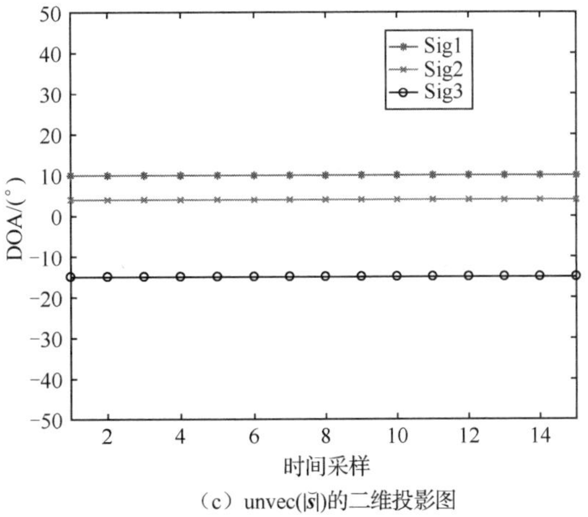

（c）unvec($|\tilde{\boldsymbol{s}}|$)的二维投影图

图 5.2.2　多快拍时间联合重构空间谱（SNR=10dB）

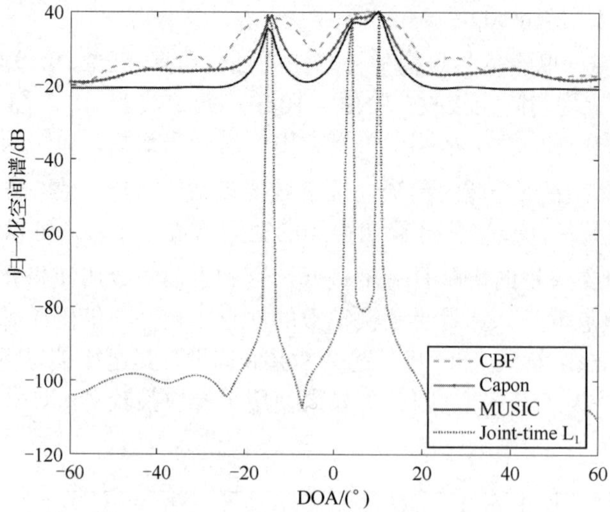

（d）组合谱$\breve{\boldsymbol{s}}^{[L_2]}$

图 5.2.2　多快拍时间联合重构空间谱（SNR=10dB）（续）

5.2.3　基于奇异值分解的多快拍信号重构方法

针对 5.2.2 节算法计算复杂度高的问题，可以采用奇异值分解技术对采样矩阵 $\boldsymbol{Y}$ 进行适当的压缩，然后再进行 DOA 估计。这样，既可以利用多快拍的信息提高算法估计性能，又可以降低数据维度，从而减小优化过程的计算量。本节研究两种基于奇异值分解的稀疏模型，给出相应的 DOA 估计算法。

1. 奇异矢量线性组合方法

对 $M \times L$ 维数据矩阵 $\boldsymbol{Y}$ 进行奇异值分解可以得到

$$\boldsymbol{Y} = \boldsymbol{U}\boldsymbol{\Lambda}\boldsymbol{V}^{\mathrm{H}} \tag{5.2.17}$$

如果没有噪声影响，$\boldsymbol{Y}$ 的秩为信源数 K。左奇异矩阵 $\boldsymbol{U}$ 中前 K 列的奇异矢量分别对应 $\boldsymbol{\Lambda}$ 中 K 个非零奇异值，表示信号子空间。因此，数据 $\boldsymbol{Y}$ 可以通过这 K 个奇异矢量的线性组合表示。加入噪声后，矩阵 $\boldsymbol{Y}$ 是一个满秩矩阵，其秩等于阵元数 M（假设快拍数 L 大于阵元数 M）。那么，将 $\boldsymbol{Y}$ 的奇异值从大到小排列后，其前 K 个奇异值对应的左奇异矢量同样构成信号子空间。信号子空间的奇异矢量与对应奇异值相乘的线性组合可以很好地反映入射信号信息。令 $\mathbf{1}^K$ 表示前 K 个元素为 1、剩余元素为零的 L 维列矢量，构造奇异值矢量的线性组合：

$$\boldsymbol{y}_{\mathrm{s}} = \boldsymbol{U}\boldsymbol{\Lambda}\mathbf{1}^K \tag{5.2.18}$$

由式（5.2.17）和式（5.2.18）可知，$\boldsymbol{y}_{\mathrm{s}}$ 属于 $\boldsymbol{Y}$ 张成的空间 $\boldsymbol{y}_{\mathrm{s}} \in \mathrm{span}(\boldsymbol{Y})$，因此 $\boldsymbol{y}_s$ 也可以认为是快拍 $\{\boldsymbol{y}(t_l)\}_{l=1}^{L}$ 的线性组合。根据酉阵性质 $\boldsymbol{V}^{\mathrm{H}} = \boldsymbol{V}^{-1}$，式（5.2.17）可以写成 $\boldsymbol{Y}\boldsymbol{V} = \boldsymbol{U}\boldsymbol{\Lambda}$，我们可以得到 $\boldsymbol{y}_{\mathrm{s}}$ 的另一个表达形式：

$$\boldsymbol{y}_{\mathrm{s}} = \boldsymbol{U}\boldsymbol{\Lambda}\mathbf{1}^K = \boldsymbol{Y}\boldsymbol{V}\mathbf{1}^K \tag{5.2.19}$$

信号和噪声也可以采用同样的表示方法：

$$\begin{cases} \boldsymbol{s}_{\mathrm{s}} = \boldsymbol{S}\boldsymbol{V}\mathbf{1}^K \\ \boldsymbol{e}_{\mathrm{s}} = \boldsymbol{E}\boldsymbol{V}\mathbf{1}^K \end{cases} \tag{5.2.20}$$

式中，$\boldsymbol{s}_{\mathrm{s}}$ 与 $\boldsymbol{e}_{\mathrm{s}}$ 也分别变成了 $\boldsymbol{S}$ 与 $\boldsymbol{E}$ 的线性组合。由此，可以得到数学模型：

$$\boldsymbol{y}_{\mathrm{s}} = \boldsymbol{A}(\boldsymbol{\theta})\boldsymbol{s}_{\mathrm{s}} + \boldsymbol{e}_{\mathrm{s}} \tag{5.2.21}$$

原来的多快拍矩阵 $\boldsymbol{Y}$ 变成了一个相关矢量 $\boldsymbol{y}_{\mathrm{s}}$。上式的结构与式（3.1.10a）一致，因此，一定有相应的稀疏模型：

$$\boldsymbol{y}_{\mathrm{s}} = \boldsymbol{A}(\boldsymbol{\Omega})\tilde{\boldsymbol{s}}_{\mathrm{s}} + \boldsymbol{e}_{\mathrm{s}} \tag{5.2.22}$$

可以通过重构 $\tilde{\boldsymbol{s}}_{\mathrm{s}}$ 来获得空间中信源的位置，求解 $\tilde{\boldsymbol{s}}_{\mathrm{s}}$ 方法同 5.2.1 节。这种方法计算较为简单，在入射信号功率相差不大的情况下，可以得到较为理想的 DOA 估计结果。由于信号入射方向的导向矢量并不正交，各个信号的能量在经过 SVD 的压缩转换后会出现较大的变化，一些弱信号可能被强信号和噪声严重影响，导致该方法对弱信号的估计能力不足。另外，直接将多快拍矩阵数据 $\boldsymbol{Y}$ 压缩为一个类似单快拍的列矢量 $\boldsymbol{y}_{\mathrm{s}}$，有可能造成这个列矢量与某一个角度对应的导向矢量很接近的情况，最终导致直接估计出一个错误的目标入射方向，而不是多个信号的真实入射方向[15]。

2. 奇异矢量联合应用方法

除了采用奇异矢量线性组合方法，也可以通过其他方式压缩接收数据。同样，利用奇异值分解得到 $\boldsymbol{Y} = \boldsymbol{U\Lambda V}^{\mathrm{H}}$，令

$$\boldsymbol{Y}^{\mathrm{SV}} = \boldsymbol{U\Lambda D}_K = \boldsymbol{YVD}_K \tag{5.2.23}$$

式中，$\boldsymbol{D}_K = [\boldsymbol{I}_K, \boldsymbol{0}]^{\mathrm{T}}$，$\boldsymbol{0}$ 是一个 $M \times (L-K)$ 维的全零矩阵。$M \times K$ 维的矩阵 $\boldsymbol{Y}^{\mathrm{SV}}$ 的每个列矢量对应一个信号空间的奇异矢量。同理，将信号和噪声矩阵采用同样方法处理：

$$\begin{cases} \boldsymbol{S}^{\mathrm{SV}} = \boldsymbol{SVD}_K \\ \boldsymbol{E}^{\mathrm{SV}} = \boldsymbol{EVD}_K \end{cases} \tag{5.2.24}$$

由此可得

$$\boldsymbol{Y}^{\mathrm{SV}} = \boldsymbol{A}(\boldsymbol{\theta})\boldsymbol{S}^{\mathrm{SV}} + \boldsymbol{E}^{\mathrm{SV}} \tag{5.2.25}$$

将其转变为稀疏模型：

$$\boldsymbol{Y}^{\mathrm{SV}} = \boldsymbol{A}(\boldsymbol{\Omega})\tilde{\boldsymbol{S}}^{\mathrm{SV}} + \boldsymbol{E}^{\mathrm{SV}} \tag{5.2.26}$$

对于矩阵 $\boldsymbol{Y}^{\mathrm{SV}}$ 的每一列矢量（对应于一个奇异矢量），有

$$\boldsymbol{y}^{\mathrm{SV}}(k) = \boldsymbol{A}(\boldsymbol{\Omega})\tilde{\boldsymbol{s}}^{\mathrm{SV}}(k) + \boldsymbol{e}^{\mathrm{SV}}(k), \quad k = 1, 2, \cdots, K \tag{5.2.27}$$

式中，$\boldsymbol{y}^{\mathrm{SV}}(k) = \boldsymbol{Y}^{\mathrm{SV}}(:,k), \tilde{\boldsymbol{s}}^{\mathrm{SV}}(k) = \tilde{\boldsymbol{S}}^{\mathrm{SV}}(:,k), \boldsymbol{e}^{\mathrm{SV}}(k) = \boldsymbol{E}^{\mathrm{SV}}(:,k)$。当 $K > 1$ 时，每一列都可以认为是一个单快拍稀疏模型。采用类似于多快拍时间联合信号重构的方法（见 5.2.2 节），可以将 $\boldsymbol{Y}^{\mathrm{SV}}$ 进行矢量化处理：

$$\breve{\boldsymbol{y}} = \mathrm{vec}(\boldsymbol{Y}^{\mathrm{SV}})$$

对信号 $\tilde{\boldsymbol{S}}^{\mathrm{SV}}$ 和噪声 $\boldsymbol{E}^{\mathrm{SV}}$ 采用同样的表示方法：

$$\begin{cases} \breve{\boldsymbol{s}} = \mathrm{vec}(\tilde{\boldsymbol{S}}^{\mathrm{SV}}) \\ \breve{\boldsymbol{e}} = \mathrm{vec}(\boldsymbol{E}^{\mathrm{SV}}) \end{cases}$$

过完备字典采用对角线堆叠 K 个原过完备字典的方式：

$$\breve{\boldsymbol{A}} = \begin{pmatrix} \boldsymbol{A}(\boldsymbol{\Omega}) & & \\ & \ddots & \\ & & \boldsymbol{A}(\boldsymbol{\Omega}) \end{pmatrix}_{MK \times NK} \tag{5.2.28}$$

最终可以得到转换后的矢量化稀疏模型

$$\breve{\boldsymbol{y}} = \breve{\boldsymbol{A}}\breve{\boldsymbol{s}} + \breve{\boldsymbol{e}} \tag{5.2.29}$$

上式形式与式（5.2.12）相同，而数据维度已由原来的ML下降到现在的MK。类似 5.2.2 节所述，只需要$\breve{\boldsymbol{s}}$在空间上是稀疏的即可。因此，对矩阵$\tilde{\boldsymbol{S}}^{\mathrm{SV}}$的行矢量取$L_2$范数：

$$\breve{s}_n^{[L_2]} = \sqrt{\sum_{k=1}^{K} \left| s_n^{\mathrm{SV}}(k) \right|^2},\ n \in \{1,\cdots,N\} \tag{5.2.30}$$

式中，$s_n^{\mathrm{SV}}(k) = \tilde{\boldsymbol{S}}^{\mathrm{SV}}(n,k)$。再对空间序列$\breve{\boldsymbol{s}}^{[L_2]} = [\breve{s}_1^{[L_2]}, \breve{s}_2^{[L_2]}, \cdots, \breve{s}_N^{[L_2]}]^{\mathrm{T}}$强制稀疏，可得到下列正则化无约束优化问题：

$$\min_{\breve{\boldsymbol{s}}} \left\| \breve{\boldsymbol{y}} - \breve{\boldsymbol{A}}\breve{\boldsymbol{s}} \right\|_2^2 + \lambda \left\| \breve{\boldsymbol{s}}^{[L_2]} \right\|_1 \tag{5.2.31}$$

同式（5.2.15），上式可转化为二阶锥规划形式：

$$\begin{aligned}
&\min p + \lambda q \\
&\text{s.t.}\ \ \left\| \boldsymbol{z}_1^{\mathrm{T}}, \boldsymbol{z}_2^{\mathrm{T}}, \cdots, \boldsymbol{z}_K^{\mathrm{T}} \right\|_2^2 \leqslant p \\
&\qquad \boldsymbol{1}^{\mathrm{T}} \boldsymbol{r} \leqslant q \\
&\qquad \sqrt{\sum_{k=1}^{K} \left| s_n^{\mathrm{SV}}(k) \right|^2} \leqslant r_n,\ n = 1,2,\cdots,N \\
&\qquad \boldsymbol{z}_k = \boldsymbol{y}^{\mathrm{SV}}(k) - \boldsymbol{A}(\boldsymbol{\Omega})\tilde{\boldsymbol{s}}^{\mathrm{SV}}(k),\ k = 1,2,\cdots,K
\end{aligned} \tag{5.2.32}$$

由于

$$\left\| \boldsymbol{Y}^{\mathrm{SV}} - \boldsymbol{A}(\boldsymbol{\Omega})\tilde{\boldsymbol{S}}^{\mathrm{SV}} \right\|_{\mathrm{F}}^2 = \left\| \mathrm{vec}(\boldsymbol{Y}^{\mathrm{SV}} - \boldsymbol{A}(\boldsymbol{\Omega})\tilde{\boldsymbol{S}}^{\mathrm{SV}}) \right\|_2^2 = \left\| \breve{\boldsymbol{y}} - \breve{\boldsymbol{A}}\breve{\boldsymbol{s}} \right\|_2^2$$

因此有些文献将式（5.2.31）写成下列形式：

$$\min_{\tilde{\boldsymbol{S}}^{\mathrm{SV}}} \left\| \boldsymbol{Y}^{\mathrm{SV}} - \boldsymbol{A}(\boldsymbol{\Omega})\tilde{\boldsymbol{S}}^{\mathrm{SV}} \right\|_{\mathrm{F}}^2 + \lambda \left\| \breve{\boldsymbol{s}}^{[L_2]} \right\|_1 \tag{5.2.33}$$

由于数据经过奇异值分解处理，奇异矢量联合应用的 DOA 估计算法称为L_1-SVD 算法[16]，算法流程如算法 5.1 所示。

算法 5.1　L_1-SVD 算法

输入：接收数据$\boldsymbol{Y} \in \mathbb{C}^{M \times L}$，完备字典$\boldsymbol{A}(\boldsymbol{\Omega}) \in \mathbb{C}^{M \times N}$，稀疏度$K$。

1）对接收数据进行奇异值分解$\boldsymbol{Y} = \boldsymbol{U}\boldsymbol{\Lambda}\boldsymbol{V}^{\mathrm{H}}$；

2）根据奇异值情况和稀疏度，求出$\boldsymbol{Y}^{\mathrm{SV}} = \boldsymbol{U}\boldsymbol{\Lambda}\boldsymbol{D}_K$；

3）按照式（5.2.32）对目标函数进行优化，求出信号稀疏谱$\breve{\boldsymbol{s}}$；

4）使用$\tilde{\boldsymbol{S}}^{\mathrm{SV}} = \mathrm{unvec}(\breve{\boldsymbol{s}})$和式（5.2.30）得到稀疏谱矢量$\breve{\boldsymbol{s}}^{[L_2]}$的估计。

输出：重构空间谱$\breve{\boldsymbol{s}}^{[L_2]}$与目标入射角。

本节讨论的L_1-SVD 算法将整个凸优化问题的维度从 L 降到了K，极大减小了运算量。如采用内点法求解式(5.2.32)这个 SOCP 问题，其运算的复杂度变为$O(K^3N^3)$ [14]。关于L_1-SVD 方法的性能分析见 5.5 节。

5.2.4　加权 L_1-SVD 算法原理

L_1-SVD 算法具有优异的 DOA 估计性能。对于一些低信噪比和快拍数少的情况，如果使用L_1-SVD 算法仍难以分辨技术指标要求的邻近入射信号，那么可以采用加权L_1-SVD 算法进一步提高 DOA 估计的分辨力。该算法通过对需要优化的稀疏变量进行合理加权处理，有助于压缩空间谱主瓣宽度，从而进一步提高对空间邻近信号的分辨能力。

由式（5.2.31），加权 L_1-SVD 的优化模型为

$$\min\left\|\breve{\boldsymbol{y}}-\breve{\boldsymbol{A}}\breve{\boldsymbol{s}}\right\|_2^2+\lambda\left\|\boldsymbol{w}^{\mathrm{H}}\breve{\boldsymbol{s}}^{[L_2]}\right\|_1 \tag{5.2.34}$$

式中，$\boldsymbol{w}=[w_1,w_2,\cdots,w_N]^{\mathrm{T}}\in\mathbb{R}^N$ 为权值矢量。如果使用较小的权值 w_n 加权信源入射方向所对应元素 $s_n^{[L_2]}$，用较大的权值加权非信源入射方向对应的元素，优化过程中会诱导整个空间谱的能量向信源入射方向进一步汇聚。如式（5.2.34）所示，较小权值促使信源入射方向对应的 $\breve{s}_n^{[L_2]}$ 趋向更大值却不会被严重惩罚；反之，对于非信源入射方向 $\breve{s}_n^{[L_2]}$ 的惩罚较大，那么 $\breve{s}_n^{[L_2]}$ 就会趋向于更小的值，最终使得整个解矢量 $\breve{\boldsymbol{s}}^{[L_2]}$ 变得更加稀疏。

加权 L_1-SVD 算法的二阶锥规划求解形式：

$$\begin{aligned}&\min\ p+\lambda q\\&\text{s.t.}\ \left\|\boldsymbol{z}_1^{\mathrm{T}},\boldsymbol{z}_2^{\mathrm{T}},\cdots,\boldsymbol{z}_K^{\mathrm{T}}\right\|_2^2\leqslant p\\&\qquad \boldsymbol{1}^{\mathrm{T}}\boldsymbol{r}\leqslant q\\&\qquad w_n\cdot\sqrt{\sum_{k=1}^{K}\left|s_n^{\mathrm{SV}}(k)\right|^2}\leqslant r_n,\ n=1,2,\cdots,N\\&\qquad \boldsymbol{z}_k=\boldsymbol{y}^{\mathrm{SV}}(k)-\boldsymbol{A}(\boldsymbol{\Omega})\tilde{\boldsymbol{s}}^{\mathrm{SV}}(k),\ k=1,2,\cdots,K\end{aligned} \tag{5.2.35}$$

通常选用传统 DOA 估计算法的空间谱结果作为权值 $\boldsymbol{w}$，如 CBF 算法、Capon 和 MUSIC 算法的空间谱等，都可以作为权值。CBF 的空间谱作为权值时，计算简单，但加权效果并不显著；Capon 算法和 MUSIC 算法的空间谱作为权值时，加权效果明显。值得注意的是，如果入射信号有相干信号存在，使用以上几种算法获得的空间谱是不正确的，那么这些结果不能再作为加权 L_1-SVD 算法的权值使用。实际使用中可以根据具体情况选择合适的权值，这种加权方法并不需要引入任何新的条件，只是对数据的再处理，以增加计算量为代价换取较严苛条件下的超高分辨力。后文的仿真中可以看到加权算法的信号空间分辨性能。

5.2.5　正则化参数选取

如式（5.2.31）所示的最小化问题，正则化参数 λ 控制着解的稀疏性和数据拟合之间的平衡。λ 越大解越稀疏，λ 越小解拟合数据越好。例如，在待估计的两个入射方向较近的情况下，λ 过大可能导致估计的目标数比真实的少。因此，对于正则化算法，正则参数 λ 的选取对估计性能至关重要。对于模型式（5.2.26），如果接收数据噪声分布已知或者可以估计，选择的 λ 应该尽量满足：

$$\left\|\boldsymbol{Y}^{\mathrm{SV}}-\boldsymbol{A}(\boldsymbol{\Omega})\hat{\tilde{\boldsymbol{S}}}^{\mathrm{SV}}(\lambda)\right\|_{\mathrm{F}}^2\approx\mathbb{E}\left(\left\|\boldsymbol{E}^{\mathrm{SV}}\right\|_{\mathrm{F}}^2\right) \tag{5.2.36}$$

式中，$\hat{\tilde{\boldsymbol{S}}}^{\mathrm{SV}}(\lambda)$ 为固定 λ 后通过模型式（5.2.33）获得的重构结果。以式（5.2.36）为约束条件寻找适合的正则参数，称为差异原则（discrepancy principle）[17]。搜索正则参数的过程增加了这类正则化算法的复杂性。

在噪声方差或统计特性未知的情况下，L-curve 法[17-19]是一种较好的正则化参数选取方法。以式（5.2.31）所示最小化问题为例，对特定 λ 可以获得稀疏解估计值 $\hat{\breve{\boldsymbol{s}}}(\lambda)$，将其代入数据拟合项 $\left\|\breve{\boldsymbol{y}}-\breve{\boldsymbol{A}}\hat{\breve{\boldsymbol{s}}}(\lambda)\right\|_2^2$ 和正则项 $\left\|\hat{\breve{\boldsymbol{s}}}^{[L_2]}(\lambda)\right\|_1$。在二维坐标系中画出点 $p\left(\ln\left\|\hat{\breve{\boldsymbol{s}}}^{[L_2]}(\lambda)\right\|_1,\ln\left\|\breve{\boldsymbol{y}}-\breve{\boldsymbol{A}}\breve{\boldsymbol{s}}(\lambda)\right\|_2^2\right)$，

随着λ的变化，点p的轨迹将形成一个近似 L 形凸曲线。最佳的λ取值对应于 L 形凸曲线的拐点。这一拐点能够很好地平衡解的稀疏性和数据拟合误差，文献[18]证明这个拐点是曲线的最大曲率点，选择该处对应的λ是最恰当的。对于L_1-SVD 算法，在阵元数固定、信噪比变化范围不太大的前提下，λ值选取并不苛刻。也就是说，在一定区间内选取任意的一个λ，对 DOA 估计影响不大。

5.3 L_1范数正则化最小化问题的求解

5.2 节介绍了构建L_1范数正则化目标函数来实现空间谱。本节讨论L_1范数正则化最小化问题具体的求解过程。

5.3.1 二次规划求解

对于下面形式的线性模型：

$$\boldsymbol{b}=\boldsymbol{A}\boldsymbol{x}+\boldsymbol{e} \tag{5.3.1}$$

为了得到稀疏解$\boldsymbol{x}$，将其转化为形如式（5.2.2）的正则化问题

$$\min_{\boldsymbol{x}} \ \frac{1}{2}\|\boldsymbol{A}\boldsymbol{x}-\boldsymbol{b}\|_2^2 + \lambda\|\boldsymbol{x}\|_1 \tag{5.3.2}$$

首先讨论实数的情况，设$\boldsymbol{x}\in\mathbb{R}^n,\boldsymbol{A}\in\mathbb{R}^{m\times n},\boldsymbol{b}\in\mathbb{R}^m,m<n$。把矢量$\boldsymbol{x}$表示为两个非负矢量$\boldsymbol{u}$和$\boldsymbol{v}$之差（非负矢量指的是矢量中所有元素非负），即

$$\begin{gathered}\boldsymbol{x}=\boldsymbol{u}-\boldsymbol{v},\ \boldsymbol{u}\succeq 0,\ \boldsymbol{v}\succeq 0\\ u_i=\max\{0,x_i\},v_i=\max\{0,-x_i\}\end{gathered} \tag{5.3.3}$$

则式（5.3.2）可以表示为

$$\min_{\boldsymbol{u},\boldsymbol{v}}\frac{1}{2}\|\boldsymbol{A}(\boldsymbol{u}-\boldsymbol{v})-\boldsymbol{b}\|_2^2 + \lambda\|\boldsymbol{u}-\boldsymbol{v}\|_1 \tag{5.3.4}$$

令$\boldsymbol{z}=[\boldsymbol{u}^{\mathrm{T}},\boldsymbol{v}^{\mathrm{T}}]^{\mathrm{T}}$，式（5.3.4）的第一项

$$\begin{aligned}\frac{1}{2}\|\boldsymbol{A}(\boldsymbol{u}-\boldsymbol{v})-\boldsymbol{b}\|_2^2&=\frac{1}{2}\|[\boldsymbol{A},-\boldsymbol{A}]\boldsymbol{z}-\boldsymbol{b}\|_2^2\\&=\frac{1}{2}([\boldsymbol{A},-\boldsymbol{A}]\boldsymbol{z}-\boldsymbol{b})^{\mathrm{T}}([\boldsymbol{A},-\boldsymbol{A}]\boldsymbol{z}-\boldsymbol{b})\\&=\frac{1}{2}\boldsymbol{b}^{\mathrm{T}}\boldsymbol{b}-\frac{1}{2}\boldsymbol{b}^{\mathrm{T}}[\boldsymbol{A},-\boldsymbol{A}]\boldsymbol{z}-\frac{1}{2}\boldsymbol{z}^{\mathrm{T}}[\boldsymbol{A},-\boldsymbol{A}]^{\mathrm{T}}\boldsymbol{b}+\frac{1}{2}\boldsymbol{z}^{\mathrm{T}}[\boldsymbol{A},-\boldsymbol{A}]^{\mathrm{T}}[\boldsymbol{A},-\boldsymbol{A}]\boldsymbol{z}\\&=\frac{1}{2}\boldsymbol{b}^{\mathrm{T}}\boldsymbol{b}+\begin{bmatrix}-\boldsymbol{A}^{\mathrm{T}}\boldsymbol{b}\\ \boldsymbol{A}^{\mathrm{T}}\boldsymbol{b}\end{bmatrix}\boldsymbol{z}+\frac{1}{2}\boldsymbol{z}^{\mathrm{T}}\begin{bmatrix}\boldsymbol{A}^{\mathrm{T}}\boldsymbol{A} & -\boldsymbol{A}^{\mathrm{T}}\boldsymbol{A}\\ -\boldsymbol{A}^{\mathrm{T}}\boldsymbol{A} & \boldsymbol{A}^{\mathrm{T}}\boldsymbol{A}\end{bmatrix}\boldsymbol{z}\\&=\frac{1}{2}\boldsymbol{b}^{\mathrm{T}}\boldsymbol{b}+\begin{bmatrix}-\boldsymbol{A}^{\mathrm{T}}\boldsymbol{b}\\ \boldsymbol{A}^{\mathrm{T}}\boldsymbol{b}\end{bmatrix}\boldsymbol{z}+\frac{1}{2}\boldsymbol{z}^{\mathrm{T}}\boldsymbol{B}\boldsymbol{z}\end{aligned} \tag{5.3.5}$$

式中，$\boldsymbol{B}=\begin{bmatrix}\boldsymbol{A}^{\mathrm{T}}\boldsymbol{A} & -\boldsymbol{A}^{\mathrm{T}}\boldsymbol{A}\\ -\boldsymbol{A}^{\mathrm{T}}\boldsymbol{A} & \boldsymbol{A}^{\mathrm{T}}\boldsymbol{A}\end{bmatrix}$。对于式（5.3.4）的第二项，有

$$\lambda\|\boldsymbol{u}-\boldsymbol{v}\|_1=\lambda(\boldsymbol{1}_n^{\mathrm{T}}\boldsymbol{u}+\boldsymbol{1}_n^{\mathrm{T}}\boldsymbol{v})=\lambda\boldsymbol{1}_{2n}^{\mathrm{T}}\boldsymbol{z} \tag{5.3.6}$$

综合两项的结果，式（5.3.4）可以表示为

$$
\begin{aligned}
&\min_{\boldsymbol{u},\boldsymbol{v}} \frac{1}{2}\|\boldsymbol{A}(\boldsymbol{u}-\boldsymbol{v})-\boldsymbol{b}\|_2^2 + \lambda\|\boldsymbol{u}-\boldsymbol{v}\|_1 \\
&= \min_{z} \frac{1}{2}\boldsymbol{b}^{\mathrm{T}}\boldsymbol{b} + \begin{bmatrix} -\boldsymbol{A}^{\mathrm{T}}\boldsymbol{b} \\ \boldsymbol{A}^{\mathrm{T}}\boldsymbol{b} \end{bmatrix} z + \frac{1}{2} z^{\mathrm{T}}\boldsymbol{B}z + \lambda\mathbf{1}_{2n}^{\mathrm{T}} z \\
&= \min_{z} \frac{1}{2}\boldsymbol{b}^{\mathrm{T}}\boldsymbol{b} + \boldsymbol{c}^{\mathrm{T}} z + \frac{1}{2} z^{\mathrm{T}}\boldsymbol{B}z
\end{aligned}
\tag{5.3.7}
$$

其中，$\boldsymbol{c} = \lambda\mathbf{1}_{2n} + \begin{bmatrix} -\boldsymbol{A}^{\mathrm{T}}\boldsymbol{b} \\ \boldsymbol{A}^{\mathrm{T}}\boldsymbol{b} \end{bmatrix}^{\mathrm{T}}$。因为 $\boldsymbol{b}$ 为常数，可以忽略，式（5.3.7）可以转化为下列二次规划[11]：

$$
\begin{aligned}
&\min_{z} \ \boldsymbol{c}^{\mathrm{T}} z + \frac{1}{2} z^{\mathrm{T}}\boldsymbol{B}z \\
&\text{s.t.} \quad z \succeq 0
\end{aligned}
\tag{5.3.8}
$$

其中，$z = \begin{bmatrix} \boldsymbol{u} \\ \boldsymbol{v} \end{bmatrix}, \boldsymbol{c} = \lambda\mathbf{1}_{2n} + \begin{bmatrix} -\boldsymbol{A}^{\mathrm{T}}\boldsymbol{b} \\ \boldsymbol{A}^{\mathrm{T}}\boldsymbol{b} \end{bmatrix}^{\mathrm{T}}, \boldsymbol{B} = \begin{bmatrix} \boldsymbol{A}^{\mathrm{T}}\boldsymbol{A} & -\boldsymbol{A}^{\mathrm{T}}\boldsymbol{A} \\ -\boldsymbol{A}^{\mathrm{T}}\boldsymbol{A} & \boldsymbol{A}^{\mathrm{T}}\boldsymbol{A} \end{bmatrix}$。使用二次规划求解 L_1 范数正则化问题的算法流程见算法 5.2。

上述过程为各个变量是实数的情况。若各个变量为复数且维度不变，可将 $\boldsymbol{A}$、$\boldsymbol{b}$ 和 $\boldsymbol{e}$ 的实部和虚部重新排列。对于式（5.3.1），将每个变量的实部和虚部分开，得到如下实数矩阵等式：

$$
\begin{bmatrix} \mathrm{Re}(\boldsymbol{b}) \\ \mathrm{Im}(\boldsymbol{b}) \end{bmatrix} = \begin{bmatrix} \mathrm{Re}(\boldsymbol{A}) & -\mathrm{Im}(\boldsymbol{A}) \\ \mathrm{Im}(\boldsymbol{A}) & \mathrm{Re}(\boldsymbol{A}) \end{bmatrix} \begin{bmatrix} \mathrm{Re}(\boldsymbol{x}) \\ \mathrm{Im}(\boldsymbol{x}) \end{bmatrix} + \begin{bmatrix} \mathrm{Re}(\boldsymbol{e}) \\ \mathrm{Im}(\boldsymbol{e}) \end{bmatrix}
\tag{5.3.9}
$$

令 $\boldsymbol{b}_r = \begin{bmatrix} \mathrm{Re}(\boldsymbol{b}) \\ \mathrm{Im}(\boldsymbol{b}) \end{bmatrix}, \boldsymbol{A}_r = \begin{bmatrix} \mathrm{Re}(\boldsymbol{A}) & -\mathrm{Im}(\boldsymbol{A}) \\ \mathrm{Im}(\boldsymbol{A}) & \mathrm{Re}(\boldsymbol{A}) \end{bmatrix}, \boldsymbol{x}_r = \begin{bmatrix} \mathrm{Re}(\boldsymbol{x}) \\ \mathrm{Im}(\boldsymbol{x}) \end{bmatrix}$，即可得到与原问题等价的实数形式：

$$
\min_{\boldsymbol{x}} \ \frac{1}{2}\|\boldsymbol{A}_r\boldsymbol{x}_r - \boldsymbol{b}_r\|_2^2 + \lambda\|\boldsymbol{x}_r\|_1
\tag{5.3.10}
$$

求解完成后，将估计的 $\boldsymbol{x}_r$ 恢复为复数 $\boldsymbol{x}$ 即可。

算法 5.2　二次规划稀疏求解

输入：矩阵 $\boldsymbol{A}$，矢量 $\boldsymbol{b}$，正则参数 $\lambda > 0$。

1）令 $\boldsymbol{c} = \lambda\mathbf{1}_{2n} + \begin{bmatrix} -\boldsymbol{A}^{\mathrm{T}}\boldsymbol{b} \\ \boldsymbol{A}^{\mathrm{T}}\boldsymbol{b} \end{bmatrix}, \boldsymbol{B} = \begin{bmatrix} \boldsymbol{A}^{\mathrm{T}}\boldsymbol{A} & -\boldsymbol{A}^{\mathrm{T}}\boldsymbol{A} \\ -\boldsymbol{A}^{\mathrm{T}}\boldsymbol{A} & \boldsymbol{A}^{\mathrm{T}}\boldsymbol{A} \end{bmatrix}$；

2）计算 $z \leftarrow \arg\min_{z \geqslant 0} \ \boldsymbol{c}^{\mathrm{T}} z + \frac{1}{2} z^{\mathrm{T}}\boldsymbol{B}z$；

3）$\hat{\boldsymbol{x}} = z(1:n) - z(n+1:2n)$。

输出：重构信号 $\hat{\boldsymbol{x}}$。

5.3.2　ADMM 求解

如果 $\boldsymbol{x} \in \mathbb{C}^N, \boldsymbol{b} \in \mathbb{C}^M, \boldsymbol{A} \in \mathbb{C}^{M \times N}$，则式（5.3.2）所示的优化问题为二阶锥规划，可以直接采用交替方向乘子法（Alternating Direction Method of Multipliers，ADMM）进行求解。首先将式（5.3.2）重新写为

$$\begin{aligned}&\min \ f(\boldsymbol{x})+g(\boldsymbol{z})\\&\text{s.t.}\ \ \boldsymbol{x}-\boldsymbol{z}=\boldsymbol{0}\end{aligned} \tag{5.3.11}$$

其中，$f(\boldsymbol{x})=\dfrac{1}{2}\|\boldsymbol{A}\boldsymbol{x}-\boldsymbol{b}\|_2^2, g(\boldsymbol{z})=\lambda\|\boldsymbol{z}\|_1$。则式（5.3.11）的增广拉格朗日函数写为

$$L_\rho(\boldsymbol{x},\boldsymbol{z},\boldsymbol{\tau})=f(\boldsymbol{x})+g(\boldsymbol{z})+\boldsymbol{\tau}^{\mathrm{T}}(\boldsymbol{x}-\boldsymbol{z})+\frac{\rho}{2}\|\boldsymbol{x}-\boldsymbol{z}\|_2^2 \tag{5.3.12}$$

式中，$\boldsymbol{\tau}$ 为对偶变量，$\rho>0$ 为常数。按算法 5.3 所示过程，可以求得最优的 $\boldsymbol{x}$。

算法 5.3　ADMM 稀疏求解

输入： 矩阵 $\boldsymbol{A}$，矢量 $\boldsymbol{b}$，正则参数 $\lambda>0,\rho>0$。

初始化： 变量 $\boldsymbol{z}^{(0)}=\boldsymbol{0}$ 与 $\boldsymbol{\tau}^{(0)}=\boldsymbol{0}, j=0$。

重复：

1）$\boldsymbol{x}^{(j+1)}\leftarrow\arg\min\limits_x L_\rho(\boldsymbol{x},\boldsymbol{z}^{(j)},\boldsymbol{\tau}^{(j)})$；

2）$\boldsymbol{z}^{(j+1)}\leftarrow\arg\min\limits_z L_\rho(\boldsymbol{x}^{(j+1)},\boldsymbol{z},\boldsymbol{\tau}^{(j)})$；

3）$\boldsymbol{\tau}^{(j+1)}\leftarrow\boldsymbol{\tau}^{(j)}+\rho(\boldsymbol{x}-\boldsymbol{z}),\ j=j+1$。

直到达到停止条件。

输出： 稀疏信号 $\hat{\boldsymbol{x}}$。

为了进一步简化增广拉格朗日函数，常使用其缩放表达形式（详见本章的附录 5.A）。令 $\boldsymbol{u}=(1/\rho)\boldsymbol{\tau}$，则 ADMM 算法的具体迭代公式可表示为

$$\boldsymbol{x}^{(j+1)}=\arg\min_x\left(\frac{1}{2}\|\boldsymbol{A}\boldsymbol{x}-\boldsymbol{b}\|_2^2+\frac{\rho}{2}\left\|\boldsymbol{x}-\boldsymbol{z}^{(j)}+\boldsymbol{u}^{(j)}\right\|_2^2\right) \tag{5.3.13}$$

$$\boldsymbol{z}^{(j+1)}=\arg\min_z\left(\lambda\|\boldsymbol{z}\|_1+\frac{\rho}{2}\left\|\boldsymbol{x}^{(j+1)}-\boldsymbol{z}+\boldsymbol{u}^{(j)}\right\|_2^2\right) \tag{5.3.14}$$

$$\boldsymbol{u}^{(j+1)}=\boldsymbol{u}^{(j)}+\boldsymbol{x}^{(j+1)}-\boldsymbol{z}^{(j+1)} \tag{5.3.15}$$

式（5.3.13）中，$\boldsymbol{x}$ 的更新函数是可微的，可通过梯度运算直接得到结果：

$$\boldsymbol{x}^{(j+1)}=(\boldsymbol{A}^{\mathrm{H}}\boldsymbol{A}+\rho\boldsymbol{I})^{-1}\{\boldsymbol{A}^{\mathrm{H}}\boldsymbol{b}+\rho(\boldsymbol{z}^{(j)}-\boldsymbol{u}^{(j)})\} \tag{5.3.16}$$

对矢量 $\boldsymbol{z}$ 的更新需要用到软阈值概念[20]，可以得到矢量 $\boldsymbol{z}$ 第 n 个元素的更新公式为

$$z_n^{(j+1)}=S_{\lambda/\rho}(x_n^{(j+1)}+u_n^{(j)}),\ n\in\{1,2,\cdots,N\} \tag{5.3.17}$$

式中，$S_T(\cdot)$ 为软阈值算子。在实数域内软阈值算子定义为

$$S_T(a)=\begin{cases}a-T, & a>T\\0, & |a|\leqslant T\\a+T, & a<-T\end{cases} \tag{5.3.18}$$

因为复数无法比较大小，所以在复数域内上述 $S_T(\cdot)$ 不可用。使用广义软阈值函数定义[21,22]：

$$S_T(a)=\operatorname{sgn}(a)\cdot\max\{0,|a|-T\} \tag{5.3.19}$$

在 a 是实数的情况下，该定义等价于式（5.3.18）；在 a 是复数的情况下，符号函数 $\operatorname{sgn}(a)$ 定义变为

$$\operatorname{sgn}(a)=\frac{a}{|a|}=\exp\{\mathrm{j}\varphi(a)\} \tag{5.3.20}$$

式中，$\varphi(a)$ 为对 a 取相位操作。在复数域中，sgn 函数将复数 a 投影到单位圆上，因此软阈值

$S_T(a)$ 只对 a 的幅值进行操作，返回一个与 a 同相位的复数值。所以，定义式（5.3.19）更具有一般性。使用式（5.3.19）对式（5.3.17）进行运算，即可完成对 z 的更新。

5.4　基于协方差稀疏表示的 DOA 估计算法

5.4.1　协方差稀疏表示模型

在 5.2 节和 5.3 节中，以 L_1-SVD 为代表的稀疏约束算法直接对数据本身进行稀疏表示，进而得到目标信号的 DOA 估计。对于多快拍数据而言，可以从数据协方差矩阵角度构建 L_1 范数约束优化问题来实现 DOA 估计。假设一个阵列由 M 个阵元组成，其数据协方差矩阵模型为

$$\boldsymbol{R}=\mathbb{E}[\boldsymbol{y}(t)\boldsymbol{y}^{\mathrm{H}}(t)]=\boldsymbol{A}(\boldsymbol{\theta})\boldsymbol{R}_{\mathrm{s}}\boldsymbol{A}^{\mathrm{H}}(\boldsymbol{\theta})+\sigma\boldsymbol{I}_M \tag{5.4.1}$$

对协方差矩阵 $\boldsymbol{R}$ 的第 m 个列矢量建立稀疏模型：

$$\boldsymbol{r}_m=\mathbb{E}[\boldsymbol{y}(t)y_m^*(t)]=\boldsymbol{A}(\boldsymbol{\Omega})\boldsymbol{b}_m+\sigma\boldsymbol{q}_m,\ m=1,2,\cdots,M \tag{5.4.2}$$

式中，$\boldsymbol{q}_m$ 表示第 m 个元素是 1、其他元素是 0 的 M 维列矢量；$\boldsymbol{b}_m$ 表示 N 维稀疏列矢量，由于 $\boldsymbol{A}(\boldsymbol{\Omega})$ 是过完备基，所以解 $\boldsymbol{b}_m$ 不唯一。在网格划分足够细的情况下，在矢量 $\boldsymbol{b}_m$ 中，K 个非零元素依然能够映射到 K 个目标信号源上，则协方差矩阵表示为

$$\begin{aligned}\boldsymbol{R}&=[\boldsymbol{r}_1,\boldsymbol{r}_2,\cdots,\boldsymbol{r}_M]\\&=\boldsymbol{A}(\boldsymbol{\Omega})[\boldsymbol{b}_1,\boldsymbol{b}_2,\cdots,\boldsymbol{b}_m,\cdots,\boldsymbol{b}_M]+\sigma\boldsymbol{I}_M\\&=\boldsymbol{A}(\boldsymbol{\Omega})\boldsymbol{B}+\sigma\boldsymbol{I}_M\end{aligned} \tag{5.4.3}$$

由于 K 个入射信号导向矢量不变，每个 $\boldsymbol{b}_m\,(m\in\{1,2,\cdots,M\})$ 中都有 K 个非零元素对应 $\boldsymbol{A}(\boldsymbol{\Omega})$ 内 K 个相同的列矢量，所以 $\{\boldsymbol{b}_m\}_{m=1}^M$ 稀疏结构是一致的。引入新矢量

$$\tilde{\boldsymbol{b}}=[\tilde{b}_1,\tilde{b}_2,\cdots,\tilde{b}_n,\cdots,\tilde{b}_N]^{\mathrm{T}} \tag{5.4.4}$$

式中，$\tilde{b}_n$ 是矩阵 $\boldsymbol{B}$ 第 n 行的 L_2 范数：

$$\tilde{b}_n=\|\boldsymbol{B}(n,:)\|_2=\{\boldsymbol{B}(n,:)\boldsymbol{B}^{\mathrm{H}}(n,:)\}^{1/2},\ n\in\{1,2,\cdots,N\}$$

可以看出，$\tilde{\boldsymbol{b}}$ 与 $\boldsymbol{B}$ 的任意一列具有相同的稀疏结构，因此称 $\tilde{\boldsymbol{b}}$ 为协方差稀疏表示矢量（Sparse Representation of Array Covariance Vectors，SRACV）。由式（5.4.3）和式（5.4.4），构建下列带约束的优化问题用于 DOA 估计：

$$\begin{aligned}&\min_{\boldsymbol{B}}\|\tilde{\boldsymbol{b}}\|_1\\&\text{s.t.}\quad \boldsymbol{R}=\boldsymbol{A}(\boldsymbol{\Omega})\boldsymbol{B}+\sigma\boldsymbol{I}_M\end{aligned} \tag{5.4.5}$$

由 5.2.1 节的论述，可以将上式写成等价的一个无约束优化问题

$$\min_{\boldsymbol{B}}\|\boldsymbol{R}-\boldsymbol{A}(\boldsymbol{\Omega})\boldsymbol{B}\|_2^2+\lambda\|\tilde{\boldsymbol{b}}\|_1 \tag{5.4.6}$$

通过 L_1 范数正则化，估计矢量 $\tilde{\boldsymbol{b}}$ 的算法称为 L_1-SRACV 算法[23]。

5.4.2　L_1-SRACV 算法原理

为了得到较为精确的估计值，处理式（5.4.6）的优化问题需要考虑正则化参数的取值。L_1-SRACV 算法巧妙地利用协方差矩阵误差分布，将式（5.4.6）的优化问题转变为一个没有正则化参数的二阶锥规划，降低了求解的难度。在实际应用中，一般使用采样协方差阵 $\hat{\boldsymbol{R}}$ 作为协方差阵 $\boldsymbol{R}$ 的估计。采样快拍数有限使得两者之间存在误差：

$$\hat{\boldsymbol{R}} = \frac{1}{L}\sum_{l=1}^{L}\boldsymbol{y}(t_l)\boldsymbol{y}^{\mathrm{H}}(t_l) = \boldsymbol{R} + \Delta\boldsymbol{R} \tag{5.4.7}$$

式中，$\Delta\boldsymbol{R}$为协方差矩阵的估计误差。Ottersten 和 Stoica 等人推导证明了，当入射信号为高斯信号时，矢量化的协方差矩阵误差服从渐近正态分布[24]，即

$$\mathrm{vec}(\Delta\boldsymbol{R}) \sim \mathrm{As}\mathcal{N}\left(\boldsymbol{0}, \frac{1}{L}\boldsymbol{R}^{\mathrm{T}} \otimes \boldsymbol{R}\right) \tag{5.4.8}$$

式中，$\mathrm{As}\mathcal{N}(\mu,\sigma)$ 表示均值为 μ，方差为 σ 的标准渐近正态分布。定义权值 $\boldsymbol{W} = \frac{1}{L}\boldsymbol{R}^{\mathrm{T}} \otimes \boldsymbol{R}$，则有

$$\boldsymbol{W}^{-1/2}\mathrm{vec}(\Delta\boldsymbol{R}) \sim \mathrm{As}\mathcal{N}(0, \boldsymbol{I}_{M^2}) \tag{5.4.9}$$

也可以表示为

$$\boldsymbol{W}^{-1/2}\mathrm{vec}(\hat{\boldsymbol{R}} - \boldsymbol{A}(\boldsymbol{\Omega})\boldsymbol{B} - \sigma\boldsymbol{I}_M) \sim \mathrm{As}\mathcal{N}(0, \boldsymbol{I}_{M^2}) \tag{5.4.10}$$

因此，有

$$\left\|\boldsymbol{W}^{-1/2}\mathrm{vec}(\hat{\boldsymbol{R}} - \boldsymbol{A}(\boldsymbol{\Omega})\boldsymbol{B} - \sigma\boldsymbol{I}_M)\right\|_2^2 \sim \mathrm{As}\chi^2(M^2) \tag{5.4.11}$$

式中，$\mathrm{As}\chi^2(M^2)$ 表示自由度为 M^2 的渐近卡方分布。可以根据式（5.4.11）构建检测统计量

$$T = \left\|\boldsymbol{W}^{-1/2}\mathrm{vec}(\hat{\boldsymbol{R}} - \boldsymbol{A}(\boldsymbol{\Omega})\boldsymbol{B} - \sigma\boldsymbol{I}_M)\right\|_2^2 \leqslant \eta \tag{5.4.12}$$

式中，η 是根据置信度参数 α 设定的阈值，保证统计量 T 小于阈值 η 的概率为 $\Pr(T \leqslant \eta) = 1-\alpha$。式（5.4.5）是对协方差阵 $\boldsymbol{R}$ 的等式约束，而非采样协方差阵 $\hat{\boldsymbol{R}}$ 的约束，在已知 $\mathrm{vec}(\Delta\boldsymbol{R})$ 的分布后，可以将式（5.4.5）中的等式约束变为对 $\mathrm{vec}(\Delta\boldsymbol{R})$ 的不等式约束。因此，式（5.4.5）的最小化问题可以转化为

$$\begin{aligned} &\min_{\boldsymbol{B}} \|\tilde{\boldsymbol{b}}\|_1 \\ &\text{s.t.} \quad \left\|\boldsymbol{W}^{-1/2}\mathrm{vec}(\hat{\boldsymbol{R}} - \boldsymbol{A}(\boldsymbol{\Omega})\boldsymbol{B} - \sigma\boldsymbol{I}_M)\right\|_2 \leqslant \sqrt{\eta} \end{aligned} \tag{5.4.13}$$

由矩阵变换性质

$$\mathrm{vec}(\boldsymbol{AB}) = \mathrm{vec}(\boldsymbol{I}_q \otimes \boldsymbol{A})\mathrm{vec}(\boldsymbol{B}), \boldsymbol{A} \in \mathbb{C}^{m\times n}, \boldsymbol{B} \in \mathbb{C}^{n\times q} \tag{5.4.14}$$

可知

$$\begin{aligned} &\min_{\boldsymbol{B}} \|\tilde{\boldsymbol{b}}\|_1 \\ &\text{s.t.} \quad \left\|\boldsymbol{W}^{-1/2}\mathrm{vec}(\hat{\boldsymbol{R}} - \sigma\boldsymbol{I}_M) - \boldsymbol{W}^{-1/2}(\boldsymbol{I}_M \otimes \boldsymbol{A}(\boldsymbol{\Omega}))\mathrm{vec}(\boldsymbol{B})\right\|_2 \leqslant \sqrt{\eta} \end{aligned} \tag{5.4.15}$$

上式为一个二阶锥规划问题，其标准形式为

$$\begin{aligned} &\min_{\boldsymbol{B},\boldsymbol{\gamma},g} \ g \\ &\text{s.t.} \quad \boldsymbol{1}_N^{\mathrm{T}}\boldsymbol{\gamma} \leqslant g \\ &\qquad \tilde{b}_n \leqslant \gamma_n, \ n = 1,2,\cdots,N \\ &\qquad \left\|\boldsymbol{W}^{-1/2}\mathrm{vec}(\hat{\boldsymbol{R}} - \sigma\boldsymbol{I}_M) - \boldsymbol{W}^{-1/2}(\boldsymbol{I}_M \otimes \boldsymbol{A}(\boldsymbol{\Omega}))\mathrm{vec}(\boldsymbol{B})\right\|_2 \leqslant \sqrt{\eta} \end{aligned} \tag{5.4.16}$$

求解上面的二阶锥规划即可得到空间谱 $\tilde{\boldsymbol{b}}$。注意，若噪声能量 σ 未知，可以通过对 $\hat{\boldsymbol{R}}$ 特征分解，取其中最小特征值作为 σ 的估计。从 L_1-SRACV 算法的求解过程可以看出，并不需要知

道信号源个数的先验知识。算法的计算量主要集中在对式（5.4.16）的求解过程，使用凸优化算法求解二阶锥规划的算法复杂度为 $O(M^3N^3)$ [14]。当阵元数 M 远大于信号源数 K 时，L_1-SRACV 算法复杂度比 L_1-SVD 算法复杂度高。该算法的优势在于已知协方差估计误差 $\Delta\boldsymbol{R}$ 的分布情况，正则参数可以由 $\Delta\boldsymbol{R}$ 统计分布快速确定，算法的性能见 5.5 节。

5.4.3　多分辨率网格重构

本章论述的 L_1-SVD、L_1-SRACV 等算法，在建立数学模型时，首先要将观测空域按网格划分为空间角度序列，使用这个序列得到一个由导向矢量组成的过完备字典，每个导向矢量对应一个目标可能的入射角度。在应用中，目标入射角度在空域是连续变量，当待测信源的入射角度未落在划分好的网格上时，估计结果依然落在网格上。即使没有噪声干扰的影响，估计值和真实值之间也会存在一定的误差。这类固定网格划分的算法（也称为 on-grid 方法），受模型的限制都存在上述不匹配的问题。直接将网格细化到精度要求的策略并不可取，因为这将导致计算量的迅速扩大。在不显著增加计算量的情况下，为得到更好的估计精度，可以采用文献[16]给出的网格逐步精细化方法。由粗到细的角度精细化过程如图 5.4.1 所示。具体步骤如下。

步骤 1：令 $j=0$，以较大的角度间隔对整个空域进行划分，构造角度序列 $\boldsymbol{\Omega}^{(j)}=[\tilde{\theta}_1^{(j)},\tilde{\theta}_2^{(j)},\cdots,\tilde{\theta}_{N_j}^{(j)}]$；

步骤 2：由构造的过完备字典 $\boldsymbol{A}(\boldsymbol{\Omega}^{(j)})$，根据算法得到 K 个入射信号 DOA 的粗估计 $\{\hat{\theta}_k^{(j)}\}_{k=1}^K$；

步骤 3：对步骤 2 得到的估计角度 $\{\hat{\theta}_k^{(j)}\}_{k=1}^K$，在其附近进行更精细的划分，得到更新后的角度集合 $\boldsymbol{\Omega}^{(j+1)}=[\tilde{\theta}_1^{(j+1)},\tilde{\theta}_2^{(j+1)},\cdots,\tilde{\theta}_{N_{j+1}}^{(j+1)}]$。

重复步骤 2 和步骤 3，直到达到 DOA 估计结果满足精度要求。

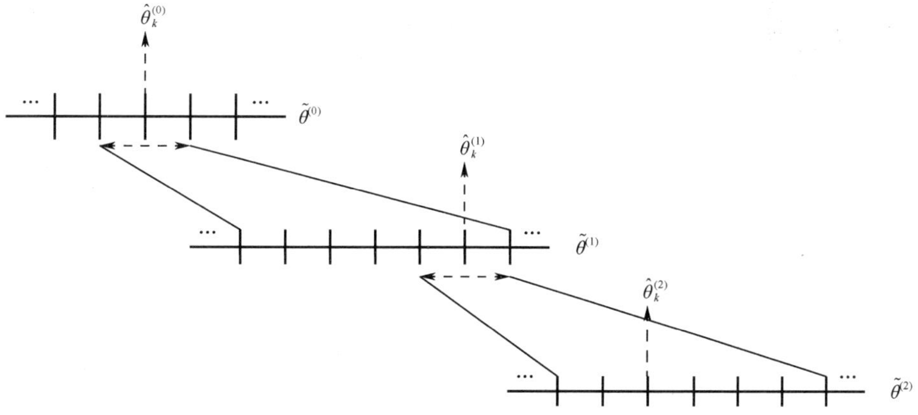

图 5.4.1　多分辨率网格细化过程示意图

网格细化的过程中需要注意的问题：

（1）目标入射数相对于整个空域要保证稀疏性，才能采用稀疏重构方法进行 DOA 估计。因此，优化求解是在整个空域进行的，目标附近区间采用角度精细化，而非目标附近区域要保留初次角度网格大小。

（2）因为空域中各信号之间、信号与噪声之间也可能存在相互影响，在整个空域同时进行运算才能尽量抑制这些影响带来的误差。因此，在网格细分的过程中，尽量不要减小模型覆盖的空域范围。

（3）该方法只能提高测角精度，并不能有效提高邻近目标时的分辨能力。

5.5 仿真与性能分析

实验一：L_1-SVD、L_1-SRACV、Root-MUSIC、Capon、TLS-ESPRIT 几种算法的 DOA 估计性能比较

仿真条件：假设空间远场存在两个不相关等功率辐射源，入射方向以 $\theta_1=0°$ 、$\theta_2=30°$ 为中心呈均匀分布的方式随机变化，变化范围在 1° 之内；使用阵元间距为半波长的 10 阵元均匀线阵接收信号；噪声为零均值复高斯白噪声；进行多次独立的蒙特卡洛实验。L_1-SVD、L_1-SRACV 算法采用的网格大小为 0.1°；Capon 算法直接用网格 0.1° 进行搜索。

图 5.5.1 给出了快拍数 $L=200$ 时各算法的测向均方根误差随 SNR 变化关系。从仿真结果中可以看到，除了 L_1-SRACV 算法，其他算法的精度都很接近 CRB 曲线。L_1-SRACV 算法应用了渐近卡方分布，模型在快拍不是足够多的情况下与卡方分布有一定偏差，导致该算法估计性能较其他几种算法差，这是该算法的一个较大缺陷。在信噪比大于 10dB 时，Capon 和 L_1-SVD 算法的 RMSE 曲线下降趋势减缓，主要原因是它们采用的最小网格间距都是 0.1°，当信源未落在网格上时会有模型误差，这种模型误差可以通过继续细化网格加以改善。而 Root-MUSIC 算法与 TLS-ESPRIT 算法可以直接获得闭合解，无须网格搜索。

图 5.5.2 为信噪比 SNR=10dB 时，各算法均方根误差随快拍数变化情况。图中起点为快拍数 $L=20$，终点为快拍数 $L=600$。从仿真结果中可以看到，除了 L_1-SRACV 算法，其他算法在几十个快拍的情况下就已经能较好地进行 DOA 估计，L_1-SVD 算法在较小快拍数时表现更为出色。L_1-SVD 算法甚至可以在单快拍情况下进行 DOA 估计（单快拍情况下无须 SVD 处理，见 5.2.1 节），主要是因为该算法直接使用接收数据进行参数估计，并不依赖于数据的二阶统计量。L_1-SRACV 算法在快拍数低于 100 时基本无法实现 DOA 估计；当快拍数足够时，DOA 估计精度可以逐渐提高；当快拍数超过 400 后，与其他几种算法估计性能基本一致。

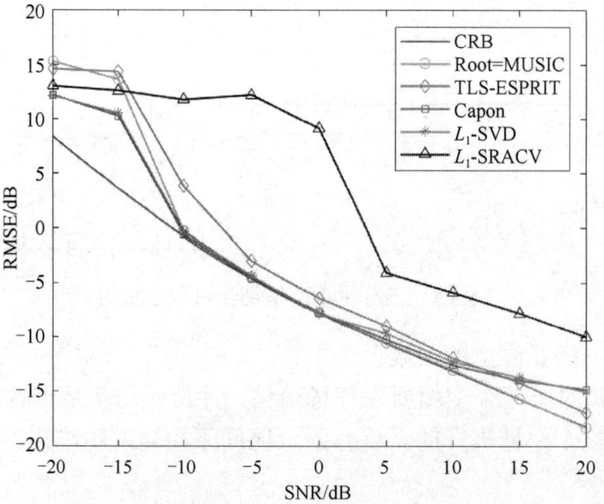

图 5.5.1 RMSE 随 SNR 变化关系（快拍数 $L=200$）

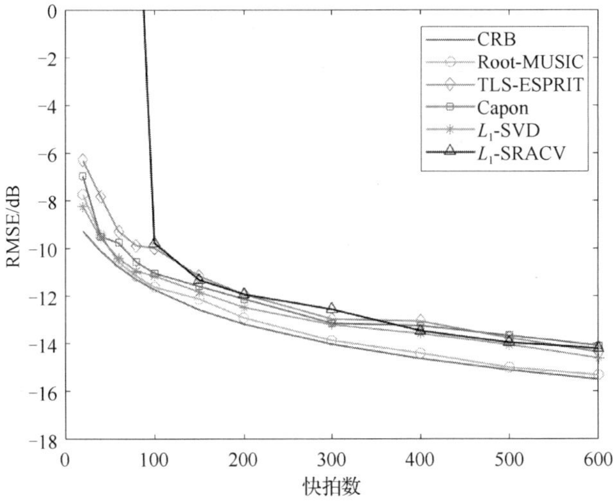

图 5.5.2　RMSE 随快拍数变化关系（SNR=10dB）

实验二：L_1-SVD、L_1-SRACV、MUSIC、Capon 几种算法的分辨力比较

仿真条件 1：假设空间远场存在两个不相关目标等功率辐射源，入射方向分别为 θ_1=0° 与 $\theta_2=\Delta\theta$；使用阵元间距为半波长的 10 阵元均匀线阵接收信号；快拍数 L=200；噪声均为零均值复高斯白噪声，信噪比 SNR=10dB；进行多次独立的蒙特卡洛实验。L_1-SVD 与 L_1-SRACV 采用的网格大小为 0.1°，MUSIC 与 Capon 算法直接用 0.1° 网格进行搜索。

图 5.5.3 给出了入射信号不相关条件下各算法成功分辨信号的最小间隔。如图 5.5.3（a）所示估计误差容限 $\varepsilon=2°$ 时，L_1-SVD 算法分辨力最佳；而 L_1-SRACV 分辨力略差于 MUSIC；Capon 算法分辨力最差。如图 5.5.3（b）所示，如果将估计容限限制为 $\varepsilon=1°$，L_1-SVD 与 L_1-SRACV 成功分辨信号的概率明显减小，尤其是 L_1-SRACV，性能恶化更严重。这个问题反映了多个信号入射角度较近时，稀疏重构算法在追求高分辨力和高测角精度之间的矛盾。这也是稀疏重构技术应用于空间谱估计的特有问题之一。如果放宽估计精度限制，L_1-SVD 算法在信号分辨力方面有一定优势。两个信号入射角度太近时，其导向矢量（原子）间相关性太强，在稀疏重构中很难精确恢复出入射角度对应的两个真实导向矢量位置。对于邻近入射信号，L_1-SVD 算法在成功得到正确稀疏度的同时，得到的 DOA 估计结果可能偏差较大。L_1-SRACV 算法也存在类似问题，而且其测向精度相比 L_1-SVD 算法更差，所以限制测向误差范围后显得分辨性能恶化更严重。

仿真条件 2：假设空间远场存在三个等功率辐射源，入射方向分别为 θ_1=−30° 和 θ_2=30° 的两个信号互为相干信号，入射方向为 θ_3=0° 的信号与另外两个入射信号不相关。使用阵元间距为半波长的 10 阵元均匀线阵接收信号；快拍数 L=200；噪声均为零均值复高斯白噪声，信噪比 SNR=10dB。L_1-SVD、L_1-SRACV 预设网格大小为 1°；MUSIC、Capon、CBF 算法直接用网格 1° 进行搜索。

图 5.5.4 给出了存在相干源情况下不同算法获得的空间谱图。从图中可以看出，在信号入射方向相距较远时，CBF、L_1-SVD、L_1-SRACV 可以正确估计出相干信号。L_1-SVD 算法估计的谱峰最窄，旁瓣最低；L_1-SRACV 有较多高旁瓣，但主旁瓣比也有 30dB 左右，不会影响 DOA 估计。L_1-SRACV 在较高信噪比和信号入射角度距离较远时能够正确分辨相干信号。

但对于 MUSIC 算法，在相干信号入射角度处谱峰很低，很容易出现波达方向估计偏差较大或错误的情况。CBF 算法在相干信号入射角度间隔大于波束情况下，可以正确分辨相干信号。

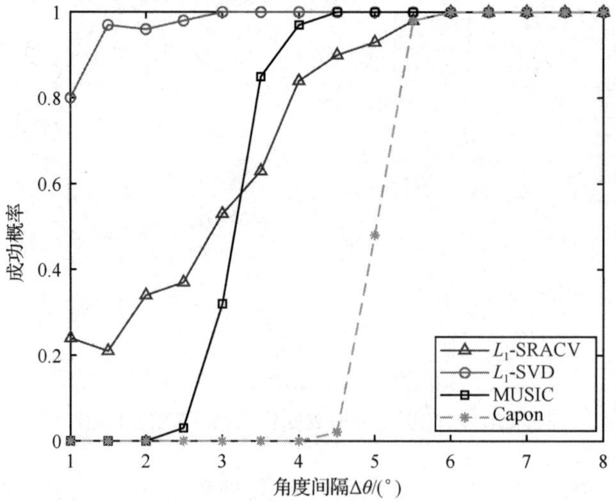

（a）$|\hat{\theta}_k-\theta_k|\leqslant 2^\circ$，$k=1,2$

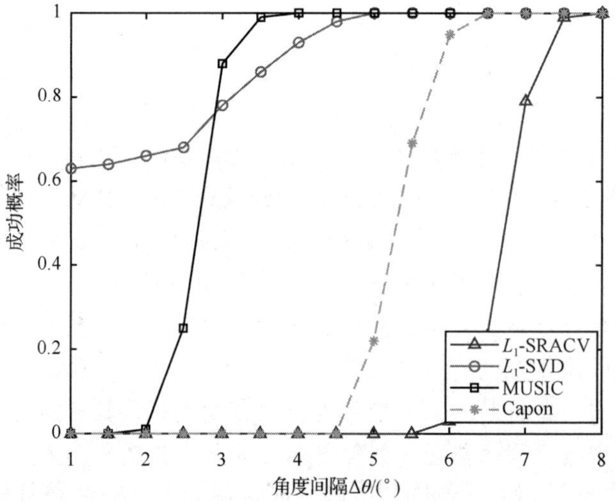

（b）$|\hat{\theta}_k-\theta_k|\leqslant 1^\circ$，$k=1,2$

图 5.5.3 非相关信号分辨能力（SNR=10dB）

仿真条件 3：假设空间远场存在两个相干等功率辐射源，入射方向分别为 $\theta_1=0^\circ$ 与 $\theta_2=\Delta\theta$；使用阵元间距为半波长的 10 阵元均匀线阵接收信号；快拍数 L=200，噪声均为零均值复高斯白噪声，信噪比 SNR=10dB。进行多次独立的蒙特卡洛实验。L_1-SVD、L_1-SRACV 预设网格为 0.1°，MUSIC 与 Capon 算法用 0.1° 网格进行搜索。

图 5.5.5 给出各算法成功分辨出两个信号的最小角度间隔 $\Delta\theta$。由于 L_1-SRACV 估计精度相对较差，这里将信号入射角度估计误差容限扩大到 $\varepsilon=3^\circ$。在此条件下，L_1-SVD 与 L_1-SRACV 在相干信号分辨力上基本相同，分辨性能远高于 MUSIC 和 Capon 算法。需要注意的是，MUSIC 算法很难解决相干信号估计问题，在两个信号入射角度偏离较大的情况下，可能有小概率成功分辨信号，但估计误差很大。基于 L_1 范数的稀疏重构算法在相干信号分辨

处理方面有一定优势。L_1-SRACV 算法虽然在小角度间隔下可以分辨两个信号，但其估计值和真实值误差较大，所以图 5.5.3（b）的统计中表现出小角度分辨成功率不高，扩大了估计误差容限才可以看出其信号分辨优势。

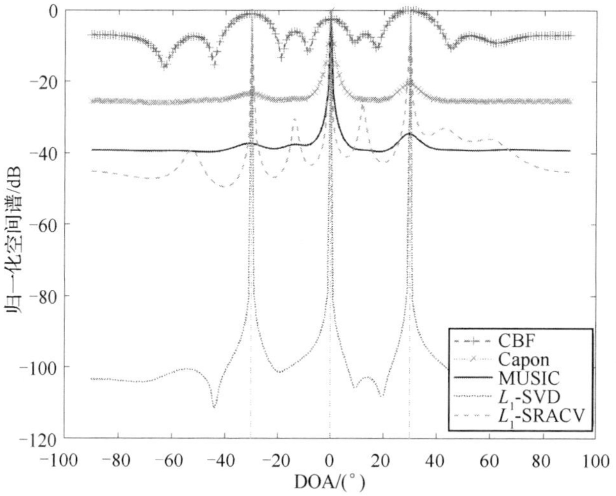

图 5.5.4　相干信号的空间谱（SNR=10dB）

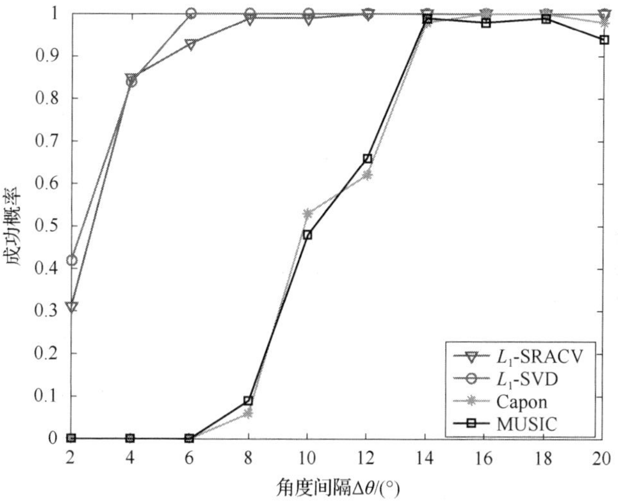

图 5.5.5　相干信号分辨力（$\left|\hat{\theta}_i-\theta_i\right|\leqslant 3^\circ$，$i=1,2$）

实验三：信号数欠/过估计对 L_1-SVD 算法的影响

仿真条件：假设空间远场存在三个不相关等功率辐射源，入射方向分别为 $\theta_1=-30^\circ$、$\theta_2=0^\circ$ 和 $\theta_3=30^\circ$。10 个阵元均匀线阵接收信号，阵元间距为半波长，快拍数 L=200，噪声均为零均值复高斯白噪声，信噪比 SNR=10dB。L_1-SVD 算法预设网格为 1°。

L_1-SVD 算法需要信源数估计作为条件进行数据压缩，见式（5.2.23），所以这里讨论一下信源数估计准确性对算法 DOA 估计性能的影响。图 5.5.6 给出了信源数估计不同情况下 L_1-SVD 算法的空间谱估计结果。从图中可以看出，是否误判信源个数对 L_1-SVD 算法重构的空间谱影响不大；不同信源估计情况下，空间谱在信源入射位置都能形成正确的谱峰。也可以说，源数的欠估计和过估计对测向精度影响不大。

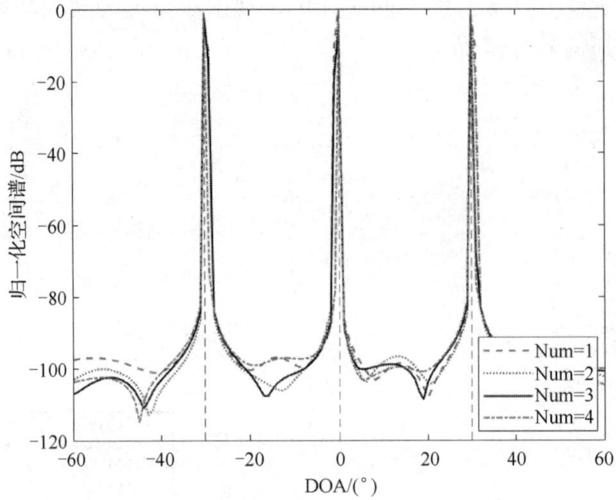

图 5.5.6 信源数估计对 DOA 估计的影响

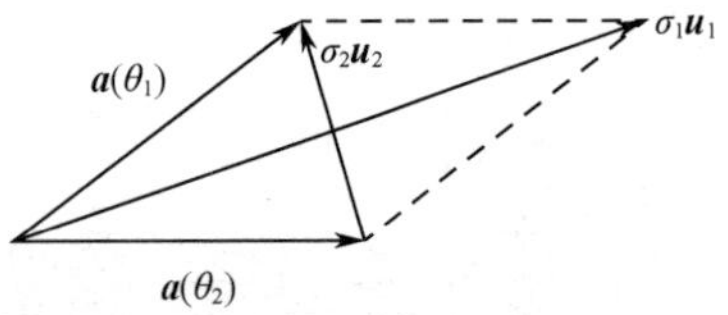

图 5.5.7 导向矢量与奇异矢量几何关系示意图

下面对其原因进行简要说明。假设有两个目标入射到阵列上，其导向矢量分别为$\boldsymbol{a}(\theta_1)$和$\boldsymbol{a}(\theta_2)$，接收数据经过奇异值分解后其信号子空间的两个正交奇异矢量为$\boldsymbol{u}_1$和$\boldsymbol{u}_2$。不失一般性，它们的几何关系如图 5.5.7 所示，其中实数σ_1和σ_2是比例常数，其大小与$\boldsymbol{a}(\theta_1)$、$\boldsymbol{a}(\theta_2)$的空间夹角有关。从图中可以看出，奇异矢量与导向矢量在一般情况下并不正交，每个奇异矢量上都包含所有导向矢量的投影。当欠估计时，L_1-SVD 算法选择的奇异矢量虽然较少，由这些奇异矢量形成的压缩数据中仍然含所有入射信号导向矢量的信息（入射信号导向矢量或多或少在选取的奇异矢量上有投影）。因此，可以通过L_1-SVD 算法估计出所有信号的入射方向。当出现过估计时，选择的奇异矢量包含所有入射信号导向矢量的信息，多选择的奇异矢量只是相当于引入了部分噪声影响。相比于 MUSIC 等子空间算法，L_1-SVD 算法并不依赖于信号子空间和噪声子空间正交的假设。所以，L_1-SVD 算法对信号数估计正确与否并不敏感；只要不出现严重的过估计和欠估计情况，算法依然可以较为精确地估计出所有入射信号的波达方向。

实验四：加权 L_1-SVD 算法的分辨能力

仿真条件 1：假设空间远场存在三个不相关等功率辐射源，入射方向分别为$\theta_1=-60°$、$\theta_2=-2°$和$\theta_3=0°$。8 个阵元均匀线阵接收信号，阵元间距为半波长；快拍数 L=200；噪声均为零均值复高斯白噪声，信噪比 SNR=10dB。L_1-SVD 算法预设网格为 0.5°。

从图 5.5.8 中可以看出，加权L_1-SVD 算法成功估计出两个相隔 2° 的入射信号。MUSIC 算法和L_1-SVD 算法空间谱图只有两个谱峰，对相隔 2° 的信号分辨失败。此处加权L_1-SVD 算法中选用的权值为 MUSIC 算法的空间谱结果，整个算法并未额外增加任何条件。在阵元数少、低信噪比时，为分辨相隔角度小的信源，加权L_1-SVD 算法是一种较为有效的方法。

仿真条件 2：假设空间远场存在两个不相关目标等功率辐射源，入射方向分别θ_1=0° 与$\theta_2=\Delta\theta$；使用阵元间距为半波长的 8 阵元均匀线阵接收信号；快拍数 L=200；噪声均为零均值复高斯白噪声，信噪比 SNR=10dB。进行 100 次独立的蒙特卡洛实验。L_1-SVD 算法采用网格大小为 0.5°。

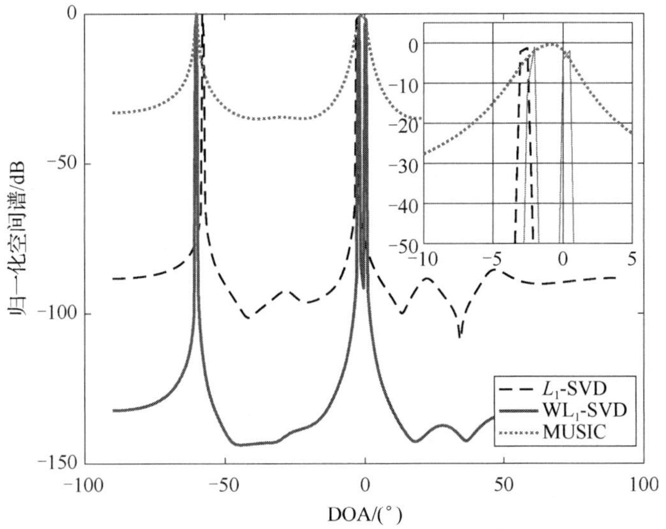

图 5.5.8　DOA 估计空间谱图

图 5.5.9 给出加权 L_1-SVD 和 L_1-SVD 算法对两个入射信号的估计精度和分辨力性能的对比。成功分辨定义为成功估计出两个信号且信号估计误差小于 2°。从图中可以看出，加权 L_1-SVD 算法成功地提高了两个方面的估计性能。在 SNR=10dB 的情况下，加权处理后对空间角度邻近的信源分辨概率更高，对应的测角误差更低。

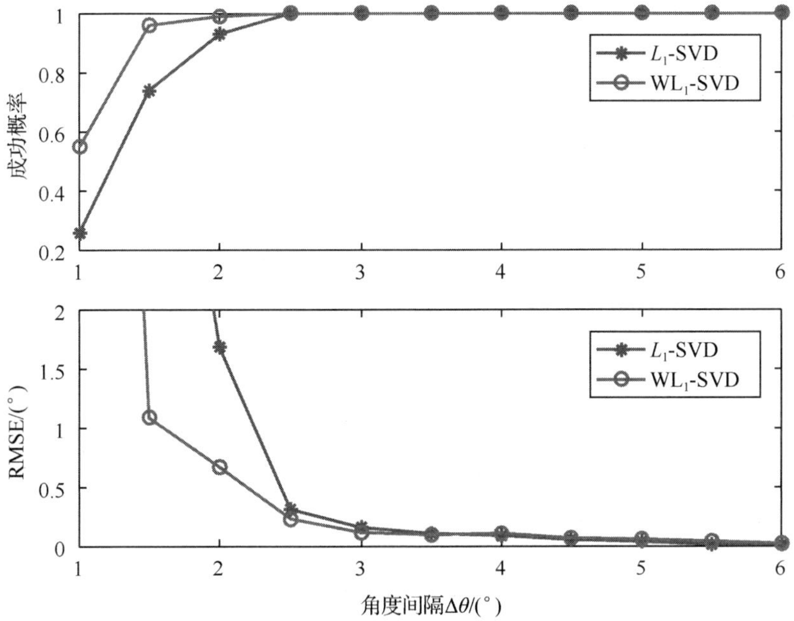

图 5.5.9　加权 L_1-SVD 与 L_1-SVD 算法比较

5.6 本章小结

本章针对阵列接收稀疏模型，采用 L_1 范数正则化技术实现了对波达方向的估计。主要讨论了直接对数据优化的 L_1-SVD 算法和对数据协方差优化的 L_1-SRACV 算法。相比于 MUSIC 等子空间方法，它们的优势在于可以实现对相干信号的高概率分辨。就 L_1-SVD 算法而言，其特点包括测向要求的采样快拍少，邻近目标分辨概率高、对目标信源数的估计要求低；缺点主要在于需要选择恰当的正则化参数，否则可能导致测向误差增大或测向失败。L_1-SRACV 算法用接收信号的协方差矩阵得到空域的稀疏表示，并且由于目标函数误差服从渐近的卡方分布而不需要正则化参数选择。但是，该方法在较低信噪比或小快拍情况下，波达方向估计精度不高。

附录 5.A　ADMM 计算过程及其缩放形式表示

对于形如

$$\begin{aligned}&\min \quad f(\boldsymbol{x})+g(z)\\&\text{s.t.} \quad \boldsymbol{Ax}+\boldsymbol{Bz}=\boldsymbol{c}\end{aligned}$$

最小化问题，其增广拉格朗日函数为

$$L_\rho(\boldsymbol{x},z,\boldsymbol{\tau})=f(\boldsymbol{x})+g(z)+\boldsymbol{\tau}^{\mathrm{T}}(\boldsymbol{Ax}+\boldsymbol{B}z-\boldsymbol{c})+\frac{\rho}{2}\|\boldsymbol{Ax}+\boldsymbol{B}z-\boldsymbol{c}\|_2^2$$

ADMM 迭代过程为

$$\boldsymbol{x}^{(j+1)} \leftarrow \arg\min_{\boldsymbol{x}} L_\rho(\boldsymbol{x},\boldsymbol{z}^{(j)},\boldsymbol{\tau}^{(j)})\ ;$$

$$\boldsymbol{z}^{(j+1)} \leftarrow \arg\min_{z} L_\rho(\boldsymbol{x}^{(j+1)},z,\boldsymbol{\tau}^{(j)})\ ;$$

$$\boldsymbol{\tau}^{(j+1)} \leftarrow \boldsymbol{\tau}^{(j)}+\rho(\boldsymbol{A}^{(j+1)}\boldsymbol{x}+\boldsymbol{B}\boldsymbol{z}^{(j+1)}-\boldsymbol{c})$$

为了方便，常将上述过程用缩放形式表示。通过定义残差 $\boldsymbol{r}=\boldsymbol{Ax}+\boldsymbol{Bz}-\boldsymbol{c}$，可得

$$\begin{aligned}\boldsymbol{\tau}^{\mathrm{T}}\boldsymbol{r}+\frac{\rho}{2}\|\boldsymbol{r}\|_2^2&=\frac{\rho}{2}\left\|\boldsymbol{r}+\frac{1}{\rho}\boldsymbol{\tau}\right\|_2^2-\frac{1}{2\rho}\|\boldsymbol{\tau}\|_2^2\\&=\frac{\rho}{2}\|\boldsymbol{r}+\boldsymbol{u}\|_2^2-\frac{\rho}{2}\|\boldsymbol{u}\|_2^2\end{aligned}$$

其中，$\boldsymbol{u}=(1/\rho)\boldsymbol{\tau}$ 称为缩放对偶变量。而后可得 ADMM 的缩放表达形式为

$$\boldsymbol{x}^{(j+1)}=\arg\min_{x}\left(\frac{1}{2}\|\boldsymbol{Ax}-\boldsymbol{b}\|_2^2+\frac{\rho}{2}\left\|\boldsymbol{x}-\boldsymbol{z}^{(j)}+\boldsymbol{u}^{(j)}\right\|_2^2\right)$$

$$\boldsymbol{z}^{(j+1)}=\arg\min_{z}\left(\lambda\|z\|_1+\frac{\rho}{2}\left\|\boldsymbol{x}^{(j+1)}-z+\boldsymbol{u}^{j}\right\|_2^2\right)$$

$$\boldsymbol{u}^{(j+1)}=\boldsymbol{u}^{(j)}+\boldsymbol{x}^{(j+1)}-\boldsymbol{z}^{(j+1)}$$

本章参考文献

[1] Candès E J, Tao T. Decoding by linear programming [J]. IEEE Transactions on Information Theory, 2005, 51(12): 4203-4215.

[2] Donoho D L, Huo X. Uncertainty principles and ideal atomic decomposition [J]. IEEE Transactions on Information Theory, 2001, 47(7): 2845-2862.

[3] Bishop C M. Pattern Recognition and Machine Learning [M]. New York, NY: Springer-Verlag New York, Inc., 2006.

[4] Tihonov A N. Solution of incorrectly formulated problems and the regularization method [J]. Soviet Math Dokl, 1963, 4: 1035-1038.

[5] Karl W C. Regularization in image restoration and reconstruction [J]. Handbook of Image and Video Processing, 2005, 37(4): 183-202.

[6] Goldluecke B, Cremers D. An approach to vectorial total variation based on geometric measure theory [C]. in Proceeding of the IEEE Computer Society Conference on Computer Vision and Pattern Recognition, San Francisco, CA, USA, 2010: 327-333.

[7] Grandvalet Y, Bengio Y. Entropy Regularization [M]. Springer. 2006.

[8] Donoho D L. Compressed sensing [J]. IEEE Transactions on Information Theory, 2006, 52(4): 1289-1306.

[9] Fu W J. Penalized regressions: The bridge versus the lasso [J]. Journal of Computational and Graphical Statistics, 1998, 7(3): 397-416.

[10] Chen S, Donoho D, Saunders M. Atomic decomposition by basis pursuit [J]. SIAM Review, 1998, 20(1): 33-61.

[11] Figueiredo M a T, Nowak R D, Wright S J. Gradient projection for sparse reconstruction: Application to compressed sensing and other inverse problems [J]. IEEE Journal of Selected Topics in Signal Processing, 2007, 1(4): 586-597.

[12] Sturm J F. Using SeDuMi 1.02, a MATLAB toolbox for optimization over symmetric cones [J]. Optimization Methods and Software, 1999, 11(1-4): 625-653.

[13] Toh K C, Todd M J, Tütüncü R H. SDPT3 — A Matlab software package for semidefinite programming, Version 1.3 [J]. Optimization Methods and Software, 1999, 11(1-4): 545-581.

[14] Nemirovskii A, Nesterov Y E. Interior-point polynomial algorithms in convex programming [M]. Philadelphia, PA: SIAM, 1994.

[15] Malioutov D M. A sparse signal reconstruction perspective for source localization with sensor arrays [D]: Massachusetts Institute of Technology, 2003.

[16] Malioutov D, Çetin M, Willsky A S. A sparse signal reconstruction perspective for source localization with sensor arrays [J]. IEEE Transactions on Signal Processing, 2005, 53(8): 3010-3022.

[17] Bauer F, Lukas M A. Comparing parameter choice methods for regularization of ill-posed problems [J]. Mathematics & Computers in Simulation, 2011, 81(9):

1795-1841.

[18] Hansen P C, O'leary D P. The use of the L-curve in the regularization of discrete ill-posed problems [J]. SIAM Journal on Scientific Computing, 1993, 14(6): 1487-1503.

[19] Hanke M. Limitation of the L-curve method in ill-posed problem [J]. Bit Numerical Mathematics, 1996, 36(2): 287-301.

[20] Calafiore G C, El Ghaoui L. Optimization Models [M]. Cambridge: Cambridge University Press, 2014.

[21] Van Den Berg E, Friedlander M P. Probing the Pareto frontier for basis pursuit solutions [J]. SIAM Journal on Scientific Computing, 2008, 31(2): 890-912.

[22] Boyd S, Parikh N, Chu E, et al. Distributed optimization and statistical learning via the alternating direction method of multipliers [J]. Foundations & Trends in Machine Learning, 2010, 3(1): 1-122.

[23] Yin J, Chen T. Direction-of-arrival estimation using a sparse representation of array covariance vectors [J]. IEEE Transactions on Signal Processing, 2011, 59(9): 4489-4493.

[24] Ottersten B, Stoica P, Roy R. Covariance matching estimation techniques for array signal processing applications [J]. Digital Signal Processing, 1998, 8(3): 185-210.

第 6 章 基于 L_p 范数正则化的 DOA 估计

由 5.1 节的分析可知，具备能量集中特性的正则化方法非常适合稀疏信号求解。通过下列组合优化

$$\min J(\boldsymbol{x}) = \min \|\boldsymbol{y} - \boldsymbol{T}\boldsymbol{x}\|_2^2 + \lambda \|\boldsymbol{x}\|_p^p,\ 0 < p \leqslant 1$$

可以得到稀疏解 $\boldsymbol{x}$。使用 L_1 范数正则化约束，保证了优化的目标函数 $J(\boldsymbol{x})$ 为凸函数，因此可以得到全局收敛解。而且，对凸函数的优化理论也比较成熟，所以更多的稀疏重构方法都是针对 L_1 范数约束展开的。第 5 章主要讨论了如何使用 L_1 范数正则化实现空间谱估计问题。

由第 2 章论述的范数性质可知，从获得最优稀疏解的角度讲，希望正则项使用的 p 值尽量接近 0。但是，当 $p<1$ 时，正则项变成非凸函数，整个目标函数 $J(\boldsymbol{x})$ 也变成非凸函数，导致求解 $J(\boldsymbol{x})$ 最小化问题变得极为困难且难以获得全局最优解，所以关于这方面的研究相对较少。

本章主要讨论两种基于 $L_p(0<p<1)$ 范数正则化的空间谱估计算法。其中一个是较为常用的 FOCUSS（FOCal Undetermined System Solver）算法，该算法 1997 年由 Gorodnitsky 和 Rao 等人提出[1]。FOCUSS 算法提供一种简便的方法来精确重建稀疏信号，算法首先寻找稀疏信号的一个低分辨解，然后通过迭代将所得信号矢量逐步修正为一个满足条件的稀疏信号。修正过程采用仿射尺度变换（Affine Scaling Transformation，AST）[2]，它使信号矢量的能量逐渐局部化，最终将信号能量全部集中到信号矢量的个别元素上，从而实现稀疏的目的。另一个算法是平滑 L_p 范数 DOA 估计算法，其核心思想是使用一个平滑函数去模拟 L_p 范数，使得 L_p 范数可微，然后利用拟牛顿迭代方法实现稀疏求解。

6.1 基于 FOCUSS 算法的 DOA 估计

FOCUSS 算法实际是一类加权迭代最小二乘稀疏重构算法。它的提出是为了克服最小化 L_2 范数方法固有的能量分散、分辨率较低的问题。FOCUSS 算法采用一种“扶强抑弱”的策略，利用当前所得的估计结果来构造加权函数，使得下次迭代得到的新结果能量更集中。基本的 FOCUSS 算法在无噪声条件下可以获得局部最优稀疏解，而当系统存在噪声时，算法可能严重放大噪声。FOCUSS 算法经过多年的发展与改进，现在已经形成大量的拓展算法，如正则化 FOCUSS 算法 [3][4]、多快拍 FOCUSS 算法[8]，以及在此基础上针对特定问题的改进算法[9]。

6.1.1 经典 FOCUSS 算法原理

对于模型为 $\boldsymbol{y} = \boldsymbol{A}\tilde{\boldsymbol{s}}$ 的欠定问题，有无数解。而其最小 L_2 范数解可以描述为下列最小化问题

$$\begin{aligned} &\min \|\tilde{\boldsymbol{s}}\|_2^2 \\ &\text{s.t.} \quad \boldsymbol{y} = \boldsymbol{A}\tilde{\boldsymbol{s}} \end{aligned} \tag{6.1.1}$$

通过拉格朗日乘数法可以得到

$$\hat{\hat{s}} = A^{\dagger} y \tag{6.1.2}$$

如 5.1 节所述，最小 L_2 范数解不具备稀疏性，其解的能量难以集中在少数几个元素上。FOCUSS 算法提出加权最小范数解（Weighted Minimum Norm Solution）思想来获得稀疏解[1]。通过引入一个加权矩阵 $\boldsymbol{W}$，令 $\boldsymbol{q} = \boldsymbol{W}^{-1}\tilde{\boldsymbol{s}}$，则原问题式（6.1.1）可以转化为最小化问题：

$$\begin{aligned} &\min \|\boldsymbol{q}\|_2^2 \\ &\text{s.t.} \quad \boldsymbol{y} = \boldsymbol{A}\boldsymbol{W}\boldsymbol{q} \end{aligned} \tag{6.1.3}$$

其最小 L_2 范数解为 $\boldsymbol{q} = (\boldsymbol{A}\boldsymbol{W})^{\dagger}\boldsymbol{y}$，进而可以得到 $\tilde{\boldsymbol{s}} = \boldsymbol{W}(\boldsymbol{A}\boldsymbol{W})^{\dagger}\boldsymbol{y}$。通过调整 $\boldsymbol{W}$ 可以产生各种形式的 $\tilde{\boldsymbol{s}}$。

FOCUSS 算法的本质是用加权 L_2 范数解来逼近 L_0 范数的稀疏解。为求稀疏解，需要构造一个合理的权值 $\boldsymbol{W}$，FOCUSS 算法使用仿射尺度变换方法，令第 j 次迭代的加权值 $\boldsymbol{W}^{(j)} = \text{diag}(\tilde{\boldsymbol{s}}^{(j-1)})$，则有

$$\boldsymbol{q}^{(j)} = (\boldsymbol{W}^{(j)})^{-1}\tilde{\boldsymbol{s}}^{(j)}$$

即在迭代中利用上一步迭代结果构造下一步迭代的权值，这个权值是后验参数。再由式（6.1.3）得

$$\left\|\boldsymbol{q}^{(j)}\right\|_2^2 = \left\|(\boldsymbol{W}^{(j)})^{-1}\tilde{\boldsymbol{s}}^{(j)}\right\|_2^2 = \sum_{n=1}^{N}\left(\frac{\tilde{s}_n^{(j)}}{\tilde{s}_n^{(j-1)}}\right)^2$$

这种所谓的仿射尺度变换，使得每一步迭代都在减小“强”分量在解矢量中所占的比例，最终使得迭代结果展现为“强者更强、弱者更弱”。在最小化目标函数过程中，迫使解的能量往权值小的非零项处聚集，从而达到稀疏的目的。基本的 FOCUSS 算法可以简单描述为

$$\begin{aligned} &\boldsymbol{W}^{(j)} = \text{diag}(\tilde{\boldsymbol{s}}^{(j-1)}) \\ &\boldsymbol{q}^{(j)} = (\boldsymbol{A}\boldsymbol{W}^{(j)})^{\dagger}\boldsymbol{y} \\ &\tilde{\boldsymbol{s}}^{(j)} = \boldsymbol{W}^{(j)}\boldsymbol{q}^{(j)} \end{aligned} \tag{6.1.4}$$

解 $\hat{\hat{\boldsymbol{s}}}$ 的各个元素向零和非零收敛，而 $\hat{\boldsymbol{q}}$ 的各个元素向零或单位值收敛。$\hat{\boldsymbol{q}}$ 的各元素非 0 即 1，可以认为是 $\hat{\hat{\boldsymbol{s}}}$ 各元素的指示变量。

下面是一个矢量 $\boldsymbol{q}$ 收敛的例子，模型如式（6.1.1），假设字典 $\boldsymbol{A} \in \mathbb{C}^{4\times10}$ 的矩阵，$\boldsymbol{y}$ 等于 $\boldsymbol{A}$ 第 9 与第 10 个列矢量的线性组合。从图 6.1.1 可以看出，经过 7 次迭代，$\boldsymbol{q}$ 的元素已经到稳定值 0 或 1。

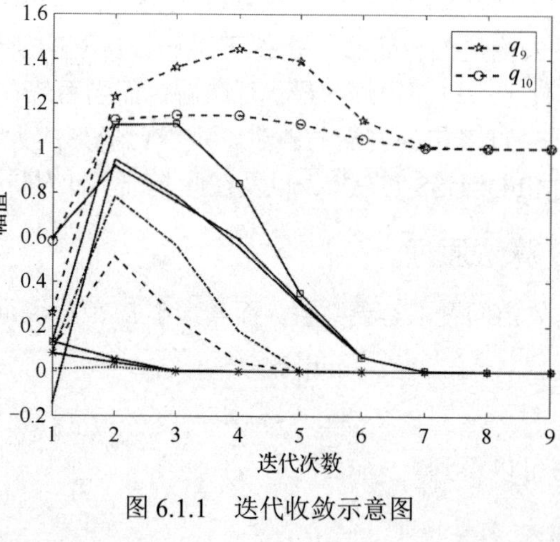

图 6.1.1 迭代收敛示意图

6.1.2　正则化 FOCUSS 算法

基本的 FOCUSS 算法主要讨论无噪声情况如何获得稀疏解，而实际接收数据模型中是存在噪声的，噪声的引入会导致经典 FOCUSS 缺乏健壮性。为提高算法的适应性，Rao 等人提出将 L_p 范数引入 FOCUSS 算法[3][4]，得到正则化 FOCUSS 算法（Regularized FOCUSS，Re-FOCUSS）。其目标函数为

$$\begin{aligned} J(\tilde{\boldsymbol{s}}) &= \|\boldsymbol{A}\tilde{\boldsymbol{s}}-\boldsymbol{y}\|_2^2+\gamma E_p(\tilde{\boldsymbol{s}}) \\ E_p(\tilde{\boldsymbol{s}}) &= \sum_{n=1}^{N}|\tilde{s}_n|^p,\ (p<1) \end{aligned} \tag{6.1.5}$$

在 $p<1$ 条件下，最小化目标函数 $J(\tilde{\boldsymbol{s}})$ 可以获得稀疏解，参数 γ 控制数据拟合精度和稀疏度的平衡。使用梯度下降方法[4]可以获得最小化 $J(\tilde{\boldsymbol{s}})$ 的迭代算法。对 $J(\tilde{\boldsymbol{s}})$ 求梯度，可以得到最优解 $\tilde{\boldsymbol{s}}$ 的必要条件满足

$$\begin{aligned} \nabla J(\tilde{\boldsymbol{s}}) &= \frac{\partial J(\tilde{\boldsymbol{s}})}{\partial \tilde{\boldsymbol{s}}} = \frac{\partial\|\boldsymbol{A}\tilde{\boldsymbol{s}}-\boldsymbol{y}\|_2^2+\partial\gamma E_p(\tilde{\boldsymbol{s}})}{\partial \tilde{\boldsymbol{s}}} \\ &= 2\boldsymbol{A}^{\mathrm{H}}\boldsymbol{A}\tilde{\boldsymbol{s}}-2\boldsymbol{A}^{\mathrm{H}}\boldsymbol{y}+2\lambda\boldsymbol{\Pi}(\tilde{\boldsymbol{s}})\tilde{\boldsymbol{s}}=\boldsymbol{0} \end{aligned} \tag{6.1.6}$$

式中，$\lambda = p\gamma/2$，$\boldsymbol{\Pi}(\tilde{\boldsymbol{s}})=\mathrm{diag}(|\tilde{s}_n|^{p-2})$，$n=1,2,\cdots,N$； $E_p(\tilde{\boldsymbol{s}})$ 关于 $\tilde{\boldsymbol{s}}$ 梯度为

$$\nabla E_p(\tilde{\boldsymbol{s}}) = \frac{\partial E_p(\tilde{\boldsymbol{s}})}{\partial \tilde{\boldsymbol{s}}} = p\boldsymbol{\Pi}(\tilde{\boldsymbol{s}})\tilde{\boldsymbol{s}} \tag{6.1.7}$$

为了方便，定义仿射尺度矩阵

$$\boldsymbol{W}(\tilde{\boldsymbol{s}}) = \boldsymbol{\Pi}^{-1/2}(\tilde{\boldsymbol{s}}) = \mathrm{diag}\left(|\tilde{s}_n|^{1-p/2}\right) \Leftrightarrow \boldsymbol{W}^{-2}(\tilde{\boldsymbol{s}}) = \boldsymbol{\Pi}(\tilde{\boldsymbol{s}}) \tag{6.1.8}$$

用 $\boldsymbol{W}^{-2}(\tilde{\boldsymbol{s}})$ 代替 $\boldsymbol{\Pi}(\tilde{\boldsymbol{s}})$，代入式（6.1.6）可以得到

$$\boldsymbol{A}^{\mathrm{H}}\boldsymbol{A}\tilde{\boldsymbol{s}}+\lambda\boldsymbol{W}^{-2}(\tilde{\boldsymbol{s}})\tilde{\boldsymbol{s}} = \boldsymbol{A}^{\mathrm{H}}\boldsymbol{y} \tag{6.1.9}$$

由于 $\boldsymbol{W}(\tilde{\boldsymbol{s}})$ 为对角阵，经过简单变换，可以得到最优解满足

$$\{[\boldsymbol{A}\boldsymbol{W}(\tilde{\boldsymbol{s}})]^{\mathrm{H}}[\boldsymbol{A}\boldsymbol{W}(\tilde{\boldsymbol{s}})]+\lambda\boldsymbol{I}\}\boldsymbol{W}^{-1}(\tilde{\boldsymbol{s}})\tilde{\boldsymbol{s}} = [\boldsymbol{A}\boldsymbol{W}(\tilde{\boldsymbol{s}})]^{\mathrm{H}}\boldsymbol{y} \tag{6.1.10}$$

因此，有

$$\tilde{\boldsymbol{s}} = \boldsymbol{W}(\tilde{\boldsymbol{s}})\{[\boldsymbol{A}\boldsymbol{W}(\tilde{\boldsymbol{s}})]^{\mathrm{H}}[\boldsymbol{A}\boldsymbol{W}(\tilde{\boldsymbol{s}})]+\lambda\boldsymbol{I}\}^{-1}[\boldsymbol{A}\boldsymbol{W}(\tilde{\boldsymbol{s}})]^{\mathrm{H}}\boldsymbol{y} \tag{6.1.11}$$

式（6.1.11）等号左右都与 $\tilde{\boldsymbol{s}}$ 有关，因此不方便获得闭合解。由式（6.1.6）可知函数的稳定点一定满足式（6.1.11）。因此，稳定点 $\tilde{\boldsymbol{s}}$ 可以通过式（6.1.11）以迭代方式进行计算：

$$\begin{aligned} \tilde{\boldsymbol{s}}^{(j+1)} &= \boldsymbol{W}(\tilde{\boldsymbol{s}}^{(j)})\{[\boldsymbol{A}\boldsymbol{W}(\tilde{\boldsymbol{s}}^{(j)})]^{\mathrm{H}}[\boldsymbol{A}\boldsymbol{W}(\tilde{\boldsymbol{s}}^{(j)})]+\lambda\boldsymbol{I}\}^{-1}[\boldsymbol{A}\boldsymbol{W}(\tilde{\boldsymbol{s}}^{(j)})]^{\mathrm{H}}\boldsymbol{y} \\ &= \boldsymbol{W}^{(j+1)}\{(\boldsymbol{A}^{(j+1)})^{\mathrm{H}}\boldsymbol{A}^{(j+1)}+\lambda\boldsymbol{I}\}^{-1}(\boldsymbol{A}^{(j+1)})^{\mathrm{H}}\boldsymbol{y} \end{aligned} \tag{6.1.12}$$

式中，$\boldsymbol{W}^{(j+1)} = \boldsymbol{W}(\tilde{\boldsymbol{s}}^{(j)})$， $\boldsymbol{A}^{(j+1)} = \boldsymbol{A}\boldsymbol{W}^{(j+1)}$。由于

$$\{(\boldsymbol{A}^{(j+1)})^{\mathrm{H}}\boldsymbol{A}^{(j+1)}+\lambda\boldsymbol{I}\}^{-1}(\boldsymbol{A}^{(j+1)})^{\mathrm{H}} = (\boldsymbol{A}^{(j+1)})^{\mathrm{H}}\{(\boldsymbol{A}^{(j+1)})^{\mathrm{H}}\boldsymbol{A}^{(j+1)}+\lambda\boldsymbol{I}\}^{-1} \tag{6.1.13}$$

式（6.1.12）也可以写成

$$\tilde{\boldsymbol{s}}^{(j+1)} = \boldsymbol{W}^{(j+1)}(\boldsymbol{A}^{(j+1)})^{\mathrm{H}}\{(\boldsymbol{A}^{(j+1)})^{\mathrm{H}}\boldsymbol{A}^{(j+1)}+\lambda\boldsymbol{I}\}^{-1}\boldsymbol{y} \tag{6.1.14}$$

令

$$\boldsymbol{q}^{(j+1)} = \{(\boldsymbol{A}^{(j+1)})^{\mathrm{H}}\boldsymbol{A}^{(j+1)}+\lambda\boldsymbol{I}\}^{-1}(\boldsymbol{A}^{(j+1)})^{\mathrm{H}}\boldsymbol{y} \tag{6.1.15}$$

将式（6.1.15）代入式（6.1.12）得

$$\begin{aligned}\tilde{\boldsymbol{s}}^{(j+1)} &= \boldsymbol{W}^{(j+1)}\{(\boldsymbol{A}^{(j+1)})^{\mathrm{H}}\boldsymbol{A}^{(j+1)}+\lambda\boldsymbol{I}\}^{-1}(\boldsymbol{A}^{(j+1)})^{\mathrm{H}}\boldsymbol{y} \\ &= \boldsymbol{W}^{(j+1)}\boldsymbol{q}^{(j+1)}\end{aligned} \tag{6.1.16}$$

正则化 FOCUSS 算法迭代过程见算法 6.1。

算法 6.1 正则化 FOCUSS 算法（Re-FOCUSS）

输入：接收数据 $\boldsymbol{y}(t)$，完备字典 $\boldsymbol{A}(\boldsymbol{\Omega})$，正则化参数 λ。

初始化：$\tilde{\boldsymbol{s}}^{(0)}=\boldsymbol{A}^{\mathrm{H}}(\boldsymbol{A}\boldsymbol{A}^{\mathrm{H}})^{-1}\boldsymbol{y}$，$j=1$。

重复：

1）$\boldsymbol{W}^{(j)}=\boldsymbol{W}(\tilde{\boldsymbol{s}}^{(j-1)})=\mathrm{diag}\left(\left|\tilde{s}_n^{(j-1)}\right|^{1-p/2}\right)$；

2）$\boldsymbol{A}^{(j)}=\boldsymbol{A}\boldsymbol{W}^{(j)}$；

3）$\boldsymbol{q}^{(j)}=[(\boldsymbol{A}^{(j)})^{\mathrm{H}}\boldsymbol{A}^{(j)}+\lambda\boldsymbol{I}]^{-1}(\boldsymbol{A}^{(j)})^{\mathrm{H}}\boldsymbol{y}$；

4）$\tilde{\boldsymbol{s}}^{(j)}=\boldsymbol{W}^{(j)}\boldsymbol{q}^{(j)}$，$j=j+1$。

如果达到停止条件，如 $\left\|\tilde{\boldsymbol{s}}^{(j)}-\tilde{\boldsymbol{s}}^{(j-1)}\right\|_2\Big/\left\|\tilde{\boldsymbol{s}}^{(j)}\right\|_2\leqslant\delta$，退出循环。

输出：重构入射信号 $\tilde{\boldsymbol{s}}$ 和目标入射方向。

在式（6.1.5）中，如果参数 $\gamma\to0$，则 $\lambda\to0$，算法退化为经典 FOCUSS 算法。正则项的引入可以有效地抑制经典 FOCUSS 算法中最小范数解对噪声的放大。由 Tikhonov 正则化可知，式（6.1.15）就是下列最小化问题的解：

$$\boldsymbol{q}^{(j+1)}=\arg\min_{\boldsymbol{q}}\left\|\boldsymbol{A}\boldsymbol{W}^{(j+1)}\boldsymbol{q}-\boldsymbol{y}\right\|_2^2+\lambda\left\|\boldsymbol{q}\right\|_2^2 \tag{6.1.17}$$

由 $\boldsymbol{s}^{(j+1)}=\boldsymbol{W}^{(j+1)}\boldsymbol{q}^{(j+1)}$，有

$$\tilde{\boldsymbol{s}}^{(j+1)}=\arg\min_{\tilde{\boldsymbol{s}}}\left\|\boldsymbol{A}\tilde{\boldsymbol{s}}-\boldsymbol{y}\right\|_2^2+\lambda\left\|(\boldsymbol{W}^{(j+1)})^{-1}\tilde{\boldsymbol{s}}\right\|_2^2 \tag{6.1.18}$$

因为 $\boldsymbol{W}^{(j)}=\mathrm{diag}\left(\left|\tilde{s}_n^{(j-1)}\right|^{1-p/2}\right)$，当 $p\to0$ 且 $\tilde{\boldsymbol{s}}^{(j)}\approx\tilde{\boldsymbol{s}}^{(j-1)}$ 时，有 $\left\|\boldsymbol{W}^{-1}\tilde{\boldsymbol{s}}\right\|_2^2\approx\left\|\tilde{\boldsymbol{s}}\right\|_0$。因此，可以认为 FOCUSS 算法实现了对 L_0 范数约束的逼近。

正则项的引入可以有效地抑制了 FOCUSS 算法中最小二乘解对噪声的放大。但是，对于使用正则化 FOCUSS 算法，需要注意下面几个方面。

（1）正则化参数取值受噪声大小的影响。对于 L_p 范数和 L_1 范数约束重构算法均涉及正则化参数的选择问题，可以说正则化参数是影响该类算法重构性能的一个关键因素。过大的正则化参数会将非零元素压缩为零，从而导致错误的估计；而过小的取值不能将零值元素全部压缩为零，导致产生很多伪估计值。目前，正则化参数选择方法主要包括三种：差异原则（Discrepancy Principle）、稀疏原则和 L 曲线方法[5-7]等，已经在第 5 章给出了简要的论述。上述几种方法虽然可以提供稳定的正则化参数，但大多情况下都需要选择不同的正则化因子来确定最优参数，这将带来一定的计算负担。为了在残差最小与解的稀疏性之间取得合理的平衡，通常将正则化参数取为 1；若是无噪声情况，选取一个使残差比例很小的正则化参数即可。

（2）算法中，$p\in(0,1)$ 为稀疏因子，p 的选择会影响最终结果的稀疏程度和解的正确性。理论上，p 越小越接近于 L_0 范数，得到的解越稀疏。当 p 过小时，非凸问题优化过程可能会因为条件数过大而导致迭代崩溃，或最终结果严重偏离实际值而毫无价值。因此，在正则化 FOCUSS 算法中，建议 p 取 0.8～1 之间的值[12]，这是收敛速度和生成优质稀疏解之间较好的折中。

（3）FOCUSS 算法是非全局收敛方法，迭代初始值也对结果有较大的影响。通常可以使用一些非常简单快速的 DOA 估计方法，如 CBF、Capon 等算法获得一个初步的空间谱，以此作为 FOCUSS 优化的起点可以避免算法收敛到局部最小值。

6.1.3　正则化多快拍 FOCUSS 算法

为提高估计性能，测向系统会尽量采用多快拍实现空间谱估计。本节讨论正则化多快拍 FOCUSS（RM-FOCUSS）算法，其运算量介于贪婪算法和凸松弛算法之间，在估计精度、成功概率和抗噪声性能方面比较出色，且无须已知稀疏度（即信源数）。多快拍接收数据稀疏模型如式（5.2.8）所示，引入一个新函数：

$$G_p(\tilde{\boldsymbol{S}})=\sum_{n=1}^{N}\left(\left\|\tilde{\boldsymbol{S}}(n,:)\right\|_2\right)^p,\ 0<p<1$$

其中，信号矩阵 $\tilde{\boldsymbol{S}}=[\tilde{\boldsymbol{s}}(t_1),\tilde{\boldsymbol{s}}(t_2),\cdots,\tilde{\boldsymbol{s}}(t_L)]$。因此，有

$$G_p(\tilde{\boldsymbol{S}})=\sum_{n=1}^{N}\left(\left\|\tilde{\boldsymbol{S}}(n,:)\right\|_2\right)^p=\sum_{n=1}^{N}\left\{\sum_{l=1}^{L}\left|\tilde{\boldsymbol{S}}(n,l)\right|^2\right\}^{\frac{p}{2}},\ 0<p<1 \tag{6.1.19}$$

由上式可以看出，如果 p 趋近于零，该函数表示 $\tilde{\boldsymbol{S}}$ 非零行的个数。该函数是对多快拍数据取时域上的 L_2 范数后再取空域上的 L_p 范数，这种混合范数处理方法在介绍 L_1-SVD 算法时已详细解释，这里就不再赘述。

正则化多快拍 FOCUSS 算法可以解释为最小化下列目标函数的迭代算法：

$$F(\tilde{\boldsymbol{S}})=\left\|\boldsymbol{A}\tilde{\boldsymbol{S}}-\boldsymbol{Y}\right\|_{\mathrm{F}}^2+\gamma G_p(\tilde{\boldsymbol{S}}),\ \gamma=\frac{2\lambda}{p} \tag{6.1.20}$$

使用类似 6.1.2 节的梯度方法，可以得到算法的推导过程，算法实现如算法 6.2 所示。

算法 6.2　正则化多快拍 FOCUSS（RM-FOCUSS）算法

输入： 接收数据 $\boldsymbol{Y}\in\mathbb{C}^{M\times L}$，完备字典 $\boldsymbol{A}(\boldsymbol{\Omega})\in\mathbb{C}^{M\times N}$，正则化参数 λ。

初始化： $\tilde{\boldsymbol{S}}^{(0)}=\boldsymbol{A}^{\mathrm{H}}(\boldsymbol{A}\boldsymbol{A}^{\mathrm{H}})^{-1}\boldsymbol{Y},\ j=1$。

重复：

1）$\boldsymbol{W}^{(j)}=\mathrm{diag}\{(\boldsymbol{c}^{(j-1)}(n))^{1-p/2}\},\quad n=1,\cdots,N$；

其中，$\boldsymbol{c}^{(j-1)}(n)=\left\|\tilde{\boldsymbol{S}}^{(j-1)}(n,:)\right\|_2$；

2）$\boldsymbol{A}^{(j)}=\boldsymbol{A}\boldsymbol{W}^{(j)}$；

3）$\boldsymbol{Q}^{(j)}=(\boldsymbol{A}^{(j)})^{\mathrm{H}}[(\boldsymbol{A}^{(j)})^{\mathrm{H}}\boldsymbol{A}^{(j)}+\lambda\boldsymbol{I}]^{-1}\boldsymbol{Y}$；

4）$\tilde{\boldsymbol{S}}^{(j)}=\boldsymbol{W}^{(j)}\boldsymbol{Q}^{(j)},\ j=j+1$。

如果达到停止条件，如 $\left\|\tilde{\boldsymbol{S}}^{(j)}-\tilde{\boldsymbol{S}}^{(j-1)}\right\|_{\mathrm{F}}\Big/\left\|\tilde{\boldsymbol{S}}^{(j-1)}\right\|_{\mathrm{F}}\leqslant\delta$，退出循环。

输出： 重构出 $\tilde{\boldsymbol{S}}$，根据矢量 $\boldsymbol{c}$ 各元素的大小给出对应目标入射角度。

RM-FOCUSS 算法每一次迭代获得的 $\boldsymbol{Q}^{(j)}$ 都可以认为是下列加权最小二乘问题的解：

$$\boldsymbol{Q}^{(j)}=\arg\min_{\boldsymbol{Q}}\left(\left\|\boldsymbol{Y}-\boldsymbol{A}\boldsymbol{W}^{(j)}\boldsymbol{Q}\right\|_{\mathrm{F}}^2+\lambda\left\|\boldsymbol{Q}\right\|_{\mathrm{F}}^2\right) \tag{6.1.21}$$

当然，也等价于

$$\begin{aligned}\tilde{\boldsymbol{S}}^{(j)} &= \arg\min_{\tilde{\boldsymbol{S}}} J^{(j)}(\tilde{\boldsymbol{S}}) \\ J^{(j)}(\tilde{\boldsymbol{S}}) &= \left\|\boldsymbol{Y}-\boldsymbol{A}\tilde{\boldsymbol{S}}\right\|_{\mathrm{F}}^{2}+\lambda\left\|(\boldsymbol{W}^{(j)})^{-1}\tilde{\boldsymbol{S}}\right\|_{\mathrm{F}}^{2}\end{aligned} \tag{6.1.22}$$

式中，$\tilde{\boldsymbol{S}}=(\boldsymbol{W}^{(j)})\boldsymbol{Q}$。如果有 $\tilde{\boldsymbol{S}}^{(j-1)}\neq\tilde{\boldsymbol{S}}^{(j)}$，则 $J^{(j)}(\tilde{\boldsymbol{S}}^{(j)})<J^{(j)}(\tilde{\boldsymbol{S}}^{(j-1)})$。

假设空间有三个等功率辐射源，入射方向分别为 $\theta_1=10^\circ$、$\theta_2=20^\circ$ 和 $\theta_3=35^\circ$；使用阵元间距为半波长的 10 阵元均匀线阵接收信号；采样快拍数 L=100；噪声为零均值复高斯均匀白噪声。RM-FOCUSS 算法采用网格宽度 1°，得到的空间谱如图 6.1.2 所示。对于非相关信号情况，在 SNR=3dB 时，就可以得到较好的谱峰；随着信噪比增加，伪峰逐渐减少，可以准确估计出入射信号的波达方向，见图 6.1.2（a）。如果存在相干信号，在 SNR=3dB 以上，RM-FOCUSS 算法依然可以很好地根据谱峰图估计出目标来向；与非相干情况区别在于，信号入射方向估计可能偏差增大，见图 6.1.2（b）。

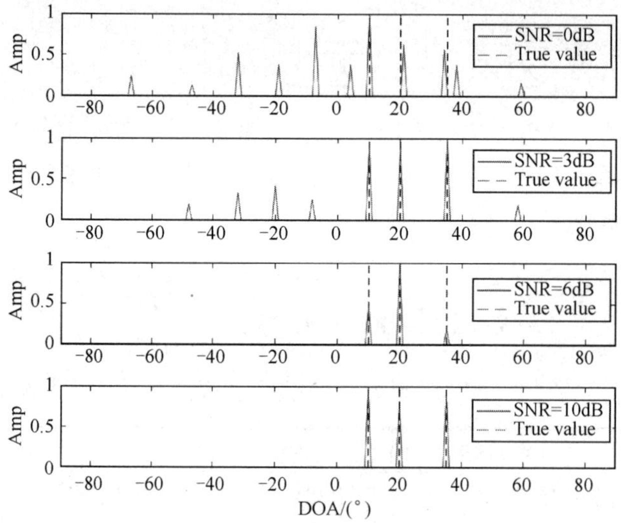

（a）入射信号非相关信号

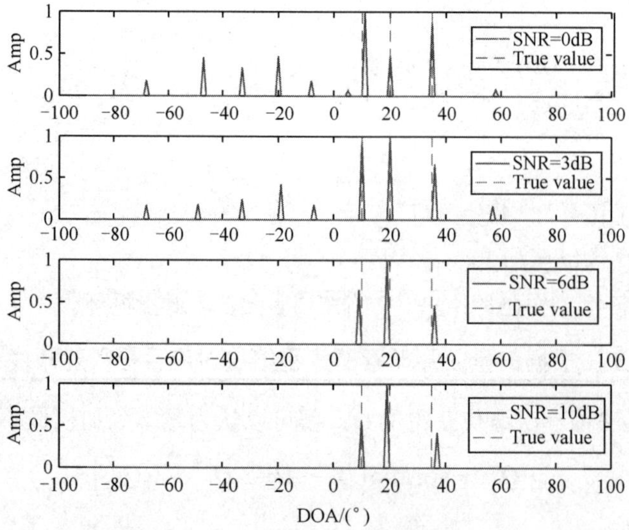

（b）θ_2与θ_3方向入射信号相干

图 6.1.2　RM-FOCUSS 算法估计的空间谱

6.1.4 正则化多快拍 FOCUSS 算法的收敛分析

对于 RM-FOCUSS 算法，其目标函数为式（6.1.20）：

$$F(\tilde{\boldsymbol{S}})=\left\|\boldsymbol{A}\tilde{\boldsymbol{S}}-\boldsymbol{Y}\right\|_{\mathrm{F}}^{2}+\gamma G_p(\tilde{\boldsymbol{S}}),\ \gamma=\frac{2\lambda}{p}$$

要证明算法收敛，就是要证明 $F(\tilde{\boldsymbol{S}}^{(j+1)})<F(\tilde{\boldsymbol{S}}^{(j)})$，即 $F(\tilde{\boldsymbol{S}})$ 是一个下降函数。假设 $\boldsymbol{c}^{(j)}(n)=\left\|\tilde{\boldsymbol{S}}^{(j)}(n,:)\right\|_2$，则由式（6.1.19）可知

$$G_p(\tilde{\boldsymbol{S}})=\sum_{n=1}^{N}\left(\left\|\tilde{\boldsymbol{S}}^{(j)}(n,:)\right\|_2\right)^p=E_p(\boldsymbol{c}^{(j)}) \tag{6.1.23}$$

式中，$E_p(\cdot)$ 的定义同式（6.1.5）。因此，

$$F(\tilde{\boldsymbol{S}}^{(j)})=\left\|\boldsymbol{A}\tilde{\boldsymbol{S}}^{(j)}-\boldsymbol{Y}\right\|_{\mathrm{F}}^{2}+\gamma G_p(\tilde{\boldsymbol{S}}^{(j)})=\left\|\boldsymbol{A}\tilde{\boldsymbol{S}}^{(j)}-\boldsymbol{Y}\right\|_{\mathrm{F}}^{2}+\gamma E_p(\boldsymbol{c}^{(j)}) \tag{6.1.24}$$

由式（6.1.22），有

$$J^{(j+1)}(\tilde{\boldsymbol{S}})=\left\|\boldsymbol{Y}-\boldsymbol{A}\tilde{\boldsymbol{S}}\right\|_{\mathrm{F}}^{2}+\lambda\left\|(\boldsymbol{W}^{(j+1)})^{-1}\tilde{\boldsymbol{S}}\right\|_{\mathrm{F}}^{2} \tag{6.1.25}$$

由 $\boldsymbol{W}^{(j+1)}=\mathrm{diag}\left(\left|\boldsymbol{c}^{(j)}(n)\right|^{1-p/2}\right)$，见算法 6.2 和式（6.1.22），则有

$$\begin{aligned}J^{(j+1)}(\tilde{\boldsymbol{S}}^{(j+1)})&=\left\|\boldsymbol{Y}-\boldsymbol{A}\tilde{\boldsymbol{S}}^{(j+1)}\right\|_{\mathrm{F}}^{2}+\lambda\left\|(\boldsymbol{W}^{(j+1)})^{-1}\tilde{\boldsymbol{S}}^{(j+1)}\right\|_{\mathrm{F}}^{2}\\&=\left\|\boldsymbol{Y}-\boldsymbol{A}\tilde{\boldsymbol{S}}^{(j+1)}\right\|_{\mathrm{F}}^{2}+\lambda(\boldsymbol{c}^{(j+1)})^{\mathrm{T}}\boldsymbol{\Pi}(\boldsymbol{c}^{(j)})\boldsymbol{c}^{(j+1)}\end{aligned} \tag{6.1.26}$$

式中，$\boldsymbol{\Pi}(\boldsymbol{c}^{(j)})=(\boldsymbol{W}^{(j+1)})^{-2}=\mathrm{diag}\left(\left|\boldsymbol{c}^{(j)}(n)\right|^{p-2}\right)$，$\boldsymbol{c}^{(j+1)}(n)=\left\|\tilde{\boldsymbol{S}}^{(j+1)}(n,:)\right\|_2$。同理，

$$\begin{aligned}J^{(j+1)}(\tilde{\boldsymbol{S}}^{(j)})&=\left\|\boldsymbol{Y}-\boldsymbol{A}\tilde{\boldsymbol{S}}^{(j)}\right\|_{\mathrm{F}}^{2}+\lambda\left\|(\boldsymbol{W}^{(j+1)})^{-1}\tilde{\boldsymbol{S}}^{(j)}\right\|_{\mathrm{F}}^{2}\\&=\left\|\boldsymbol{Y}-\boldsymbol{A}\tilde{\boldsymbol{S}}^{(j)}\right\|_{\mathrm{F}}^{2}+\lambda(\boldsymbol{c}^{(j)})^{\mathrm{T}}\boldsymbol{\Pi}(\boldsymbol{c}^{(j)})\boldsymbol{c}^{(j)}\end{aligned} \tag{6.1.27}$$

在 $0<p<1$ 情况下，$E_p(\boldsymbol{c}^{(j)})$ 是凹函数，因此，有

$$E_p(\boldsymbol{c}^{(j+1)})-E_p(\boldsymbol{c}^{(j)})\leqslant\frac{p}{2}\{(\boldsymbol{c}^{(j+1)})^{\mathrm{T}}\boldsymbol{\Pi}(\boldsymbol{c}^{(j)})\boldsymbol{c}^{(j+1)}-(\boldsymbol{c}^{(j)})^{\mathrm{T}}\boldsymbol{\Pi}(\boldsymbol{c}^{(j)})\boldsymbol{c}^{(j)}\} \tag{6.1.28}$$

见附录 6.A。那么由上式和式（6.1.24）可得

$$\begin{aligned}F(\tilde{\boldsymbol{S}}^{(j+1)})-F(\tilde{\boldsymbol{S}}^{(j)})&=\left[\left\|\boldsymbol{Y}-\boldsymbol{A}\tilde{\boldsymbol{S}}^{(j+1)}\right\|_{\mathrm{F}}^{2}+\gamma E_p(\boldsymbol{c}^{(j+1)})\right]-\left[\left\|\boldsymbol{Y}-\boldsymbol{A}\tilde{\boldsymbol{S}}^{(j)}\right\|_{\mathrm{F}}^{2}+\gamma E_p(\boldsymbol{c}^{(j)})\right]\\&\leqslant\left[\left\|\boldsymbol{Y}-\boldsymbol{A}\tilde{\boldsymbol{S}}^{(j+1)}\right\|_{\mathrm{F}}^{2}+\lambda(\boldsymbol{c}^{(j+1)})^{\mathrm{T}}\boldsymbol{\Pi}(\boldsymbol{c}^{(j)})\boldsymbol{c}^{(j+1)}\right]-\left[\left\|\boldsymbol{Y}-\boldsymbol{A}\tilde{\boldsymbol{S}}^{(j)}\right\|_{\mathrm{F}}^{2}+\lambda(\boldsymbol{c}^{(j)})^{\mathrm{T}}\boldsymbol{\Pi}(\boldsymbol{c}^{(j)})\boldsymbol{c}^{(j)}\right]\\&=J^{(j+1)}(\tilde{\boldsymbol{S}}^{(j+1)})-J^{(j+1)}(\tilde{\boldsymbol{S}}^{(j)})<0\end{aligned} \tag{6.1.29}$$

其中，$\lambda=\dfrac{\gamma p}{2}$。

6.2 平滑 L_p 范数 DOA 估计

6.1 节的 FOCUSS 算法的核心思想是使用加权最小 L_2 范数来尽可能逼近最小 L_0 范数的解。本节引入一个平滑函数去直接近似 L_p 范数[10]，从而将基于 L_p 范数的正则化问题变得可微，这样就能直接用牛顿法进行求解。

6.2.1 平滑 L_p 范数估计算法原理

对于矢量 $\boldsymbol{x}\in\mathbb{C}^N$，文献[10]提出了一种 L_p 范数的平滑近似函数：

$$\|\boldsymbol{x}\|_p^p \approx \sum_{n=1}^{N}\left(|x_n|^2+\epsilon\right)^{\frac{p}{2}} \tag{6.2.1}$$

式中，参数 $\epsilon\geqslant 0$ 是用于平衡 L_p 范数近似程度和平滑程度的参数。将式（6.2.1）中的平滑函数代替 L_p 范数，则式（5.1.16）所示的正则化优化问题变为如下形式：

$$J(\tilde{\boldsymbol{s}})\approx J_\epsilon(\tilde{\boldsymbol{s}})=\|\boldsymbol{y}-\boldsymbol{A}\tilde{\boldsymbol{s}}\|_2^2+\lambda\sum_{n=1}^{N}(|\tilde{\boldsymbol{s}}(n)|^2+\epsilon)^{\frac{p}{2}} \tag{6.2.2}$$

显然，当 $\epsilon\to 0$ 时，$J(\tilde{\boldsymbol{s}})\to J_\epsilon(\tilde{\boldsymbol{s}})$，对于空间谱估计来说，$\epsilon$ 通常可以设为 $10^{-5}\sim10^{-6}$。尽管目标函数可微了，但是式（6.2.2）的最小化依旧不能直接求出闭合解，而且这是一个非凸优化问题。因此，要采用数值优化的方式求解上述优化问题[11]。

牛顿法是一种应用较多的数值化优化方法，其迭代过程为

$$\tilde{\boldsymbol{s}}^{(j)}=\tilde{\boldsymbol{s}}^{(j-1)}+\alpha^{(j)}\boldsymbol{d}^{(j)} \tag{6.2.3}$$

其中，$\alpha^{(j)}$ 为步长，$\boldsymbol{d}^{(j)}$ 是牛顿方向：

$$\boldsymbol{d}^{(j)}=-(\nabla^2 J_\epsilon(\tilde{\boldsymbol{s}}^{(j-1)}))^{-1}\nabla J_\epsilon(\tilde{\boldsymbol{s}}^{(j-1)}) \tag{6.2.4}$$

由式（6.2.2）可微，那么其关于变量 $\tilde{\boldsymbol{s}}$ 的一阶导和二阶导分别为

$$\nabla J_\epsilon(\tilde{\boldsymbol{s}})=\left(2\boldsymbol{A}^{\mathrm{H}}\boldsymbol{A}+\lambda\mathrm{diag}\left\{\frac{p}{\left(|\tilde{s}_n|^2+\epsilon\right)^{1-\frac{p}{2}}}\right\}\right)\tilde{\boldsymbol{s}}-2\boldsymbol{A}^{\mathrm{H}}\boldsymbol{y} \tag{6.2.5}$$

$$\nabla^2 J_\epsilon(\tilde{\boldsymbol{s}})=2\boldsymbol{A}^{\mathrm{H}}\boldsymbol{A}+\lambda\mathrm{diag}\left\{\frac{p}{\left(|\tilde{s}_n|^2+\epsilon\right)^{1-\frac{p}{2}}}+\frac{p(p-2)|\tilde{s}_n|^2}{\left(|\tilde{s}_n|^2+\epsilon\right)^{2-\frac{p}{2}}}\right\} \tag{6.2.6}$$

文献[3]中直接选择舍弃掉海塞矩阵式（6.2.6）后面的非正值部分，得到近似海塞矩阵：

$$\boldsymbol{H}(\tilde{\boldsymbol{s}})=2\boldsymbol{A}^{\mathrm{H}}\boldsymbol{A}+\lambda\mathrm{diag}\left\{\frac{p}{\left(|\tilde{s}_n|^2+\epsilon\right)^{1-\frac{p}{2}}}\right\}\approx\nabla^2 J_\epsilon(\tilde{\boldsymbol{s}}) \tag{6.2.7}$$

由式（6.2.7）可知，近似海塞矩阵 $\boldsymbol{H}(\tilde{\boldsymbol{s}})$ 在 $p=2$ 时是无偏的。当取迭代步长 $\alpha^{(j)}=1$ 时，将式（6.2.5）和式（6.2.7）代回到式（6.2.3）中，可得

$$\boldsymbol{H}(\tilde{\boldsymbol{s}}^{(j-1)})\tilde{\boldsymbol{s}}^{(j)}=2\boldsymbol{A}^{\mathrm{H}}\boldsymbol{y} \tag{6.2.8}$$

利用上述迭代公式（6.2.8），以及停止条件 $\left\|\tilde{\boldsymbol{s}}^{(j)}-\tilde{\boldsymbol{s}}^{(j-1)}\right\|_2^2\Big/\left\|\tilde{\boldsymbol{s}}^{(j)}\right\|_2^2<\delta$，就可以得到稀疏解 $\tilde{\boldsymbol{s}}$ 的估计。

假设空间远场存在三个不相关等功率辐射源，入射方向分别为 $\theta_1=0^\circ$、$\theta_2=10^\circ$ 和 $\theta_3=35^\circ$；使用阵元间距为半波长的 10 阵元均匀线阵接收信号，采样快拍数 L=100；噪声为零均值复高斯均匀白噪声；平滑 L_p 范数估计算法采用网格大小为 1°。图 6.2.1 给出了单快拍情况下平滑 L_p 范数算法迭代过程。从图中可以看出，随着迭代次数的增加，三个信源方位的

谱峰逐渐变得尖锐，大约 10 次迭代之后，可以比较明显看出三个信源的波达方向。后续迭代过程中，信号能量继续向信号入射方向聚集，谱峰将变得越来越尖锐且谱峰位置越来越精准。

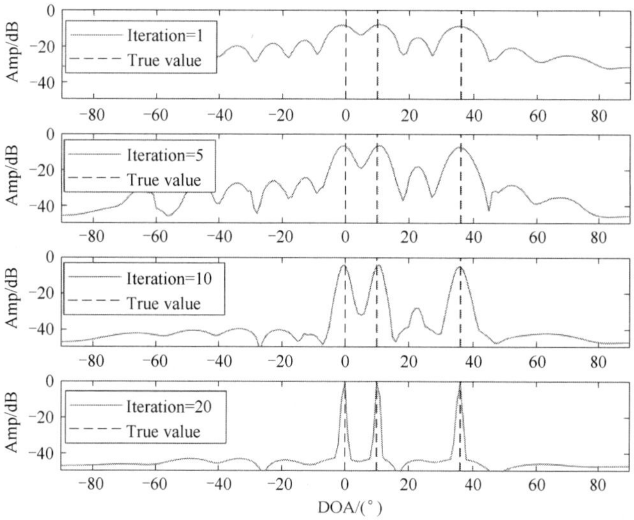

图 6.2.1　平滑 L_p 范数单快拍迭代过程（SNR=20dB）

保持信号入射角和阵列形式不变，图 6.2.2 给出了多快拍情况下平滑 L_p 范数算法空间谱随 SNR 变化的情况。图 6.2.2（a）为三个信号非相关的情况，由图可知，平滑 L_p 范数的空间谱受 SNR 的影响较大，相比于 FOCUSS 算法，该算法低信噪比情况下伪峰偏多，SNR=5dB 时估计结果仍有大量伪峰。信噪比增大后伪峰减少，SNR=10dB 时伪峰基本消除。如果已知（或估计出）入射信源数目，较低的伪峰并不影响该算法对波达方向的准确估计。图 6.2.2（b）给出了相干信号情况下平滑 L_p 范数算法空间谱随 SNR 变化的情况。平滑 L_p 范数算法依然可以很好地分辨出相干信号，与非相关情况区别在于信号入射方向估计可能估计偏差增大。

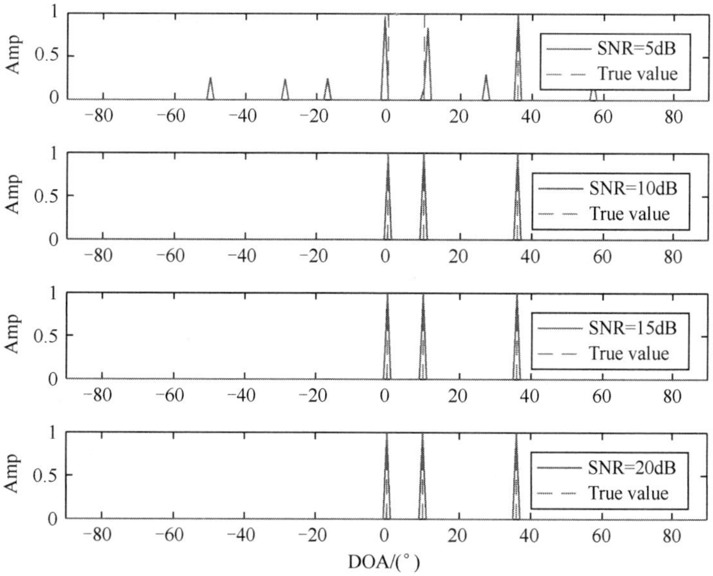

（a）入射信号非相关信号

图 6.2.2　平滑 L_p 范数算法估计的空间谱（快拍数 L=100）

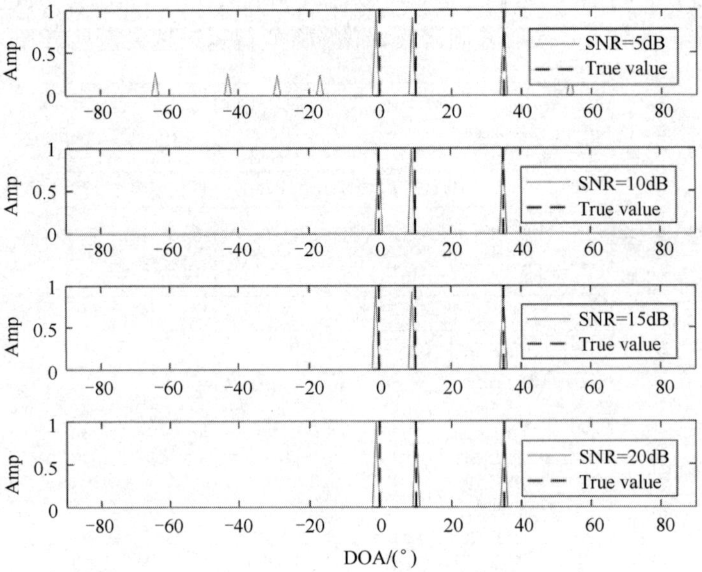

（b）入射方向θ_2、θ_3的两个信号相干

图 6.2.2 平滑 L_p 范数算法估计的空间谱（快拍数 L=100）（续）

6.2.2 改进平滑 L_p 范数算法

为进一步提高算法估计性能并降低算法复杂度，对平滑 L_p 范数空间谱估计方法进行几点改进，改进主要在以下三个方面。

1. 近似海塞矩阵

为了简化迭代公式，文献[11]中选择舍弃海塞矩阵式（6.2.6）中的 $p(p-2)|\tilde{s}_n|^2\Big/\left(|\tilde{s}_n|^2+\epsilon\right)^{2-\frac{p}{2}}$ 部分，得到近似海赛矩阵式（6.2.7）。实际上，舍弃项还可以拆分为 $p^2|\tilde{s}_n|^2\Big/\left(|\tilde{s}_n|^2+\epsilon\right)^{2-p/2}$ 和 $-2p|\tilde{s}_n|^2\Big/\left(|\tilde{s}_n|^2+\epsilon\right)^{2-p/2}$，前者依旧可以使近似海塞矩阵保持正定，保留这一部分的优点是可以加快迭代速度，使解矢量的能量更快地向少部分元素聚集。因此，近似海塞矩阵可以取为

$$\boldsymbol{H}=2\boldsymbol{A}^{\mathrm{H}}\boldsymbol{A}+\lambda\operatorname{diag}\left\{\frac{p}{\left(|\tilde{s}_n|^2+\epsilon\right)^{1-\frac{p}{2}}}+\frac{p^2|\tilde{s}_n|^2}{\left(|\tilde{s}_n|^2+\epsilon\right)^{2-\frac{p}{2}}}\right\} \tag{6.2.9}$$

这样做也可能造成目标函数下降速度过快，导致局部最优解，可以考虑选择合适的初值，以尽可能减小局部最优解出现的概率。

2. 计算速度

在拟牛顿法中，海塞矩阵求逆计算量较大，特别是空间谱估计空间划分网格数远大于阵元数的情况下，需要对一个维度数百的矩阵进行求逆。通常情况下，会采用 BFGS 等方法[12]来减小求逆计算量。针对我们要处理的问题，海塞矩阵的特殊结构可以应用 Woodbury 公式进行化简：

$$
\boldsymbol{H}^{-1}=\left(2\boldsymbol{A}^{\mathrm{H}}\boldsymbol{A}+\lambda\operatorname{diag}\left\{\frac{p}{\left(\left|\tilde{s}_n\right|^2+\epsilon\right)^{1-\frac{p}{2}}}+\frac{p^2\left|\tilde{s}_n\right|^2}{\left(\left|\tilde{s}_n\right|^2+\epsilon\right)^{2-\frac{p}{2}}}\right\}\right)^{-1}
$$

$$
=\boldsymbol{Q}^{-1}-\boldsymbol{Q}^{-1}\boldsymbol{A}^{\mathrm{H}}(\boldsymbol{I}+\boldsymbol{A}\boldsymbol{Q}^{-1}\boldsymbol{A}^{\mathrm{H}})^{-1}\boldsymbol{A}\boldsymbol{Q}^{-1} \tag{6.2.10}
$$

式中，

$$
\boldsymbol{Q}=\frac{\lambda}{2}\operatorname{diag}\left\{\frac{p}{\left(\left|\tilde{s}_n\right|^2+\epsilon\right)^{1-\frac{p}{2}}}+\frac{p^2\left|\tilde{s}_n\right|^2}{\left(\left|\tilde{s}_n\right|^2+\epsilon\right)^{2-\frac{p}{2}}}\right\}
$$

由于 $\boldsymbol{Q}$ 是对角阵，近似海塞矩阵 $\boldsymbol{H}$ 求逆运算只需要计算 $(\boldsymbol{I}+\boldsymbol{A}\boldsymbol{Q}^{-1}\boldsymbol{A}^{\mathrm{H}})$ 的逆矩阵即可。因此，迭代过程中 $\boldsymbol{H}$ 求逆运算由 N 维减小到了 M 维。通常情况下，由于网格数远远大于阵元数 $N \gg M$，采用式（6.2.10）的方式计算将大大缩减 $\boldsymbol{H}^{-1}$ 的计算时间。由式（6.2.5）和式（6.2.10）可以将牛顿法的下降方向改写为

$$
\boldsymbol{H}^{-1}\nabla J_{\epsilon}=\{\boldsymbol{Q}^{-1}-\boldsymbol{Q}^{-1}\boldsymbol{A}^{\mathrm{H}}(\boldsymbol{I}+\boldsymbol{A}\boldsymbol{Q}^{-1}\boldsymbol{A}^{\mathrm{H}})^{-1}\boldsymbol{A}\boldsymbol{Q}^{-1}\}\{(2\boldsymbol{A}^{\mathrm{H}}\boldsymbol{A}+\boldsymbol{P})\tilde{\boldsymbol{s}}-2\boldsymbol{A}^{\mathrm{H}}\boldsymbol{y}\} \tag{6.2.11}
$$

其中，

$$
\boldsymbol{P}=\lambda\operatorname{diag}\left\{\frac{p}{\left(\left|\tilde{s}_n\right|^2+\epsilon\right)^{1-\frac{p}{2}}}\right\}
$$

计算牛顿方向复杂度将由 $O(MN^2+N^3+NM)$ 降低到 $O(NM^2+M^3+NM)$。为了最大化地加速运算，对式（6.2.11）进行化简，可得

$$
\boldsymbol{H}^{-1}\nabla J_{\epsilon}=\boldsymbol{T}_4-\boldsymbol{T}_3\boldsymbol{T}_4-\boldsymbol{T}_2\boldsymbol{T}_1+\boldsymbol{T}_3\boldsymbol{T}_2\boldsymbol{T}_1 \tag{6.2.12}
$$

式中，$\boldsymbol{T}_i,(i=1,\cdots,4)$ 为迭代的中间变量：

$$
\begin{aligned}
&\boldsymbol{T}_1=\boldsymbol{y}-\boldsymbol{A}\tilde{\boldsymbol{s}}\\
&\boldsymbol{T}_2=\boldsymbol{Q}^{-1}\boldsymbol{A}^{\mathrm{H}}\\
&\boldsymbol{T}_3=\boldsymbol{T}_2(\boldsymbol{I}+\boldsymbol{A}\boldsymbol{T}_2)^{-1}\boldsymbol{A}\\
&\boldsymbol{T}_4(n)=\frac{\left|\tilde{s}_n\right|^2+\epsilon}{(1+p)\left|\tilde{s}_n\right|^2+\epsilon},n=1,2,\cdots,N
\end{aligned} \tag{6.2.13}
$$

式中，T_4 是对角阵。

除此之外，可以根据每一次迭代的结果，忽略部分影响较小原子，适当减小字典库 $\boldsymbol{A}$ 中的原子数量。

3. 自适应 p 值选取

当 $p\to 0$ 时，L_p 范数趋近于 L_0 范数，可以带来更稀疏的解。但是，p 过小容易导致迭代收敛到局部最优，需要选择一个合适的值。同样是 L_p 范数优化的 FOCUSS 算法通常根据经验选择 $p=0.8$ [8]。在保证算法稳定性的前提下，为了提高算法的精度与分辨力，可以对平滑 L_p 范数空间谱估计算法采用自适应方式调整 p 值。在迭代过程中，当空间谱变化大时，证明迭代下降的方向是正确的，可以快速下调 p 值；当空间谱变化小时，算法进入微调的过程，需要缓慢下调 p 值避免收敛到局部最优解。在此策略下，自适应 p 值调整的方式写为

$$
p^{(j)}=p^{(j-1)}-v^{(j)} \tag{6.2.14}
$$

其中，$v^{(j)} = \left\| \tilde{\boldsymbol{s}}_{\text{Nor}}^{(j)} - \tilde{\boldsymbol{s}}_{\text{Nor}}^{(j-1)} \right\|_2^2 \Big/ \left\| \tilde{\boldsymbol{s}}_{\text{Nor}}^{(j)} \right\|_2^2$，$\tilde{\boldsymbol{s}}_{\text{Nor}}^{(j)}$ 为 $\tilde{\boldsymbol{s}}^{(j)}$ 的归一化结果。改进平滑 L_p 范数算法步骤如算法 6.3 所示。

算法 6.3 改进平滑 L_p 范数算法

输入： 接收数据 $\boldsymbol{y}(t)$，完备字典 $\boldsymbol{A}(\boldsymbol{\Omega}) \in \mathbb{C}^{M\times N}$，正则化参数 λ，步长为 1。

初始化： $\tilde{\boldsymbol{s}}^{(0)} = \boldsymbol{A}^{\text{H}}(\boldsymbol{A}\boldsymbol{A}^{\text{H}})^{-1}\boldsymbol{y}, p^{(0)} = 1, \epsilon = 10^{-5}, j = 1$。

重复：

1）计算 $\boldsymbol{T}_i^{(j-1)}(i=1,\cdots,4)$，更新

$\tilde{\boldsymbol{s}}^{(j)} = \tilde{\boldsymbol{s}}^{(j-1)} - (\boldsymbol{T}_4^{(j-1)} - \boldsymbol{T}_3^{(j-1)}\boldsymbol{T}_4^{(j-1)} - \boldsymbol{T}_2^{(j-1)}\boldsymbol{T}_1^{(j-1)} + \boldsymbol{T}_3^{(j-1)}\boldsymbol{T}_2^{(j-1)}\boldsymbol{T}_1^{(j-1)})$，

2）计算 $v^{(j)} = \left\| \tilde{\boldsymbol{s}}_{\text{Nor}}^{(j)} - \tilde{\boldsymbol{s}}_{\text{Nor}}^{(j-1)} \right\|_2^2 \Big/ \left\| \tilde{\boldsymbol{s}}_{\text{Nor}}^{(j)} \right\|_2^2, \tilde{\boldsymbol{s}}_{\text{Nor}}^{(j)} = \tilde{\boldsymbol{s}}^{(j)} / \max(\tilde{\boldsymbol{s}}^{(j)})$

3）如果 $v^{(j)} > p^{(j-1)}$ & $p^{(j-1)} > 0.1$，更新 $p^{(j)} = p^{(j-1)}/2$；

如果 $v^{(j)} \leqslant p^{(j-1)}$ & $p^{(j-1)} > 0.1$，更新 $p^{(j)} = p^{(j-1)} - v^{(j)}$；

如果 $p^{(j-1)} < 0.1$，更新 $p^{(j)} = 0.1$；

$j = j+1$；

如果直到达到停止条件，如 $v^{(j)} < \delta$，退出循环。

输出： 重构后的空间谱 $\hat{\boldsymbol{s}}(t)$ 和信号入射方向。

多快拍情况是联合稀疏问题，也就是说，信号矩阵 $\tilde{\boldsymbol{S}}$ 是行稀疏的。因为 $\tilde{\boldsymbol{S}}$ 仅从空间域的角度说是稀疏的，对应的时间域并没有稀疏属性。因此，空间域用 L_p 范数约束，时间域用 L_2 范数约束。那么，结合平滑 L_p 范数的定义，多快拍优化问题目标函数为

$$J(\tilde{\boldsymbol{S}}) \approx J_\epsilon(\tilde{\boldsymbol{S}}) = \left\| \boldsymbol{Y} - \boldsymbol{A}\tilde{\boldsymbol{S}} \right\|_{\text{F}}^2 + \lambda \sum_{n=1}^{N} \left(\sum_{l=1}^{L} \left| \tilde{\boldsymbol{S}}(n,l) \right|^2 + \epsilon \right)^{\frac{p}{2}} \tag{6.2.15}$$

对应的一阶与二阶导数为

$$\nabla J_\epsilon(\tilde{\boldsymbol{S}}) = \left(2\boldsymbol{A}^{\text{H}}\boldsymbol{A} + \lambda \text{diag}\left\{ \frac{p}{\left(\sum_{l=1}^{L} \left| \tilde{\boldsymbol{S}}(n,l) \right|^2 + \epsilon \right)^{1-\frac{p}{2}}} \right\} \right) \tilde{\boldsymbol{S}} - 2\boldsymbol{A}^{\text{H}}\boldsymbol{Y} \tag{6.2.16}$$

$$\nabla^2 J_\epsilon(\tilde{\boldsymbol{S}}) = 2\boldsymbol{A}^{\text{H}}\boldsymbol{A} + \lambda \text{diag}\left\{ \frac{p}{\left(\sum_{l=1}^{L} \left| \tilde{\boldsymbol{S}}(n,l) \right|^2 + \epsilon \right)^{1-\frac{p}{2}}} + \frac{p(p-2)\sum_{l=1}^{L} \left| \tilde{\boldsymbol{S}}(n,l) \right|^2}{\left(\sum_{l=1}^{L} \left| \tilde{\boldsymbol{S}}(n,l) \right|^2 + \epsilon \right)^{2-\frac{p}{2}}} \right\} \tag{6.2.17}$$

与单快拍的情况相同，需要去掉海塞矩阵中的非正定部分，得到一个海塞矩阵的正定近似

$$\boldsymbol{H} = 2\boldsymbol{A}^{\text{H}}\boldsymbol{A} + \lambda \text{diag}\left\{ \frac{p}{\left(\sum_{l=1}^{L} \left| \tilde{\boldsymbol{S}}(n,l) \right|^2 + \epsilon \right)^{1-\frac{p}{2}}} + \frac{p^2\sum_{l=1}^{L} \left| \tilde{\boldsymbol{S}}(n,l) \right|^2}{\left(\sum_{l=1}^{L} \left| \tilde{\boldsymbol{S}}(n,l) \right|^2 + \epsilon \right)^{2-\frac{p}{2}}} \right\} \tag{6.2.18}$$

整个优化过程与单快拍类似，这里不再赘述[14]。

6.2.3 仿真与性能分析

实验一：平滑 L_p 范数、改进平滑 L_p 范数与 FOCUSS 稀疏度收敛比较

仿真条件：假设空间远场存在三个不相关等功率辐射源，入射方向分别为 $\theta_1=-30°$ 、$\theta_2=0°$ 和 $\theta_3=40°$；使用阵元间距为半波长的 10 阵元均匀线阵接收信号，单快拍采样；噪声为零均值复高斯白噪声，信噪比 SNR=20dB；三个算法预设网格宽度为$1°$。改进平滑 L_p 范数算法参数 p 自动调节；平滑 L_p 范数算法、FOCUSS 算法采用固定值 $p=0.8$ 。

图 6.2.3 给出了三种 L_p 范数重构算法稀疏度随迭代次数的变化情况。随着迭代次数不断增加，空间谱表现为能量不断向目标入射方向聚集，形成尖锐谱峰；而非目标入射方向的能量变得越来越小，最终使空间谱的稀疏度（即稀疏解矢量中较大元素的个数）达到稳定值 K=3。从图中可以看出，平滑 L_p 方法和 FOCUSS 算法在大约 30 次迭代后将稀疏度收敛到正确值，而改进的 L_p 算法收敛速度较快，大概经过 20 次迭代就可以达到稳定状态。

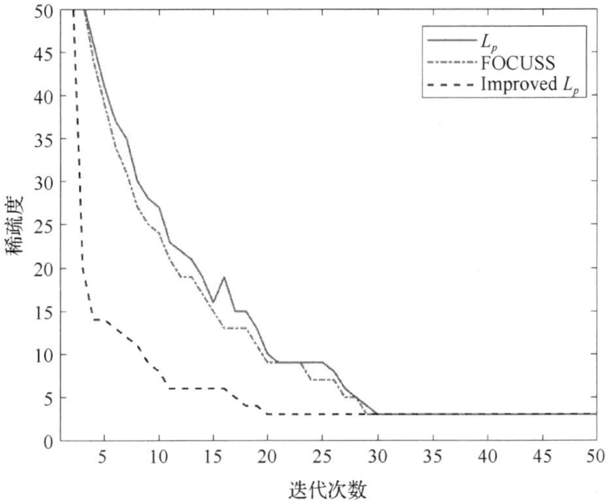

图 6.2.3 L_p 类算法收敛情况比较

实验二：基于 L_p 范数算法估计精度分析

仿真条件：假设空间远场存在两个不相关等功率辐射源，入射方向以 $\theta_1=0°$ 、$\theta_2=10°$ 为中心呈均匀的方式随机变化，变化范围在$1°$ 之内；使用阵元间距为半波长的 10 阵元均匀线阵接收信号；噪声为零均值复高斯白噪声；进行多次独立的蒙特卡洛实验。改进平滑 L_p 范数算法参数自动调节，FOCUSS 算法采用固定值 $p=0.8$ ， L_1 范数算法采用正则参数 $\lambda=1$，各算法网格大小为$0.5°$ 。

图 6.2.4 给出了单快拍情况下各算法 DOA 估计的统计精度。与基于 L_1 范数的重构算法相同，L_p 范数重构算法在较高信噪比情况下，可以较为准确地估计出多个目标的波达方向，这是稀疏重构类算法相对传统子空间算法具有的优势。在单快拍情况下，几种稀疏重构算法的测向精度较为接近；在多快拍情况下，改进平滑 L_p 算法的 DOA 性能略低于 MUSIC、L_1-SVD 算法，如图 6.2.5 所示。这是因为改进平滑 L_p 算法采用了牛顿法进行迭代计算，其估计精度在阵元数低，网格较细时，性能恶化比较快。如果增大阵元数，其误差曲线将基本等同于 L_1-SVD 算法。

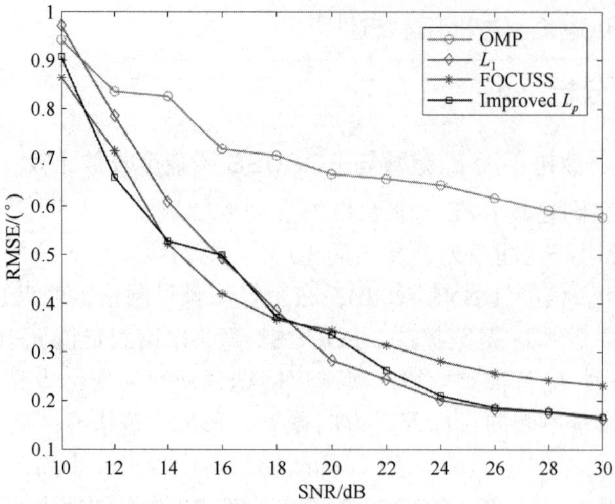

图 6.2.4　RMSE 随 SNR 变化关系（单快拍）

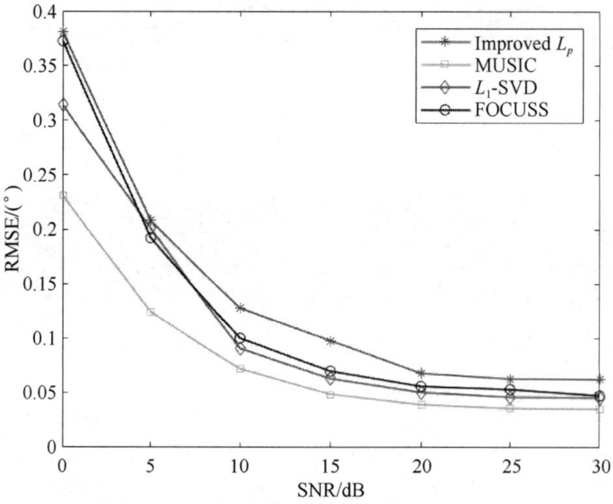

图 6.2.5　RMSE 随 SNR 变化关系（快拍数 L=100）

实验三：基于 L_p 范数 DOA 估计算法的分辨力性能

仿真条件：假定空域中存在两个等功率的信号，其中一个入射方向为$\theta_1 = 0°$，另一个入射方向为$\Delta\theta$；使用阵元间距为半波长的 12 阵元均匀线阵接收信号，采样快拍数 L=100；噪声为零均值复高斯均匀白噪声，信噪比 SNR=10dB；每种情况进行多次独立的蒙特卡洛实验。改进平滑 L_p 范数算法参数自动调节，FOCUSS 算法中参数 $p = 0.8$、$\lambda = 1$，L_1-SVD 算法参数 $\lambda = 1$。各算法网格大小为$0.1°$。

图 6.2.6 给出了多快拍情况下各算法对两个邻近不相关目标的分辨力。从图中可以看出，基于 L_p 范数的稀疏重构 DOA 估计算法在邻近目标分辨力方面略有优势。这一结果符合前文关于稀疏信号重构的论述：当 $p<1$时，L_p 范数约束优化问题相对于 L_1 范数约束优化问题可以获得更为优质的稀疏解。与 FOCUSS 算法相比，改进平滑 L_p 算法分辨力略高，其主要原因是 FOCUSS 算法是采用加权 L_2 范数来模拟 L_p 范数的，如果参数 p 太小，则会导致算法不稳定；如果 p 较大，则迭代过程中难以将邻近信号产生的宽谱峰分割成两个窄谱峰。而改进

平滑 L_p 范数算法由于直接采用自适应的 L_p 范数进行计算，不会受到这种限制，甚至可以逐渐减小 p 的值来取得更为稀疏的解，用于分离相隔过近的信号。L_1-SVD 算法是 L_1 范数优化问题，理论上分辨力弱于 L_p 范数优化。MUSIC 算法这类传统 DOA 估计算法在分辨空间角度邻近信源上并无优势，当信源角度过近时，只能通过增加阵元数的方式来提高分辨力。

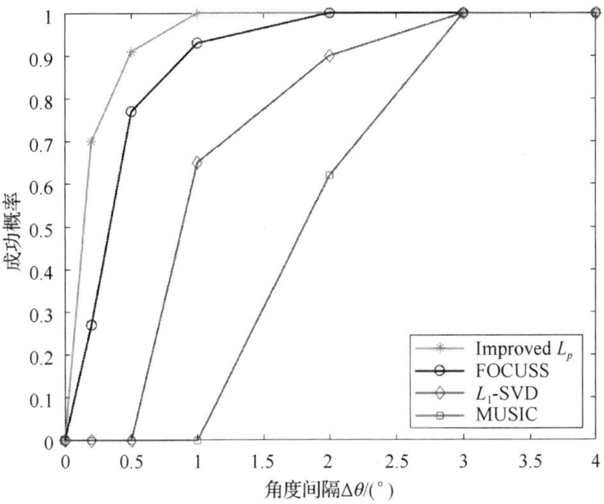

图 6.2.6　基于 L_p 范数算法的分辨力（信号非相关，$\left|\hat{\theta}_k-\theta_k\right|\leqslant 0.5^\circ$，$k=1,2$）

图 6.2.7 给出多快拍情况下各算法对两个邻近相干目标的分辨力，要求估计出两个信号且每个信号估计误差小于1°。改进平滑 L_p 范数方法在处理相干信号依然略有优势，但并不明显。由图 6.2.7 可知，这类基于 $L_p(p\leqslant 1)$ 范数约束的重构算法对相干入射信号都有很好的分辨能力。其原因可以解释为，该类算法利用信号联合稀疏性，直接对接收数据进行运算，迭代过程中主要是根据数据找到合适的导向矢量，仅用到信号自身的能量信息，信号相干与否影响相对较小。而信号相干一般是影响到使用阵列接收数据二阶矩的算法，因为信号相干导致二阶矩的秩亏，从而影响到最终的估计效果。

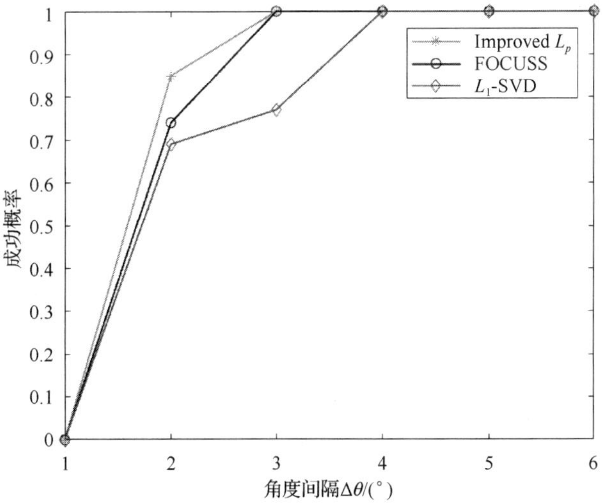

图 6.2.7　基于 L_p 范数算法的分辨力（信号相干，$\left|\hat{\theta}_k-\theta_k\right|\leqslant 1^\circ$，$k=1,2$）

6.3 本章小结

FOUCSS 算法通过求解加权二次最优问题来获得稀疏解，虽然该类算法不一定能收敛到全局收敛解，但是，在快拍数较多且初值较好的情况下，可以获得比较满意的 DOA 估计结果。其最大优势在于计算简单，经过数十次迭代就能获得一个较好的稀疏解。平滑 L_p 范数算法通过牛顿法进行非凸优化问题的求解，从而获得稀疏解，在快拍数较多且初值较好的情况下同样可以得到满意的 DOA 估计结果。相对于 FOCUSS 算法，平滑 L_p 直接进行 L_p 范数优化，可以通过调节 p 的值达到更高分辨力（理论上，p 越小，分辨高相关性原子的能力越强，即分辨空间邻近信源的能力越强）。然而，有得必有失，平滑 L_p 稳定性相对于 FOCUSS 算法更差一些，并且牛顿法求解的计算量大于（迭代）加权最小二乘法。

附录 6.A　关于式（6.1.29）的推导

证明： $E_p(\boldsymbol{x}_2)-E_p(\boldsymbol{x}_1)\leqslant\dfrac{p}{2}(\boldsymbol{x}_2^{\mathrm{T}}\boldsymbol{\Pi}(\boldsymbol{x}_1)\boldsymbol{x}_2^{\mathrm{T}}-\boldsymbol{x}_1^{\mathrm{T}}\boldsymbol{\Pi}(\boldsymbol{x}_1)\boldsymbol{x}_1),\ 0<p<1$

假设有标量函数 $f(y)=|y|^{p/2}$，$y\geqslant 0,\ 0<p<1$。因为 $f(y)$ 是凹函数，有

$$f(y_1)-f(y_2)\leqslant\nabla f(y_1)(y_2-y_1)$$

所以，

$$|y_1|^{p/2}-|y_2|^{p/2}\leqslant\frac{p}{2}|y_1|^{(p/2)-2}y_1(y_2-y_1)$$

令 $y_2=z^2$，$y_1=w^2$，有

$$|w|^p-|z|^p\leqslant\frac{p}{2}|w|^{p-2}(z^2-w^2)$$

由式（6.1.5）可知，$E_p(\boldsymbol{x})=\sum\limits_{n=1}^{N}|\boldsymbol{x}(n)|^p$，可得

$$\begin{aligned}E_p(\boldsymbol{x}_2)-E_p(\boldsymbol{x}_1)&\leqslant\sum_{n=1}^{N}\frac{p}{2}|\boldsymbol{x}_1(n)|^{p-2}\left(|\boldsymbol{x}_2(n)|^2-|\boldsymbol{x}_1(n)|^2\right)\\&=\frac{p}{2}(\boldsymbol{x}_2^{\mathrm{T}}\boldsymbol{\Pi}(\boldsymbol{x}_1)\boldsymbol{x}_2^{\mathrm{T}}-\boldsymbol{x}_1^{\mathrm{T}}\boldsymbol{\Pi}(\boldsymbol{x}_1)\boldsymbol{x}_1)\end{aligned}$$

其中，$\boldsymbol{\Pi}(\boldsymbol{x})=\mathrm{diag}\left(|\boldsymbol{x}(n)|^{p-2}\right)$。

本章参考文献

[1] Gorodnitsky I F, Rao B D. Sparse signal reconstruction from limited data using FOCUSS: A re-weighted minimum norm algorithm [J]. IEEE Transactions on Signal Processing, 1997, 45(3): 600-616.

[2] Rao B D, Kreutz-Delgado K. An affine scaling methodology for best basis selection [J]. IEEE Transactions on Signal Processing, 1999, 47(1): 187-200.

[3] Engan K, Rao B D, Kreutz-Delgado K. Regularized FOCUSS for subset selection in noise [C]. in Proceeding of the Nordic Signal Processing Symposium, 2000: 247-250.

[4] Rao B D, Engan K, Cotter S F, et al. Subset selection in noise based on diversity measure minimization [J]. IEEE Transactions on Signal Processing, 2003, 51(3): 760-770.

[5] Bauer F, Lukas M A. Comparing parameter choice methods for regularization of ill-posed problems [J]. Mathematics & Computers in Simulation, 2011, 81(9): 1795-1841.

[6] Hansen P C. Analysis of Discrete Ill-Posed Problems by Means of the *L*-Curve[J]. Siam Review, 1992, 34(4): 561-580.

[7] Hansen P C. The *L*-curve and its use in the numerical treatment of inverse problems [M]. Southampton: WIT Press, 2001.

[8] Cotter S F, Rao B D, Engan K, et al. Sparse solutions to linear inverse problems with multiple measurement vectors[J]. IEEE Transactions on Signal Processing, 2005, 53(7): 2477- 2488.

[9] 殷璠. 压缩传感理论方法分析[D]. 杭州：浙江大学，2012.

[10] Foucart S, Lai M J. Sparsest solutions of underdetermined linear systems via ℓq-minimization for $0<q\leqslant 1$ [J]. Applied and Computational Harmonic Analysis, 2009, 26(3): 395-407

[11] Malioutov D M, A Sparse Signal Reconstruction Perspective for Source Localization with Sensor Arrays[D], Massachusetts Institute of Technology, July 2003.

[12] Chong E, Zak S H. An Introduction to Optimization, 4th Edition[M], New York, NY: John Wiley & Sons, 2013.

[13] Liu L, Rao Z. An adaptive lp norm minimization algorithm for direction of arrival estimation [J]. Remote Sensing, 2022, 14(3): 766.

第 7 章　基于稀疏贝叶斯学习的 DOA 估计

从入射信号的空域稀疏性角度实现超分辨 DOA 估计是可行的。使用基于 $L_p(0 \leqslant p \leqslant 1)$ 范数约束方法来实现稀疏化，在 DOA 估计中面临的问题之一是过完备字典中的原子相关性多变。这给稀疏重构带来一定的困难，尤其是强相关性原子重构，更具有挑战性。在稀疏重构算法中，稀疏贝叶斯学习（Sparse Bayesian Learning，SBL）类算法相对于 L_p 范数约束类算法具有一定的优势。尤其是在原子间存在强相关性时，SBL 具有良好的重构性能，这使得 SBL 类算法非常适用于空间谱估计问题[1-4]。与前述基于 L_1 范数约束算法相比，SBL 计算效率较高且能够保证更好的全局收敛。SBL 被证明与 L_0 范数具有相同的全局收敛性，当字典的列与列相关性很强时，L_1 范数约束类算法的性能可能变差，相比之下，SBL 类算法仍具有良好的性能[5][6]。

本章内容安排如下。首先介绍基本贝叶斯估计理论、基于贝叶斯的最大后验概率估计和稀疏贝叶斯学习理论，从贝叶斯估计角度解释稀疏重构优化问题。然后详细介绍基于相关矢量机的稀疏贝叶斯估计模型，并给出此模型下 DOA 重构算法的理论框架及其中相关理论的推演证明。接下来进一步研究基于离网（off-grid）的两种稀疏贝叶斯学习 DOA 估计算法。其中，离网稀疏贝叶斯推断（Off-Grid Sparse Bayesian Inference，OGSBI）算法通过一阶泰勒展开构建离网字典库，在新稀疏模型结构下，实现了入射网格和偏置联合估计来改善 DOA 估计精度；求根离网稀疏贝叶斯学习算法，基于均匀线阵性质通过求解特定多项式的根，实现了动态网格划分来解决网格模型与入射信号角度失配问题。

7.1　贝叶斯估计与稀疏优化

贝叶斯估计是一种利用贝叶斯定理，结合数据及先验概率得到新概率的方法。通过指定估计参数的概率分布密度得到估计量，可以认为是“平均”意义下的最佳估计，或者可以认为是在先验概率分布密度已知情况下的最佳估计。本节首先简要介绍贝叶斯估计理论，然后引入贝叶斯学习思想解决稀疏优化问题。在已知待估计参数具有稀疏性的前提下，将待估计参数设计为具有稀疏性质的先验分布，该分布的部分超参数通过数据和贝叶斯估计进行“学习”，最后得到确定的参数分布情况以及符合该分布的估计量。

7.1.1　贝叶斯理论

贝叶斯理论是贝叶斯学习思想至关重要的理论基础。贝叶斯理论对统计推断、统计决策以及统计估算等领域具有重大意义。贝叶斯理论的核心是贝叶斯定理，其数学表达式如下：

$$p(A|B) = \frac{p(A,B)}{p(B)} \tag{7.1.1}$$

令 y 为随机观测变量，θ 为未知待估计参数。假设 y 的先验概率分布密度函数为 $p(y)$，未知参数 θ 被看作符合某种先验分布 $p(\theta)$ 的随机变量。根据贝叶斯定理，有

$$p(\theta|y)=\frac{p(y,\theta)}{p(y)}=\frac{p(y|\theta)p(\theta)}{\int p(y|\theta)p(\theta)\mathrm{d}\theta} \tag{7.1.2}$$

由式（7.1.2）可以看出，贝叶斯估计实质是通过观察样本信息 $p(y|\theta)$，将先验概率密度 $p(\theta)$ 通过贝叶斯定理转化为后验概率密度 $p(\theta|y)$ 的过程[7]。图 7.1.1 给出了贝叶斯估计原理的示意图。

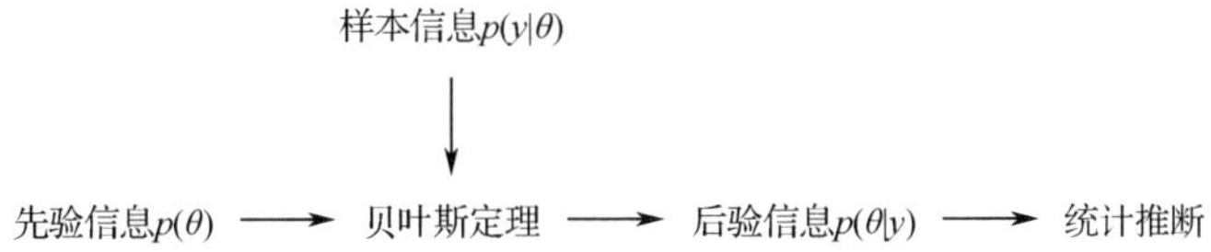

图 7.1.1　贝叶斯估计原理

对于连续采样的随机观测变量，式（7.1.2）可以写为

$$\begin{aligned}p(\theta|y_1,y_2,\cdots,y_L)&=\frac{p(y_1,y_2,\cdots,y_L,\theta)}{p(y_1,y_2,\cdots,y_L)}\\&=\frac{p(y_1,y_2,\cdots,y_L|\theta)p(\theta)}{\int p(y_1,y_2,\cdots,y_L|\theta)p(\theta)\mathrm{d}\theta}\end{aligned} \tag{7.1.3}$$

式中，$p(y_1,y_2,\cdots,y_L|\theta)$ 表示连续随机观测样本 $\boldsymbol{y}=\{y_1,y_2,\cdots,y_L\}$ 关于参数 θ 的条件概率密度。

下面简要介绍一下贝叶斯估计方法[7][8]。由上述的贝叶斯定理可知，贝叶斯估计的主要问题就是使待估计参数的后验概率密度 $p(\theta|y_1,y_2,\cdots,y_L)$ 尽量接近先验概率密度 $p(\theta)$。为了度量两者的相近程度，使用代价函数 $l(\theta,\hat{\theta})$ 的均值 $\mathbb{E}\,[l(\theta,\hat{\theta})]$ 来度量参数估计的性能，常将 $\mathbb{E}\,[l(\theta,\hat{\theta})]$ 称为贝叶斯风险函数 $\mathcal{R}(\theta,\hat{\theta})$：

$$\begin{aligned}\mathcal{R}(\theta,\hat{\theta})=\mathbb{E}\,[l(\theta,\hat{\theta})]&=\int\int l(\theta,\hat{\theta})p(y,\theta)\mathrm{d}y\mathrm{d}\theta\\&=\int\left(\int l(\theta,\hat{\theta})p(\theta|y)\mathrm{d}\theta\right)p(y)\mathrm{d}y\end{aligned} \tag{7.1.4}$$

代价函数 $l(\theta,\hat{\theta})$ 一般是以估计误差 $e=\theta-\hat{\theta}$ 为变量的函数，常用的代价函数有以下三种。

（a）二次型误差函数：$l(e)=e^2$

（b）绝对误差函数：$l(e)=|e|$

（c）“成功-失败”误差函数：$l(e)=\begin{cases}0, & |e|<\delta\\1, & |e|>\delta\end{cases}$

对应上述三种代价函数，通过式（7.1.4）可以得到使贝叶斯风险 $\mathcal{R}(\theta,\hat{\theta})$ 最小的估计量 $\hat{\theta}$ 分别为后验概率密度函数 $p(\theta|y)$ 的均值、中值和众数[3]：

（a）$\hat{\theta}=\int\theta p(\theta|y)\mathrm{d}\theta=\mathbb{E}(\theta|y)$

（b）$\int_{-\infty}^{\hat{\theta}}p(\theta|y)\mathrm{d}\theta=\int_{\hat{\theta}}^{+\infty}p(\theta|y)\mathrm{d}\theta$

（c）$\hat{\theta}=\arg\max\limits_{\theta}p(\theta|y)$

其中，后验概率密度函数的众数也称为最大后验估计量。以后验分布的均值 $\mathbb{E}(\theta|y)$ 作为贝叶斯估计量为例，贝叶斯参数估计一般过程归纳为

① 将待估计参数 θ 看作概率密度函数为 $p(\theta)$ 随机变量；

② 根据数据样本集 $\boldsymbol{y}=(y_1,y_2,\cdots,y_L)$，确定似然函数的分布 $p(\boldsymbol{y}|\theta)$；

③ 根据贝叶斯公式，使用先验分布 $p(\theta)$ 和似然函数 $p(\boldsymbol{y}|\theta)$ 求解出待估计参数的后验概率密度函数 $p(\theta|\boldsymbol{y})=\dfrac{p(\boldsymbol{y}|\theta)p(\theta)}{p(\boldsymbol{y})}$；

④ 计算后验分布 $p(\theta|\boldsymbol{y})$ 的均值 $\mathbb{E}(\theta\mid\boldsymbol{y})=\int\theta p(\theta\mid\boldsymbol{y})\mathrm{d}\theta$ 作为 θ 估计值。

在贝叶斯理论体系中，先验分布 $p(\theta)$ 往往映射试验前对总体参数分布的一个认知，在获得试验观测数据后，人们对先验认识可能产生改变，其结果就体现在后验分布中，这说明贝叶斯推断本质上是根据试验获得的信息修正以前的认知。贝叶斯统计方法与经典的频率统计方法最大的不同是，它全面利用了样本数据和参数的先验信息，其估计量具有更小的方差，因而预测结果更精确。

7.1.2 稀疏贝叶斯学习

将稀疏重构表示成基于 L_0 范数正则化的最小化问题：

$$\hat{\tilde{\boldsymbol{s}}}=\arg\min_{\tilde{\boldsymbol{s}}}\|\boldsymbol{y}-\boldsymbol{A}\tilde{\boldsymbol{s}}\|_2^2+\lambda\|\tilde{\boldsymbol{s}}\|_0 \tag{7.1.5}$$

从理论上分析，可以使用指数变换将式（7.1.5）改写成贝叶斯形式[8][9]。假设有方差为 λ 的高斯似然函数

$$p(\boldsymbol{y}|\tilde{\boldsymbol{s}})\propto\exp\left\{-\frac{1}{\lambda}\|\boldsymbol{y}-\boldsymbol{A}\tilde{\boldsymbol{s}}\|_2^2\right\} \tag{7.1.6}$$

稀疏矢量 $\tilde{\boldsymbol{s}}$ 的先验分布为

$$p(\tilde{\boldsymbol{s}})\propto\exp\left\{-\|\tilde{\boldsymbol{s}}\|_0\right\} \tag{7.1.7}$$

由贝叶斯定理

$$p(\tilde{\boldsymbol{s}}|\boldsymbol{y})=\frac{p(\tilde{\boldsymbol{s}},\boldsymbol{y})}{p(\boldsymbol{y})}=\frac{p(\boldsymbol{y}|\tilde{\boldsymbol{s}})p(\tilde{\boldsymbol{s}})}{p(\boldsymbol{y})} \tag{7.1.8}$$

所以 $\tilde{\boldsymbol{s}}$ 的最大后验概率估计为

$$\begin{aligned}\hat{\tilde{\boldsymbol{s}}}&=\arg\max_{\tilde{\boldsymbol{s}}}p(\tilde{\boldsymbol{s}}|\boldsymbol{y})=\arg\max_{\tilde{\boldsymbol{s}}}p(\boldsymbol{y}|\tilde{\boldsymbol{s}})p(\tilde{\boldsymbol{s}})\\&=\arg\max_{\tilde{\boldsymbol{s}}}\left\{\ln p(\boldsymbol{y}|\tilde{\boldsymbol{s}})+\ln p(\tilde{\boldsymbol{s}})\right\}\\&=\arg\min_{\tilde{\boldsymbol{s}}}\left\{-\ln p(\boldsymbol{y}|\tilde{\boldsymbol{s}})-\ln p(\tilde{\boldsymbol{s}})\right\}\\&=\arg\min_{\tilde{\boldsymbol{s}}}\left(\|\boldsymbol{y}-\boldsymbol{A}\tilde{\boldsymbol{s}}\|_2^2+\lambda\|\tilde{\boldsymbol{s}}\|_0\right)\end{aligned} \tag{7.1.9}$$

从以上分析可知，式（7.1.5）的稀疏重构问题可以视为一个贝叶斯过程，即最大后验概率估计问题。常见的稀疏优化问题均可以利用贝叶斯参数估计来统一表示，对先验概率 $p(\tilde{\boldsymbol{s}})$ 作不同的假设将产生不同的约束效果。

如果采用固定先验分布 $p(\tilde{\boldsymbol{s}})$ 来搜索隐含的后验分布，则可能产生两个问题：

（1）选择一个中等稀疏的先验分布，则后验结果和模型搜索将被大大简化，但最终结果未必足够稀疏。

（2）如果一个足够稀疏的先验分布被选择，则局部最优解的组合数将增加，而且求解复杂度将大大增加。

所以可以采用稀疏贝叶斯学习思想，构造灵活的参数化先验分布，而其中超参数将从观测数据中“学习”得到。

贝叶斯学习与贝叶斯估计类似，但有所差别。相似之处在于，贝叶斯学习与贝叶斯估计都是先将待估计参数 θ 看成符合某种先验分布的随机变量，然后根据样本信息和待估计参数 θ 的先验分布，利用贝叶斯公式推出待估计参数的后验分布 $p(\theta|y)$。差异在于，贝叶斯学习中的先验分布 $p(\theta)$ 有未知超参数，在计算得到 $p(\theta|y)$ 后并不能得到待估计参数 θ 的最终结果；利用参数 θ 的当前估计值对其先验分布进行更新；重复更新直至待估计参数 θ 收敛或其先验分布中超参数确定，才能得到最终的估计值。贝叶斯学习的优点在于更具灵活性，在贝叶斯学习框架下，不同的先验概率假设会产生不同的约束结果，因此有效学习的关键是进行合理的检验假设。针对不同数据模型，可以通过学习分析数据特征，选择适用于该类数据的先验分布参数[8]。

7.2　基于 RVM 贝叶斯学习的 DOA 估计

稀疏贝叶斯学习算法是一种从贝叶斯分析角度求解稀疏重构问题的算法[13]。合理的先验假设是贝叶斯方法进行有效学习的关键。利用相关矢量机（Relevance Vector Machine，RVM）理论完成稀疏信号重构的算法是 2001 年 Tipping 等人从共轭先验理论作为出发点提出的[10]。RVM 贝叶斯学习算法假设原始矢量中的每个元素均服从高斯先验分布，先验分布中的超参数服从伽马分布；采用层次先验模型来促进稀疏性，不但能够准确估计信号和噪声，还能够避开拉普拉斯先验带来的计算难度。

7.2.1　单快拍稀疏贝叶斯 DOA 估计

本节针对单快拍情况，详细论述了稀疏贝叶斯 DOA 估计算法的推导过程。希望读者可以深刻理解贝叶斯学习思想如何实现解的稀疏诱导。

1. 稀疏贝叶斯框架下信号模型

如第 6 章所述，首先将整个空域等间隔划分成 $(N-1)$ 份，从而得到离散的角度矢量 $\boldsymbol{\Omega}=[\tilde{\theta}_1,\tilde{\theta}_2,\cdots,\tilde{\theta}_N]$，$M$ 维线阵接收数据的稀疏表示模型为

$$\boldsymbol{y}(t)=\boldsymbol{A}(\boldsymbol{\Omega})\tilde{\boldsymbol{s}}(t)+\boldsymbol{e}(t) \tag{7.2.1}$$

式中，假设加性高斯白噪声 $\boldsymbol{e}(t)$ 服从均值为 0、方差为 σ_0 的复高斯分布 $\mathcal{CN}(0,\sigma_0)$。不难发现，接收数据 $\boldsymbol{y}(t)$ 也服从复高斯分布，其均值和方差分别为 $\boldsymbol{A}(\Omega)\tilde{\boldsymbol{s}}(t)$ 和 σ_0，省略参数 $\boldsymbol{\Omega}$ 和 t，由式（7.2.1）可得

$$\begin{aligned}p(\boldsymbol{y}|\tilde{\boldsymbol{s}},\sigma_0)&=\mathcal{CN}(\boldsymbol{y}\mid\boldsymbol{A}\tilde{\boldsymbol{s}},\sigma_0\boldsymbol{I})\\&=(\pi\sigma_0)^{-M}\exp\left\{-\frac{1}{\sigma_0}\|\boldsymbol{y}-\boldsymbol{A}\tilde{\boldsymbol{s}}\|_2^2\right\}\end{aligned} \tag{7.2.2}$$

在以上分析中，已经将关于 $\tilde{\boldsymbol{s}}$ 的估计问题转为带有一定先验条件的回归问题，目标是对稀疏参数 $\tilde{\boldsymbol{s}}$ 和噪声参数 σ_0 进行最大后验估计。为避免观测样本个数大于模型中参数个数可能导致的过匹配问题，需要对参数进行一定的约束。已知信号 $\tilde{\boldsymbol{s}}$ 具有空域稀疏性，在贝叶斯框架下认为它具有一定的先验概率分布密度 $p(\tilde{\boldsymbol{s}})$，并希望该概率密度可以有效刻画 $\tilde{\boldsymbol{s}}$ 的稀疏性。因此，需要概率密度 $p(\tilde{\boldsymbol{s}})$ 在 $\tilde{\boldsymbol{s}}=\boldsymbol{0}$ 处呈现高尖峰（$\tilde{\boldsymbol{s}}=\boldsymbol{0}$ 附近呈现高概率），且在 $\tilde{\boldsymbol{s}}\neq\boldsymbol{0}$ 处有较重的拖尾（$\tilde{\boldsymbol{s}}\neq\boldsymbol{0}$ 呈现低概率）。概率密度 $p(\tilde{\boldsymbol{s}})$ 较重的拖尾可以解释为允许 $\tilde{\boldsymbol{s}}$ 有少量元素与 0 差异较大。满足上述性质的先验概率函数称为稀疏诱导分布函数。常用的稀疏诱导分布函数有拉普拉斯分布、高斯正态分布和 Students-t 分布等，如图 7.2.1 所示。

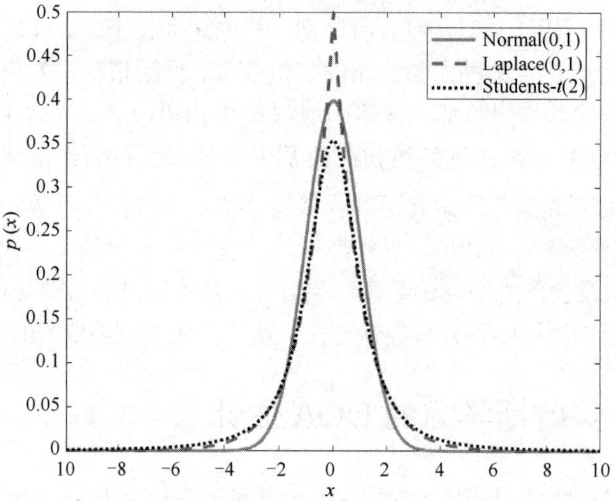

图 7.2.1 几种常用的稀疏诱导分布函数

相比于高斯正态分布和 Students-t 分布，服从拉普拉斯分布的信号可以更好地满足稀疏性条件。使用拉普拉斯分布诱导稀疏可能使重构算法获得更好的稀疏结果，但拉普拉斯先验分布不是高斯似然函数式（7.2.2）的共轭先验[11]，通过贝叶斯推导不能得到闭合表达式。引入相关矢量机理论，在相关矢量机模型中，指定稀疏信号 $\tilde{\boldsymbol{s}}$ 矢量每个元素都是均值为 0 的高斯先验分布，其概率密度函数如下：

$$\begin{aligned}p(\tilde{\boldsymbol{s}}\,|\,\boldsymbol{\alpha}) &= \prod_{n=1}^{N}\mathcal{CN}(\tilde{s}_n\,|\,0,\alpha_n^{-1}) \\ &= \pi^{-N}\,|\boldsymbol{\Lambda}|\exp\{-\tilde{\boldsymbol{s}}^{\mathrm{H}}\boldsymbol{\Lambda}\tilde{\boldsymbol{s}}\}\end{aligned} \tag{7.2.3}$$

式中，$\boldsymbol{\Lambda}=\mathrm{diag}(\boldsymbol{\alpha})$, $\boldsymbol{\alpha}=[\alpha_1,\alpha_2,\cdots,\alpha_N]^{\mathrm{T}}$ 表示稀疏信号的超参数矢量，α_n^{-1} 表示 $\tilde{\boldsymbol{s}}$ 第 n 个元素 $\tilde{s}_n$ 的方差。为了和信号矢量 $\tilde{\boldsymbol{s}}$ 参数形式上保持一致，假定噪声方差的超参数为 $\alpha_0^{-1}=\sigma_0$ 。

由于伽马（Gamma）分布是高斯分布的共轭先验，且伽马分布中包含均匀分布的极限情况，因此假定超参数 $\boldsymbol{\alpha}$ 服从参数为 a 、b 的伽马先验分布；同样假定 α_0 符合参数为 c 、d 的伽马先验分布：

$$p(\boldsymbol{\alpha}) = \prod_{n=1}^{N}\mathrm{Gamma}(\alpha_n|a,b) \tag{7.2.4a}$$

$$p(\alpha_0) = \mathrm{Gamma}(\alpha_0|c,d) \tag{7.2.4b}$$

式中，

$$\begin{aligned}&\mathrm{Gamma}(\alpha|a,b)=\Gamma(a)^{-1}b^{a}\alpha^{a-1}\mathrm{e}^{-b\alpha} \\ &\Gamma(a)=\int_0^{\infty}t^{a-1}\mathrm{e}^{-t}\mathrm{d}t\end{aligned} \tag{7.2.4c}$$

对联合分布密度函数 $p(\tilde{\boldsymbol{s}},\boldsymbol{\alpha}\,|\,a,b)$ 的超参数 $\boldsymbol{\alpha}$ 进行积分：

$$p(\tilde{\boldsymbol{s}}\,|\,a,b)=\int_0^{\infty}p(\tilde{\boldsymbol{s}},\boldsymbol{\alpha}\,|\,a,b)\,\mathrm{d}\boldsymbol{\alpha}=\int_0^{\infty}p(\tilde{\boldsymbol{s}}\,|\,\boldsymbol{\alpha})\,p(\boldsymbol{\alpha}\,|\,a,b)\,\mathrm{d}\boldsymbol{\alpha} \tag{7.2.5}$$

将式（7.2.3）与式（7.2.4a）代入上式，可得 $\tilde{\boldsymbol{s}}$ 的概率密度函数：

$$p(\tilde{\boldsymbol{s}}\,|\,a,b)=\prod_{n=1}^{N}\int_0^{\infty}\mathcal{CN}(\tilde{s}_n\,|\,0,\alpha_n^{-1})\,\mathrm{Gamma}(\alpha_n\,|\,a,b)\,\mathrm{d}\alpha_n \tag{7.2.6}$$

上式结果服从 Students-t 分布。当 a 和 b 取值合适时，该分布在 $\tilde{\boldsymbol{s}}=\boldsymbol{0}$ 值位置将具有尖锐的峰

值，这样就保证了信号矢量 $\tilde{\boldsymbol{s}}$ 大部分元素为 0 值，即实现了稀疏先验。满足了信号 $\tilde{\boldsymbol{s}}$ 稀疏这一条件，充分证明对稀疏矢量 $\tilde{\boldsymbol{s}}$ 指定上述的分层先验是可行的，这种将信号和噪声分层赋予先验分布的方式即为相关矢量机模型，具体分层假设模型如图 7.2.2 所示，其中，y_m 为接收数据矢量的第 m 个元素。

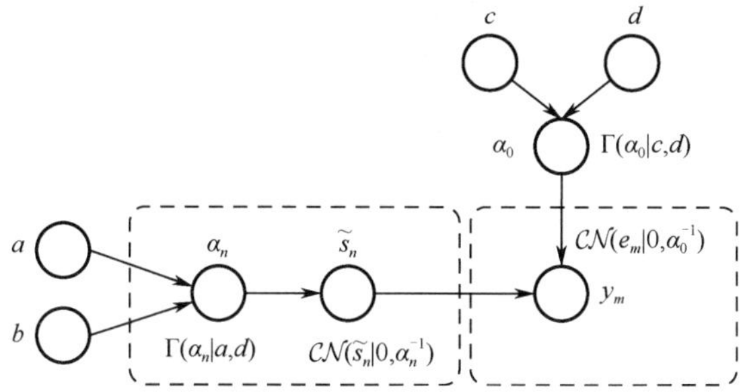

图 7.2.2　RVM 分层假设模型

2. 贝叶斯推断

为了得到稀疏矢量 $\tilde{\boldsymbol{s}}$ 的最大后验估计，将后验概率分布 $p(\tilde{\boldsymbol{s}},\boldsymbol{\alpha},\alpha_0\,|\,\boldsymbol{y})$ 分解成两部分：

$$p(\tilde{\boldsymbol{s}},\boldsymbol{\alpha},\alpha_0\,|\,\boldsymbol{y})=p(\tilde{\boldsymbol{s}}\,|\,\boldsymbol{y},\boldsymbol{\alpha},\alpha_0)p(\boldsymbol{\alpha},\alpha_0\,|\,\boldsymbol{y}) \tag{7.2.7}$$

首先考虑式（7.2.7）等号右侧第一部分，根据贝叶斯公式，待估计参数 $\tilde{\boldsymbol{s}}$ 的后验概率密度函数：

$$\begin{aligned}p(\tilde{\boldsymbol{s}}\,|\,\boldsymbol{y},\boldsymbol{\alpha},\alpha_0)&=\frac{p(\tilde{\boldsymbol{s}},\boldsymbol{y},\boldsymbol{\alpha},\alpha_0)}{p(\boldsymbol{y},\boldsymbol{\alpha},\alpha_0)}\\&=\frac{p(\boldsymbol{y}\,|\,\tilde{\boldsymbol{s}},\alpha_0)p(\tilde{\boldsymbol{s}}\,|\,\boldsymbol{\alpha})p(\boldsymbol{\alpha},\alpha_0)}{p(\boldsymbol{y}\,|\,\boldsymbol{\alpha},\alpha_0)p(\boldsymbol{\alpha},\alpha_0)}\\&=\frac{p(\boldsymbol{y}\,|\,\tilde{\boldsymbol{s}},\alpha_0)p(\tilde{\boldsymbol{s}}\,|\,\boldsymbol{\alpha})}{p(\boldsymbol{y}\,|\,\boldsymbol{\alpha},\alpha_0)}\\&=\frac{p(\boldsymbol{y}\,|\,\tilde{\boldsymbol{s}},\alpha_0)p(\tilde{\boldsymbol{s}}\,|\,\boldsymbol{\alpha})}{\int p(\boldsymbol{y}\,|\,\tilde{\boldsymbol{s}},\alpha_0)p(\tilde{\boldsymbol{s}}\,|\,\boldsymbol{\alpha})\mathrm{d}\tilde{\boldsymbol{s}}}\end{aligned} \tag{7.2.8}$$

由式（7.2.2）与式（7.2.3）可知，式（7.2.8）等号右侧 $p(\boldsymbol{y}\,|\,\tilde{\boldsymbol{s}},\alpha_0)$ 与 $p(\tilde{\boldsymbol{s}}\,|\,\boldsymbol{\alpha})$ 均为已知的高斯分布，可以得到 $p(\tilde{\boldsymbol{s}}\,|\,\boldsymbol{y},\boldsymbol{\alpha},\alpha_0)$ 的概率密度函数也是高斯分布：

$$p(\tilde{\boldsymbol{s}}\,|\,\boldsymbol{y},\boldsymbol{\alpha},\alpha_0)=\pi^{-N}\left|\boldsymbol{\Sigma}\right|^{-1}\exp\{-(\tilde{\boldsymbol{s}}-\boldsymbol{\mu})^{\mathrm{H}}\boldsymbol{\Sigma}^{-1}(\tilde{\boldsymbol{s}}-\boldsymbol{\mu})\} \tag{7.2.9}$$

式中，$\boldsymbol{\mu}$ 和 $\boldsymbol{\Sigma}$ 分别表示后验概率密度函数的均值和方差，具体表达式如下：

$$\boldsymbol{\mu}=\alpha_0\boldsymbol{\Sigma}\boldsymbol{A}^{\mathrm{H}}\boldsymbol{y}=\boldsymbol{\Lambda}^{-1}\boldsymbol{A}^{\mathrm{H}}\boldsymbol{C}^{-1}\boldsymbol{y} \tag{7.2.10a}$$

$$\boldsymbol{\Sigma}=(\alpha_0\boldsymbol{A}^{\mathrm{H}}\boldsymbol{A}+\boldsymbol{\Lambda})^{-1}=\boldsymbol{\Lambda}^{-1}-\boldsymbol{\Lambda}^{-1}\boldsymbol{A}^{\mathrm{H}}\boldsymbol{C}^{-1}\boldsymbol{A}\boldsymbol{\Lambda}^{-1} \tag{7.2.10b}$$

式中，$\boldsymbol{C}=\sigma_0\boldsymbol{I}+\boldsymbol{A}^{\mathrm{H}}\boldsymbol{\Lambda}^{-1}\boldsymbol{A}$。式（7.2.9）的推导过程见附录 7.A 或文献[9]。基于最大后验概率准则，最终可以将 $\tilde{\boldsymbol{s}}$ 后验概率均值 $\boldsymbol{\mu}$ 作为参数 $\tilde{\boldsymbol{s}}$ 的估计，即完成稀疏矢量重构。但是，$\tilde{\boldsymbol{s}}$ 后验概率分布的均值和方差中存在未知参数 α_0 和参数 $\boldsymbol{\Lambda}=\mathrm{diag}(\boldsymbol{\alpha})$。稀疏信号 $\tilde{\boldsymbol{s}}$ 的后验均值和方差的求解问题转变为对超参数 $\boldsymbol{\alpha}$ 和 α_0 的估计问题。

3. 超参数优化与算法流程

在 RVM 框架下，可以利用 II 型最大似然估计算法[12]求解超参数 $\boldsymbol{\alpha}$ 和噪声参数 α_0。对于式（7.2.7）等号右侧第二部分 $p(\boldsymbol{\alpha},\alpha_0\,|\,\boldsymbol{y})$，有

$$p(\boldsymbol{\alpha},\alpha_0 \mid \boldsymbol{y})=\frac{p(\boldsymbol{y}\mid\boldsymbol{\alpha},\alpha_0)p(\boldsymbol{\alpha})p(\alpha_0)}{p(\boldsymbol{y})} \tag{7.2.11}$$

由上式可知，$p(\boldsymbol{\alpha},\alpha_0 \mid \boldsymbol{y}) \propto p(\boldsymbol{y}\mid\boldsymbol{\alpha},\alpha_0)p(\boldsymbol{\alpha})p(\alpha_0)$。$p(\boldsymbol{\alpha})$ 与 $p(\alpha_0)$ 满足伽马分布，利用伽马分布在极限情况下近似满足均匀分布的性质[10]，可以得到 $p(\boldsymbol{\alpha},\alpha_0 \mid \boldsymbol{y}) \propto p(\boldsymbol{y}\mid\boldsymbol{\alpha},\alpha_0)$。因此，相关矢量基"学习"过程就变成通过 $p(\boldsymbol{y}\mid\boldsymbol{\alpha},\alpha_0)$ 估计超参数 $\boldsymbol{\alpha}$ 和 α_0 的过程。由附录 7.B 的推导可知，$p(\boldsymbol{y}\mid\boldsymbol{\alpha},\alpha_0)$ 也服从高斯分布，其概率密度函数如下[9]：

$$\begin{aligned} p(\boldsymbol{y}\mid\boldsymbol{\alpha},\alpha_0) &= \int p(\boldsymbol{y}\mid\tilde{\boldsymbol{s}},\alpha_0)p(\tilde{\boldsymbol{s}}|\boldsymbol{\alpha})\mathrm{d}\tilde{\boldsymbol{s}} \\ &= \pi^{-M}\left|\alpha_0^{-1}\boldsymbol{I}+\boldsymbol{A}\boldsymbol{\Lambda}^{-1}\boldsymbol{A}^{\mathrm{H}}\right|^{-1}\exp\{-\boldsymbol{y}^{\mathrm{H}}(\alpha_0^{-1}\boldsymbol{I}+\boldsymbol{A}\boldsymbol{\Lambda}^{-1}\boldsymbol{A}^{\mathrm{H}})^{-1}\boldsymbol{y}\} \end{aligned} \tag{7.2.12}$$

对式（7.2.12）取对数，得到似然函数：

$$\begin{aligned} \mathcal{L}(\boldsymbol{\alpha},\alpha_0) &= -\ln p(\boldsymbol{y}\mid\boldsymbol{\alpha},\alpha_0) = -\ln\int p(\boldsymbol{y}\mid\boldsymbol{\alpha},\alpha_0)p(\tilde{\boldsymbol{s}}\mid\boldsymbol{\alpha})\mathrm{d}\tilde{\boldsymbol{s}} \\ &= -[M\ln\pi+\ln|\boldsymbol{C}|+\boldsymbol{y}^{\mathrm{H}}\boldsymbol{C}^{-1}\boldsymbol{y}] \end{aligned} \tag{7.2.13}$$

式中，$\boldsymbol{C}=\sigma_0\boldsymbol{I}+\boldsymbol{A}^{\mathrm{H}}\boldsymbol{\Lambda}^{-1}\boldsymbol{A}$，最大化式（7.2.13）似然函数等价于最小化下列函数：

$$\ell(\boldsymbol{\alpha},\alpha_0)=\ln|\boldsymbol{C}|+\boldsymbol{y}^{\mathrm{H}}\boldsymbol{C}^{-1}\boldsymbol{y} \tag{7.2.14}$$

对函数 $\ell(\boldsymbol{\alpha},\alpha_0)$ 分别关于参数 α_n 和 α_0 求导，并令结果导数为零，得

$$\begin{aligned} \frac{\partial\ell(\boldsymbol{\alpha},\alpha_0)}{\partial\alpha_n} &= \boldsymbol{\Sigma}_{nn}+\mu_n^2-\frac{1}{\alpha_n}=0 \\ \frac{\partial\ell(\boldsymbol{\alpha},\sigma_0)}{\partial\sigma_0} &= \frac{1}{\sigma_0}\left(\sigma^2 M-\mathrm{tr}(\boldsymbol{\Sigma}\boldsymbol{A}^{\mathrm{H}}\boldsymbol{A})-\|\boldsymbol{y}-\boldsymbol{A}\boldsymbol{\mu}\|_2^2\right)=0 \end{aligned} \tag{7.2.15}$$

式中，$\boldsymbol{\Sigma}_{nn}$ 为后验方差 $\boldsymbol{\Sigma}$ 第 n 个对角线元素；μ_n 为后验均值 $\boldsymbol{\mu}$ 的第 n 个元素，见式（7.2.10）。可以推出超参数更新规则（见附录 7.C 或文献[9]）：

$$\alpha_n^{\mathrm{new}}=\frac{1}{\boldsymbol{\Sigma}_{nn}+\mu_n^2},\ \forall n=1,2,\cdots,N \tag{7.2.16a}$$

$$\sigma_0^{\mathrm{new}}=\frac{1}{\alpha_0^{\mathrm{new}}}=\frac{\|\boldsymbol{y}-\boldsymbol{A}\boldsymbol{\mu}\|_2^2+\mathrm{tr}(\boldsymbol{\Sigma}\boldsymbol{A}^{\mathrm{H}}\boldsymbol{A})}{M} \tag{7.2.16b}$$

通过以上分析可知，求解待估计参数 $\tilde{\boldsymbol{s}}$ 的学习过程就是在 $\boldsymbol{\alpha}$、α_0、$\boldsymbol{\mu}$ 和 $\boldsymbol{\Sigma}$ 之间反复迭代的过程。当满足收敛条件时，即可得到 $\tilde{\boldsymbol{s}}$ 的后验概率均值估计 $\boldsymbol{\mu}$。关于 $\boldsymbol{\alpha}$ 和 α_0 的求解，也可以采用期望最大化（Evidence Maximization，EM）算法，得到与式（7.2.16）相同的结果，见附录 7.C。综上所述，RVM 稀疏贝叶斯学习（RVM-SBL）DOA 算法流程如算法 7.1 所示。

算法 7.1　RVM 稀疏贝叶斯学习（RVM-SBL）DOA 算法

输入：接收数据 $\boldsymbol{y}$，完备字典 $\boldsymbol{A}(\boldsymbol{\Omega})$。

初始化：初始化超参数 $\boldsymbol{\alpha}=\mathbf{1}_N$、$\alpha_0=1$、$\boldsymbol{\mu}=0$ 与 $\boldsymbol{\Sigma}=0$。

重复：

1）通过式（7.2.10a）和式（7.2.10b）分别更新 $\boldsymbol{\mu}$ 和 $\boldsymbol{\Sigma}$；

2）通过式（7.2.16a）和式（7.2.16b）更新超参数 $\boldsymbol{\alpha}$ 和 α_0。

直到达到停止条件，例如：$\|\boldsymbol{\mu}^{\mathrm{new}}-\boldsymbol{\mu}\|_2^2/\|\boldsymbol{\mu}\|_2^2 \leqslant \delta$。

输出：重构入射信号 $\tilde{\boldsymbol{s}}=\boldsymbol{\mu}$，较大值对应位置为入射信号角度估计。

7.2.2　多快拍稀疏贝叶斯 DOA 估计

多快拍情况下的 RVM 稀疏贝叶斯（M-SBL）算法与单快拍情况类似。假设阵列接收数据快拍数为 L，数据 $\boldsymbol{Y}$ 和稀疏信号矩阵 $\tilde{\boldsymbol{S}}$ 中的每一列分别表示为 $\boldsymbol{y}(t_l)$ 、$\tilde{\boldsymbol{s}}(t_l)$ 。在噪声为零均值高斯白噪声条件下，有

$$p(\boldsymbol{y}(t_l)|\tilde{\boldsymbol{s}}(t_l))=(\pi\sigma_0)^{-M}\exp\left\{-\frac{1}{\sigma_0}\|\boldsymbol{y}(t_l)-\boldsymbol{A}\tilde{\boldsymbol{s}}(t_l)\|_2^2\right\},\ l=1,2,\cdots,L \tag{7.2.17a}$$

则

$$\begin{aligned}p(\boldsymbol{Y}|\tilde{\boldsymbol{S}})&=(\pi\sigma_0)^{-ML}\exp\{-\mathrm{tr}((\boldsymbol{Y}-\boldsymbol{A}\tilde{\boldsymbol{S}})^{\mathrm{H}}\sigma_0^{-1}\boldsymbol{I}_M(\boldsymbol{Y}-\boldsymbol{A}\tilde{\boldsymbol{S}}))\}\\&=(\pi\sigma_0)^{-ML}\exp\left\{-\frac{1}{\sigma_0}\|\boldsymbol{Y}-\boldsymbol{A}\tilde{\boldsymbol{S}}\|_{\mathrm{F}}^2\right\}\end{aligned} \tag{7.2.17b}$$

假定稀疏信号矩阵 $\tilde{\boldsymbol{S}}$ 中的每一行元素都服从均值为 0、方差 α_n^{-1} 的高斯分布

$$p(\tilde{\boldsymbol{S}}(n,:)|\alpha_n)=\mathcal{CN}(0,\ \alpha_n^{-1}\boldsymbol{I}_L) \tag{7.2.18a}$$

可以写出 $\tilde{\boldsymbol{S}}$ 的分布：

$$p(\tilde{\boldsymbol{S}}\,|\,\boldsymbol{\alpha})=\prod_{n=1}^{N}p(\tilde{\boldsymbol{S}}(n,:)|\alpha_n)=|\pi\boldsymbol{\varLambda}|^{-L}\exp\{-\mathrm{tr}(\tilde{\boldsymbol{S}}^{\mathrm{H}}\boldsymbol{\varLambda}^{-1}\tilde{\boldsymbol{S}})\} \tag{7.2.18b}$$

式中，$\boldsymbol{\alpha}=[\alpha_1,\alpha_2,\cdots,\alpha_N]^{\mathrm{T}}$，$\boldsymbol{\varLambda}=\mathrm{diag}(\boldsymbol{\alpha})$。根据贝叶斯公式，使用似然函数式（7.2.17）和先验分布式（7.2.18b）可以得到后验概率分布：

$$p(\tilde{\boldsymbol{S}}|\boldsymbol{Y},\boldsymbol{\alpha},\alpha_0)=\frac{p(\boldsymbol{Y}|\tilde{\boldsymbol{S}},\alpha_0)p(\tilde{\boldsymbol{S}}|\boldsymbol{\alpha})}{\int p(\boldsymbol{Y}|\tilde{\boldsymbol{S}},\alpha_0)p(\tilde{\boldsymbol{S}}|\boldsymbol{\alpha})\mathrm{d}\tilde{\boldsymbol{S}}}=\prod_{l=1}^{L}\mathcal{CN}(\tilde{\boldsymbol{s}}(t_l)|\boldsymbol{\mu}(t_l),\boldsymbol{\varSigma}) \tag{7.2.19}$$

后验概率分布满足高斯分布，其均值和方差分别为

$$\begin{aligned}\boldsymbol{\mu}&=\mathbb{E}[\tilde{\boldsymbol{S}}|\boldsymbol{Y},\boldsymbol{\alpha},\alpha_0]=[\boldsymbol{\mu}(t_1),\boldsymbol{\mu}(t_2),\cdots,\boldsymbol{\mu}(t_L)]=\boldsymbol{\varLambda}^{-1}\boldsymbol{A}^{\mathrm{H}}\boldsymbol{C}^{-1}\boldsymbol{Y}\\\boldsymbol{\varSigma}&=\mathrm{Cov}[\boldsymbol{s}(t_l)|\,\boldsymbol{y}(t_l),\boldsymbol{\alpha}]=\boldsymbol{\varLambda}^{-1}-\boldsymbol{\varLambda}^{-1}\boldsymbol{A}^{\mathrm{H}}\boldsymbol{C}^{-1}\boldsymbol{A}\boldsymbol{\varLambda}^{-1},\ l=1,2,\cdots,L\end{aligned} \tag{7.2.20}$$

式中，$\boldsymbol{C}=\sigma_0\boldsymbol{I}+\boldsymbol{A}^{\mathrm{H}}\boldsymbol{\varLambda}^{-1}\boldsymbol{A}$。式（7.2.19）的证明类似单快拍情况，这里不再赘述。与 7.2.1 节相同，对关于 $\boldsymbol{\alpha}$ 、α_0 的似然函数取对数：

$$\begin{aligned}\mathcal{L}(\boldsymbol{\alpha},\alpha_0)&=\ln p(\boldsymbol{Y}|\boldsymbol{\alpha},\alpha_0)\\&=\ln\int p(\boldsymbol{Y}|\tilde{\boldsymbol{S}},\alpha_0)p(\tilde{\boldsymbol{S}}|\boldsymbol{\alpha})\mathrm{d}\tilde{\boldsymbol{S}}\\&=L\ln|\boldsymbol{C}|+\sum_{l=1}^{L}\boldsymbol{y}(t_l)^{\mathrm{H}}\boldsymbol{C}^{-1}\boldsymbol{y}(t_l)\end{aligned} \tag{7.2.21}$$

然后对式（7.2.21）关于 α_n 、α_0 分别求导，令结果为零，即可得 α_n 、α_0 的估计：

$$\alpha_n^{\mathrm{new}}=\frac{1}{\frac{1}{L}\|\boldsymbol{\mu}(n,:)\|_2^2+\boldsymbol{\varSigma}_{nn}},\ n=1,2,\cdots,N \tag{7.2.22a}$$

$$\sigma_0^{\mathrm{new}}=\frac{1}{\alpha_0^{\mathrm{new}}}=\frac{\|\boldsymbol{Y}-\boldsymbol{A}\boldsymbol{\mu}\|_{\mathrm{F}}^2+L\mathrm{tr}(\boldsymbol{\varSigma}\boldsymbol{A}^{\mathrm{H}}\boldsymbol{A})}{ML} \tag{7.2.22b}$$

多快拍稀疏贝叶斯 DOA 估计算法流程与算法 7.1 相同。

7.2.3 仿真与性能分析

实验一：RVM-SBL 算法的空间谱

仿真条件：假设空间远场存在三个不相关目标，入射方向分别为$\theta_1 = 10^\circ$、$\theta_2 = 20^\circ$和$\theta_3 = -30^\circ$；使用阵元间距为半波长的 10 阵元均匀线阵接收信号；噪声为零均值复高斯均匀白噪声，信噪比 SNR = 20dB；RVM-SBL 算法网格大小设为1°。

图 7.2.3 为单快拍情况下 RVM-SBL 算法重构的空间谱。从图中可以看出，单快拍情况下可以成功估计出三个信号的波达方向，而且谱峰很尖锐；CBF 算法则无法区分空间角度在波束内的两个信号，这证明了该算法具有超分辨能力。由于只使用了一个快拍，RVM-SBL 算法也很难得到较高的精度，估计结果与实际目标入射方向有微小偏差。

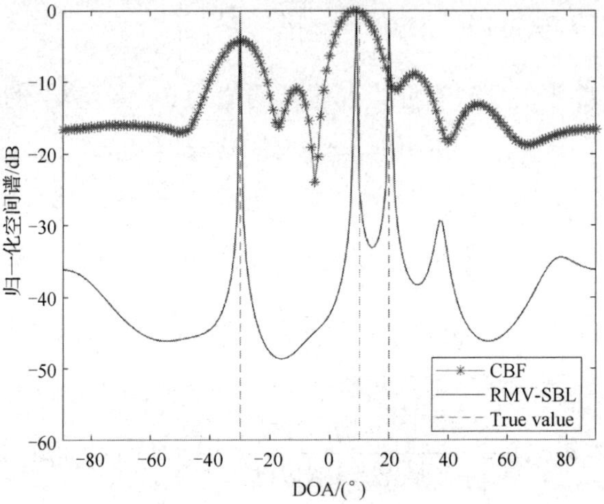

图 7.2.3 RVM-SBL 算法 DOA 估计空间谱（SNR=20dB）

图 7.2.4 给出了参数$\boldsymbol{\alpha}$在迭代过程中变化情况，目标入射方向对应网格的超参数α_n^{-1}逐渐变大，其他网格对应的α_n^{-1}逐渐变小。如式（7.2.3）所示，由于假设稀疏矢量$\tilde{\boldsymbol{s}}$各个元素满足复高斯分布$\mathcal{CN}(\tilde{s}_n \,|\, 0, \alpha_n^{-1})$，$\alpha_n^{-1}$小，使得变量$\tilde{s}_n$极大概率出现零值；$\alpha_n^{-1}$大，使得$\tilde{s}_n$有高概率出现非零值。在图 7.2.4 中，$\boldsymbol{\alpha}^{-1}$的变化规律与图 7.2.3 的估计结果吻合。

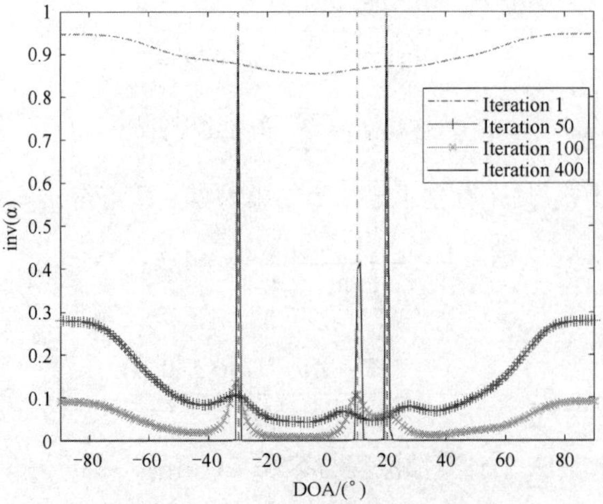

图 7.2.4 RVM-SBL 算法参数$\boldsymbol{\alpha}$变化情况

实验二：M-SBL、L_1-SVD、Root-MUSIC 与 Capon 几种算法估计精度的比较

仿真条件：假设空间远场存在两个不相关等功率辐射源，入射方向以 $\theta_1 = 0^\circ, \theta_2 = 30^\circ$ 为中心呈均匀分布的方式随机变化，变化范围在1°之内；用阵元间距为半波长的 10 阵元均匀线阵接收信号；噪声为零均值复高斯均匀白噪声；进行多次独立的蒙特卡洛实验。L_1-SVD，M-SBL 采用网格大小为 0.1°，Capon 算法直接用网格 0.1° 进行搜索。

图 7.2.5 与图 7.2.6 分别给出了 M-SBL 算法随 SNR、快拍数变化的 DOA 估计性能。快拍数 L 为 300 以下，M-SBL 算法与 L_1-SVD 算法在 DOA 估计精度上基本一致；在快拍数 L 超过 300 后，其估计精度改善放缓。

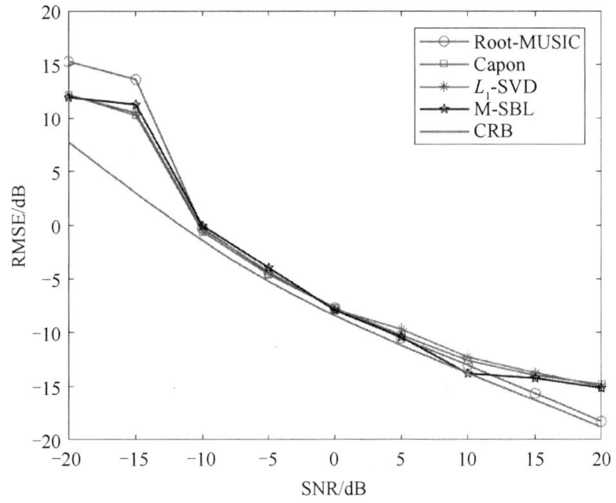

图 7.2.5　RMSE 随 SNR 变化关系（快拍数 L= 200）

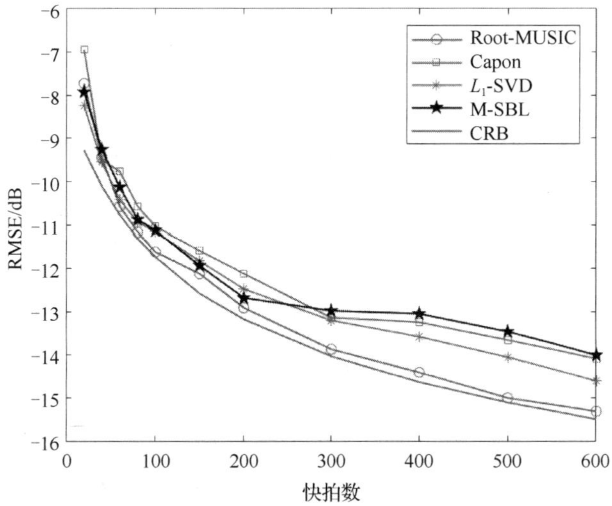

图 7.2.6　RMSE 随快拍数变化关系（SNR=10dB）

实验三：M-SBL 算法分辨力性能

仿真条件：假设空间远场存在两个等功率辐射源，入射方向分别为 $\theta_1 = 0^\circ$ 与 $\theta_2 = \Delta\theta$；用阵元间距为半波长的 10 阵元均匀线阵接收信号；快拍数 $L = 200$，噪声均为零均值的复高斯白噪声；每个信噪比情况进行 100 次独立的蒙特卡洛实验。M-SBL 算法网格大小为 0.5°。

图 7.2.7 给出了 M-SBL 算法随 SNR 变化的分辨能力。在 SNR 大于 10dB 且信号不相关时，精度保证 $\left|\hat{\theta}_k-\theta_k\right| \leqslant 2^\circ$ 前提下，可分辨空间间隔 3° 以上的信号。但是算法处理相干信号能力明显变弱，在 SNR 大于 18dB 时可分辨空间间隔 8° 以上的两个信号。

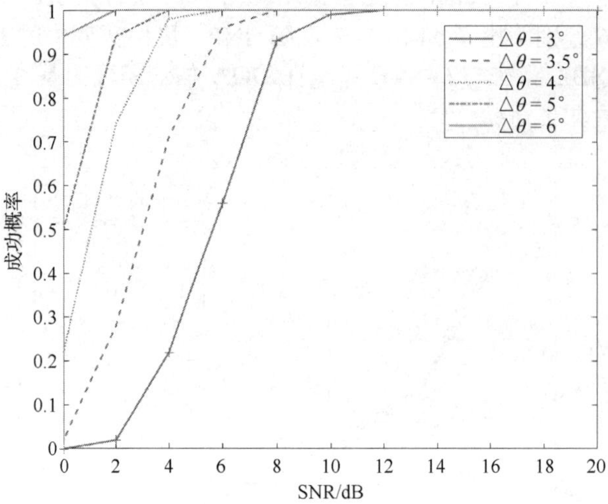

（a）非相关信号

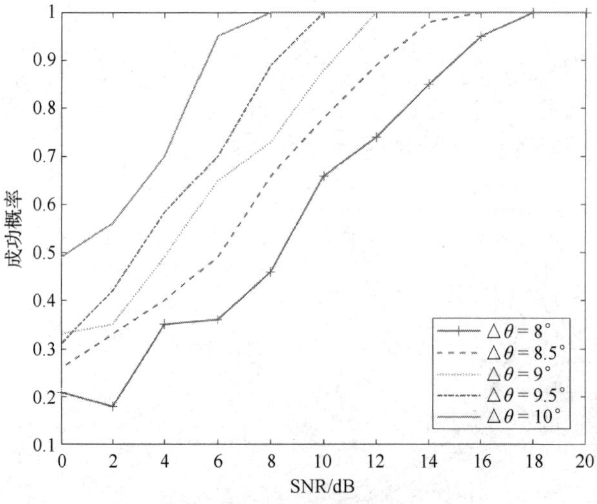

（b）相干信号

图 7.2.7　分辨力随 SNR 变化曲线（$\left|\hat{\theta}_k-\theta_k\right| \leqslant 2^\circ$）

实验四：M-SBL、L_1-SVD、MUSIC 与 CBF 几种算法的 DOA 估计分辨力比较

仿真条件：假设空间远场存在两个等功率辐射源，其中一个入射方向为 $\theta_1=0^\circ$，另一个信号入射方向为 $\Delta\theta$；使用阵元间距为半波长的 10 阵元均匀线阵接收信号，采样快拍数 L=200；噪声均为零均值复高斯白噪声，信噪比 SNR=10dB。进行多次独立的蒙特卡洛实验。L_1-SVD 与 M-SBL 算法采用网格大小为 0.1°，MUSIC 和 CBF 算法直接用网格 0.1°进行搜索。

图 7.2.8 与图 7.2.9 给出 L_1-SVD、MUSIC、M-SBL 和 CBF 算法成功分辨两个信号的最小角度间隔 $\Delta\theta$。在非相关信号入射情况下，M-SBL 的分辨效果与 MUSIC 算法基本一致；分

辨性能略好于 L_1-SVD 算法。这也有力地证明了，SBL 具有近似 L_0 范数的稀疏优化能力，当字典的列与列相关性很强时，仍具有良好的稀疏性能[5,6]。而对于相干信号入射情况，M-SBL 算法分辨性能比 L_1-SVD 则差较多，略好于 CBF。

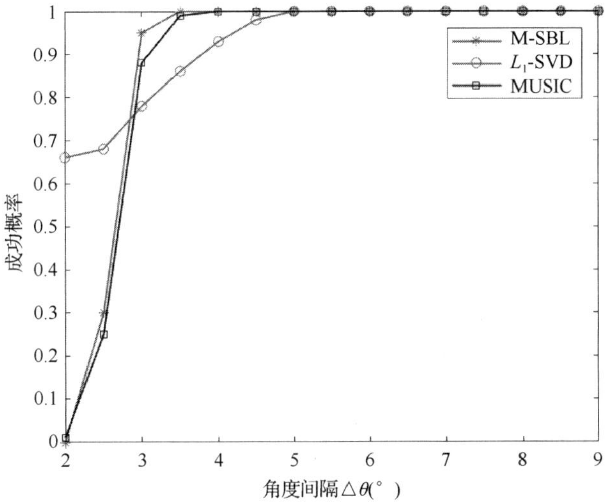

图 7.2.8　非相关信号分辨力（$\left|\hat{\theta}_k-\theta_k\right| \leqslant 1^{\circ}$）

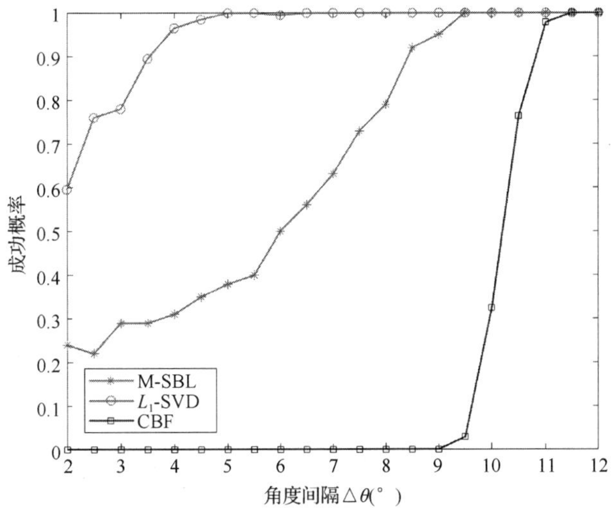

图 7.2.9　相干信号分辨力（$\left|\hat{\theta}_k-\theta_k\right| \leqslant 2^{\circ}$）

7.3　基于一阶近似的离网稀疏贝叶斯学习算法

7.2 节研究了基于稀疏观测模型的 RVM-SBL 方法。空间角度域是通过离散网格得到的，估计结果也必然落在网格点上。当真实的目标入射不在划分网格点时，就会存在模型带来的量化误差。为克服这个量化误差影响，可以利用泰勒级数展开对网格点附近导向矢量进行线性近似，建立离网 DOA 估计模型[3]。该模型考虑了实际入射信号导向矢量与字典原子不匹配的情况，再通过贝叶斯学习方法实现入射信号角度网格和角度偏置的联合估计，从而得到目标波达方向估计。

7.3.1 一阶近似离网 DOA 估计信号模型

将整个空域等间隔划分成 $N-1$ 个均匀网格，得到离散的角度矢量 $\boldsymbol{\Omega}=[\tilde{\theta}_1,\tilde{\theta}_2,\cdots,\tilde{\theta}_n,\cdots\tilde{\theta}_N]$。假设网格中相邻角度间隔为 r，则有 $r=\left|\tilde{\theta}_{n+1}-\tilde{\theta}_n\right|\propto 1/(N-1)$。假定一个信号以角度 $\theta_k\notin\{\tilde{\theta}_1,\tilde{\theta}_2,\cdots,\tilde{\theta}_N\}$ 入射到阵列上，$\tilde{\theta}_{n_k}\in\{\tilde{\theta}_1,\tilde{\theta}_2,\cdots,\tilde{\theta}_N\}$ 为距离 θ_k 最近的网格点，显然有 $\left|\tilde{\theta}_{n_k}-\theta_k\right|\leqslant r/2$。为了降低网格失配带来的误差，在网格点 $\tilde{\theta}_{n_k}$ 处通过一阶泰勒展开来近似表示导向矢量 $\boldsymbol{a}(\theta_k)$：

$$\boldsymbol{a}(\theta_k)=\boldsymbol{a}(\tilde{\theta}_{n_k})+\boldsymbol{b}(\tilde{\theta}_{n_k})(\theta_k-\tilde{\theta}_{n_k})=\boldsymbol{a}(\tilde{\theta}_{n_k})+\boldsymbol{b}(\tilde{\theta}_{n_k})\beta_k \tag{7.3.1}$$

式中，$\boldsymbol{b}(\tilde{\theta}_{n_k})=\boldsymbol{a}'(\tilde{\theta}_{n_k})$ 为导向矢量 $\boldsymbol{a}(\tilde{\theta}_{n_k})$ 在 $\tilde{\theta}_{n_k}$ 处的一阶导数，角度偏移量 $\beta_k=(\theta_k-\tilde{\theta}_{n_k})$。因此，可得到离网情况下接收数据模型：

$$\boldsymbol{y}(t)=\boldsymbol{\Phi}(\boldsymbol{\beta})\tilde{\boldsymbol{s}}(t)+\boldsymbol{e}(t) \tag{7.3.2}$$

式中，

$\boldsymbol{\Phi}(\boldsymbol{\beta})=\boldsymbol{A}(\boldsymbol{\Omega})+\boldsymbol{B}\mathrm{diag}(\boldsymbol{\beta})$ 表示网格失配模型下字典矩阵；

$\boldsymbol{A}(\boldsymbol{\Omega})=[\boldsymbol{a}(\tilde{\theta}_1),\boldsymbol{a}(\tilde{\theta}_2),\cdots,\boldsymbol{a}(\tilde{\theta}_N)]$ 表示固定网格构成的字典矩阵；

$\boldsymbol{B}=[\boldsymbol{b}(\tilde{\theta}_1),\boldsymbol{b}(\tilde{\theta}_2),\cdots,\boldsymbol{b}(\tilde{\theta}_N)]$ 表示固定网格导向矢量导数构成的字典矩阵；

$\boldsymbol{\beta}=[\beta_1,\beta_2,\cdots,\beta_N]^{\mathrm{T}}$ 表示偏移量构成的矢量。

在式（7.3.2）所示的模型下，首先联合估计稀疏信号 $\tilde{\boldsymbol{s}}(t)$ 和网格偏移量 $\boldsymbol{\beta}$，然后根据估计得到的网格角度 $\hat{\tilde{\theta}}_{n_k}$ 和角度偏移量 $\hat{\beta}_{n_k}$，就可以得到精度较高的波达方向估计：

$$\hat{\theta}_k=\hat{\tilde{\theta}}_{n_k}+\hat{\beta}_{n_k}$$

这就是在离网模型下实现 DOA 估计的思路。离网模型和网格模型关系密切，如果 $\boldsymbol{\beta}=0$，则有 $\boldsymbol{\Phi}(0)=\boldsymbol{A}(\boldsymbol{\Omega})$；离网模型是实际观测模型的一阶近似，网格模型是实际观测模型零阶近似。离网模型的优势在于，在一定的网格间隔下离网模型有更好的测角精度，特别是在较高信噪比条件下，网格模型的失配误差是角度参数估计的主要影响因素，离网模型与接收数据匹配度更高。相比于网格细分方法，粗分网格下的离网模型在保证 DOA 参数估计精度同时计算量更小。

7.3.2 离网情况下的贝叶斯推断

同 RVM-SBL 算法相同，首先假设噪声为复高斯白噪声服从 $\mathcal{CN}(0,\alpha_0^{-1}\boldsymbol{I})$ 分布，则 M 维线性阵列接收的 L 个快拍数据 $\boldsymbol{Y}$ 也服从复高斯概率密度分布：

$$p(\boldsymbol{Y}\left|\tilde{\boldsymbol{S}},\alpha_0,\boldsymbol{\beta}\right.)=\prod_{i=1}^{L}\mathcal{CN}(\boldsymbol{y}(t_l)\left|\boldsymbol{\Phi}(\boldsymbol{\beta})\tilde{\boldsymbol{s}}(t_l),\alpha_0^{-1}\boldsymbol{I}\right.) \tag{7.3.3}$$

同样，假定 α_0 符合参数为 c、d 的伽马先验分布：

$$p(\alpha_0)=\mathrm{Gamma}(\alpha_0\left|c,d\right.) \tag{7.3.4}$$

$\tilde{\boldsymbol{S}}$ 的列矢量 $\tilde{\boldsymbol{s}}(t_l)$ 表示 t_l 时刻信号在空域上的幅度分布情况，矢量 $\tilde{\boldsymbol{s}}(t_l)$ 的每个元素 $\tilde{s}_n(t_l)$ 都服从高斯分布 $\mathcal{CN}(0,\alpha_n^{-1})$。假设 $\tilde{\boldsymbol{s}}(t_l)(l=1,2,\cdots,L)$ 各快拍之间相互独立，则有

$$p(\tilde{\boldsymbol{S}}\left|\boldsymbol{\alpha}\right.)=\prod_{l=1}^{L}\mathcal{CN}(\tilde{\boldsymbol{s}}(t_l)\left|0,\boldsymbol{\Lambda}^{-1}\right.) \tag{7.3.5}$$

式中，$\boldsymbol{\Lambda}=\mathrm{diag}(\boldsymbol{\alpha})$，$\boldsymbol{\alpha}=[\alpha_1,\alpha_2,\cdots,\alpha_N]^{\mathrm{T}}$。设参数 $\boldsymbol{\alpha}$ 的先验分布为

$$p(\boldsymbol{\alpha})=\prod_{n=1}^{N}\text{Gamma}(\alpha_n|1,\rho) \tag{7.3.6}$$

设偏移量 $\boldsymbol{\beta}$ 的各元素是均匀分布，其先验分布为

$$\boldsymbol{\beta}\sim U\left(\left[-\frac{r}{2},\frac{r}{2}\right]^N\right) \tag{7.3.7}$$

偏移量 $\boldsymbol{\beta}$ 的先验分布在估计中只提供有界的信息。结合分层贝叶斯模型的各层假设，可以得到联合概率密度函数：

$$p(\tilde{\boldsymbol{S}},\boldsymbol{Y},\boldsymbol{\alpha},\alpha_0,\boldsymbol{\beta})=p(\boldsymbol{Y}|\tilde{\boldsymbol{S}},\alpha_0,\boldsymbol{\beta})p(\tilde{\boldsymbol{S}}|\boldsymbol{\alpha})p(\boldsymbol{\alpha})p(\alpha_0)p(\boldsymbol{\beta}) \tag{7.3.8}$$

式中，等号右侧的 5 个概率分布密度函数分别由式（7.3.3）、式（7.3.5）、式（7.3.6）、式（7.3.4）和式（7.3.7）给出。

准确的后验分布 $p(\tilde{\boldsymbol{S}},\alpha_0,\boldsymbol{\alpha},\boldsymbol{\beta}|\boldsymbol{Y})$ 不易计算，因此需要使用贝叶斯推断。类似 7.2 节的推断方法，通过先验分布可以得到离网稀疏贝叶斯推断（OGSBI）结果，即 $\tilde{\boldsymbol{S}}$ 的后验概率分布是一个复高斯分布：

$$p(\tilde{\boldsymbol{S}}|\boldsymbol{Y},\boldsymbol{\alpha},\alpha_0,\boldsymbol{\beta})=\prod_{l=1}^{L}\mathcal{CN}(\tilde{s}(t_l)|\boldsymbol{\mu}(t_l),\boldsymbol{\Sigma}) \tag{7.3.9}$$

式中，

$$\boldsymbol{\mu}(t_l)=\alpha_0\boldsymbol{\Sigma}\boldsymbol{A}^{\mathrm{H}}\boldsymbol{y}(t_l)=\boldsymbol{\Lambda}^{-1}\boldsymbol{A}^{\mathrm{H}}\boldsymbol{C}^{-1}\boldsymbol{y}(t_l) \tag{7.3.10a}$$

$$\boldsymbol{\Sigma}=(\alpha_0\boldsymbol{A}^{\mathrm{H}}\boldsymbol{A}+\boldsymbol{\Lambda})^{-1}=\boldsymbol{\Lambda}^{-1}-\boldsymbol{\Lambda}^{-1}\boldsymbol{A}^{\mathrm{H}}\boldsymbol{C}^{-1}\boldsymbol{A}\boldsymbol{\Lambda}^{-1} \tag{7.3.10b}$$

其中，$\boldsymbol{C}=\sigma\boldsymbol{I}+\boldsymbol{A}^{\mathrm{H}}\boldsymbol{\Lambda}^{-1}\boldsymbol{A}$。接下来的任务就是要利用接收数据对超参数 $\alpha_0,\boldsymbol{\alpha},\boldsymbol{\beta}$ 进行恰当的估计。

7.3.3　离网模型贝叶斯推断与算法流程

如果要得到式（7.3.10）中 $\boldsymbol{\Sigma}$ 和 $\boldsymbol{\mu}(t_l)$，需要估计超参数 $\alpha_0,\boldsymbol{\alpha},\boldsymbol{\beta}$。可以使用最大后验原则来估计这些参数，即求 $p(\alpha_0,\boldsymbol{\alpha},\boldsymbol{\beta}|\boldsymbol{Y})$ 关于各个超参数的最大值。因为 $p(\boldsymbol{Y})$ 与参数相互独立，所以最大化 $p(\alpha_0,\boldsymbol{\alpha},\boldsymbol{\beta}|\boldsymbol{Y})$ 等价于最大化联合分布 $p(\boldsymbol{Y},\alpha_0,\boldsymbol{\alpha},\boldsymbol{\beta})=p(\alpha_0,\boldsymbol{\alpha},\boldsymbol{\beta}|\boldsymbol{Y})p(\boldsymbol{Y})$。这里使用 EM 方法进行超参数估计，$\tilde{\boldsymbol{S}}$ 后验概率已经由式（7.3.9）给出，把 $\tilde{\boldsymbol{S}}$ 当作隐含变量，最大化期望函数

$$\mathbb{E}_{p(\tilde{\boldsymbol{S}}|\boldsymbol{Y},\alpha_0,\boldsymbol{\alpha},\boldsymbol{\beta})}\{\ln p(\tilde{\boldsymbol{S}},\boldsymbol{Y},\alpha_0,\boldsymbol{\alpha},\boldsymbol{\beta})\} \tag{7.3.11}$$

其中，$p(\tilde{\boldsymbol{S}},\boldsymbol{Y},\boldsymbol{\alpha},\alpha_0,\boldsymbol{\beta})$ 由式（7.3.8）给出。

下面给出对各个超参数的具体估计过程。对于参数 $\boldsymbol{\alpha}$，忽略式（7.3.11）中与 $\boldsymbol{\alpha}$ 无关的概率分布密度函数，并将式（7.3.5）和式（7.3.6）代入，即可以得到

$$\begin{aligned}\hat{\alpha}_n&=\arg\max_{\alpha_n}\mathbb{E}_{p(\tilde{\boldsymbol{S}}|\boldsymbol{Y},\alpha_0,\boldsymbol{\alpha},\boldsymbol{\beta})}\left\{\ln p(\tilde{\boldsymbol{S}},\boldsymbol{Y},\alpha_0,\boldsymbol{\alpha},\boldsymbol{\beta})\right\}\\&=\arg\max_{\alpha_n}\mathbb{E}_{p(\tilde{\boldsymbol{S}}|\boldsymbol{Y},\alpha_0,\boldsymbol{\alpha},\boldsymbol{\beta})}\left\{\ln p(\boldsymbol{Y}|\tilde{\boldsymbol{S}},\alpha_0,\boldsymbol{\beta})p(\tilde{\boldsymbol{S}}|\boldsymbol{\alpha})p(\boldsymbol{\alpha})p(\alpha_0)p(\boldsymbol{\beta})\right\}\\&=\arg\max_{\alpha_n}\mathbb{E}_{p(\tilde{\boldsymbol{S}}|\boldsymbol{Y},\alpha_0,\boldsymbol{\alpha},\boldsymbol{\beta})}\left\{\ln p(\tilde{\boldsymbol{S}}|\boldsymbol{\alpha})p(\boldsymbol{\alpha})\right\}\\&=\arg\max_{\alpha_n}\mathbb{E}_{p(\tilde{\boldsymbol{S}}|\boldsymbol{Y},\alpha_0,\boldsymbol{\alpha},\boldsymbol{\beta})}\left\{-\sum_{n=1}^{N}\left\{L\ln\alpha_n+\frac{\sum_{l=1}^{L}|s_n(t_l)|^2}{\alpha_n}\right\}-\rho\sum_{n=1}^{N}\alpha_n\right\}\end{aligned} \tag{7.3.12}$$

对期望函数求关于 α_n 的偏导，并令其等于零，得到

$$\begin{aligned}&\frac{\partial}{\partial\alpha_n}\left\{-\sum_{n=1}^{N}\left[L\ln\alpha_n+\frac{\sum_{l=1}^{L}\left|s_n(t_l)\right|^2}{\alpha_n}\right]-\rho\sum_{n=1}^{N}\alpha_n\right\}\\&=-\frac{L}{\alpha_n}+\frac{\left(\sum_{l=1}^{L}\left|s_n(t_l)\right|^2\right)}{\alpha_n^2}-\rho\\&=0\end{aligned}\tag{7.3.13}$$

推出

$$\begin{aligned}\alpha_n^{\text{new}}&=\frac{\sqrt{L^2+4\rho\left(\sum_{l=1}^{L}\left|s_n(t_l)\right|^2\right)}-L}{2\rho}\\&=\frac{\sqrt{L^2+4\rho\sum_{l=1}^{L}\left(\left\|\boldsymbol{\mu}(n,l)\right\|_2^2+\boldsymbol{\Sigma}_{nn}\right)}-L}{2\rho},n=1,2,\cdots,N\end{aligned}\tag{7.3.14}$$

式中，

$$\left(\sum_{l=1}^{L}\left|s_n(t_l)\right|^2\right)=\sum_{l=1}^{L}\left(\left\|\boldsymbol{\mu}(n,l)\right\|_2^2+\boldsymbol{\Sigma}_{nn}\right)$$

$$\boldsymbol{\mu}=[\boldsymbol{\mu}(t_1),\boldsymbol{\mu}(t_2),\cdots,\boldsymbol{\mu}(t_L)]$$

同理，对于参数 α_0，忽略式（7.3.11）中与 α_0 的无关项，将式（7.3.3）与式（7.3.4）的表达式代入式（7.3.11），最大化期望函数：

$$\begin{aligned}\hat{\alpha}_0&=\arg\max_{\alpha_0}\mathbb{E}_{p(\tilde{\boldsymbol{S}}|\boldsymbol{Y},\alpha_0,\boldsymbol{\alpha},\boldsymbol{\beta})}\left\{\ln p(\boldsymbol{Y}\left|\tilde{\boldsymbol{S}},\alpha_0,\boldsymbol{\beta}\right.)p(\tilde{\boldsymbol{S}}\left|\boldsymbol{\alpha}\right.)p(\boldsymbol{\alpha})p(\alpha_0)p(\boldsymbol{\beta})\right\}\\&=\arg\max_{\alpha_0}\mathbb{E}_{p(\tilde{\boldsymbol{S}}|\boldsymbol{Y},\alpha_0,\boldsymbol{\alpha},\boldsymbol{\beta})}\left\{\ln p(\boldsymbol{Y}\left|\tilde{\boldsymbol{S}},\alpha_0,\boldsymbol{\beta}\right.)p(\alpha_0)\right\}\\&=\arg\max_{\alpha_0}\mathbb{E}_{p(\tilde{\boldsymbol{S}}|\boldsymbol{Y},\alpha_0,\boldsymbol{\alpha},\boldsymbol{\beta})}\left\{ML\ln\alpha_0-\alpha_0\mathbb{E}\left(\left\|\boldsymbol{Y}-\boldsymbol{\Phi}(\boldsymbol{\beta})\tilde{\boldsymbol{S}}\right\|_{\text{F}}^2\right)+(c-1)\ln\alpha_0-\alpha_0 d\right\}\end{aligned}\tag{7.3.15}$$

对期望函数求关于 α_0 的偏导，并令其等于零，得

$$\alpha_0^{\text{new}}=\frac{ML+c-1}{\mathbb{E}\left(\left\|\boldsymbol{Y}-\boldsymbol{\Phi}(\boldsymbol{\beta})\tilde{\boldsymbol{S}}\right\|_{\text{F}}^2\right)+d}\tag{7.3.16}$$

式中，

$$\begin{aligned}\mathbb{E}\left(\left\|\boldsymbol{Y}-\boldsymbol{\Phi}(\boldsymbol{\beta})\tilde{\boldsymbol{S}}\right\|_{\text{F}}^2\right)&=\mathbb{E}\left(\sum_{l=1}^{L}\left\|\boldsymbol{y}(t_l)-\boldsymbol{\Phi}(\boldsymbol{\beta})\tilde{\boldsymbol{s}}(t_l)\right\|_2^2\right)\\&=\sum_{l=1}^{L}\left\|\boldsymbol{y}(t_l)-\boldsymbol{\Phi}(\boldsymbol{\beta})\boldsymbol{\mu}(t_l)\right\|_2^2+L\text{tr}\{\boldsymbol{\Phi}(\boldsymbol{\beta})\boldsymbol{\Sigma}\boldsymbol{\Phi}^{\text{H}}(\boldsymbol{\beta})\}\end{aligned}$$

对于 $\boldsymbol{\beta}$，忽略式（7.3.11）中与 $\boldsymbol{\beta}$ 无关项，最大化期望函数：

$$\begin{aligned}\boldsymbol{\beta}&=\arg\max_{\boldsymbol{\beta}}\mathbb{E}_{p(\tilde{\boldsymbol{S}}|\boldsymbol{Y},\alpha_0,\boldsymbol{\alpha},\boldsymbol{\beta})}\left\{\ln p(\boldsymbol{Y}\left|\tilde{\boldsymbol{S}},\alpha_0,\boldsymbol{\beta}\right.)p(\tilde{\boldsymbol{S}}\left|\boldsymbol{\alpha}\right.)(\boldsymbol{Y})p(\boldsymbol{\alpha})p(\alpha_0)p(\boldsymbol{\beta})\right\}\\&=\arg\max_{\boldsymbol{\beta}}\mathbb{E}_{p(\tilde{\boldsymbol{S}}|\boldsymbol{Y},\alpha_0,\boldsymbol{\alpha},\boldsymbol{\beta})}\left\{\ln p(\boldsymbol{Y}\left|\tilde{\boldsymbol{S}},\alpha_0,\boldsymbol{\beta}\right.)p(\boldsymbol{\beta})\right\}\end{aligned}\tag{7.3.17}$$

将式（7.3.3）与式（7.3.7）代入上式可以推出

$$\begin{aligned}\boldsymbol{\beta} &= \arg\min_{\boldsymbol{\beta}} \mathbb{E}_{p(\tilde{\boldsymbol{S}}|\boldsymbol{Y},\alpha_0,\boldsymbol{\alpha},\boldsymbol{\beta})}\left\{\frac{1}{L}\sum_{l=1}^{L}\left\|\boldsymbol{y}(t_l)-(\boldsymbol{A}+\boldsymbol{B}\mathrm{diag}(\boldsymbol{\beta}))\tilde{\boldsymbol{s}}(t_l)\right\|_2^2\right\} \\ &= \arg\min_{\boldsymbol{\beta}} \frac{1}{L}\sum_{l=1}^{L}\left\|\boldsymbol{y}(t_l)-(\boldsymbol{A}+\boldsymbol{B}\mathrm{diag}(\boldsymbol{\beta}))\boldsymbol{\mu}(t_l)\right\|_2^2 \\ &\quad + \mathrm{tr}\{(\boldsymbol{A}+\boldsymbol{B}\mathrm{diag}(\boldsymbol{\beta}))\boldsymbol{\Sigma}(\boldsymbol{A}+\boldsymbol{B}\mathrm{diag}(\boldsymbol{\beta}))^{\mathrm{H}}\} \\ &= \arg\min_{\boldsymbol{\beta}} \boldsymbol{\beta}^{\mathrm{T}}\boldsymbol{P}\boldsymbol{\beta}-2\boldsymbol{v}^{\mathrm{T}}\boldsymbol{\beta}+C\end{aligned} \tag{7.3.18}$$

式中，

$$\boldsymbol{P} = \mathrm{Re}\left\{(\boldsymbol{B}^{\mathrm{H}}\boldsymbol{B})^{*}\odot\left(\frac{\boldsymbol{\mu}\boldsymbol{\mu}^{\mathrm{H}}}{L}+\boldsymbol{\Sigma}\right)\right\} \tag{7.3.19}$$

是一个半正定矩阵。此外，

$$\boldsymbol{v} = \mathrm{Re}\left\{\frac{1}{L}\sum_{l=1}^{L}\mathrm{diag}(\boldsymbol{\mu}^{*}(t_l))\boldsymbol{B}^{\mathrm{H}}(\boldsymbol{y}(t_l)-\boldsymbol{A}\boldsymbol{\mu}(t_l))\right\}-\mathrm{Re}\{\mathrm{diag}(\boldsymbol{B}^{\mathrm{H}}\boldsymbol{A}\boldsymbol{\Sigma})\} \tag{7.3.20}$$

且 C 是常数，关于式（7.3.18）的推导见附录 7.D 或文献[3]。因此可以得到

$$\boldsymbol{\beta}^{\mathrm{new}} = \arg\min_{\boldsymbol{\beta}\in\left[-\frac{r}{2},\frac{r}{2}\right]^{N}}\{\boldsymbol{\beta}^{\mathrm{T}}\boldsymbol{P}\boldsymbol{\beta}-2\boldsymbol{v}^{\mathrm{T}}\boldsymbol{\beta}\} \tag{7.3.21}$$

实际上 $\boldsymbol{\beta}$ 与 $\tilde{\boldsymbol{S}}$ 是联合稀疏的，针对入射信号实际情况，$\tilde{\boldsymbol{S}}$ 只有 K 行应该有非零值。因此，可以只计算矢量 $\boldsymbol{\beta}$ 中相应的 K 个元素，其余元素都可以设为零。通过式（7.3.21）可得

$$\beta_n^{\mathrm{new}} = \begin{cases}(\boldsymbol{P}^{-1}\boldsymbol{v})_n, & \beta_n\in\left[-\frac{1}{2}r,\frac{1}{2}r\right] \\ -\frac{1}{2}r, & \beta_n<-\frac{1}{2}r \\ \frac{1}{2}r, & \beta_n>+\frac{1}{2}r\end{cases},\quad n=1,2,\cdots,N \tag{7.3.22}$$

OGSBI 算法在一定程度上缓解了空间网格细化和计算复杂度的矛盾，但值得注意的是，角度网格划分不能大于系统要求的角度分辨力。例如，如果要求目标分辨力为 2°，则角度网格划分必须小于 2°。因为该算法只能实现估计角度精度的改善，不能提高目标分辨力。OGSBI 算法求解的过程见算法 7.2。

算法 7.2　离网稀疏贝叶斯推断（OGSBI）算法

输入： 接收数据 $\boldsymbol{Y}\in\mathbb{C}^{M\times L}$，完备字典 $\boldsymbol{A}(\boldsymbol{\Omega})$。

初始化： 初始化超参数 $\boldsymbol{\alpha}=\mathbf{1}_N$、$\alpha_0=1$、$\boldsymbol{\beta}=0$、$\boldsymbol{\mu}=0$ 与 $\boldsymbol{\Sigma}=0$。

重复：

1）通过式（7.3.10）更新 $\boldsymbol{\mu}$ 和 $\boldsymbol{\Sigma}$；

2）通过式（7.3.14）、式（7.3.15）、式（7.3.22）更新超参数 $\boldsymbol{\alpha},\alpha_0,\boldsymbol{\beta}$；

直到达到停止条件，例如，$\left\|\boldsymbol{\mu}^{\mathrm{new}}-\boldsymbol{\mu}\right\|_2^2/\left\|\boldsymbol{\mu}\right\|_2^2\leqslant\delta$。

输出： 偏置角度 $\hat{\boldsymbol{\beta}}$ 与重构入射信号 $\tilde{\boldsymbol{S}}=\hat{\boldsymbol{\mu}}$，$\left\|\hat{\boldsymbol{\mu}}(n,:)\right\|_2^2$ 较大值对应网格位置 $\hat{\tilde{\theta}}_{n_k}$ 加上相应角度偏置 $\hat{\beta}_{n_k}$ 为目标入射角度估计 $\hat{\theta}_k=\hat{\tilde{\theta}}_{n_k}+\hat{\beta}_{n_k}$。

7.3.4　仿真与性能分析

实验一：Root-MUSIC、TLS-ESPRIT、L_1-SVD 与 OGSBI 等几种算法的 DOA 估计精度

仿真条件：假设空间远场存在两个不相干等功率辐射源，入射方向以 $\theta_1=0°$，$\theta_1=30°$ 为中心呈均匀分布的方式随机变化，变化范围在 $1°$ 之内；使用阵元间距为半波长的 10 阵元均匀线阵接收信号，快拍数 $L=200$；噪声为零均值复高斯均匀白噪声；每个信噪比条件下进行 100 次独立的蒙特卡洛实验。OGSBI 算法网格宽度为 $1°$，L_1-SVD 算法网格大小为 $0.1°$。

图 7.3.1 给出了 OGSBI 算法的估计精度性能与其他几个算法的比较。其中，L_1-SVD 算法在 $0.1°$ 网格下的测向精度与 OGBSI 算法在 $1°$ 网格下的测向精度基本一致。由此可知，其较好地解决了信号入射角度与网格划分失配的问题，实现了粗网格条件下的精估计。估计精度甚至略好于 TLS-ESPRIT 这种具有闭合解的算法。值得注意的是，由于 OGSBI 算法是网格位置和偏置联合估计，所以算法分辨力与粗分网格大小有一定关系，即信号入射角度分辨力不会小于粗分网格大小。通过 OGSBI 可以提高目标入射角度的估计精度，但一个网格内只可能估计出一个入射信号，其分辨力与同网格大小的 RVM-SBL 基本一致。

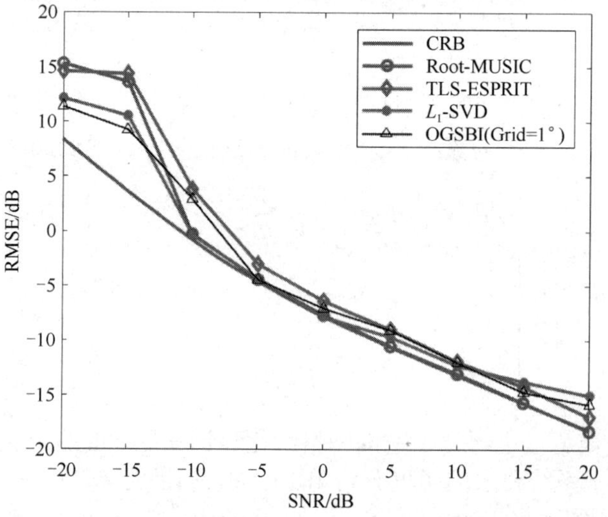

图 7.3.1　RMSE 随 SNR 变化关系

实验二：OGSBI 算法网格宽度对估计精度的影响

仿真条件：假设空间远场存在两个不相关等功率辐射源，入射方向以 $\theta_1=0°$，$\theta_2=30°$ 为中心呈均匀分布的方式随机变化，变化范围在 $1°$ 之内；使用阵元间距为半波长的 10 阵元均匀线阵接收信号，快拍数 $L=200$；噪声为零均值复高斯均匀白噪声；每种网格设置进行多次独立的蒙特卡洛实验。

图 7.3.2 给出了 OGSBI 算法在几种不同网格大小条件下测向精度变化曲线。网格大小与测向精度有一定关系，但并不存在网格越小精度越高的单调关系。大网格可以极大提升算法的运算速度，考虑精度因素以及信号分辨力与网格大小的关系，不建议网格设置太大。

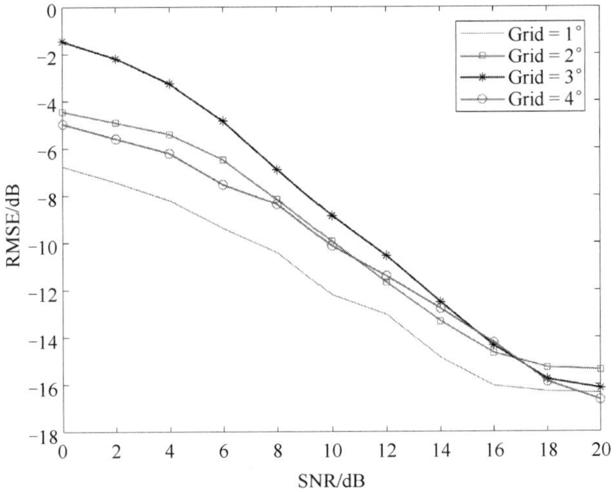

图 7.3.2　OGSBI 算法估计精度与网格大小的关系

7.4　求根离网稀疏贝叶斯学习算法

7.3 节讲解的 OGSBI 算法，通过对目标真实入射角度位置的线性近似，得到了离网 DOA 估计。该算法网格划分不宜太宽，宽网格将使近似模型偏差增大，进而导致 DOA 估计误差变大。因此，OGSBI 算法依然存在角度网格细化和计算复杂度的矛盾。本节将介绍一种基于均匀线阵的求根离网稀疏贝叶斯学习（Root-SBL）算法，在较大网格的情况下，Root-SBL 通过求解特定多项式的根，实现了动态网格划分，避免了细分网格带来的计算负担，保证了测向精度[14]。

7.4.1　稀疏贝叶斯模型与算法实现

将整个空域等间隔划分得到离散的角度矢量 $\boldsymbol{\Omega}=[\tilde{\theta}_1,\tilde{\theta}_2,\cdots,\tilde{\theta}_N]$。假设一个相邻阵元间距为 d 的 M 维均匀线阵，接收 L 个快拍数据 $\boldsymbol{Y}$，接收数据稀疏模型同式（3.3.2）：

$$\boldsymbol{Y}=\boldsymbol{A}(\boldsymbol{\Omega})\tilde{\boldsymbol{S}}+\boldsymbol{E}$$

采用 7.2.2 节所述的贝叶斯推断技术得到后验概率：

$$p(\tilde{\boldsymbol{S}}|\boldsymbol{Y},\boldsymbol{\alpha},\alpha_0)=\prod_{n=1}^{L}\mathcal{CN}(\tilde{\boldsymbol{s}}(t_l)|\boldsymbol{\mu}(t_l),\boldsymbol{\Sigma}) \tag{7.4.1}$$

式中，

$$\begin{aligned}\boldsymbol{\mu}&=\mathbb{E}[\boldsymbol{S}|\boldsymbol{Y},\boldsymbol{\alpha},\alpha_0]=[\boldsymbol{\mu}(t_1),\cdots,\boldsymbol{\mu}(t_L)]=\boldsymbol{\Lambda}^{-1}\boldsymbol{A}^{\mathrm{H}}\boldsymbol{C}^{-1}\boldsymbol{Y}\\ \boldsymbol{\Sigma}&=\mathrm{Cov}[\boldsymbol{s}(t_l)|\boldsymbol{y}(t_l),\boldsymbol{\alpha}]=\boldsymbol{\Lambda}^{-1}-\boldsymbol{\Lambda}^{-1}\boldsymbol{A}^{\mathrm{H}}\boldsymbol{C}^{-1}\boldsymbol{A}\boldsymbol{\Lambda}^{-1},l=1,2,\cdots,L\end{aligned} \tag{7.4.2}$$

使用 EM 技术可以得到超参数 $\boldsymbol{\alpha}$ 和噪声参数 α_0 的更新公式，把 $\tilde{\boldsymbol{S}}$ 当作隐含变量，则最大化期望函数：

$$\begin{aligned}&\mathbb{E}_{p(\tilde{\boldsymbol{S}}|\boldsymbol{Y},\alpha_0,\boldsymbol{\alpha})}\{\ln p(\tilde{\boldsymbol{S}},\boldsymbol{Y},\alpha_0,\boldsymbol{\alpha})\}\\ =&\ \mathbb{E}_{p(\tilde{\boldsymbol{S}}|\boldsymbol{Y},\alpha_0,\boldsymbol{\alpha})}\left\{\ln p(\boldsymbol{Y}\middle|\tilde{\boldsymbol{S}},\alpha_0)p(\tilde{\boldsymbol{S}}|\boldsymbol{\alpha})p(\boldsymbol{\alpha})p(\alpha_0)\right\}\end{aligned} \tag{7.4.3}$$

可以得到（详细过程见 7.2.2 节）

$$\alpha_n^{\text{new}} = \frac{1}{\frac{1}{L}\|\boldsymbol{\mu}(n,:)\|_2^2 + \boldsymbol{\Sigma}_{nn}}, n = 1,2,\cdots,N \tag{7.4.4}$$

$$\sigma_0^{\text{new}} = \frac{1}{\alpha_0^{\text{new}}} = \frac{\|\boldsymbol{Y} - \boldsymbol{A}\boldsymbol{\mu}\|_{\text{F}}^2 + L\ \text{tr}(\boldsymbol{\Sigma}\boldsymbol{A}^{\text{H}}\boldsymbol{A})}{ML} \tag{7.4.5}$$

在前面章节中，我们一直将空域网格看成固定的常量。如果将网格点看成变量，同时参与动态更新，则可以解决真实目标入射角度与离散网格之间的离网误差。由于接收数据$\boldsymbol{Y}$与角度矢量$\boldsymbol{\Omega}$有关，所以要将式（7.4.3）看成与网格角度有关的后验概率分布数学期望，由此将式（7.4.3）改写成

$$\begin{aligned}&\mathbb{E}_{p(\tilde{\boldsymbol{S}}|\boldsymbol{Y},\alpha_0,\boldsymbol{\alpha};\Omega)}\{\ln p(\tilde{\boldsymbol{S}},\boldsymbol{Y},\alpha_0,\boldsymbol{\alpha}\ ;\boldsymbol{\Omega})\}\\&=\mathbb{E}_{p(\tilde{\boldsymbol{S}}|\boldsymbol{Y},\alpha_0,\boldsymbol{\alpha};\Omega)}\left\{\ln p(\boldsymbol{Y}\big|\tilde{\boldsymbol{S}},\alpha_0\ ;\boldsymbol{\Omega})p(\tilde{\boldsymbol{S}}|\boldsymbol{\alpha})p(\boldsymbol{\alpha})p(\alpha_0)\right\}\end{aligned} \tag{7.4.6}$$

同样，使用 EM 技术对空间角度$\{\tilde{\theta}_1,\tilde{\theta}_2,\cdots,\tilde{\theta}_N\}$进行更新，求解后验概率关于空间网格点的极大值，实现网格点的更新。忽略式（7.4.6）中与$\boldsymbol{\Omega}$无关的独立项，可得

$$\begin{aligned}&\mathbb{E}_{p(\tilde{\boldsymbol{S}}|\boldsymbol{Y},\alpha_0,\boldsymbol{\alpha};\Omega)}\left\{\ln p(\boldsymbol{Y}\big|\tilde{\boldsymbol{S}},\alpha_0\ ;\boldsymbol{\Omega})\right\}\\&=-\alpha_0\sum_{l=1}^{L}\mathbb{E}_{p(\tilde{\boldsymbol{S}}|\boldsymbol{Y},\alpha_0,\boldsymbol{\alpha};\Omega)}\left\{\|\boldsymbol{y}(t_l)-\boldsymbol{A}(\boldsymbol{\Omega})\tilde{\boldsymbol{s}}(t_l)\|_2^2\right\}\\&=-\alpha_0\sum_{l=1}^{L}\|\boldsymbol{y}(t_l)-\boldsymbol{A}(\boldsymbol{\Omega})\boldsymbol{\mu}(t_l)\|_2^2-\alpha_0 L\text{tr}(\boldsymbol{A}(\boldsymbol{\Omega})\boldsymbol{\Sigma}\boldsymbol{A}^{\text{H}}(\boldsymbol{\Omega}))\end{aligned} \tag{7.4.7}$$

定义关于角度网格$\tilde{\theta}_n$的变量$v_n \triangleq \text{e}^{-\text{j}2\pi\left(\frac{d}{\lambda}\right)\sin(\tilde{\theta}_n)}$，对式（7.4.7）求关于$v_n$的偏导，并令其结果等于零，即

$$\frac{\partial\left(-\alpha_0\sum_{l=1}^{L}\|\boldsymbol{y}(t_l)-\boldsymbol{A}(\boldsymbol{\Omega})\tilde{\boldsymbol{s}}(t_l)\|_2^2-\alpha_0 L\text{tr}(\boldsymbol{A}(\boldsymbol{\Omega})\boldsymbol{\Sigma}\boldsymbol{A}^{\text{H}}(\boldsymbol{\Omega}))\right)}{\partial v_n}=0 \tag{7.4.8}$$

由于

$$\begin{aligned}&\frac{\partial\sum_{l=1}^{L}\|\boldsymbol{y}(t_l)-\boldsymbol{A}(\boldsymbol{\Omega})\tilde{\boldsymbol{s}}(t_l)\|_2^2}{\partial v_n}\\&=(\boldsymbol{a}_n')^{\text{H}}\left(\boldsymbol{a}_n\sum_{l=1}^{L}\left|[\boldsymbol{\mu}(t_l)]_n\right|^2-\sum_{l=1}^{L}[\boldsymbol{\mu}^*(t_l)]_n\cdot\boldsymbol{y}(l-n)\right)\end{aligned} \tag{7.4.9}$$

$$\begin{aligned}&\frac{\partial\,\text{tr}(\boldsymbol{A}(\boldsymbol{\Omega})\boldsymbol{\Sigma}\boldsymbol{A}^{\text{H}}(\boldsymbol{\Omega}))}{\partial v_n}\\&=(\boldsymbol{a}_n')^{\text{H}}\boldsymbol{A}(\boldsymbol{\Omega})\boldsymbol{\Sigma}(:,n)=\left(\boldsymbol{a}_n'\right)^{\text{H}}\left(\boldsymbol{\Sigma}(n,n)\boldsymbol{a}_n+\sum_{q\neq n}\boldsymbol{\Sigma}(q,n)\boldsymbol{a}_q\right)\end{aligned} \tag{7.4.10}$$

式中，$\boldsymbol{a}_n$是$\boldsymbol{A}(\boldsymbol{\Omega})$的第$n$列、$[\boldsymbol{\mu}(t_l)]_n$是矢量$\boldsymbol{\mu}(t_l)$的第$n$个元素；$\boldsymbol{a}_n' \triangleq \text{d}\boldsymbol{a}_n/\text{d}v_n$，$\boldsymbol{y}(l-n)\triangleq\boldsymbol{y}(t_l)-\sum_{q\neq n}[\boldsymbol{\mu}(t_l)]_q\boldsymbol{a}_q$。将式（7.4.9）与式（7.4.10）代入式（7.4.8），可得

$$(\boldsymbol{a}_n')^{\mathrm{H}}\left(\underbrace{\boldsymbol{a}_n\sum_{l=1}^{L}\left(\left|[\boldsymbol{\mu}(t_l)]_n\right|^2+\boldsymbol{\Sigma}(n,n)\right)}_{\triangleq\phi^{(n)}}+\underbrace{L\sum_{q\neq n}\boldsymbol{\Sigma}(q,n)\boldsymbol{a}_q-\sum_{l=1}^{L}[\boldsymbol{\mu}^*(t_l)]_n\cdot\boldsymbol{y}(l-n)}_{\triangleq\boldsymbol{\varphi}^{(n)}}\right)=0 \tag{7.4.11}$$

式中，

$$\phi^{(n)}=\sum_{i=1}^{L}\left(\left|[\boldsymbol{\mu}(t_i)]_n\right|^2+\boldsymbol{\Sigma}(n,n)\right)$$

$$\boldsymbol{\varphi}^{(n)}=L\sum_{q\neq n}\boldsymbol{\Sigma}(q,n)\boldsymbol{a}_q-\sum_{l=1}^{L}[\boldsymbol{\mu}^*(t_l)]_n\cdot\boldsymbol{y}(l-n)$$

对于 M 维均匀阵列，导向矢量结构为

$$\begin{aligned}\boldsymbol{a}_n&=[1,\mathrm{e}^{-\mathrm{j}2\pi\left(\frac{d}{\lambda}\right)\sin(\tilde{\theta}_n)},\cdots,\mathrm{e}^{-\mathrm{j}2\pi(M-1)\left(\frac{d}{\lambda}\right)\sin(\tilde{\theta}_n)}]^{\mathrm{T}}\\&=[\nu_n^0,\nu_n^1,\cdots,\nu_n^{M-1}]^{\mathrm{T}}\end{aligned} \tag{7.4.12}$$

因此有

$$\boldsymbol{a}_n'=\mathrm{d}\boldsymbol{a}_n/\mathrm{d}\nu_n=[0,1,2\nu_n,\cdots,(M-1)\nu_n^{M-2}]^{\mathrm{T}} \tag{7.4.13}$$

将式（7.4.11）左侧展开，并将式（7.4.13）代入，得

$$\begin{aligned}(\boldsymbol{a}_n')^{\mathrm{H}}(\boldsymbol{a}_n\phi^{(n)}+\boldsymbol{\varphi}^{(n)})&=(\boldsymbol{a}_n')^{\mathrm{H}}\boldsymbol{a}_n\phi^{(n)}+(\boldsymbol{a}_n')^{\mathrm{H}}\boldsymbol{\varphi}^{(n)}\\&=(\boldsymbol{a}_n')^{\mathrm{H}}\boldsymbol{a}_n\phi^{(n)}+(\boldsymbol{a}_n')^{\mathrm{H}}\boldsymbol{\varphi}^{(n)}\\&=\frac{(M-1)M}{2}\nu_n\phi^{(n)}+(\boldsymbol{a}_n')^{\mathrm{H}}\boldsymbol{\varphi}^{(n)}\\&=\frac{(M-1)M}{2}\nu_n\phi^{(n)}+[0,1,2\nu_n^{-1},\cdots,(M-1)\nu_n^{-(M-2)}]\ \boldsymbol{\varphi}^{(n)}\end{aligned} \tag{7.4.14}$$

整理式（7.4.14），可以将其写为多项式形式：

$$(\boldsymbol{a}_n')^{\mathrm{H}}(\boldsymbol{a}_n\phi^{(n)}+\boldsymbol{\varphi}^{(n)})=[\nu_n,1,\nu_n^{-1},\cdots,\nu_n^{-(M-2)}]\begin{bmatrix}\frac{M(M-1)}{2}\phi^{(n)}\\\varphi_2^{(n)}\\2\varphi_3^{(n)}\\\vdots\\(M-1)\varphi_M^{(n)}\end{bmatrix}=0 \tag{7.4.15}$$

式中，$\varphi_m^{(n)}$ 表示 $\boldsymbol{\varphi}^{(n)}$ 的第 m 个元素，$m=2,3,\cdots,M$ 。ν_n 的多项式阶数为 $M-1$，所以复平面内有 $M-1$ 个复数解，其中只有一个解与网格点更新有关。根据 ν_n 的定义可知，正确的解应落在单位圆上。由于噪声的干扰，选择的根应该尽量靠近单位圆。由求得的根 $\hat{\nu}_n$，可以根据定义得到更新的第 n 个网格位置：

$$\tilde{\theta}_n^{\mathrm{new}}=\arcsin\left(-\frac{\lambda}{2\pi d}\cdot\arg(\hat{\nu}_n)\right) \tag{7.4.16}$$

由于信号在空域中的稀疏性，算法并不需要对每一个离散网格点 $\tilde{\theta}_n$ 都进行更新。为了提高算法的效率，可以设置一定原则来选择合适的网格点进行更新。由于信号 $\tilde{\boldsymbol{S}}$ 具有行稀疏性，可根据当前后验概率均值 $\boldsymbol{\mu}$ 的 Frobenius 范数，选出多个较大能量的网格点进行更新（更新的网格数小于阵元数）。为了保证更新的 $\tilde{\theta}_n^{\mathrm{new}}$ 在待更新网格点 $\hat{\theta}_n$ 附近，对 $\tilde{\theta}_n^{\mathrm{new}}$ 再增加一次区间判断：如果 $\tilde{\theta}_n^{\mathrm{new}}$ 落在对应网格角度 $\hat{\theta}_n$ 左右半个网格宽度 $\left[(\hat{\theta}_{n-1}+\hat{\theta}_n)/2,(\hat{\theta}_n+\hat{\theta}_{n+1})/2\right]$ 内，就

采用 $\hat{\theta}_n^{\text{new}}$ 作为新的网格替换 $\hat{\theta}_n$，否则不更新。算法流程如算法 7.3 所示。

算法 7.3　求根离网稀疏贝叶斯（Root-SBL）算法

输入： 接收数据 $\boldsymbol{Y}\in\mathbb{C}^{M\times L}$，完备字典 $\boldsymbol{A}(\boldsymbol{\Omega})$。

初始化： 初始化超参数 $\boldsymbol{\alpha}=\mathbf{1}_N,\alpha_0=1$，$\boldsymbol{\mu}=0,\ \boldsymbol{\Sigma}=0$。

重复：

1）通过式（7.4.2）分别更新 $\boldsymbol{\mu}$ 和 $\boldsymbol{\Sigma}$；

2）通过式（7.4.4）与式（7.4.5）更新超参数 $\boldsymbol{\alpha},\alpha_{0,}$；

3）计算 $\|\boldsymbol{\mu}(n,:)\|_2^2,n=1,2,\cdots,N$，选择 γ 个最大值，其对应网格位置为备选更新网格点；

4）根据步骤 3）选出的网格位置，使用式（7.4.15）、式（7.4.16）更新网格点 θ_n^{new} 替换原网格点。

直到达到停止条件，例如，$\|\boldsymbol{\mu}^{\text{new}}-\boldsymbol{\mu}\|_\text{F}^2\big/\|\boldsymbol{\mu}\|_\text{F}^2\leqslant\delta$ 或达到最大迭代次数。

输出： 重构入射信号 $\tilde{\boldsymbol{S}}=\hat{\boldsymbol{\mu}}$，$\tilde{\boldsymbol{S}}$ 能量最大的 K 位置对应的网格点就是入射信号角度。

7.4.2　仿真与性能分析

实验一：Root-MUSIC、TLS-ESPRIT、L_1-SVD、OGSBI、Root-SBL 等算法的 DOA 估计精度

仿真条件：假设空间远场存在两个不相干等功率辐射源，入射方向以 $\theta_1=0^\circ$，$\theta_2=30^\circ$ 为中心呈均匀分布的方式随机变化，变化范围在 1° 之内；使用阵元间距为半波长的 10 阵元均匀线阵接收信号，快拍数 $L=200$；噪声为零均值复高斯均匀白噪声；每个信噪比共进行 100 次独立的仿真实验。OGSBI 算法与 Root-SBL 算法网格宽度预设为 1°；L_1-SVD 算法网格宽度设为 1°。

从图 7.4.1 可知，Root-SBL 在较高信噪比下的 RMSE 更接近 CRB 的曲线。由于利用了均匀线阵的特点，在动态网格更新中使用了多项式求根得到了入射角度的闭式解，成功避免了网格带来的模型失配问题。因此，比 L_1-SVD、OGSBI 算法拥有更好的测向性能。

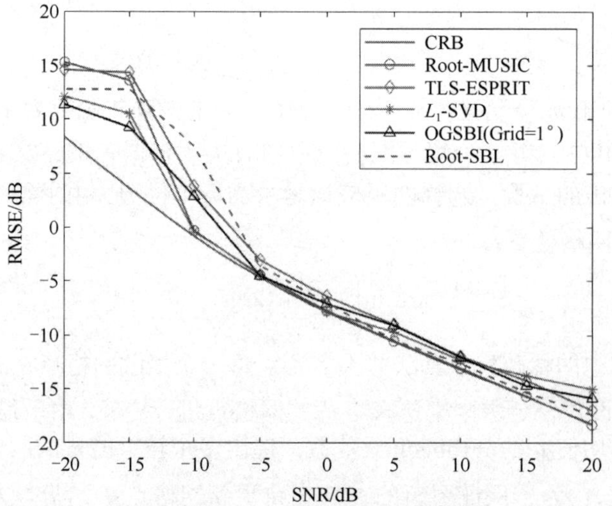

图 7.4.1　RMSE 随 SNR 变化曲线

实验二：网格宽度对 Root-SBL 算法估计精度的影响

仿真条件：假设空间远场存在两个不相关等功率辐射源，入射方向以 $\theta_1 = 0^\circ$，$\theta_2 = 30^\circ$ 为中心呈均匀分布的方式随机变化，变化范围在1°之内；使用阵元间距为半波长的 10 阵元均匀线阵接收信号，快拍数 $L = 200$；噪声为零均值复高斯均匀白噪声；进行多次独立的仿真实验。

图 7.4.2 给出了估计精度与网格大小之间的关系。由图可以看出，预设网格大小与测向精度并不是呈单调变化关系。与 OGSBI 算法相同，在设置网格之初，应该折中考虑信号分辨力和算法计算复杂度问题。网格大可以提高算法计算速度，但是也决定了目标最小分辨力。由算法原理可知，目标入射网格位置的动态更新仅提高了目标入射方向的估计精度，并没有增加网格数量，不能提高对邻近目标的分辨力。因此，为了适应多目标入射方向较近的情况，网格预设宽度不宜过大。

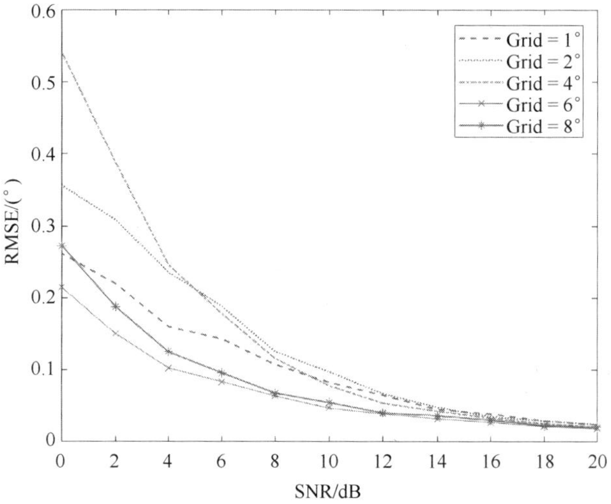

图 7.4.2　Root-SBL 算法估计精度与网格大小的关系

7.5　本章小结

稀疏贝叶斯学习（SBL）类算法利用贝叶斯定理中由后验推导先验的思想，通过贝叶斯公式，将观测数据的似然函数和入射角度的先验分布转化为估计角度的后验分布。对入射信号构造灵活的参数化先验分布，而参数将从观测数据中逐步“学习”得到，最终实现信号的精确重构和波达方向的估计。此类算法的主要优势在于：

（1）不必考虑过完备字典中原子之间的相关性，相比正则化重构算法，不必考虑正则参数，因此有着更好的适用性。

（2）在事先不知道稀疏矢量稀疏度的情况下也能获得较好的重构性能。

（3）研究证明，在收敛性方面，SBL 算法与 L_0 范数有着同样的性能，且 SBL 算法和迭代加权的 L_0 范数约束最小化算法等价。在处理空间谱估计问题中，对非相关邻近入射信号分辨力和测向精度两个方面较 L_1 正则化重构算法略好，但在处理邻近相干信号的能力弱于 L_1 正则化重构算法。

附录 7.A 关于式（7.2.9）的推导

由式（7.2.8）

$$p(\tilde{s}|\boldsymbol{y},\boldsymbol{\alpha},\alpha_0)=\frac{p(\boldsymbol{y}|\tilde{s},\alpha_0)p(\tilde{s}|\boldsymbol{\alpha})}{\int p(\boldsymbol{y}|\tilde{s},\alpha_0)p(\tilde{s}|\boldsymbol{\alpha})\mathrm{d}\tilde{s}} \tag{7.A.1}$$

将式（7.2.2）与式（7.2.3）代入上式，得

$$\begin{aligned}p(\tilde{s}|\boldsymbol{y},\boldsymbol{\alpha},\alpha_0)&=\frac{\exp\left\{-\frac{1}{\sigma_0}\|\boldsymbol{y}-\boldsymbol{A}\tilde{s}\|^2\right\}\exp\{-\tilde{s}^{\mathrm{H}}\boldsymbol{\Lambda}\,\tilde{s}\}}{\int\exp\left\{-\frac{1}{\sigma_0}\|\boldsymbol{y}-\boldsymbol{A}\tilde{s}\|^2\right\}\exp\{-\tilde{s}^{\mathrm{H}}\boldsymbol{\Lambda}\,\tilde{s}\}\mathrm{d}\tilde{s}}\\&=\frac{\exp\left(-\frac{1}{\sigma_0}(\tilde{s}^{\mathrm{H}}\boldsymbol{A}^{\mathrm{H}}\boldsymbol{A}\tilde{s}+\tilde{s}^{\mathrm{H}}\boldsymbol{\Lambda}\tilde{s}\sigma_0-\boldsymbol{y}^{\mathrm{H}}\boldsymbol{A}\tilde{s}-\tilde{s}^{\mathrm{H}}\boldsymbol{A}^{\mathrm{H}}\boldsymbol{y})\right)}{\int\exp\left(-\frac{1}{\sigma_0}(\tilde{s}^{\mathrm{H}}\boldsymbol{A}^{\mathrm{H}}\boldsymbol{A}\tilde{s}+\tilde{s}^{\mathrm{H}}\boldsymbol{\Lambda}\tilde{s}\sigma_0-\boldsymbol{y}^{\mathrm{H}}\boldsymbol{A}\tilde{s}-\tilde{s}^{\mathrm{H}}\boldsymbol{A}^{\mathrm{H}}\boldsymbol{y})\right)\mathrm{d}\tilde{s}}\\&=\frac{\exp\left(-\frac{1}{\sigma_0}(\tilde{s}^{\mathrm{H}}(\boldsymbol{A}^{\mathrm{H}}\boldsymbol{A}+\boldsymbol{\Lambda}\sigma_0)\tilde{s}-\boldsymbol{y}^{\mathrm{H}}\boldsymbol{A}\tilde{s}-\tilde{s}^{\mathrm{H}}\boldsymbol{A}^{\mathrm{H}}\boldsymbol{y})\right)}{\int\exp\left(-\frac{1}{\sigma_0}(\tilde{s}^{\mathrm{H}}(\boldsymbol{A}^{\mathrm{H}}\boldsymbol{A}+\boldsymbol{\Lambda}\sigma_0)\tilde{s}-\boldsymbol{y}^{\mathrm{H}}\boldsymbol{A}\tilde{s}-\tilde{s}^{\mathrm{H}}\boldsymbol{A}^{\mathrm{H}}\boldsymbol{y})\right)\mathrm{d}\tilde{s}}\end{aligned} \tag{7.A.2}$$

令 $\boldsymbol{B}=\boldsymbol{A}^{\mathrm{H}}\boldsymbol{A}+\boldsymbol{\Lambda}\sigma_0$，则上式化为

$$\begin{aligned}p(\tilde{s}|\boldsymbol{y},\boldsymbol{\alpha},\alpha_0)&=\frac{\exp\left\{-\frac{1}{\sigma_0}(\tilde{s}^{\mathrm{H}}\boldsymbol{B}\boldsymbol{s}-\boldsymbol{y}^{\mathrm{H}}\boldsymbol{A}\tilde{s}-\tilde{s}^{\mathrm{H}}\boldsymbol{A}^{\mathrm{H}}\boldsymbol{y})\right\}}{\int\exp\left\{-\frac{1}{\sigma_0}(\tilde{s}^{\mathrm{H}}\boldsymbol{B}\tilde{s}-\boldsymbol{y}^{\mathrm{H}}\boldsymbol{A}\tilde{s}-\tilde{s}^{\mathrm{H}}\boldsymbol{A}^{\mathrm{H}}\boldsymbol{y})\right\}\mathrm{d}\tilde{s}}\\&=\frac{\exp\left\{-\frac{1}{\sigma_0}((\tilde{s}-\boldsymbol{B}^{-1}\boldsymbol{A}^{\mathrm{H}}\boldsymbol{y})^{\mathrm{H}}\boldsymbol{B}(\tilde{s}-\boldsymbol{B}^{-1}\boldsymbol{A}^{\mathrm{H}}\boldsymbol{y})-\boldsymbol{y}^{\mathrm{H}}\boldsymbol{A}\boldsymbol{B}^{-1}\boldsymbol{A}^{\mathrm{H}}\boldsymbol{y})\right\}}{\int\exp\left\{-\frac{1}{\sigma_0}((\tilde{s}-\boldsymbol{B}^{-1}\boldsymbol{A}^{\mathrm{H}}\boldsymbol{y})^{\mathrm{H}}\boldsymbol{B}(\tilde{s}-\boldsymbol{B}^{-1}\boldsymbol{A}^{\mathrm{H}}\boldsymbol{y})-\boldsymbol{y}^{\mathrm{H}}\boldsymbol{A}\boldsymbol{B}^{-1}\boldsymbol{A}^{\mathrm{H}}\boldsymbol{y})\right\}\mathrm{d}\tilde{s}}\\&=\frac{\exp\left\{-\frac{1}{\sigma_0}((\tilde{s}-\boldsymbol{B}^{-1}\boldsymbol{A}^{\mathrm{H}}\boldsymbol{y})^{\mathrm{H}}\boldsymbol{B}(\tilde{s}-\boldsymbol{B}^{-1}\boldsymbol{A}^{\mathrm{H}}\boldsymbol{y}))\right\}}{\int\exp\left\{-\frac{1}{\sigma_0}((\tilde{s}-\boldsymbol{B}^{-1}\boldsymbol{A}^{\mathrm{H}}\boldsymbol{y})^{\mathrm{H}}\boldsymbol{B}(\tilde{s}-\boldsymbol{B}^{-1}\boldsymbol{A}^{\mathrm{H}}\boldsymbol{y}))\right\}\mathrm{d}\tilde{s}}\\&=\pi^{-N}\left|\sigma_0\boldsymbol{B}^{-1}\right|^{-1}\exp\left\{-\left((\tilde{s}-\boldsymbol{B}^{-1}\boldsymbol{A}^{\mathrm{H}}\boldsymbol{y})^{\mathrm{H}}\frac{\boldsymbol{B}}{\sigma_0}(\tilde{s}-\boldsymbol{B}^{-1}\boldsymbol{A}^{\mathrm{H}}\boldsymbol{y})\right)\right\}\\&=\pi^{-N}\left|\sigma_0\boldsymbol{B}^{-1}\right|^{-1}\exp\{-((\tilde{s}-\boldsymbol{\mu})^{\mathrm{H}}\boldsymbol{\Sigma}^{-1}(\tilde{s}-\boldsymbol{\mu}))\}\\&=\mathcal{CN}(\boldsymbol{\mu},\boldsymbol{\Sigma})\end{aligned} \tag{7.A.3}$$

式中，后验概率正态分布的均值和方差分别为

$$\begin{aligned}\boldsymbol{\mu}&=\boldsymbol{B}^{-1}\boldsymbol{A}^{\mathrm{H}}\boldsymbol{y}=\sigma_0^{-1}\boldsymbol{\Sigma}\boldsymbol{A}^{\mathrm{H}}\boldsymbol{y}\\ \boldsymbol{\Sigma}&=\sigma_0\boldsymbol{B}^{-1}=(\sigma_0^{-1}\boldsymbol{A}^{\mathrm{H}}\boldsymbol{A}+\boldsymbol{\Lambda})^{-1}\end{aligned} \tag{7.A.4}$$

又由 Woodbury 求逆公式：

$$\begin{aligned}\boldsymbol{\Sigma}&=(\sigma_0^{-1}\boldsymbol{A}^{\mathrm{H}}\boldsymbol{A}+\boldsymbol{\Lambda})^{-1}\\ &=\boldsymbol{\Lambda}^{-1}-\boldsymbol{\Lambda}^{-1}\boldsymbol{A}^{\mathrm{H}}(\sigma_0\boldsymbol{I}+\boldsymbol{A}\boldsymbol{\Lambda}^{-1}\boldsymbol{A}^{\mathrm{H}})^{-1}\boldsymbol{A}\boldsymbol{\Lambda}^{-1}\\ &=\boldsymbol{\Lambda}^{-1}-\boldsymbol{\Lambda}^{-1}\boldsymbol{A}^{\mathrm{H}}\boldsymbol{C}^{-1}\boldsymbol{A}\boldsymbol{\Lambda}^{-1}\end{aligned} \tag{7.A.5}$$

其中，$\boldsymbol{C}=(\sigma_0\boldsymbol{I}+\boldsymbol{A}\boldsymbol{\Lambda}^{-1}\boldsymbol{A}^{\mathrm{H}})$。将上式代入式（7.A.4）中的均值公式：

$$\begin{aligned}\boldsymbol{\mu}&=\sigma_0^{-1}\boldsymbol{\Sigma}\boldsymbol{A}^{\mathrm{H}}\boldsymbol{y}\\ &=\sigma_0^{-1}(\boldsymbol{\Lambda}^{-1}-\boldsymbol{\Lambda}^{-1}\boldsymbol{A}^{\mathrm{H}}\boldsymbol{C}^{-1}\boldsymbol{A}\boldsymbol{\Lambda}^{-1})\boldsymbol{A}^{\mathrm{H}}\boldsymbol{y}\\ &=\boldsymbol{\Lambda}^{-1}(\sigma_0^{-1}\boldsymbol{A}^{\mathrm{H}}-\sigma_0^{-1}\boldsymbol{A}^{\mathrm{H}}\boldsymbol{C}^{-1}\boldsymbol{A}\boldsymbol{\Lambda}^{-1}\boldsymbol{A}^{\mathrm{H}})\boldsymbol{y}\\ &=\boldsymbol{\Lambda}^{-1}\boldsymbol{A}^{\mathrm{H}}(\sigma_0^{-1}\boldsymbol{I}-\sigma_0^{-1}\boldsymbol{C}^{-1}\boldsymbol{A}\boldsymbol{\Lambda}^{-1}\boldsymbol{A}^{\mathrm{H}})\boldsymbol{y}\\ &=\boldsymbol{\Lambda}^{-1}\boldsymbol{A}^{\mathrm{H}}(\sigma_0^{-1}\boldsymbol{I}-\sigma_0^{-1}\boldsymbol{C}^{-1}(\boldsymbol{C}-\sigma_0\boldsymbol{I}))\boldsymbol{y}\\ &=\boldsymbol{\Lambda}^{-1}\boldsymbol{A}^{\mathrm{H}}(\sigma_0^{-1}\boldsymbol{I}-\sigma_0^{-1}\boldsymbol{I}+\boldsymbol{C}^{-1})\boldsymbol{y}\\ &=\boldsymbol{\Lambda}^{-1}\boldsymbol{A}^{\mathrm{H}}\boldsymbol{C}^{-1}\boldsymbol{y}\end{aligned} \tag{7.A.6}$$

式（7.2.9）得证。

附录 7.B　关于式（7.2.12）的推导

由

$$p(\boldsymbol{y}|\boldsymbol{\alpha},\alpha_0)=\int p(\boldsymbol{y}|\tilde{\boldsymbol{s}},\alpha_0)p(\tilde{\boldsymbol{s}}|\boldsymbol{\alpha})\mathrm{d}\tilde{\boldsymbol{s}}$$

将式（7.2.2）和式（7.2.3）代入上式，得

$$\begin{aligned}p(\boldsymbol{y}|\boldsymbol{\alpha},\alpha_0)&=(\pi\sigma_0)^{-M}(\pi)^{-N}\int|\boldsymbol{\Lambda}|\exp\left\{-\frac{\|\boldsymbol{y}-\boldsymbol{A}\tilde{\boldsymbol{s}}\|_2^2}{\sigma_0}\right\}\exp\{-\boldsymbol{s}^{\mathrm{H}}\boldsymbol{\Lambda}\tilde{\boldsymbol{s}}\}\mathrm{d}\tilde{\boldsymbol{s}}\\ &=(\pi)^{-N}|\boldsymbol{\Lambda}|(\pi\sigma_0)^{-M}\int\exp\left\{-\frac{(\boldsymbol{y}^{\mathrm{H}}\boldsymbol{y}-\boldsymbol{y}^{\mathrm{H}}\boldsymbol{A}\tilde{\boldsymbol{s}}-\tilde{\boldsymbol{s}}^{\mathrm{H}}\boldsymbol{A}^{\mathrm{H}}\boldsymbol{y}+\tilde{\boldsymbol{s}}^{\mathrm{H}}\boldsymbol{A}^{\mathrm{H}}\boldsymbol{A}\tilde{\boldsymbol{s}}+\sigma_0\tilde{\boldsymbol{s}}^{\mathrm{H}}\boldsymbol{\Lambda}\tilde{\boldsymbol{s}})}{\sigma_0}\right\}\mathrm{d}\tilde{\boldsymbol{s}}\\ &=(\pi)^{-N}|\boldsymbol{\Lambda}|(\pi\sigma_0)^{-M}\exp\left(-\frac{\boldsymbol{y}^{\mathrm{H}}\boldsymbol{y}}{\sigma_0}\right)\int\exp\left\{-\frac{(\tilde{\boldsymbol{s}}^{\mathrm{H}}(\boldsymbol{A}^{\mathrm{H}}\boldsymbol{A}+\boldsymbol{\Lambda}\sigma_0)\tilde{\boldsymbol{s}}-\boldsymbol{y}^{\mathrm{H}}\boldsymbol{A}\tilde{\boldsymbol{s}}-\tilde{\boldsymbol{s}}^{\mathrm{H}}\boldsymbol{A}^{\mathrm{H}}\boldsymbol{y})}{\sigma_0}\right\}\mathrm{d}\tilde{\boldsymbol{s}}\end{aligned} \tag{7.B.1}$$

令 $\boldsymbol{B}=\boldsymbol{A}^{\mathrm{H}}\boldsymbol{A}+\boldsymbol{\Lambda}\sigma_0$，则

$$\begin{aligned}p(\boldsymbol{y}|\boldsymbol{\alpha},\alpha_0)&=(\pi)^{-N}|\boldsymbol{\Lambda}|(\pi\sigma_0)^{-M}\exp\left\{-\frac{\boldsymbol{y}^{\mathrm{H}}\boldsymbol{y}}{\sigma_0}\right\}\int\exp\left\{-\frac{((\tilde{\boldsymbol{s}}-\boldsymbol{B}^{-1}\boldsymbol{A}^{\mathrm{H}}\boldsymbol{y})^{\mathrm{H}}\boldsymbol{B}(\tilde{\boldsymbol{s}}-\boldsymbol{B}^{-1}\boldsymbol{A}^{\mathrm{H}}\boldsymbol{y})-\boldsymbol{y}^{\mathrm{H}}\boldsymbol{A}\boldsymbol{B}^{-1}\boldsymbol{A}^{\mathrm{H}}\boldsymbol{y})}{\sigma_0}\right\}\mathrm{d}\tilde{\boldsymbol{s}}\\ &=(\pi)^{-N}|\boldsymbol{\Lambda}|(\pi\sigma_0)^{-M}\exp\left\{-\frac{(\boldsymbol{y}^{\mathrm{H}}\boldsymbol{y}-\boldsymbol{y}^{\mathrm{H}}\boldsymbol{A}\boldsymbol{B}^{-1}\boldsymbol{A}^{\mathrm{H}}\boldsymbol{y})}{\sigma_0}\right\}\int\exp\left\{-(\tilde{\boldsymbol{s}}-\boldsymbol{B}^{-1}\boldsymbol{A}^{\mathrm{H}}\boldsymbol{y})^{\mathrm{H}}\frac{\boldsymbol{B}}{\sigma_0}(\tilde{\boldsymbol{s}}-\boldsymbol{B}^{-1}\boldsymbol{A}^{\mathrm{H}}\tilde{\boldsymbol{s}})\right\}\mathrm{d}\tilde{\boldsymbol{s}}\end{aligned} \tag{7.B.2}$$

由标准正态分布定义，可知：

$$\int\exp\left\{-(\tilde{\boldsymbol{s}}-\boldsymbol{B}^{-1}\boldsymbol{A}^{\mathrm{H}}\boldsymbol{y})^{\mathrm{H}}\frac{\boldsymbol{B}}{\sigma_0}(\tilde{\boldsymbol{s}}-\boldsymbol{B}^{-1}\boldsymbol{A}^{\mathrm{H}}\tilde{\boldsymbol{s}})\right\}\mathrm{d}\tilde{\boldsymbol{s}}=(\pi)^{N}\left|\sigma_0\boldsymbol{B}^{-1}\right|$$

因此，

$$\begin{aligned} p(\boldsymbol{y}|\boldsymbol{\alpha},\alpha_0) &= (\pi)^{-N}|\boldsymbol{\Lambda}|(\pi\sigma_0)^{-M}\exp\left(-\frac{\boldsymbol{y}^{\mathrm{H}}\boldsymbol{y}-\boldsymbol{y}^{\mathrm{H}}\boldsymbol{A}\boldsymbol{B}^{-1}\boldsymbol{A}^{\mathrm{H}}\boldsymbol{y}}{\sigma_0}\right)(\pi)^{N}\left|\sigma_0\boldsymbol{B}^{-1}\right| \\ &= \left|\sigma_0\boldsymbol{\Lambda}\boldsymbol{B}^{-1}\right|(\pi\sigma_0)^{-M}\exp\left(-\frac{\boldsymbol{y}^{\mathrm{H}}\boldsymbol{y}-\boldsymbol{y}^{\mathrm{H}}\boldsymbol{A}\boldsymbol{B}^{-1}\boldsymbol{A}^{\mathrm{H}}\boldsymbol{y}}{\sigma_0}\right) \\ &= (\pi\sigma_0)^{-M}\left|\sigma_0\boldsymbol{\Lambda}[(\boldsymbol{A}^{\mathrm{H}}\boldsymbol{A}\boldsymbol{\Lambda}^{-1}+\boldsymbol{I}\sigma_0)\boldsymbol{\Lambda}]^{-1}\right|\exp\left\{-\frac{\boldsymbol{y}^{\mathrm{H}}\boldsymbol{y}-\boldsymbol{y}^{\mathrm{H}}\boldsymbol{A}(\boldsymbol{A}^{\mathrm{H}}\boldsymbol{A}+\boldsymbol{\Lambda}\sigma_0)^{-1}\boldsymbol{A}^{\mathrm{H}}\boldsymbol{y}}{\sigma_0}\right\} \\ &= \pi^{-M}\left|\boldsymbol{A}^{\mathrm{H}}\boldsymbol{A}\boldsymbol{\Lambda}^{-1}+\sigma_0\boldsymbol{I}\right|^{-1}\exp\left\{-\boldsymbol{y}^{\mathrm{H}}\left[\frac{\boldsymbol{I}-\boldsymbol{A}(\boldsymbol{A}^{\mathrm{H}}\boldsymbol{A}+\boldsymbol{\Lambda}\sigma_0)^{-1}\boldsymbol{A}^{\mathrm{H}}}{\sigma_0}\right]\boldsymbol{y}\right\} \end{aligned} \tag{7.B.3}$$

应用 Woodbury 求逆公式：

$$\begin{aligned} (\boldsymbol{A}^{\mathrm{H}}\boldsymbol{A}\boldsymbol{\Lambda}^{-1}+\sigma_0\boldsymbol{I})^{-1} &= \sigma_0^{-1}\boldsymbol{I}-\sigma_0^{-1}\boldsymbol{A}(\boldsymbol{\Lambda}+\sigma_0^{-1}\boldsymbol{A}^{\mathrm{H}}\boldsymbol{A})^{-1}\boldsymbol{A}^{\mathrm{H}}\sigma_0^{-1} \\ &= \sigma_0^{-1}\boldsymbol{I}-\sigma_0^{-1}(\boldsymbol{A}^{\mathrm{H}}\boldsymbol{A}+\boldsymbol{\Lambda}\sigma_0)^{-1}\boldsymbol{A}^{\mathrm{H}} \end{aligned} \tag{7.B.4}$$

将式（7.B.4）代入式（7.B.3），可得

$$\begin{aligned} p(\boldsymbol{y}|\boldsymbol{\alpha},\alpha_0) &= \pi^{-M}\left|\boldsymbol{A}^{\mathrm{H}}\boldsymbol{A}\boldsymbol{\Lambda}^{-1}+\sigma_0\boldsymbol{I}\right|^{-1}\exp\{-\boldsymbol{y}^{\mathrm{H}}(\boldsymbol{A}^{\mathrm{H}}\boldsymbol{A}\boldsymbol{\Lambda}^{-1}+\sigma_0\boldsymbol{I})^{-1}\boldsymbol{y}\} \\ &= \pi^{-M}|\boldsymbol{C}|^{-1}\exp\{-\boldsymbol{y}^{\mathrm{H}}\boldsymbol{C}^{-1}\boldsymbol{y}\} \end{aligned}$$

其中，$\boldsymbol{C}=\boldsymbol{A}^{\mathrm{H}}\boldsymbol{A}\boldsymbol{\Lambda}^{-1}+\sigma_0\boldsymbol{I}$，式（7.2.12）得证。

附录 7.C　关于式（7.2.16）的推导

推导过程采用两种方法。

（a）基于 Type Ⅱ 最大似然函数的推导过程

目标函数为

$$\ell(\boldsymbol{\alpha},a_0)=\ln|\boldsymbol{C}|+\boldsymbol{y}^{\mathrm{H}}\boldsymbol{C}^{-1}\boldsymbol{y}$$

其中，$\boldsymbol{C}=\sigma_0\boldsymbol{I}+\boldsymbol{A}^{\mathrm{H}}\boldsymbol{\Lambda}^{-1}\boldsymbol{A}$。由

$$\begin{aligned} |\boldsymbol{\Lambda}||\boldsymbol{C}| &= |\boldsymbol{\Lambda}|\left|\sigma_0\boldsymbol{I}+\boldsymbol{A}\boldsymbol{\Lambda}^{-1}\boldsymbol{A}^{\mathrm{H}}\right| \\ &= |\sigma_0\boldsymbol{I}_M|\left|\boldsymbol{\Lambda}(\boldsymbol{A}^{\mathrm{H}})^{-1}+\sigma_0^{-1}\boldsymbol{\Lambda}\boldsymbol{A}\boldsymbol{\Lambda}^{-1}\right||\boldsymbol{A}^{\mathrm{H}}| \\ &= |\sigma_0\boldsymbol{I}_M||\boldsymbol{A}^{\mathrm{H}}||\boldsymbol{\Lambda}|\left|(\boldsymbol{A}^{\mathrm{H}})^{-1}+\sigma_0^{-1}\boldsymbol{A}\boldsymbol{\Lambda}^{-1}\right| \\ &= |\sigma_0\boldsymbol{I}_M||\boldsymbol{A}^{\mathrm{H}}|\left|(\boldsymbol{A}^{\mathrm{H}})^{-1}+\sigma_0^{-1}\boldsymbol{A}\boldsymbol{\Lambda}^{-1}\right||\boldsymbol{\Lambda}| \\ &= |\sigma_0\boldsymbol{I}_M|\left|\boldsymbol{\Lambda}+\sigma_0^{-1}\boldsymbol{A}^{\mathrm{H}}\boldsymbol{A}\right| \\ &= |\sigma_0\boldsymbol{I}_M||\boldsymbol{\Sigma}|^{-1} \end{aligned} \tag{7.C.1}$$

其中，$\boldsymbol{\Sigma}=(\boldsymbol{\Lambda}+\sigma_0^{-1}\boldsymbol{A}^{\mathrm{H}}\boldsymbol{A})^{-1}$ 为后验概率分布的方差，见式（7.2.10）。所以

$$\ln|\boldsymbol{C}|=\ln\frac{|\boldsymbol{\Lambda}||\boldsymbol{C}|}{|\boldsymbol{\Lambda}|}=M\ln\sigma_0+\ln|\boldsymbol{\Sigma}|^{-1}-\ln|\boldsymbol{\Lambda}| \tag{7.C.2}$$

根据 Woodbury 求逆公式可得

$$\begin{aligned}\boldsymbol{C}^{-1} &= (\sigma_0 \boldsymbol{I} + \boldsymbol{A}\boldsymbol{\Lambda}^{-1}\boldsymbol{A}^{\mathrm{H}})^{-1} \\ &= \sigma_0^{-1}\boldsymbol{I} - \sigma_0^{-1}\boldsymbol{A}(\boldsymbol{\Lambda} + \sigma_0^{-1}\boldsymbol{A}^{\mathrm{H}}\boldsymbol{A})^{-1}\boldsymbol{A}^{\mathrm{H}}\sigma_0^{-1} \\ &= \sigma_0^{-1}\boldsymbol{I} - \sigma_0^{-2}\boldsymbol{A}\boldsymbol{\Sigma}\boldsymbol{A}^{\mathrm{H}}\end{aligned} \tag{7.C.3}$$

所以

$$\begin{aligned}\boldsymbol{y}^{\mathrm{H}}\boldsymbol{C}^{-1}\boldsymbol{y} &= \boldsymbol{y}^{\mathrm{H}}(\sigma_0 \boldsymbol{I} + \boldsymbol{A}\boldsymbol{\Lambda}^{-1}\boldsymbol{A}^{\mathrm{H}})^{-1}\boldsymbol{y} \\ &= \boldsymbol{y}^{\mathrm{H}}(\sigma_0^{-1}\boldsymbol{I} - \sigma_0^{-1}\boldsymbol{A}\boldsymbol{\Sigma}\boldsymbol{A}^{\mathrm{H}})\boldsymbol{y} \\ &= \sigma_0^{-1}\boldsymbol{y}^{\mathrm{H}}\boldsymbol{y} - \sigma_0^{-1}\boldsymbol{y}^{\mathrm{H}}\boldsymbol{A}\boldsymbol{\Sigma}\boldsymbol{A}^{\mathrm{H}}\boldsymbol{y} \\ &= \sigma_0^{-1}\boldsymbol{y}^{\mathrm{H}}(\boldsymbol{y} - \boldsymbol{A}\boldsymbol{\mu}) \\ &= \sigma_0^{-1}(\boldsymbol{y}^{\mathrm{H}} - \boldsymbol{\mu}^{\mathrm{H}}\boldsymbol{A}^{\mathrm{H}} + \boldsymbol{\mu}^{\mathrm{H}}\boldsymbol{A}^{\mathrm{H}})(\boldsymbol{y} - \boldsymbol{A}\boldsymbol{\mu}) \\ &= \sigma_0^{-1}\|\boldsymbol{y} - \boldsymbol{A}\boldsymbol{\mu}\|_2^2 + \sigma_0^{-1}\boldsymbol{\mu}^{\mathrm{H}}\boldsymbol{A}^{\mathrm{H}}\boldsymbol{y} - \sigma_0^{-1}\boldsymbol{\mu}^{\mathrm{H}}\boldsymbol{A}^{\mathrm{H}}\boldsymbol{A}\boldsymbol{\mu} \\ &= \sigma_0^{-1}\|\boldsymbol{y} - \boldsymbol{A}\boldsymbol{\mu}\|_2^2 + \boldsymbol{\mu}^{\mathrm{H}}\boldsymbol{\Sigma}^{-1}\boldsymbol{\mu} - \sigma_0^{-1}\boldsymbol{\mu}^{\mathrm{H}}\boldsymbol{A}^{\mathrm{H}}\boldsymbol{A}\boldsymbol{\mu} \\ &= \sigma_0^{-1}\|\boldsymbol{y} - \boldsymbol{A}\boldsymbol{\mu}\|_2^2 + \boldsymbol{\mu}^{\mathrm{H}}(\boldsymbol{\Lambda} + \sigma_0^{-1}\boldsymbol{A}^{\mathrm{H}}\boldsymbol{A} - \sigma_0^{-1}\boldsymbol{A}^{\mathrm{H}}\boldsymbol{A})\boldsymbol{\mu} \\ &= \sigma_0^{-1}\|\boldsymbol{y} - \boldsymbol{A}\boldsymbol{\mu}\|_2^2 + \boldsymbol{\mu}^{\mathrm{H}}\boldsymbol{\Lambda}\boldsymbol{\mu}\end{aligned} \tag{7.C.4}$$

其中，$\boldsymbol{\mu} = \sigma_0^{-1}\boldsymbol{\Sigma}\boldsymbol{A}^{\mathrm{H}}\boldsymbol{y}$。因此

$$\begin{aligned}\ell(\boldsymbol{\alpha}, \sigma_0) &= \ln|\boldsymbol{C}| + \boldsymbol{y}^{\mathrm{H}}\boldsymbol{C}^{-1}\boldsymbol{y} \\ &= M\ln\sigma_0 + \ln|\boldsymbol{\Sigma}|^{-1} - \ln|\boldsymbol{\Lambda}| + \sigma_0^{-1}\|\boldsymbol{y} - \boldsymbol{A}\boldsymbol{\mu}\|_2^2 + \boldsymbol{\mu}^{\mathrm{H}}\boldsymbol{\Lambda}\boldsymbol{\mu}\end{aligned} \tag{7.C.5}$$

对 $\ell(\boldsymbol{\alpha}, \sigma_0)$ 关于 α_n 求偏导，得

$$\begin{aligned}\frac{\partial \ell(\boldsymbol{\alpha}, \sigma_0)}{\partial \alpha_n} &= \frac{\partial M\ln\sigma_0}{\partial \alpha_n} + \frac{\partial \ln|\boldsymbol{\Sigma}^{-1}|}{\partial \alpha_n} - \frac{\partial \ln|\boldsymbol{\Lambda}|}{\partial \alpha_n} + \frac{\partial \sigma_0^{-1}\|\boldsymbol{y} - \boldsymbol{A}\boldsymbol{\mu}\|_2^2}{\partial \alpha_n} + \frac{\partial \boldsymbol{\mu}^{\mathrm{H}}\boldsymbol{\Lambda}\boldsymbol{\mu}}{\partial \alpha_n} \\ &= \frac{\partial \ln|\boldsymbol{\Sigma}^{-1}|}{\partial \alpha_n} - \frac{\partial \ln|\boldsymbol{\Lambda}|}{\partial \alpha_n} + \frac{\partial \boldsymbol{\mu}^{\mathrm{H}}\boldsymbol{\Lambda}\boldsymbol{\mu}}{\partial \alpha_n} \\ &= \boldsymbol{\Sigma}_{nn} - \frac{1}{\alpha_n} + \mu_n^2\end{aligned} \tag{7.C.6}$$

令 $\dfrac{\partial \ell(\boldsymbol{\alpha}, \sigma_0)}{\partial \alpha_n} = 0$，可得

$$\alpha_n = (\boldsymbol{\Sigma}_{nn} + \mu_n^2)^{-1}, \forall n = 1, 2, \cdots, N \tag{7.C.7}$$

对 $\ell(\boldsymbol{\alpha}, \sigma_0)$ 关于 σ_0 求偏导，得

$$\begin{aligned}\frac{\partial \ell(\boldsymbol{\alpha}, \sigma_0)}{\partial \sigma_0} &= \frac{\partial M\ln\sigma_0}{\partial \sigma_0} + \frac{\partial \ln|\boldsymbol{\Sigma}^{-1}|}{\partial \sigma_0} - \frac{\partial \ln|\boldsymbol{\Lambda}|}{\partial \sigma_0} + \frac{\partial \sigma_0^{-1}\|\boldsymbol{y} - \boldsymbol{A}\boldsymbol{\mu}\|_2^2}{\partial \sigma_0} + \frac{\partial \boldsymbol{\mu}^{\mathrm{H}}\boldsymbol{\Lambda}\boldsymbol{\mu}}{\partial \sigma_0} \\ &= \frac{M}{\sigma_0} + \mathrm{tr}\left(\boldsymbol{\Sigma}\frac{\partial(\boldsymbol{\Lambda} + \sigma_0^{-1}\boldsymbol{A}^{\mathrm{H}}\boldsymbol{A})}{\partial \sigma_0}\right) + \frac{\partial \sigma_0^{-1}\|\boldsymbol{y} - \boldsymbol{A}\boldsymbol{\mu}\|_2^2}{\partial \sigma_0} \\ &= \frac{M}{\sigma_0} - \mathrm{tr}\left(\boldsymbol{\Sigma}\frac{\boldsymbol{A}^{\mathrm{H}}\boldsymbol{A}}{\sigma_0^2}\right) - \frac{\|\boldsymbol{y} - \boldsymbol{A}\boldsymbol{\mu}\|_2^2}{\sigma_0^2} \\ &= \frac{1}{\sigma_0}\left(\sigma_0 M - \mathrm{tr}(\boldsymbol{\Sigma}\boldsymbol{A}^{\mathrm{H}}\boldsymbol{A}) - \|\boldsymbol{y} - \boldsymbol{A}\boldsymbol{\mu}\|_2^2\right)\end{aligned} \tag{7.C.8}$$

令 $\dfrac{\partial \ell(\boldsymbol{\alpha},\sigma_0)}{\partial \sigma_0}=0$，可得

$$\sigma_0^{\text{new}}=\frac{\left\|\boldsymbol{y}-\boldsymbol{A\mu}\right\|_2^2+\operatorname{tr}(\boldsymbol{\Sigma A}^{\text{H}}\boldsymbol{A})}{M} \tag{7.C.9}$$

上述推导过程中，用到行列式微分和行列式对数微分等相关公式：

$$\text{d}\ln|\boldsymbol{X}|=\operatorname{tr}(\boldsymbol{X}^{-1}\text{d}\boldsymbol{X})$$
$$\text{d}|\boldsymbol{X}|=|\boldsymbol{X}|\operatorname{tr}(\boldsymbol{X}^{-1}\text{d}\boldsymbol{X})$$
$$\operatorname{tr}(\boldsymbol{AX}^{-1}\boldsymbol{B})=-\operatorname{tr}(\boldsymbol{X}^{-1}\boldsymbol{BAX}^{-1}\boldsymbol{B}\text{d}\boldsymbol{X})$$

（b）基于 EM 算法的推导过程

EM 算法包括两步：第一步求期望（Expectation-step），第二步最大化（Maximization-step）。第一步求后验概率 $p(\tilde{\boldsymbol{s}}|\boldsymbol{y},\boldsymbol{\alpha},\alpha_0)$ 的期望，见式（7.2.10）：

$$\boldsymbol{\mu}=\mathbb{E}[\tilde{\boldsymbol{s}}|\boldsymbol{y},\boldsymbol{\alpha},\alpha_0]=\alpha_0\boldsymbol{\Sigma A}^{\text{H}}\boldsymbol{y}=\boldsymbol{\Lambda}^{-1}\boldsymbol{A}^{\text{H}}\boldsymbol{C}^{-1}\boldsymbol{y}$$

在第二步进行超参数 $\boldsymbol{\alpha},\alpha_0$ 的更新，对于 $\boldsymbol{\alpha}$ 的每个元素有

$$\begin{aligned}\alpha_n&=\arg\max_{\alpha_n}\mathbb{E}_{p(\tilde{\boldsymbol{s}}|\boldsymbol{y},\boldsymbol{\alpha},\alpha_0)}\{\ln p(\tilde{\boldsymbol{s}},\boldsymbol{y},\boldsymbol{\alpha},\alpha_0)\}\\&=\arg\max_{\alpha_n}\mathbb{E}_{p(\tilde{\boldsymbol{s}}|\boldsymbol{y},\boldsymbol{\alpha},\alpha_0)}\left\{\ln\left[p(\boldsymbol{y}|\tilde{\boldsymbol{s}},\alpha_0)p(\tilde{\boldsymbol{s}}|\boldsymbol{\alpha})p(\boldsymbol{\alpha})p(\alpha_0)\right]\right\}\\&=\arg\max_{\alpha_n}\mathbb{E}_{p(\tilde{\boldsymbol{s}}|\boldsymbol{y},\boldsymbol{\alpha},\alpha_0)}\left\{\ln\left[p(\tilde{\boldsymbol{s}}|\boldsymbol{\alpha})p(\boldsymbol{\alpha})\right]\right\}\\&=\arg\max_{\alpha_n}\mathbb{E}_{p(\tilde{\boldsymbol{s}}|\boldsymbol{y},\boldsymbol{\alpha},\alpha_0)}\left\{\ln\left[p(\tilde{\boldsymbol{s}}|\alpha_n)p(\alpha_n)\right]\right\}\end{aligned} \tag{7.C.10}$$

将式（7.2.3）与式（7.2.4）代入式（7.C.10），得

$$\begin{aligned}\alpha_n&=\arg\max_{\alpha_n}\mathbb{E}_{p(\tilde{\boldsymbol{s}}|\boldsymbol{y},\boldsymbol{\alpha},\alpha_0)}\left\{\ln\left[p(\tilde{\boldsymbol{s}}|\alpha_n)p(\alpha_n)\right]\right\}\\&=\arg\min_{\alpha_n}\mathbb{E}_{p(\tilde{\boldsymbol{s}}|\boldsymbol{y},\boldsymbol{\alpha},\alpha_0)}\{\ln\pi+\ln\alpha_n-\alpha_n\tilde{s}_n^2\}\\&=\arg\min_{\alpha_n}\mathbb{E}_{p(\tilde{\boldsymbol{s}}|\boldsymbol{y},\boldsymbol{\alpha},\alpha_0)}\{\ln\alpha_n-(\boldsymbol{\Sigma}_{nn}+\mu_n^2)\}\end{aligned} \tag{7.C.11}$$

对 $\ln\alpha_n-(\boldsymbol{\Sigma}_{nn}+\mu_n^2)$ 关于 α_n 求导，并置零，可得

$$\alpha_n=(\boldsymbol{\Sigma}_{nn}+\mu_n^2)^{-1},\forall n=1,2,\cdots,N \tag{7.C.12}$$

同样，对于 $\alpha_0=\sigma_0^{-1}$，有

$$\begin{aligned}\alpha_0&=\arg\max_{\alpha_0}\mathbb{E}_{p(\tilde{\boldsymbol{s}}|\boldsymbol{y},\boldsymbol{\alpha},\alpha_0)}\{\ln p(\tilde{\boldsymbol{s}},\boldsymbol{y},\boldsymbol{\alpha},\alpha_0)\}\\&=\arg\max_{\alpha_0}\mathbb{E}_{p(\tilde{\boldsymbol{s}}|\boldsymbol{y},\boldsymbol{\alpha},\alpha_0)}\left\{\ln\left[p(\boldsymbol{y}|\tilde{\boldsymbol{s}},\alpha_0)p(\tilde{\boldsymbol{s}}|\boldsymbol{\alpha})p(\boldsymbol{\alpha})p(\alpha_0)\right]\right\}\\&=\arg\max_{\alpha_0}\mathbb{E}_{p(\tilde{\boldsymbol{s}}|\boldsymbol{y},\boldsymbol{\alpha},\alpha_0)}\left\{\ln\left[p(\boldsymbol{y}|\tilde{\boldsymbol{s}},\alpha_0)p(\alpha_0)\right]\right\}\end{aligned} \tag{7.C.13}$$

将式（7.2.2）与式（7.2.4）代入式（7.C.13），得

$$\begin{aligned}\alpha_0&=\arg\max_{\alpha_0}\mathbb{E}_{p(\tilde{\boldsymbol{s}}|\boldsymbol{y},\boldsymbol{\alpha},\alpha_0)}\left\{\ln\left[p(\boldsymbol{y}|\tilde{\boldsymbol{s}},\alpha_0)p(\alpha_0)\right]\right\}\\&=\arg\min_{\alpha_0}\mathbb{E}_{p(\tilde{\boldsymbol{s}}|\boldsymbol{y},\boldsymbol{\alpha},\alpha_0)}\{M\ln\alpha_0-\alpha_0(\boldsymbol{yy}^{\text{H}}-2\boldsymbol{y}^{\text{H}}\boldsymbol{A}\tilde{\boldsymbol{s}}+\tilde{\boldsymbol{s}}^{\text{H}}\boldsymbol{A}^{\text{H}}\boldsymbol{A}\tilde{\boldsymbol{s}})\}\\&=\arg\min_{\alpha_0}\mathbb{E}_{p(\tilde{\boldsymbol{s}}|\boldsymbol{y},\boldsymbol{\alpha},\alpha_0)}\{M\ln\alpha_0-\alpha_0(\boldsymbol{yy}^{\text{H}}-2\boldsymbol{y}^{\text{H}}\boldsymbol{A\mu}+\boldsymbol{\mu}^{\text{H}}\boldsymbol{A}^{\text{H}}\boldsymbol{A\mu}+\operatorname{tr}(\boldsymbol{\Sigma A}^{\text{H}}\boldsymbol{A}))\}\\&=\arg\min_{\alpha_0}\mathbb{E}_{p(\tilde{\boldsymbol{s}}|\boldsymbol{y},\boldsymbol{\alpha},\alpha_0)}\left\{M\ln\alpha_0-\alpha_0\left\|\boldsymbol{y}-\boldsymbol{A\mu}\right\|_2^2-\alpha_0\operatorname{tr}(\boldsymbol{\Sigma A}^{\text{H}}\boldsymbol{A})\right\}\end{aligned} \tag{7.C.14}$$

对 $M\ln\alpha_0-\alpha_0\|\boldsymbol{y}-\boldsymbol{A\mu}\|_2^2-\alpha_0\mathrm{tr}(\Sigma\boldsymbol{A}^{\mathrm{H}}\boldsymbol{A})$ 关于 α_0 求导，并置零，可得

$$\alpha_0=\left(\frac{\|\boldsymbol{y}-\boldsymbol{A\mu}\|_2^2+\mathrm{tr}(\boldsymbol{\Sigma A}^{\mathrm{H}}\boldsymbol{A})}{M}\right)^{-1} \tag{7.C.15}$$

附录 7.D　关于式（7.3.18）的推导

式（7.3.18）由两部分组成。设 $\boldsymbol{\Delta}=\mathrm{diag}(\boldsymbol{\beta})$，则第一部分为

$$\begin{aligned}&\|\boldsymbol{y}(t_l)-(\boldsymbol{A}+\boldsymbol{B\Delta})\boldsymbol{\mu}(t_l)\|_2^2\\&=\|(\boldsymbol{y}(t_l)-\boldsymbol{A\mu}(t_l))-\boldsymbol{B}\cdot\mathrm{diag}\{\boldsymbol{\mu}(t_l)\}\cdot\boldsymbol{\beta}\|_2^2\\&=\boldsymbol{\beta}^{\mathrm{T}}((\boldsymbol{B}^{\mathrm{H}}\boldsymbol{B})^*\odot\boldsymbol{\mu}(t_l)\boldsymbol{\mu}^{\mathrm{H}}(t_l))\boldsymbol{\beta}-2\,\mathrm{Re}\{\mathrm{diag}(\boldsymbol{\mu}^*(t_l))\boldsymbol{B}^{\mathrm{H}}(\boldsymbol{y}-\boldsymbol{A\mu}(t_l))\}^{\mathrm{T}}\boldsymbol{\beta}+C_1\end{aligned} \tag{7.D.1}$$

第二部分为

$$\begin{aligned}&\mathrm{tr}\{(\boldsymbol{A}+\boldsymbol{B\Delta})\boldsymbol{\Sigma}(\boldsymbol{A}+\boldsymbol{B\Delta})^{\mathrm{H}}\}\\&=2\,\mathrm{Re}\{\mathrm{tr}(\boldsymbol{B}^{\mathrm{H}}\boldsymbol{A\Sigma\Delta})\}+\mathrm{tr}\{\boldsymbol{\Delta\Sigma\Delta B}^{\mathrm{H}}\boldsymbol{B}\}+C_2\\&=2\,\mathrm{Re}\{\mathrm{diag}(\boldsymbol{B}^{\mathrm{H}}\boldsymbol{A\Sigma})\}^{\mathrm{T}}\boldsymbol{\beta}+\boldsymbol{\beta}^{\mathrm{T}}(\boldsymbol{\Sigma}\odot(\boldsymbol{B}^{\mathrm{H}}\boldsymbol{B})^*)\boldsymbol{\beta}+C_2\end{aligned} \tag{7.D.2}$$

上面两式中 C_1,C_2 与参数 $\boldsymbol{\beta}$ 无关。式（7.D.2）用到下面的恒等式

$$\mathrm{tr}\{\mathrm{diag}^{\mathrm{H}}(\boldsymbol{u})\boldsymbol{Q}\,\mathrm{diag}(\boldsymbol{v})\boldsymbol{R}^{\mathrm{T}}\}=\boldsymbol{u}^{\mathrm{H}}(\boldsymbol{Q}\odot\boldsymbol{R})\boldsymbol{v} \tag{7.D.3}$$

式中，$\boldsymbol{u},\boldsymbol{v}$ 是矢量，$\boldsymbol{Q},\boldsymbol{R}$ 为矩阵。如果存在半正定阵 $\boldsymbol{S}$，对于实数矢量 $\boldsymbol{\beta}$，有 $\boldsymbol{\beta}^{\mathrm{T}}\boldsymbol{S\beta}\in\mathbb{R}$，则可以得到

$$\boldsymbol{\beta}^{\mathrm{T}}\boldsymbol{S\beta}=\mathrm{Re}\{\boldsymbol{\beta}^{\mathrm{T}}\boldsymbol{S\beta}\}=\boldsymbol{\beta}^{\mathrm{T}}\mathrm{Re}(\boldsymbol{S})\boldsymbol{\beta} \tag{7.D.4}$$

由于 $(\boldsymbol{B}^{\mathrm{H}}\boldsymbol{B})^*\odot\boldsymbol{\mu}(t_l)\boldsymbol{\mu}^{\mathrm{H}}(t_l)$ 与 $\boldsymbol{\Sigma}\odot(\boldsymbol{B}^{\mathrm{H}}\boldsymbol{B})^*$ 都是半正定矩阵，结合式（7.D.1）和式（7.D.2）可最终推得式（7.3.18）。

本章参考文献

[1] Carlin M, Rocca P, Oliveri G , et al. Directions-of-arrival estimation through Bayesian Compressive Sensing strategies [J]. IEEE Transactions on Antennas and Propagation, 2013, 61(7): 3828-3838.

[2] Liu Z, Huang Z, Zhou Y. An efficient maximum likelihood method for direction-of-arrival estimation via sparse Bayesian learning [J]. IEEE Transactions on Wireless Communications, 2012, 11(10): 1-11.

[3] Yang Z, Xie L, Zhang C. Off-grid direction of arrival estimation using sparse Bayesian inference [J]. IEEE Transactions on Signal Processing, 2013, 61(1): 38-43.

[4] Zhang Y, Ye Z, Xu X, et al. Off-grid DOA estimation using array covariance matrix and block-sparse Bayesian learning [J]. Signal Processing, 2014, 98(5): 197-201.

[5] Wipf D . Sparse estimation with structured dictionaries [C]. in Proceeding of the Advances in Neural Information Processing Systems, 2011: 2016-2024.

[6] Wipf D, Agarajan S. Iterative reweighted $\ell 1$ and $\ell 2$ methods for finding sparse solutions [J]. IEEE Journal of Selected Topics in Signal Processing, 2010, 4(2): 317-329.

[7] Kay S M. Fundamentals of Statistical Processing, Volume I: Estimation Theory [M]. Upper Saddle River, NJ: Prentice Hall PTR, 1993.

[8] 张银平. 基于稀疏贝叶斯学习的 DOA 估计算法[D]. 西安：西安电子科技大学，2014.

[9] 陆中国. 基于稀疏贝叶斯的相关信号 DOA 估计[D]. 成都：电子科技大学，2017.

[10] Tipping M E. Sparse Bayesian learning and the relevance vector machine [J]. The Journal of Machine Learning Research, 2001, 1: 211-244.

[11] Eldar Y C, Kutyniok G. Compressed Sensing: Theory and Applications [M]. Cambridge: Cambridge University Press, 2012.

[12] Moon T K. The expectation-maximization algorithm [J]. IEEE Signal Processing Magazine, 1996, 13(6): 47-60.

[13] Wipf D P, Rao B D. Sparse Bayesian learning for basis selection [J]. IEEE Transactions on Signal Processing, 2004, 52(8): 2153-2164.

[14] Dai J, Bao X, Xu W, et al. Root sparse Bayesian learning for off-grid DOA estimation [J]. IEEE Signal Processing Letters, 2017, 24(1): 46-50.

第 8 章　基于协方差的稀疏迭代估计算法

2011 年，Stoica 等人提出了一种基于协方差的稀疏迭代估计（SParse Iterative Covariance-based Estimation，SPICE）算法，以协方差拟合为准则求解稀疏模型下的 DOA 估计问题[1-3]。与大多数稀疏重构方法一样，SPICE 算法对入射角度空间能量分布的估计同样受网格划分的限制。SPICE 算法的优势在于以接收数据统计特性为基础，无须设置或选择任何超参数，能够保证全局收敛；而且算法分辨力高，同时对相干信号分辨具有一定健壮性。

本章内容安排如下。首先介绍经典的 SPICE 算法模型和优化准则，给出算法循环迭代求解过程，并分析算法与 L_1 范数约束类最小化算法的联系。然后，讨论两种不同形式的加权 SPICE 算法：LIKES 算法和 IAA 算法。LIKES 算法是一种基于似然函数的稀疏参数估计算法，IAA 算法是一种基于加权最小二乘法的稀疏参数估计算法。虽然这些算法使用的理论并不相同，但都可以归为权值变化的 SPICE 算法。权值选取不同，可以得到不同的 DOA 估计性能。本章的最后，给出一种广义形式的 SPICE 算法，其最大特点是根据信号稀疏性和噪声非稀疏性的先验知识，将信号和噪声分别进行处理，从而得到更好的 DOA 估计效果。

8.1　经典 SPICE 算法

经典 SPICE 算法是一种基于线性模型的稀疏信号重构算法，由数据协方差拟合准则推导而来。采用循环迭代求解信号的稀疏结构，无须选择任何其他参数，具有全局收敛的特性，而且计算速度快。SPICE 算法除了可以得到 DOA 估计结果，也能够对入射信号时域波形进行较为精确的估计。虽然在模型假设中认为信号源互不相关，但 SPICE 算法对相干信号仍具有健壮性[1]。

8.1.1　协方差拟合准则

同样假设 M 个阵元组成的线阵来接收空间入射信号，测向范围是$[-90^\circ,90^\circ]$，将这个空域范围均匀划分为 $N-1$ 个网格，则得到导向矢量组成的字典 $\boldsymbol{A}(\boldsymbol{\Omega})=[\boldsymbol{a}(\tilde{\theta}_1),\boldsymbol{a}(\tilde{\theta}_2),\cdots,\boldsymbol{a}(\tilde{\theta}_N)]$。如果有 K 个信号入射，那么 M 维线性接收数据模型可以表示为

$$\begin{aligned}\boldsymbol{y}(t)&=\sum_{k=1}^{K}\boldsymbol{a}(\theta_k)s_k(t)+\boldsymbol{e}(t)\\&=\sum_{n=1}^{N}\boldsymbol{a}(\tilde{\theta}_n)\tilde{s}_n(t)+\boldsymbol{e}(t)\\&=\boldsymbol{A}(\boldsymbol{\Omega})\tilde{\boldsymbol{s}}(t)+\boldsymbol{e}(t)\end{aligned}\tag{8.1.1}$$

式中，$\tilde{\boldsymbol{s}}(t)$是信号稀疏矢量；$\boldsymbol{e}(t)$为独立同分布高斯白噪声

$$\boldsymbol{R}_e=\mathbb{E}[\boldsymbol{e}(t)\boldsymbol{e}^{\mathrm{H}}(t)]=\begin{bmatrix}\sigma_1&0&\cdots&0\\0&\sigma_2&\cdots&0\\\vdots&\vdots&\ddots&\vdots\\0&\cdots&\cdots&\sigma_M\end{bmatrix}\tag{8.1.2}$$

假设信号之间、信号与噪声之间均不相关，则有

$$\mathbb{E}[\tilde{s}_n(t)\tilde{s}_n^{\mathrm{H}}(t)] = p_n \ , n = 1,2,\cdots,N \tag{8.1.3}$$

则数据协方差矩阵可以表示为

$$\begin{aligned}\boldsymbol{R} &= \mathbb{E}[\boldsymbol{y}(t)\boldsymbol{y}^{\mathrm{H}}(t)] = \sum_{n=1}^{N} p_n \boldsymbol{a}(\tilde{\theta}_n)\boldsymbol{a}^{\mathrm{H}}(\tilde{\theta}_n) + \boldsymbol{R}_e \\ &= [\boldsymbol{a}(\tilde{\theta}_1), \boldsymbol{a}(\tilde{\theta}_2), \cdots, \boldsymbol{a}(\tilde{\theta}_N), \boldsymbol{I}_M] \begin{bmatrix} p_1 & 0 & \cdots & \cdots & \cdots & \cdots & 0 \\ 0 & p_2 & 0 & \cdots & \cdots & \cdots & 0 \\ \vdots & 0 & \ddots & \vdots & \vdots & \vdots & \vdots \\ 0 & \cdots & \cdots & p_N & \cdots & \cdots & 0 \\ 0 & \cdots & \cdots & \cdots & \sigma_1 & \cdots & 0 \\ \vdots & \vdots & \vdots & \vdots & \vdots & \ddots & \vdots \\ 0 & \cdots & \cdots & \cdots & \cdots & \cdots & \sigma_M \end{bmatrix} \begin{bmatrix} \boldsymbol{a}^{\mathrm{H}}(\tilde{\theta}_1) \\ \boldsymbol{a}^{\mathrm{H}}(\tilde{\theta}_2) \\ \vdots \\ \boldsymbol{a}^{\mathrm{H}}(\tilde{\theta}_N) \\ \boldsymbol{I}_M \end{bmatrix} \\ &= \boldsymbol{A}(\boldsymbol{\Omega}')\boldsymbol{P}\boldsymbol{A}^{\mathrm{H}}(\boldsymbol{\Omega}')\end{aligned} \tag{8.1.4}$$

式中，

$$\begin{aligned}&\boldsymbol{A}(\boldsymbol{\Omega}') = [\boldsymbol{a}(\tilde{\theta}_1), \boldsymbol{a}(\tilde{\theta}_2), \cdots, \boldsymbol{a}(\tilde{\theta}_N), \boldsymbol{I}_M] \\ &\boldsymbol{P} = \mathrm{diag}(\boldsymbol{p}) \\ &\boldsymbol{p} = [p_1, \cdots, p_N, p_{N+1}, \cdots, p_{N+M}]^{\mathrm{T}} \\ &p_{N+m} = \sigma_m, \ m = 1, 2\cdots, M\end{aligned}$$

SPICE 算法以协方差拟合准则为目标函数来进行参数估计[4]：

$$f = \left\| \boldsymbol{R}^{-1/2}(\hat{\boldsymbol{R}} - \boldsymbol{R})\hat{\boldsymbol{R}}^{-1/2} \right\|_{\mathrm{F}}^2 \tag{8.1.5}$$

式中，$\boldsymbol{R}^{-1/2}$ 表示 $\boldsymbol{R}^{-1}$ 的平方根。如式（8.1.4）所示，一般情况下，噪声的存在保证了 $\boldsymbol{R}$ 的非奇异性。采样协方差矩阵 $\hat{\boldsymbol{R}}$ 为 M 维矩阵，只要快拍数 L 大于阵元数 M，$\hat{\boldsymbol{R}}^{-1}$ 就一定存在；如果快拍数 L 小于阵元数 M，$\hat{\boldsymbol{R}}$ 是奇异矩阵，可以使用下面的协方差拟合准则替代式（8.1.5）[5]：

$$f = \left\| \boldsymbol{R}^{-1/2}(\hat{\boldsymbol{R}} - \boldsymbol{R}) \right\|_{\mathrm{F}}^2 \tag{8.1.6}$$

阵列信号处理中，快拍数 L 大于阵元数 M 这一条件一般情况下都可以满足，式（8.1.5）最小化问题的最优解是关于快拍数的渐近有效估计，而式（8.1.6）最小化问题解是次优的[5]。下面对式（8.1.5）进行简化：

$$\begin{aligned}f &= \left\| \boldsymbol{R}^{-1/2}(\hat{\boldsymbol{R}} - \boldsymbol{R})\hat{\boldsymbol{R}}^{-1/2} \right\|_{\mathrm{F}}^2 \\ &= \mathrm{tr}\{\boldsymbol{R}^{-1}(\hat{\boldsymbol{R}} - \boldsymbol{R})\hat{\boldsymbol{R}}^{-1}(\hat{\boldsymbol{R}} - \boldsymbol{R})\} \\ &= \mathrm{tr}\{(\boldsymbol{R}^{-1}\hat{\boldsymbol{R}} - \boldsymbol{I})(\boldsymbol{I} - \hat{\boldsymbol{R}}^{-1}\boldsymbol{R})\} \\ &= \mathrm{tr}(\boldsymbol{R}^{-1}\hat{\boldsymbol{R}}) + \mathrm{tr}(\hat{\boldsymbol{R}}^{-1}\boldsymbol{R}) - 2M \\ &= \mathrm{tr}(\hat{\boldsymbol{R}}^{1/2}\boldsymbol{R}^{-1}\hat{\boldsymbol{R}}^{1/2}) + \mathrm{tr}(\hat{\boldsymbol{R}}^{-1}\boldsymbol{R}) - 2M\end{aligned} \tag{8.1.7}$$

式（8.1.7）中应用了矩阵性质：

$$\begin{aligned}&\|\boldsymbol{A}\|_{\mathrm{F}}^2 = \mathrm{tr}(\boldsymbol{A}^{\mathrm{H}}\boldsymbol{A}) \\ &\mathrm{tr}(\boldsymbol{A} + \boldsymbol{B}) = \mathrm{tr}(\boldsymbol{A}) + \mathrm{tr}(\boldsymbol{B})\end{aligned}$$

由式（8.1.4），可得

$$\mathrm{tr}(\hat{\boldsymbol{R}}^{-1}\boldsymbol{R}) = \sum_{n=1}^{N+M} p_n \boldsymbol{a}_n^{\mathrm{H}} \hat{\boldsymbol{R}}^{-1} \boldsymbol{a}_n \tag{8.1.8}$$

这里导向矢量 $\boldsymbol{a}(\tilde{\theta}_n)$ 简写为 $\boldsymbol{a}_n$。将式（8.1.8）代入式（8.1.7），可知式（8.1.7）的协方差拟合最小化问题可以等效为下列最小化问题：

$$\begin{aligned} g &= \operatorname{tr}(\hat{\boldsymbol{R}}^{1/2}\boldsymbol{R}^{-1}\hat{\boldsymbol{R}}^{1/2}) + \sum_{n=1}^{N+M}(\boldsymbol{a}_n^{\mathrm{H}}\hat{\boldsymbol{R}}^{-1}\boldsymbol{a}_n)p_n \\ &= \sum_{m=1}^{M}\boldsymbol{r}_m^{\mathrm{H}}\boldsymbol{R}^{-1}\boldsymbol{r}_m + \sum_{n=1}^{N+M}v_n p_n \end{aligned} \tag{8.1.9}$$

式中，$\hat{\boldsymbol{R}}^{1/2}=[\boldsymbol{r}_1,\boldsymbol{r}_2,\cdots,\boldsymbol{r}_M], v_n=\boldsymbol{a}_n^{\mathrm{H}}\hat{\boldsymbol{R}}^{-1}\boldsymbol{a}_n$。令 $b_m \geqslant \boldsymbol{r}_m^{\mathrm{H}}\boldsymbol{R}^{-1}\boldsymbol{r}_m$，则式（8.1.9）的最小化问题转化为

$$\begin{aligned} &\min_{b_m,p_n}\ \sum_{m=1}^{M}b_m + \sum_{n=1}^{N+M}v_n p_n \\ &\text{s.t.}\ \begin{bmatrix} b_m & \boldsymbol{r}_m^{\mathrm{H}} \\ \boldsymbol{r}_m & \boldsymbol{R}\end{bmatrix} \succeq 0, m=1,2,\cdots,M \\ &p_n \geqslant 0,\ n=1,2,\cdots,N+M \end{aligned} \tag{8.1.10}$$

由于数据协方差矩阵 $\boldsymbol{R}$ 是 $\{p_n\}_{n=1}^{N+M}$ 的线性函数，因此上述最小化问题为半正定规划（SDP）问题，可以通过凸优化方法进行求解[6]。同样，对于快拍数 L 小于阵元数 M 的情况，式（8.1.6）最小化问题可以等效为式（8.1.11）所示的最小化问题：

$$g = \operatorname{tr}(\hat{\boldsymbol{R}}\boldsymbol{R}^{-1}\hat{\boldsymbol{R}}) + \sum_{n=1}^{N+M}\|\boldsymbol{a}_n\|^2 p_n \tag{8.1.11}$$

上式同样可以转化为形如式（8.1.10）的半正定规划。对于阵列信号处理问题，阵元数 M、网格数 N 和采样快拍数 L 三个值都有可能达到过百的量级，将式（8.1.10）作为半正定规划进行求解存在计算复杂度较高的问题。当快拍数 L 趋于无穷大时，可以得到一致估计 $\operatorname{tr}(\hat{\boldsymbol{R}}^{-1}\boldsymbol{R}) = \sum_{n=1}^{N+M}(\boldsymbol{a}_n^{\mathrm{H}}\hat{\boldsymbol{R}}^{-1}\boldsymbol{a}_n)p_n = M$。由此，可以将式（8.1.9）重新规划为下列带约束条件的最小化问题：

$$\begin{aligned} &\min_{p_n \geqslant 0}\ \operatorname{tr}(\hat{\boldsymbol{R}}^{1/2}\boldsymbol{R}^{-1}\hat{\boldsymbol{R}}^{1/2}) \\ &\text{s.t.}\ \sum_{n=1}^{N+M}\omega_n p_n = 1 \end{aligned} \tag{8.1.12}$$

式中，

$$\omega_n = \boldsymbol{a}_n^{\mathrm{H}}\hat{\boldsymbol{R}}^{-1}\boldsymbol{a}_n/M \tag{8.1.13}$$

值得注意的是，式（8.1.12）中的线性约束可以看成（加权）L_1 范数，因此它可以诱导产生稀疏解。显然，式（8.1.12）中的优化问题同样也是一个半正定过程，不易求解；但上述最小化问题，可用计算量较低的循环交替最小化方式来获得最优解。

8.1.2 SPICE 循环迭代求解

令矩阵 $\boldsymbol{C} \in \mathbb{C}^{(N+M)\times M}$，求解如下最小化问题：

$$\begin{aligned} &\min_{\boldsymbol{C}}\ \operatorname{tr}(\boldsymbol{C}^{\mathrm{H}}\boldsymbol{P}^{-1}\boldsymbol{C}) \\ &\text{s.t.}\ \ \boldsymbol{A}(\boldsymbol{\Omega}')\boldsymbol{C} = \hat{\boldsymbol{R}}^{1/2} \end{aligned} \tag{8.1.14}$$

其中，$\boldsymbol{P}$ 和 $\boldsymbol{A}(\boldsymbol{\Omega}')$ 的结构参见接收数据模型式（8.1.4）。假设 $\boldsymbol{P}$ 为不变常数矩阵，可以得到式（8.1.14）的最优解：

$$C_0 = PA^{\mathrm{H}}(\Omega')R^{-1}\hat{R}^{1/2} \tag{8.1.15}$$

证明[7]：由式（8.1.14）中约束条件，有 $A(\Omega')C_0 = \hat{R}^{1/2}$。设有矩阵 $C = C_0 + \Delta$，其中 $\Delta \in \mathbb{C}^{(N+M)\times M}$，满足 $A(\Omega')\Delta = \mathbf{0}$，则 C 也满足约束条件 $A(\Omega')C = \hat{R}^{1/2}$。那么有

$$C^{\mathrm{H}}P^{-1}C = C_0^{\mathrm{H}}P^{-1}C_0 + C_0^{\mathrm{H}}P^{-1}\Delta + \Delta^{\mathrm{H}}P^{-1}C_0 + \Delta^{\mathrm{H}}P^{-1}\Delta$$

将式（8.1.15）代入上式，则上式等号右侧中间两项为零：

$$C_0^{\mathrm{H}}P^{-1}\Delta = (PA^{\mathrm{H}}(\Omega')R^{-1}\hat{R}^{1/2})^{\mathrm{H}}P^{-1}\Delta = \hat{R}^{1/2}R^{-1}A(\Omega')\Delta = \mathbf{0}$$

$$\Delta^{\mathrm{H}}P^{-1}C_0 = \Delta^{\mathrm{H}}P^{-1}PA^{\mathrm{H}}(\Omega')R^{-1}\hat{R}^{1/2} = (A(\Omega')\Delta)^{\mathrm{H}}R^{-1}\hat{R}^{1/2} = \mathbf{0}$$

可得

$$C^{\mathrm{H}}P^{-1}C = C_0^{\mathrm{H}}P^{-1}C_0 + \Delta^{\mathrm{H}}P^{-1}\Delta$$

由 $p_n \geqslant 0$，可知对角阵 P^{-1} 为半正定矩阵，则

$$C^{\mathrm{H}}P^{-1}C - C_0^{\mathrm{H}}P^{-1}C_0 = \Delta^{\mathrm{H}}P^{-1}\Delta \succeq 0$$

因此，

$$\mathrm{tr}(C^{\mathrm{H}}P^{-1}C) \geqslant \mathrm{tr}(C_0^{\mathrm{H}}P^{-1}C_0)$$

说明 C_0 为式（8.1.14）所示最小化问题的最优解。证毕。

将式（8.1.15）代入式（8.1.14），得到函数最小值为

$$\min_{C} \mathrm{tr}(C^{\mathrm{H}}P^{-1}C) = \mathrm{tr}(C_0^{\mathrm{H}}P^{-1}C_0) = \mathrm{tr}(\hat{R}^{1/2}R^{-1}\hat{R}^{1/2}) \tag{8.1.16}$$

上式恰好等于式（8.1.12）的目标函数。也就是说，式（8.1.14）最小化问题的最优值（任意固定的 $P \succeq 0$）为式(8.1.12)的目标函数。由此得到结论：目标函数式(8.1.14)关于 C 和 $\{p_n\}_{n=1}^{N+M}$ 联合最小化的解与式（8.1.12）最小化问题的解具有相同的 $\{p_n\}_{n=1}^{N+M}$。根据以上结论，可以采用循环交替最小化的方法来解决式（8.1.12）的最小化问题，从而得到关于 $\{p_n\}_{n=1}^{N+M}$ 的估计。

首先，固定变量 P 为任意常数矩阵，求关于变量 C 最小化问题；然后，固定 C，求解关于变量 P 最小化问题，如此循环直到收敛。算法的第一步由式（8.1.15）得到 C_0，第二步关于 $\{p_n\}_{n=1}^{N+M}$ 的估计则可以通过闭合解得到。将获得的估计值 $C_0 \in \mathbb{C}^{(N+M)\times M}$ 写成行矢量形式：

$$C_0 = \begin{bmatrix} c_1 \\ c_2 \\ \vdots \\ c_n \\ \vdots \\ c_{N+M} \end{bmatrix} \tag{8.1.17}$$

得

$$\mathrm{tr}(\hat{R}^{1/2}R^{-1}\hat{R}^{1/2}) = \mathrm{tr}(C_0^{\mathrm{H}}P^{-1}C_0) = \mathrm{tr}(P^{-1}C_0C_0^{\mathrm{H}}) = \sum_{n=1}^{N+M}\frac{\|c_n\|_2^2}{p_n} \tag{8.1.18}$$

下面将根据噪声的两种不同情况，分别得到两种求解 $\{p_n\}_{n=1}^{N+M}$ 的方法。

1. 各通道噪声能量不同

设 C_0 为定值，在 $p_n \geqslant 0$ 和 $\sum_{n=1}^{N+M}\omega_n p_n = 1$ 的约束条件下，求式（8.1.18）关于 $\{p_n\}_{n=1}^{N+M}$ 的最小值。使用拉格朗日乘数法，优化目标函数写为

$$g(p_n,\lambda)=\sum_{n=1}^{N+M}\frac{\|\boldsymbol{c}_n\|_2^2}{p_n}+\lambda\left(\sum_{n=1}^{N+M}\omega_n p_n-1\right) \tag{8.1.19}$$

求 $g(p_n,\lambda)$ 关于 p_n 和 λ 的偏导数，并令结果等于零

$$\begin{aligned}\frac{\partial g(p_n,\lambda)}{\partial p_n}&=0\\ \frac{\partial g(p_n,\lambda)}{\partial \lambda}&=0\end{aligned} \tag{8.1.20}$$

可得

$$p_n=\frac{\|\boldsymbol{c}_n\|_2}{\omega_n\rho},\quad \rho=\sum_{n=1}^{N+M}\omega_n^{1/2}\|\boldsymbol{c}_n\|_2 \tag{8.1.21}$$

目标函数 $g(p_n,\lambda)$ 的最小值为

$$\left(\sum_{n=1}^{N+M}\omega_n^{1/2}\|\boldsymbol{c}_n\|_2\right)^2,\ \omega_n=\boldsymbol{a}_n^{\mathrm{H}}\hat{\boldsymbol{R}}^{-1}\boldsymbol{a}_n/M \tag{8.1.22}$$

式（8.1.21）为循环最小化过程第二步的解。将式（8.1.15）代入式（8.1.21），可以得到 $\{p_n\}_{n=1}^{N+M}$ 估计的迭代公式：

$$\begin{aligned}p_n^{(j+1)}&=p_n^{(j)}\frac{\left\|\boldsymbol{a}_n^{\mathrm{H}}(\boldsymbol{R}^{(j)})^{-1}\hat{\boldsymbol{R}}^{1/2}\right\|_2}{\omega_n^{1/2}\rho^{(j)}},\quad n=1,2,\cdots,N+M\\ \rho^{(j)}&=\sum_{n=1}^{N+M}\omega_n^{1/2}p_n^{(j)}\left\|\boldsymbol{a}_n^{\mathrm{H}}(\boldsymbol{R}^{(j)})^{-1}\hat{\boldsymbol{R}}^{1/2}\right\|_2\end{aligned} \tag{8.1.23}$$

式中，$\boldsymbol{R}^{(j)}=\boldsymbol{A}(\boldsymbol{\Omega}')\mathrm{diag}(p_n^{(j)})\boldsymbol{A}^{\mathrm{H}}(\boldsymbol{\Omega}')$ 为第 j 次迭代后的协方差矩阵估计。各空域网格入射能量 $\{p_n\}_{n=1}^{N}$ 的初始化可由波束形成算法[8]获得：

$$p_n^{(0)}=\boldsymbol{a}_n^{\mathrm{H}}\hat{\boldsymbol{R}}\boldsymbol{a}_n/\|\boldsymbol{a}_n\|^4,n=1,2,\cdots,N+M \tag{8.1.24}$$

对于快拍数小于阵元数的情况，可以采用相似迭代步骤得到估计值。迭代公式与式（8.1.23）非常相似，只需将式（8.1.23）中的 $\hat{\boldsymbol{R}}^{1/2}$ 替换为 $\hat{\boldsymbol{R}}$，ω_n 替换为 $\omega_n=\|\boldsymbol{a}_n\|^2/\mathrm{tr}(\hat{\boldsymbol{R}})$。

基本的 SPICE 算法流程如算法 8.1 所示。

算法 8.1　SPICE 算法

输入： 接收数据 $\boldsymbol{Y}\in\mathbb{C}^{M\times L}$，矩阵 $\boldsymbol{A}(\boldsymbol{\Omega})\in\mathbb{C}^{M\times N}$。

初始化：

$\hat{\boldsymbol{R}}\leftarrow\boldsymbol{Y}\boldsymbol{Y}^{\mathrm{H}}/L,\boldsymbol{A}(\boldsymbol{\Omega}')\leftarrow[\boldsymbol{A}(\boldsymbol{\Omega}),\boldsymbol{I}_M],\omega_n\leftarrow\boldsymbol{a}_n^{\mathrm{H}}\hat{\boldsymbol{R}}^{-1}\boldsymbol{a}_n/M$

$p_n^{(0)}\leftarrow\boldsymbol{a}_n^{\mathrm{H}}\hat{\boldsymbol{R}}\boldsymbol{a}_n/\|\boldsymbol{a}_n\|^4,n=1,2,\cdots,N+M$

$\boldsymbol{R}^{(0)}\leftarrow\boldsymbol{A}(\boldsymbol{\Omega}')\boldsymbol{P}^{(0)}\boldsymbol{A}^{\mathrm{H}}(\boldsymbol{\Omega}'),\boldsymbol{P}^{(0)}=\mathrm{diag}\{[p_1^{(0)},p_2^{(0)},\cdots,p_{N+M}^{(0)}]\}$

重复：

1） $\rho^{(j)}=\sum_{n=1}^{N+M}\omega_n^{1/2}p_n^{(j)}\left\|\boldsymbol{a}_n^{\mathrm{H}}(\boldsymbol{R}^{(j)})^{-1}\hat{\boldsymbol{R}}^{1/2}\right\|_2$；

2） $\boldsymbol{R}^{(j)}=\boldsymbol{A}(\boldsymbol{\Omega}')\boldsymbol{P}^{(j)}\boldsymbol{A}^{\mathrm{H}}(\boldsymbol{\Omega}'),\ \boldsymbol{P}^{(j)}=\mathrm{diag}([p_1^{(j)},p_2^{(j)},\cdots,p_{N+M}^{(j)}])$；

3） $p_n^{(j+1)}=p_n^{(j)}\dfrac{\left\|\boldsymbol{a}_n^{\mathrm{H}}(\boldsymbol{R}^{(j)})^{-1}\hat{\boldsymbol{R}}^{1/2}\right\|_2}{\omega_n^{1/2}\rho^{(j)}},n=1,2,\cdots,N+M,j=j+1$。

若满足迭代终止条件，则终止迭代。

输出： 入射角度网格的功率 $\{\hat{p}_n\}_{n=1}^{N}$，根据 $\hat{p}_n$ 大小得到信号入射角度。

2. 各通道噪声能量相同

假设阵列各通道输出噪声为独立的等值高斯分布，其方差为

$$\sigma_1 = \sigma_2 = \cdots = \sigma_M = \sigma \tag{8.1.25}$$

基于该先验知识，可以减少算法迭代的计算复杂度。在循环迭代方法中，关于 $\boldsymbol{C}$ 的最小化问题不会受此条件的影响，见式（8.1.15）。然而，对于固定的 $\boldsymbol{C}$，关于 p_n 和 σ 的最小化问题略有不同。在各通道噪声相同的限定条件下，式（8.1.18）变为

$$\mathrm{tr}(\boldsymbol{C}_0^{\mathrm{H}}\boldsymbol{P}^{-1}\boldsymbol{C}_0) = \sum_{n=1}^{N}\frac{\|\boldsymbol{c}_n\|_2^2}{p_n} + \sum_{n=N+1}^{N+M}\frac{\|\boldsymbol{c}_n\|_2^2}{\sigma} \tag{8.1.26}$$

而原约束条件 $\sum\limits_{n=1}^{N+M}\omega_n p_n = 1$ 可以分解为

$$\sum_{n=1}^{N}\omega_n p_n + \gamma\sigma = 1 \tag{8.1.27}$$

式中，$\gamma = \sum\limits_{n=N+1}^{N+M}\omega_n$。将式（8.1.26）和式（8.1.27）组合写成无约束最小化问题，同样使用拉格朗日乘数法，可以得到优化解为

$$p_n = \frac{\|\boldsymbol{c}_n\|_2}{\omega_n^{1/2}\rho},\ n = 1,2,\cdots,N \tag{8.1.28}$$

$$\sigma = \frac{\left(\sum\limits_{n=N+1}^{N+M}\|\boldsymbol{c}_n\|_2^2\right)^{1/2}}{\gamma^{1/2}\rho} \tag{8.1.29}$$

式中，

$$\rho = \sum_{n=1}^{N}\omega_n^{1/2}\|\boldsymbol{c}_n\|_2 + \gamma^{1/2}\left(\sum_{n=N+1}^{N+M}\|\boldsymbol{c}_n\|_2^2\right)^{1/2} \tag{8.1.30}$$

则式（8.1.26）的最小值为

$$\left(\sum_{n=1}^{N}\omega_n^{1/2}\|\boldsymbol{c}_n\|_2 + \gamma^{1/2}\left[\sum_{n=N+1}^{N+M}\|\boldsymbol{c}_n\|_2^2\right]^{1/2}\right)^2 \tag{8.1.31}$$

将式（8.1.15）分别代入式（8.1.28）和式（8.1.29），得到 SPICE 算法在噪声方差相同条件下的迭代表达式：

$$p_n^{(j+1)} = p_n^{(j)}\frac{\left\|\boldsymbol{a}_n^{\mathrm{H}}(\boldsymbol{R}^{(j)})^{-1}\hat{\boldsymbol{R}}^{1/2}\right\|_2}{\omega_n^{1/2}\rho^{(j)}},\ n = 1,2,\cdots,N \tag{8.1.32}$$

$$\sigma^{(j+1)} = \sigma^{(j)}\frac{\left\|\boldsymbol{R}^{(j)}\hat{\boldsymbol{R}}^{1/2}\right\|_2}{\gamma^{1/2}\rho^{(j)}} \tag{8.1.33}$$

$$\rho^{(j)} = \sum_{n=1}^{N}\omega_n^{1/2}p_n^{(j)}\left\|\boldsymbol{a}_n^{\mathrm{H}}(\boldsymbol{R}^{(j)})^{-1}\hat{\boldsymbol{R}}^{1/2}\right\|_2 + \gamma^{1/2}\sigma^{(j)}\left\|(\boldsymbol{R}^{(j)})^{-1}\hat{\boldsymbol{R}}^{1/2}\right\|_2 \tag{8.1.34}$$

入射网格功率初始值 $\{p_n^{(0)}\}_{n=1}^N$ 可由波束形成算法得到，噪声方差初始值 $\sigma^{(0)}$ 可由 $\{p_n^{(0)}\}_{n=1}^N$ 中 M 个最小值的均值得到。取 $p_n^{(0)}$ 中 M 个最小值，用 $\{\tilde{p}_m^{(0)}\}_{m=1}^M$ 表示，则得到 σ 的初始估计为

$$\sigma^{(0)} = \sum_{m=1}^{M} \tilde{p}_m^{(0)} \|\tilde{\boldsymbol{a}}_m\|^2 / M \tag{8.1.35}$$

式中，$\tilde{\boldsymbol{a}}_m$ 是 $\tilde{p}_m^{(0)}$ 对应的导向矢量。SPICE 算法循环迭代运算使目标函数值单调递减，并且由于它所解决的最小化问题是凸问题，因此，该算法具有全局收敛的特性。

8.1.3 基于单快拍的 SPICE 算法

虽然 SPICE 算法是根据统计特性推导出的迭代方法，但在单快拍情况依然适用。本节就单次测量的 SPICE 算法给出详细介绍，算法不但可以估计出信号入射方向，而且给出了入射信号波形的线性最小均方误差（LMMSE）估计。

8.1.1 节中已经说明，如果快拍数 L 小于阵元数 M，那么采样协方差矩阵估计 $\hat{\boldsymbol{R}}$ 是奇异矩阵。所以，对于单快拍情况，将使用式（8.1.6）所示的拟合准则

$$f = \left\|\boldsymbol{R}^{-1/2}(\hat{\boldsymbol{R}} - \boldsymbol{R})\right\|_{\mathrm{F}}^2$$

单快拍数据接收模型为 $\boldsymbol{y} = \boldsymbol{A}(\boldsymbol{\Omega})\tilde{\boldsymbol{s}} + \boldsymbol{e}$，将协方差估计 $\hat{\boldsymbol{R}} = \boldsymbol{y}\boldsymbol{y}^{\mathrm{H}}$ 代入上式并化简：

$$\begin{aligned} f &= \left\|\boldsymbol{R}^{-1/2}(\boldsymbol{y}\boldsymbol{y}^{\mathrm{H}} - \boldsymbol{R})\right\|_{\mathrm{F}}^2 \\ &= \mathrm{tr}\{(\boldsymbol{y}\boldsymbol{y}^{\mathrm{H}} - \boldsymbol{R})\boldsymbol{R}^{-1}(\boldsymbol{y}\boldsymbol{y}^{\mathrm{H}} - \boldsymbol{R})\} \\ &= \|\boldsymbol{y}\|_2^2 \boldsymbol{y}^{\mathrm{H}}\boldsymbol{R}^{-1}\boldsymbol{y} + \mathrm{tr}(\boldsymbol{R}) - 2\|\boldsymbol{y}\|_2^2 \\ &= (\boldsymbol{y}^{\mathrm{H}}\boldsymbol{R}^{-1}\boldsymbol{y} + \mathrm{tr}(\boldsymbol{R}) / \|\boldsymbol{y}\|_2^2 - 2)\|\boldsymbol{y}\|_2^2 \end{aligned} \tag{8.1.36}$$

式中，$\mathrm{tr}(\boldsymbol{R}) = \sum_{n=1}^{N+M} \|\boldsymbol{a}_n\|^2 p_n$。忽略无关量，式（8.1.36）关于 p_n 的最小化问题可以表示为

$$\min_{p_n \geqslant 0} \boldsymbol{y}^{\mathrm{H}}\boldsymbol{R}^{-1}\boldsymbol{y} + \sum_{n=1}^{N+M} \omega_n p_n, \omega_n = \|\boldsymbol{a}_n\|_2^2 / \|\boldsymbol{y}\|_2^2 \tag{8.1.37}$$

该最小化问题可以转化为一个半正定规划（SDP）问题：

$$\begin{aligned} &\min_{\{p_n \geqslant 0\},\alpha} \alpha + \sum_{n=1}^{N+M} \omega_n p_n \\ &\text{s.t.} \begin{bmatrix} \alpha & \boldsymbol{y}^{\mathrm{H}} \\ \boldsymbol{y} & \boldsymbol{R} \end{bmatrix} \succeq 0 \end{aligned} \tag{8.1.38}$$

式（8.1.38）依然是一个凸优化问题，具有全局最优解。我们依然希望通过简单的迭代方法求解这个最小化问题。采用类似 8.1.2 节的思路，首先定义一个 $N+M$ 维矢量：

$$\boldsymbol{\beta} \triangleq [\tilde{\boldsymbol{s}}^{\mathrm{T}}, \boldsymbol{e}^{\mathrm{T}}]^{\mathrm{T}}$$

考虑下面的最小化问题：

$$\begin{aligned} &\min_{\boldsymbol{P},\boldsymbol{\beta}} \boldsymbol{\beta}^{\mathrm{H}}\boldsymbol{P}^{-1}\boldsymbol{\beta} + \sum_{n=1}^{N+M} \omega_n p_n \\ &\text{s.t.} \ \boldsymbol{A}(\boldsymbol{\Omega}')\boldsymbol{\beta} = \boldsymbol{y} \end{aligned} \tag{8.1.39}$$

如果 $\boldsymbol{P}$ 为常数矩阵，求解上式关于 $\boldsymbol{\beta}$ 的最小化问题，将得到下面的结果：

$$\begin{aligned}&\min_{\beta}\boldsymbol{\beta}^{\mathrm{H}}\boldsymbol{P}^{-1}\boldsymbol{\beta}+\sum_{n=1}^{N+M}\omega_n p_n \Leftrightarrow \boldsymbol{y}^{\mathrm{H}}\boldsymbol{R}^{-1}\boldsymbol{y}+\sum_{n=1}^{N+M}\omega_n p_n\\ &\text{s.t.}\ \boldsymbol{A}(\boldsymbol{\Omega}')\boldsymbol{\beta}=\boldsymbol{y} \qquad\qquad \text{s.t.}\ \boldsymbol{A}(\boldsymbol{\Omega}')\boldsymbol{\beta}=\boldsymbol{y}\end{aligned} \tag{8.1.40}$$

也就是说，式（8.1.39）关于$\boldsymbol{\beta}$最优化的最小值与式（8.1.37）的目标函数一致。下面对上述结论进行简要证明。

在$\boldsymbol{P}$是常数矩阵时，式（8.1.39）中的$\omega_n p_n$是无关项。我们要证明的问题化简为

$$\boldsymbol{\beta}^{\mathrm{H}}\boldsymbol{P}^{-1}\boldsymbol{\beta}\geqslant \boldsymbol{y}^{\mathrm{H}}\boldsymbol{R}^{-1}\boldsymbol{y},\quad \text{s.t.}\ \boldsymbol{A}(\boldsymbol{\Omega}')\boldsymbol{\beta}=\boldsymbol{y} \tag{8.1.41}$$

等价于证明

$$\begin{aligned}&\boldsymbol{\beta}^{\mathrm{H}}\boldsymbol{P}^{-1}\boldsymbol{\beta}\geqslant \boldsymbol{\beta}^{\mathrm{H}}\boldsymbol{A}^{\mathrm{H}}(\boldsymbol{\Omega}')\ \boldsymbol{R}^{-1}\boldsymbol{A}(\boldsymbol{\Omega}')\boldsymbol{\beta}\\ &\Leftrightarrow \boldsymbol{\beta}^{\mathrm{H}}[\boldsymbol{P}^{-1}-\boldsymbol{A}^{\mathrm{H}}(\boldsymbol{\Omega}')\ \boldsymbol{R}^{-1}\boldsymbol{A}(\boldsymbol{\Omega}')]\boldsymbol{\beta}\geqslant 0\end{aligned} \tag{8.1.42}$$

上式中，$\boldsymbol{P}^{-1}$与$\boldsymbol{A}^{\mathrm{H}}(\boldsymbol{\Omega}')\ \boldsymbol{R}^{-1}\boldsymbol{A}(\boldsymbol{\Omega}')$都是正定阵。意味着式（8.1.42）要成立，必须保证$\boldsymbol{P}^{-1}-\boldsymbol{A}^{\mathrm{H}}(\boldsymbol{\Omega}')\ \boldsymbol{R}^{-1}\boldsymbol{A}(\boldsymbol{\Omega}')$是半正定阵。由

$$\begin{bmatrix}\boldsymbol{P}^{-1} & \boldsymbol{A}^{\mathrm{H}}(\boldsymbol{\Omega}')\\ \boldsymbol{A}(\boldsymbol{\Omega}') & \boldsymbol{R}\end{bmatrix}=\begin{bmatrix}\boldsymbol{P}^{-1/2}\\ \boldsymbol{A}(\boldsymbol{\Omega}')\boldsymbol{P}^{1/2}\end{bmatrix}\begin{bmatrix}\boldsymbol{P}^{-1/2} & \boldsymbol{P}^{1/2}\boldsymbol{A}^{\mathrm{H}}(\boldsymbol{\Omega}')\end{bmatrix}\succeq 0 \tag{8.1.43}$$

可知，$\boldsymbol{P}^{-1}-\boldsymbol{A}^{\mathrm{H}}(\boldsymbol{\Omega}')\ \boldsymbol{R}^{-1}\boldsymbol{A}(\boldsymbol{\Omega}')\succeq 0$，因此式（8.1.41）成立。

对式（8.1.39）求关于$\boldsymbol{\beta}$的最小化问题，使用 LMMSE 估计器，得到矢量$\boldsymbol{\beta}$的估计为

$$\boldsymbol{\beta}=\boldsymbol{P}\boldsymbol{A}^{\mathrm{H}}(\boldsymbol{\Omega}')\boldsymbol{R}^{-1}\boldsymbol{y} \tag{8.1.44}$$

得到$\boldsymbol{\beta}$的估计后，将其代入式（8.1.39）求关于p_n的最小化问题。该问题可以分解成（$N+M$）个一维最优化问题：

$$\min_{p_n>0}\sum_{n=1}^{N+M}\left(\frac{|\beta_n|^2}{p_n}+\omega_n p_n\right)\Rightarrow \min_{p_n>0}\ \frac{|\beta_n|^2}{p_n}+\omega_n p_n, n=1,2,\cdots,N+M \tag{8.1.45}$$

式中，β_n为矢量$\boldsymbol{\beta}$的第n个元素，上式等价于

$$\min_{p_n>0}\left(\frac{|\beta_n|}{\sqrt{p_n}}-\sqrt{\omega_n p_n}\right)^2+2\sqrt{\omega_n}\,|\beta_n|, n=1,2,\cdots,N+M \tag{8.1.46}$$

可以推出

$$p_n=\frac{|\beta_n|}{\sqrt{\omega_n}} \tag{8.1.47}$$

将式（8.1.44）代入式（8.1.47），得到p_n最小化的迭代公式：

$$\begin{aligned}&p_n^{(j+1)}=\frac{|\beta_n|}{\sqrt{\omega_n}}=p_n^{(j)}\frac{|\boldsymbol{A}^{\mathrm{H}}(\boldsymbol{\Omega}')(\boldsymbol{R}^{(j)})^{-1}\boldsymbol{y}|}{\sqrt{\omega_n}}\\ &\omega_n=\|\boldsymbol{a}_n\|^2/\|\boldsymbol{y}\|^2\end{aligned} \tag{8.1.48}$$

单快拍情况下的循环迭代方法同样可以收敛到全局最小值，迭代初始值可以选择$\boldsymbol{\beta}$的最小均方误差估计：

$$\boldsymbol{\beta}^{(0)}=\boldsymbol{A}^{\dagger}(\boldsymbol{\Omega}')\boldsymbol{y}$$

8.1.4　SPICE 算法与 L_1 范数最小化算法的联系

由多快拍接收数据稀疏模型 $\boldsymbol{Y}=\boldsymbol{A}(\boldsymbol{\Omega})\tilde{\boldsymbol{S}}+\boldsymbol{E}$ 可知，如果只有少量的信号存在于空间角度网格上，信号矩阵 $\tilde{\boldsymbol{S}}$ 中只有少数几行不为零，那么 DOA 估计问题就转变为从接收数据 $\boldsymbol{Y}$ 中确定矩阵 $\tilde{\boldsymbol{S}}$ 哪些行非零，然后根据 $\tilde{\boldsymbol{S}}$ 中非零行的位置推断出对应空间网格存在入射信号。直接应用 L_1 范数可以构建最小化问题[20]来估计矩阵 $\tilde{\boldsymbol{S}}$：

$$\begin{aligned}&\min_{\boldsymbol{S}}\sum_{n=1}^{N}\left\|\tilde{\boldsymbol{s}}_n\right\|_2\\ &\text{s.t.}\quad \left\|\boldsymbol{Y}-\boldsymbol{A}(\boldsymbol{\Omega})\tilde{\boldsymbol{S}}\right\|_{\mathrm{F}}\leqslant\varepsilon\end{aligned}\tag{8.1.49}$$

式中，$\tilde{\boldsymbol{s}}_n=\tilde{\boldsymbol{S}}(n,:)$ 表示 $\tilde{\boldsymbol{S}}$ 的第 n 行，ε 表示选择的误差阈值。式（8.1.49）中的目标函数与矢量 $\left[\left\|\tilde{\boldsymbol{s}}_1\right\|_2,\left\|\tilde{\boldsymbol{s}}_2\right\|_2,\cdots,\left\|\tilde{\boldsymbol{s}}_N\right\|_2\right]$ 的 L_1 范数等价。关于 L_1 范数正则化问题与 $\tilde{\boldsymbol{S}}$ 的求解过程已在第 5 章详细论述。

SPICE 算法基于数据自适应求解信号空间谱和噪声谱 $\{p_n\}_{n=1}^{N+M}$，不用考虑引入超参数。下面讨论 SPICE 算法与 L_1 范数最小化算法的联系。在任意 $\boldsymbol{C}$ 固定的前提下，求式（8.1.19）关于 $\{p_n\}_{n=1}^{N+M}$ 最小化问题，目标函数优化解和最小值分别由式（8.1.21）与式（8.1.22）给出。由式（8.1.22）可知，关于 $\boldsymbol{C}$ 的最小化问题为

$$\begin{aligned}&\min_{\boldsymbol{C}}\ \sum_{n=1}^{N+M}\omega_n^{1/2}\left\|\boldsymbol{c}_n\right\|_2\\ &\text{s.t.}\quad \boldsymbol{A}(\boldsymbol{\Omega}')\boldsymbol{C}=\hat{\boldsymbol{R}}^{1/2}\end{aligned}\tag{8.1.50}$$

上式与式（8.1.49）都是 SOCP 问题，主要区别在于：

（1）式（8.1.50）的目标函数是关于 $\boldsymbol{C}$ 的加权 L_1 范数，它的权值 $\omega_n^{1/2}$ 由接收数据决定，权值 $\omega_n=\boldsymbol{a}_n^{\mathrm{H}}\hat{\boldsymbol{R}}^{-1}\boldsymbol{a}_n/M$ 可以视为每个网格上能量谱倒数的估计。并且，该目标函数是基于统计协方差拟合准则获得的，而式（8.1.49）在本质上是启发式（heuristic）的[1]。

（2）式（8.1.50）的约束条件包含关于噪声的统计信息，而式（8.1.49）只有一个关于误差上界的参数。

（3）如果快拍数 L 大于阵元数 M，那么式（8.1.50）的 SOCP 问题要处理的数据维度更低，计算量较小 。

下面讨论式（8.1.49）中 $\tilde{\boldsymbol{S}}$ 与式（8.1.50）中 $\boldsymbol{C}$ 的关系。 由接收数据模型可得

$$\boldsymbol{Y}=[\boldsymbol{A}(\boldsymbol{\Omega}),\boldsymbol{I}_M]\begin{bmatrix}\boldsymbol{S}\\ \boldsymbol{E}\end{bmatrix}=\boldsymbol{A}(\boldsymbol{\Omega}')\begin{bmatrix}\boldsymbol{S}\\ \boldsymbol{E}\end{bmatrix}\tag{8.1.51}$$

有

$$\boldsymbol{A}(\boldsymbol{\Omega}')\begin{bmatrix}\boldsymbol{S}\\ \boldsymbol{E}\end{bmatrix}\boldsymbol{Y}^{\mathrm{H}}\hat{\boldsymbol{R}}^{-1/2}/M=(\boldsymbol{Y}\boldsymbol{Y}^{\mathrm{H}}/M)\hat{\boldsymbol{R}}^{-1/2}=\hat{\boldsymbol{R}}^{1/2}\tag{8.1.52}$$

将上式与式（8.1.50）的约束条件进行比较，可以推出

$$\boldsymbol{C}=\begin{bmatrix}\boldsymbol{S}\\ \boldsymbol{E}\end{bmatrix}\boldsymbol{Y}^{\mathrm{H}}\hat{\boldsymbol{R}}^{-1/2}/M\tag{8.1.53}$$

将 SPICE 估计模型转化为 SOCP 形式，有助于理解它与 L_1 范数最小化问题的联系以及如何实现解的稀疏化。基于 L_1 范数的稀疏重构算法与 SPICE 算法之间关系的深入讨论可以参

考文献[19]。对于阵列测向，一般情况下，阵元数 $M \approx 10 \sim 10^2$，快拍数 $L \approx 10^2 \sim 10^3$，网格数 $N \approx 10^2 \sim 10^4$（与要求分辨力和测向的维度有关）。如果使用凸优化方法解决高维数的 SOCP 问题，则需要较高的算法复杂度，而使用 SPICE 算法的计算复杂度明显降低很多。

8.1.5 仿真与性能分析

实验一：SPICE、MUSIC 与 Capon 算法空间谱比较

仿真条件：假设空间远场存在三个等功率辐射源，入射方向分别为 $\theta_1 = 10^\circ$ $\theta_2 = 35^\circ$ 与 $\theta_3 = 50^\circ$；使用阵元间距为半波长的 10 阵元均匀线阵接收信号，快拍数 $L = 100$；噪声为零均值复高斯均匀白噪声。SPICE 算法设置网格大小为 0.1°，MUSIC 与 Capon 算法用网格 0.1° 进行搜索。

图 8.1.1 给出了各信号互不相关条件下 SPICE、MUSIC 与 Capon 算法的空间谱估计结果。假设从 θ_2 和 θ_3 入射的两个信号为相干信号，三个算法的空间谱估计结果如图 8.1.2 所示。从图 8.1.1 可以看出，SPICE 算法可以实现同时对多目标的入射方向估计，相对于 MUSIC 与 Capon 算法，SPICE 算法得到的空间谱峰值更加尖锐，且整体上旁瓣更低。SPICE 算法在接收信号模型中假设信号源互不相关，并使用了协方差矩阵进行参数估计，但在估计相干入射信号的性能方面明显优于 MUSIC 与 Capon 算法，如图 8.1.2 所示。在 8.1.4 节指出了 SPICE 算法可以近似等效为加权 L_1 范数最小化算法，因此 SPICE 算法是一种具有一定健壮性的空间谱估计方法，可以用来分辨相干信号。

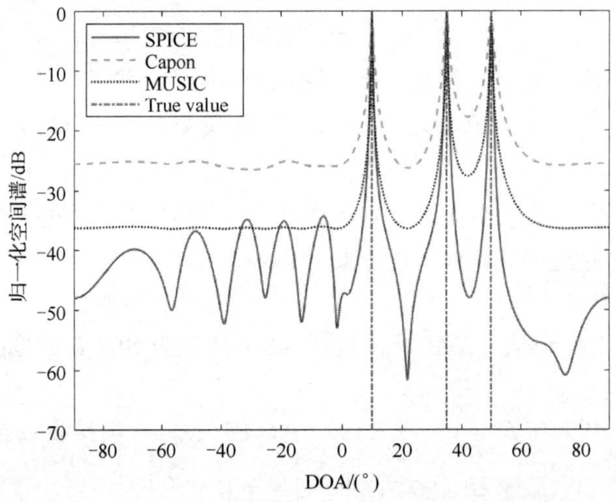

图 8.1.1 DOA 估计的空间谱（SNR=10dB，非相关信号）

保持其他仿真条件不变，入射角 θ_2 和 θ_3 的两个信号相干，在 SNR=5dB 时进行 100 次蒙特卡洛试验。图 8.1.3 给出了 SPICE、MUSIC 与 Capon 算法 DOA 估计结果的统计直方图。三种算法对入射角 $\theta_1 = 10^\circ$ 的非相关信号估计较为准确，由噪声影响的估计值在 θ_1 周围很小范围内波动。对于入射方向分别为 θ_2 和 θ_3 的两个相干信号，MUSIC 和 Capon 算法估计效果并不理想，估计值与真实值偏离很大；而 SPICE 算法依然可以保证估计值在真实值附近一个相对较小的范围内波动。这再次证明，虽然 SPICE、MUSIC 与 Capon 算法都使用数据协方差阵进行谱估计，但对相干信号而言，SPICE 算法的 DOA 估计结果依然可靠，明显优于 MUSIC 和 Capon 算法。

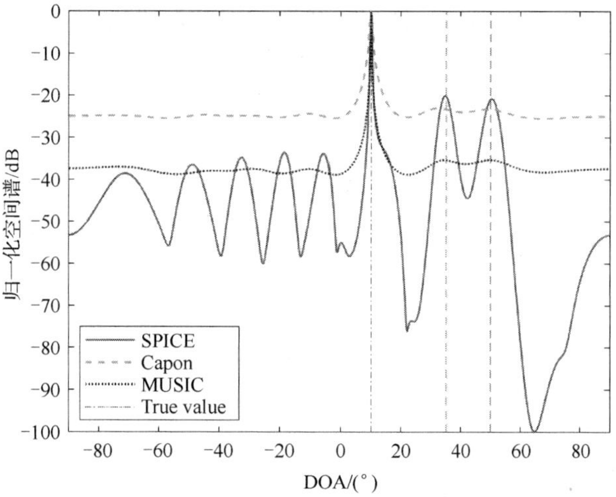

图 8.1.2　DOA 估计的空间谱（SNR=10dB，θ_2 和 θ_3 两入射信号相干）

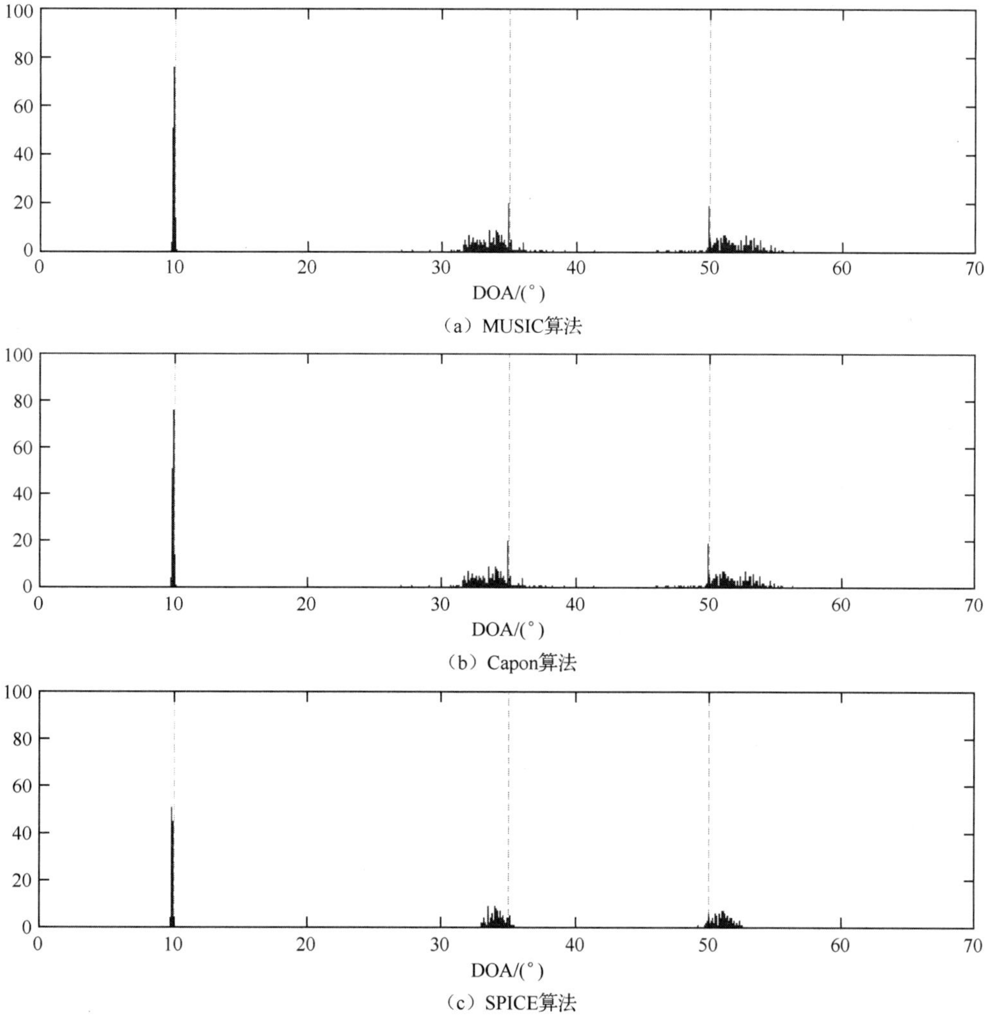

图 8.1.3　DOA 估计结果的统计直方图（SNR=5dB，入射角 θ_2 与 θ_3 的信号相干）

实验二：SPICE、L_1-SVD 与 MUSIC 算法的 DOA 估计精度比较

仿真条件：空间远场存在两个不相关等功率辐射源，入射方向以$\theta_1 = 0^\circ$、$\theta_2 = 30^\circ$为中心呈均匀分布的方式随机变化，变化范围在1°之内；使用阵元间距为半波长的 10 阵元均匀线阵接收信号；噪声为零均值复高斯白噪声。不同信噪比或不同快拍数情况进行多次独立的蒙特卡洛实验。L_1-SVD 和 SPICE 算法采用网格大小为0.1°；MUSIC 算法采用网格大小为0.1°进行搜索。

图 8.1.4 给出 SPICE 算法随 SNR 变化的波达方向估计性能。与 MUSIC 和 L_1-SVD 算法相比，在信噪比较低情况下其 RMSE 性能略差；由于网格大小限制，在 SNR=20dB 左右，几个算法的 RMSE 趋于相同。

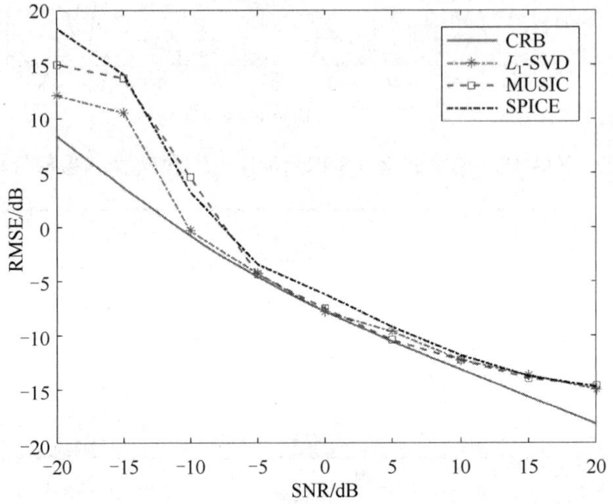

图 8.1.4 RMSE 随 SNR 变化关系（快拍数 L= 200）

图 8.1.5 给出了 SPICE 算法随快拍数变化的波达方向估计性能。在中等信噪比情况下，SPICE 可以得到较满意的波达方向估计；但是其估计精度，相比 L_1-SVD 和 MUSIC 算法略差。

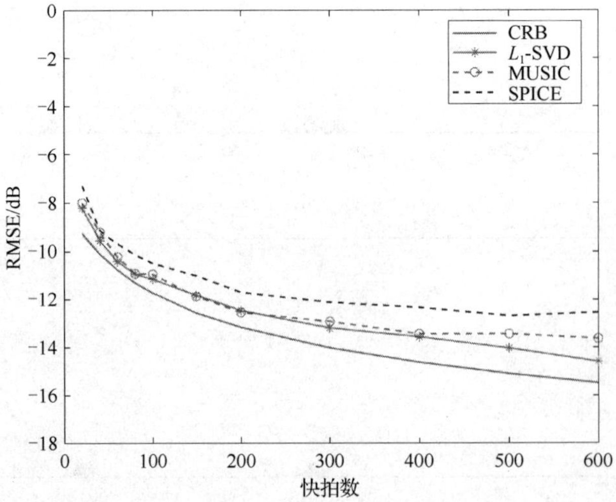

图 8.1.5 RMSE 随采样点变化关系（SNR=10dB）

实验三：SPICE 算法分辨力性能

仿真条件：假设空间远场存在两个等功率辐射源，入射方向分别为$\theta_1 = 0^\circ$与$\theta_2 = \Delta\theta$；

使用阵元间距为半波长的 10 阵元均匀线阵接收信号，快拍数 $L = 200$；噪声均为零均值的复高斯白噪声；每个信噪比情况进行多次独立的蒙特卡洛实验。SPICE 算法网格大小为0.5°。

图 8.1.6 与图 8.1.7 给出不同间隔 $\Delta\theta$ 情况下，SPICE 算法的分辨成功概率随 SNR 的变化情况。对于非相关信号情况，信噪比 SNR>14dB 能分辨入射间隔 2° 的邻近信号，整体分辨性能略逊于 L_1-SVD 算法。而对于相干源，要分辨入射间隔在 5° 的两个信号，信噪比要达到 20dB，分辨性能较 L_1-SVD 算法有较大差距。

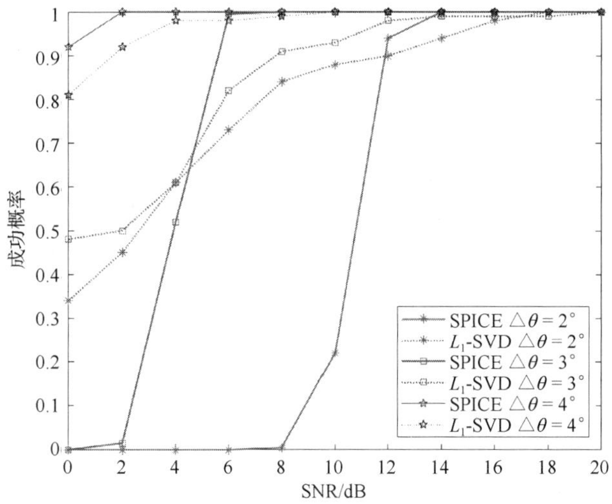

图 8.1.6　非相关信号分辨力（$\left|\hat{\theta}_k - \theta_k\right| \leqslant 2^\circ$）

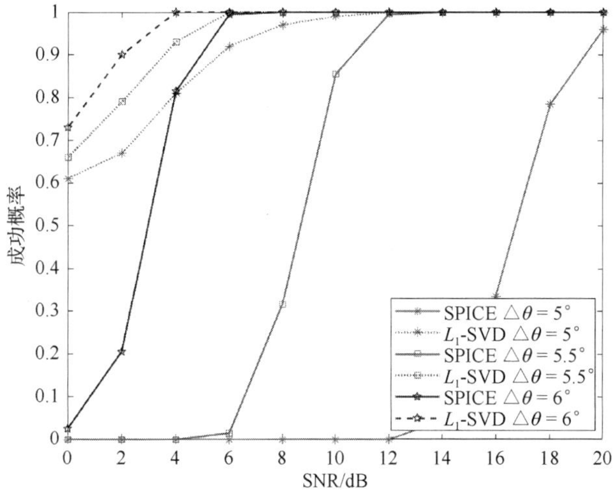

图 8.1.7　相干信号分辨力（$\left|\hat{\theta}_k - \theta_k\right| \leqslant 2^\circ$）

实验四：SPICE、M-SBL、L_1-SVD 算法分辨力性能比较

仿真条件：假设空间远场存在两个等功率辐射源，入射方向分别为 $\theta_1 = 0^\circ$ 与 $\theta_2 = \Delta\theta$；使用阵元间距为半波长的 10 阵元均匀线阵接收信号；快拍数 L= 200，噪声均为零均值的复高斯白噪声，信噪比 SNR=10dB。不同角度间隔下进行多次独立的蒙特卡洛实验。L_1-SVD、SPICE、M-SBL 算法网格大小为 0.1°。

图 8.1.8 与图 8.1.9 给出 L_1-SVD、SPICE、M-SBL 算法成功概率随角度间隔 $\Delta\theta$ 的变化情况。在非相关信号情况下，SPICE 算法的分辨效果略逊于 L_1-SVD 和 M-SBL 算法。而对于相干信号情况，SPICE 算法的分辨效果优于 M-SBL 算法。

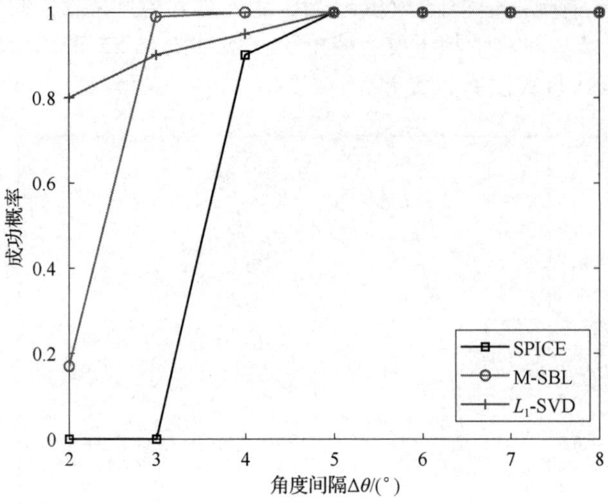

图 8.1.8 非相关信号分辨力（$\left|\hat{\theta}_k-\theta_k\right|\leqslant 1^\circ$）

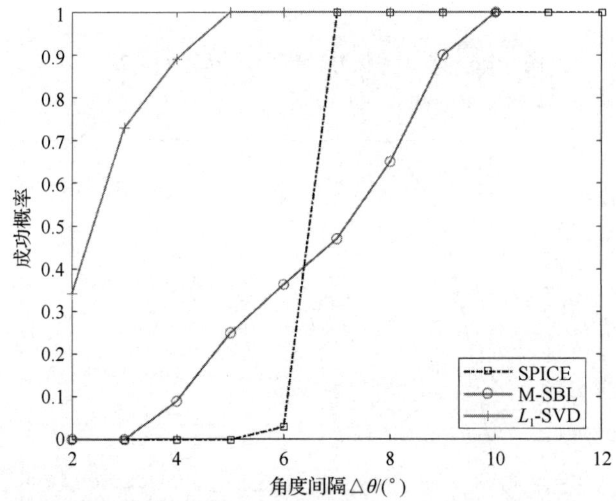

图 8.1.9 相干信号分辨力（$\left|\hat{\theta}_k-\theta_k\right|\leqslant 2^\circ$）

8.2 加权 SPICE 算法

8.1 节主要讨论了经典 SPICE 空间谱估计方法，该方法可以等效为一种对加权 L_1 范数优化问题的求解算法。在快拍数 L 大于等于阵元数 M 时，其权值为 $\omega_n=\boldsymbol{a}_n^{\mathrm{H}}\hat{\boldsymbol{R}}^{-1}\boldsymbol{a}_n/M$，在快拍数 L 小于阵元数 M 时，$\omega_n=\|\boldsymbol{a}_n\|_2^2/\mathrm{tr}(\hat{\boldsymbol{R}})$，在整个迭代过程中权值一直保持不变。在 8.1.4 节中曾经提到，权值可以视为网格上能量谱倒数的一种估计，由此可以推断出，在不同权值情况下

SPICE 算法可能产生不同的估计性能或不同的收敛速度。本节重点讨论不同权值情况下，由经典 SPICE 算法衍生的迭代估计算法，这里统称为加权 SPICE 算法。

8.2.1 基于梯度下降的加权 SPICE 算法

在经典 SPICE 算法基础上，Stoica 在文献[13]中提出了基于梯度下降的加权 SPICE 算法，算法在迭代过程中权值保持不变。这种算法与后边的变权值算法有密切联系，所以本节首先对这种算法进行简要论述。

由 8.1.1 节协方差拟合准则式（8.1.5），可以得到式（8.1.9）：

$$g = \mathrm{tr}(\hat{\boldsymbol{R}}^{1/2}\boldsymbol{R}^{-1}\hat{\boldsymbol{R}}^{1/2}) + \sum_{n=1}^{N+M}\omega_n p_n, \omega_n = \boldsymbol{a}_n^{\mathrm{H}}\hat{\boldsymbol{R}}^{-1}\boldsymbol{a}_n$$

使用梯度下降法来求解函数 g 关于 p_n 的最小化问题。对上式求关于 p_n 的导数：

$$\begin{aligned}\frac{\partial g}{\partial p_n} &= -\mathrm{tr}\left(\hat{\boldsymbol{R}}^{1/2}\boldsymbol{R}^{-1}\frac{\partial \boldsymbol{R}}{\partial p_n}\boldsymbol{R}^{-1}\hat{\boldsymbol{R}}^{1/2}\right)+\omega_n \\ &= -\left\|\boldsymbol{a}_n^{\mathrm{H}}\boldsymbol{R}^{-1}\hat{\boldsymbol{R}}^{1/2}\right\|_2^2+\omega_n\end{aligned} \tag{8.2.1}$$

选择一个合理的步长 $\rho_n^{(j)} \geqslant 0$，可以将 p_n 的迭代求解方法写成

$$p_n^{(j+1)} = p_n^{(j)} - \rho_n^{(j)}\frac{\partial g}{\partial p_n} = p_n^{(j)} - \rho_n^{(j)}\left(\omega_n - \left\|\boldsymbol{a}_n^{\mathrm{H}}(\boldsymbol{R}^{(j)})^{-1}\hat{\boldsymbol{R}}^{1/2}\right\|_2^2\right) \tag{8.2.2}$$

模型式（8.1.4）的定义要求 $p_n \geqslant 0$，所以选择的步长应满足条件：

$$\rho_n^{(j)} \geqslant 0,\ p_n^{(j)} \geqslant 0,\ p_n^{(j+1)} \geqslant 0 \tag{8.2.3}$$

因此，选择一个满足式（8.2.3）的步长：

$$\rho_n^{(j)} = \frac{p_n^{(j)}}{\omega_n + \omega_n^{1/2}\left\|\boldsymbol{a}_n^{\mathrm{H}}(\boldsymbol{R}^{(j)})^{-1}\hat{\boldsymbol{R}}^{1/2}\right\|_2} \geqslant 0 \tag{8.2.4}$$

将式（8.2.4）代入式（8.2.2），再经过简单整理可得

$$\begin{aligned}p_n^{(j+1)} &= \frac{p_n^{(j)}\omega_n + p_n^{(j)}\omega_n^{1/2}\left\|\boldsymbol{a}_n^{\mathrm{H}}(\boldsymbol{R}^{(j)})^{-1}\hat{\boldsymbol{R}}^{1/2}\right\|_2 - p_n^{(j)}\omega_n + p_n^{(j)}\left\|\boldsymbol{a}_n^{\mathrm{H}}(\boldsymbol{R}^{(j)})^{-1}\hat{\boldsymbol{R}}^{1/2}\right\|_2^2}{\omega_n + \omega_n^{1/2}\left\|\boldsymbol{a}_n^{\mathrm{H}}\left(\boldsymbol{R}^{(j)}\right)^{-1}\hat{\boldsymbol{R}}^{1/2}\right\|_2} \\ &= \frac{p_n^{(j)}\left\|\boldsymbol{a}_n^{\mathrm{H}}(\boldsymbol{R}^{(j)})^{-1}\hat{\boldsymbol{R}}^{1/2}\right\|_2}{\omega_n^{1/2}} \quad \text{(SPICE-A)}\end{aligned} \tag{8.2.5}$$

梯度算法比循环最小化算法更灵活，从这个意义上讲，可以通过选择不同的步长得到不同形式的加权 SPICE 算法。例如，满足式（8.2.3）的另一个步长选择为

$$\rho_n^{(j)} = p_n^{(j)}/\omega_n$$

将其代入式（8.2.2），得到另一种形式的加权 SPICE 算法：

$$p_n^{(j+1)} = p_n^{(j)}\left\|\boldsymbol{a}_n^{\mathrm{H}}(\boldsymbol{R}^{(j)})^{-1}\hat{\boldsymbol{R}}^{1/2}\right\|_2^2/\omega_n \quad \text{(SPICE-B)} \tag{8.2.6}$$

称式（8.2.5）与式（8.2.6）分别为SPICE-A 算法和SPICE-B 算法，它们的不同之处在于：SPICE-A 算法的收敛速度比SPICE-B 算法略快[13]。式（8.2.5）和式（8.2.6）所示的加权 SPICE 算法迭代形式虽然与 8.1 节循环最小化算法迭代形式略有不同，但估计精度基本一致。同样，对于快拍数 L 小于阵元数 M 的情况，基于梯度下降的加权 SPICE 算法形式与式（8.2.5）

和式（8.2.6）非常相似，将式（8.2.5）和式（8.2.6）中的 $\hat{\boldsymbol{R}}^{1/2}$ 替换为 $\hat{\boldsymbol{R}}$ 即可：

$$\begin{aligned} p_n^{(j+1)} &= \frac{p_n^{(j)}\left\|\boldsymbol{a}_n^{\mathrm{H}}(\boldsymbol{R}^{(j)})^{-1}\hat{\boldsymbol{R}}\right\|_2}{\omega_n^{1/2}} \quad \text{(SPICE-A)} \\ p_n^{(j+1)} &= p_n^{(j)}\left\|\boldsymbol{a}_n^{\mathrm{H}}(\boldsymbol{R}^{(j)})^{-1}\hat{\boldsymbol{R}}\right\|_2^2/\omega_n \quad \text{(SPICE-B)} \end{aligned} \tag{8.2.7}$$

需要注意的是，基于梯度下降的加权 SPICE 算法同样保持权值 ω_n 在迭代过程中一直不变。

8.2.2 IAA 算法

2010 年，Yardibi 等人针对小快拍情况提出一种自适应迭代信号幅度和相位估计算法（Iterative Adaptive Approach，IAA）[18]，用来进行波达方向估计。IAA 算法是一种基于加权最小二乘法的非参数化估计算法，其特点是适用于任意阵列结构小快拍（甚至单快拍）以及相干信号的测向问题。

同样，阵列接收数据稀疏模型为

$$\begin{aligned} \boldsymbol{y}(t) &= \boldsymbol{A}(\boldsymbol{\Omega})\tilde{\boldsymbol{s}}(t) + \boldsymbol{e}(t) \\ &= \sum_{n=1}^{N}\boldsymbol{a}_n\tilde{s}_n(t) + \boldsymbol{e}(t) \end{aligned}$$

这里将导向矢量 $\boldsymbol{a}(\tilde{\theta}_n)$ 简写为 $\boldsymbol{a}_n$。接收数据快拍数为 L 时，角度网格 n 对应的入射功率 p_n 估计可表示为

$$p_n = \frac{1}{L}\sum_{l=1}^{L}\left|\tilde{s}_n(t_l)\right|^2, n = 1,2,\cdots,N \tag{8.2.8}$$

假设一个关注的辐射信源从角度 $\tilde{\theta}_n$ 入射，可以定义干扰和噪声组成的协方差矩阵 $\boldsymbol{Q}(\tilde{\theta}_n)$ 为

$$\boldsymbol{Q}(\tilde{\theta}_n) = \boldsymbol{R} - p_n\boldsymbol{a}_n\boldsymbol{a}_n^{\mathrm{H}} \tag{8.2.9}$$

然后，建立加权最小二乘代价函数[9,10,11]：

$$\sum_{l=1}^{L}\left\|\boldsymbol{y}(t_l) - \boldsymbol{a}_n\tilde{s}_n(t_l)\right\|_{\boldsymbol{Q}^{-1}(\tilde{\theta}_n)}^2 \tag{8.2.10}$$

其中，$\left\|\boldsymbol{x}\right\|_{\boldsymbol{Q}^{-1}(\tilde{\theta}_n)}^2 \triangleq \boldsymbol{x}^{\mathrm{H}}\boldsymbol{Q}^{-1}(\tilde{\theta}_n)\boldsymbol{x}$，$\tilde{s}_n(t_l)$ 表示 t_l 时刻入射角度为 $\tilde{\theta}_n$ 的信号。求式（8.2.10）关于 $\tilde{s}_n(t_l)$ 的最小化问题：

$$\min_{\tilde{s}_n(t_l)}\sum_{l=1}^{L}\left\|\boldsymbol{y}(t_l) - \boldsymbol{a}_n\tilde{s}_n(t_l)\right\|_{\boldsymbol{Q}^{-1}(\tilde{\theta}_n)}^2$$

可以得到入射信号 $\tilde{s}_n(t_l)$ 的波形估计：

$$\tilde{s}_n(t_l) = \frac{\boldsymbol{a}_n^{\mathrm{H}}\boldsymbol{Q}^{-1}(\tilde{\theta}_n)\boldsymbol{y}(t_l)}{\boldsymbol{a}_n^{\mathrm{H}}\boldsymbol{Q}^{-1}(\tilde{\theta}_n)\boldsymbol{a}_n}, l = 1,2,\cdots,L \tag{8.2.11}$$

使用 Woodbury 公式，对 $\boldsymbol{Q}(\tilde{\theta}_n)$ 矩阵求逆

$$\begin{aligned} \boldsymbol{Q}^{-1}(\tilde{\theta}_n) &= [\boldsymbol{R} - p_n\boldsymbol{a}_n\boldsymbol{a}_n^{\mathrm{H}}]^{-1} \\ &= \boldsymbol{R}^{-1} - \boldsymbol{R}^{-1}\boldsymbol{a}_n(\boldsymbol{a}_n^{\mathrm{H}}\boldsymbol{R}^{-1}\boldsymbol{a}_n - 1/p_n)\boldsymbol{a}_n^{\mathrm{H}}\boldsymbol{R}^{-1} \end{aligned} \tag{8.2.12}$$

由 $\boldsymbol{a}^{\mathrm{H}}(\tilde{\theta}_n)\boldsymbol{R}^{-1}\boldsymbol{a}(\tilde{\theta}_n) \approx 1/p_n$，可以得出 $\boldsymbol{Q}^{-1}(\theta_n) \approx \boldsymbol{R}^{-1}$，将其代入式（8.2.11），得到波形估计：

$$\tilde{s}_n(t_l) = \frac{\boldsymbol{a}_n^{\mathrm{H}}\boldsymbol{R}^{-1}\boldsymbol{y}(t_l)}{\boldsymbol{a}_n^{\mathrm{H}}\boldsymbol{R}^{-1}\boldsymbol{a}_n}, l = 1,2,\cdots,L \tag{8.2.13}$$

由于信号波形估计需要已知参数协方差矩阵 $\boldsymbol{R}$，而 $\boldsymbol{R}$ 本身又取决于每个空间网格处的功

率估计 p_n。因此，IAA 算法对波形的估计以迭代方式实现，算法的初始化可由常规波束形成算法给出。IAA 算法的步骤总结如算法 8.2 所示。

算法 8.2　IAA 算法

输入：接收数据 $\boldsymbol{Y}\in\mathbb{C}^{M\times L}$，完备字典 $\boldsymbol{A}(\boldsymbol{\Omega})\in\mathbb{C}^{M\times N}$，稀疏度为 K。

初始化：

$$p_n^{(0)}=\frac{1}{L\|\boldsymbol{a}_n\|_2^2}\sum_{l=1}^{L}\left|\boldsymbol{a}_n^{\mathrm{H}}\boldsymbol{y}(t_l)\right|^2, n=1,2,\cdots,N;$$

$$\boldsymbol{p}^{(0)}=[p_1^{(0)},p_2^{(0)},\cdots,p_N^{(0)}]^{\mathrm{T}}, \boldsymbol{P}^{(0)}=\mathrm{diag}(\boldsymbol{p}^{(0)});$$

$$\boldsymbol{R}^{(0)}=\boldsymbol{A}(\boldsymbol{\Omega})\boldsymbol{P}^{(0)}\boldsymbol{A}^{\mathrm{H}}(\boldsymbol{\Omega}), j=0;$$

重复：

1）计算 $\tilde{s}_n^{(j+1)}(t_l)=\dfrac{\boldsymbol{a}_n^{\mathrm{H}}(\boldsymbol{R}^{(j)})^{-1}\boldsymbol{y}(t_l)}{\boldsymbol{a}_n^{\mathrm{H}}(\boldsymbol{R}^{(j)})^{-1}\boldsymbol{a}_n^{\mathrm{H}}}$；

2）更新 $p_n^{(j+1)}=\dfrac{1}{L}\sum_{l=1}^{L}\left|\tilde{s}_n^{(j+1)}(t_l)\right|^2$

$$\boldsymbol{p}^{(j+1)}=[p_1^{(j+1)},p_2^{(j+1)},\cdots,p_N^{(j+1)}]^{\mathrm{T}}$$

$$\boldsymbol{P}^{(j+1)}=\mathrm{diag}(\boldsymbol{p}^{(j+1)});$$

3）计算 $\boldsymbol{R}^{(j+1)}=\boldsymbol{A}(\boldsymbol{\Omega})\boldsymbol{P}^{(j+1)}\boldsymbol{A}^{\mathrm{H}}(\boldsymbol{\Omega}), j=j+1$；

直到达到停止条件，如 $\left\|\boldsymbol{p}^{(j+1)}-\boldsymbol{p}^{(j)}\right\|_2/\left\|\boldsymbol{p}^{(j)}\right\|_2<\delta$ 或迭代次数。

输出：重构后的空间谱 $\hat{\boldsymbol{p}}$，根据谱峰对应网格得到入射方向。

下面讨论 IAA 算法与 SPICE 算法之间的关系。在 8.1 节中得到的 SPICE 算法一直保持权值不变，如果采用变化权值策略进行参数 p_n 优化，选取权值

$$\omega_n^{(j)}=p_n^{(j)}\left|\boldsymbol{a}_n^{\mathrm{H}}(\boldsymbol{R}^{(j)})^{-1}\boldsymbol{a}_n\right|^2 \tag{8.2.14}$$

将其代入式（8.2.5）和式（8.2.6），分别得到 p_n 估计的迭代公式：

$$p_n^{(j+1)}=\frac{(p_n^{(j)})^{1/2}\left\|\boldsymbol{a}_n^{\mathrm{H}}(\boldsymbol{R}^{(j)})^{-1}\hat{\boldsymbol{R}}^{1/2}\right\|_2}{\left|\boldsymbol{a}_n^{\mathrm{H}}(\boldsymbol{R}^{(j)})^{-1}\boldsymbol{a}_n\right|} \tag{8.2.15}$$

$$p_n^{(j+1)}=\frac{\left\|\boldsymbol{a}_n^{\mathrm{H}}(\boldsymbol{R}^{(j)})^{-1}\hat{\boldsymbol{R}}^{1/2}\right\|_2^2}{\left|\boldsymbol{a}_n^{\mathrm{H}}(\boldsymbol{R}^{(j)})^{-1}\boldsymbol{a}_n\right|^2} \tag{8.2.16}$$

如果将式（8.2.13）中的 $\tilde{s}_n(t_l)$ 代入式（8.2.8），将得到与式（8.2.16）完全一致的形式。也就是说，IAA 算法可以被归类为一种加权 SPICE 算法，其权值根据协方差矩阵和入射网格的功率估计不断变换 $\omega_n^{(j)}=p_n^{(j)}\left|\boldsymbol{a}_n^{\mathrm{H}}(\boldsymbol{R}^{(j)})^{-1}\boldsymbol{a}_n\right|^2$。因此，将迭代公式（8.2.15）和式（8.2.16）分别称为 IAA-A 算法和 IAA-B 算法。

8.2.3　LIKES 算法

如果入射信号和噪声都满足高斯随机分布，则接收数据 $\boldsymbol{y}(t)$ 也服从高斯分布。假设接收数据 $\boldsymbol{y}(t)$ 均值为零，协方差为 $\boldsymbol{R}$，可以得到多快拍联合概率分布密度函数：

$$f(\boldsymbol{y}(t_1),\boldsymbol{y}(t_2),\cdots,\boldsymbol{y}(t_L))=\prod_{l=1}^{L}\frac{1}{\pi^M\det(\boldsymbol{R})}\exp\{-\boldsymbol{y}^{\mathrm{H}}(t_l)\boldsymbol{R}^{-1}\boldsymbol{y}(t_l)\} \tag{8.2.17}$$

对上式求负对数，可得[14]

$$-\ln f=L(M\ln\pi+\ln\det(\boldsymbol{R})+\mathrm{tr}(\hat{\boldsymbol{R}}\boldsymbol{R}^{-1})) \tag{8.2.18}$$

忽略常数项，关于 $\boldsymbol{p}=[p_1,p_2,\cdots,p_{N+M}]^{\mathrm{T}}$ 的负对数似然函数可简化为

$$\begin{aligned}f(\boldsymbol{p})&=\ln\det(\boldsymbol{R})+\mathrm{tr}(\hat{\boldsymbol{R}}\boldsymbol{R}^{-1})\\&=\ln\det(\boldsymbol{R})+\mathrm{tr}(\hat{\boldsymbol{R}}^{1/2}\boldsymbol{R}^{-1}\hat{\boldsymbol{R}}^{1/2})\end{aligned} \tag{8.2.19}$$

通过最小化函数 $f(\boldsymbol{p})$ 可以得到 $\boldsymbol{p}$ 的估计：

$$\min_{\boldsymbol{p}}\ \ln\det(\boldsymbol{R})+\mathrm{tr}(\hat{\boldsymbol{R}}^{1/2}\boldsymbol{R}^{-1}\hat{\boldsymbol{R}}^{1/2}) \tag{8.2.20}$$

目标函数的第二项 $\mathrm{tr}(\hat{\boldsymbol{R}}^{1/2}\boldsymbol{R}^{-1}\hat{\boldsymbol{R}}^{1/2})$ 是关于 $\boldsymbol{p}$ 的凸函数，而第一项 $\ln\det(\boldsymbol{R})$ 是关于 $\boldsymbol{p}$ 的凹函数[16]，所以式（8.2.20）的优化问题是一个非凸问题，该问题很难得到全局最优解。

令 $\tilde{\boldsymbol{p}}$ 为参数空间内一点，$\tilde{\boldsymbol{R}}=\boldsymbol{A}(\boldsymbol{\Omega}')\mathrm{diag}(\tilde{\boldsymbol{p}})\boldsymbol{A}^{\mathrm{H}}(\boldsymbol{\Omega}')$ 为其对应的协方差矩阵。由于凹函数上任意一点都位于其空间切平面之下，对 $\ln\det(\boldsymbol{R})$ 在 $\tilde{\boldsymbol{p}}$ 进行泰勒展开，可以得到对于任意变量 $\boldsymbol{p}$ 都成立的不等式：

$$\begin{aligned}\ln\det(\boldsymbol{R})&\leqslant\ln\det(\tilde{\boldsymbol{R}})+\sum_{n=1}^{N+M}\mathrm{tr}(\tilde{\boldsymbol{R}}^{-1}\boldsymbol{a}_n\boldsymbol{a}_n^{\mathrm{H}})(p_n-\tilde{p}_n)\\&=\ln\det(\tilde{\boldsymbol{R}})+\mathrm{tr}(\tilde{\boldsymbol{R}}^{-1}\boldsymbol{R})-M\\&=\ln\det(\tilde{\boldsymbol{R}})+\sum_{n=1}^{N+M}\tilde{\omega}_n p_n-M\end{aligned} \tag{8.2.21}$$

其中，$\tilde{\omega}_n=\boldsymbol{a}_n^{\mathrm{H}}\tilde{\boldsymbol{R}}^{-1}\boldsymbol{a}_n$。由式（8.2.21）和式（8.2.19）可知，对于参数空间内任意矢量 $\tilde{\boldsymbol{p}}$ 和 $\boldsymbol{p}$，有

$$f(\boldsymbol{p})\leqslant\mathrm{tr}(\hat{\boldsymbol{R}}^{1/2}\boldsymbol{R}^{-1}\hat{\boldsymbol{R}}^{1/2})+(\ln\det(\tilde{\boldsymbol{R}})-M)+\sum_{n=1}^{N+M}\tilde{\omega}_n p_n\triangleq g(\boldsymbol{p}) \tag{8.2.22}$$

等号在 $\boldsymbol{p}=\tilde{\boldsymbol{p}}$ 时取得，即 $f(\tilde{\boldsymbol{p}})=g(\tilde{\boldsymbol{p}})$。可以选择参数空间一点 $\hat{\boldsymbol{p}}$，使其为函数 $g(\boldsymbol{p})$ 的最小值点，或者至少使 $g(\hat{\boldsymbol{p}})<g(\tilde{\boldsymbol{p}})$ 成立。那么，由式（8.2.22）可以得到以下不等式成立：

$$f(\hat{\boldsymbol{p}})\leqslant g(\hat{\boldsymbol{p}})<g(\tilde{\boldsymbol{p}})=f(\tilde{\boldsymbol{p}}) \tag{8.2.23}$$

由此，可以通过辅助函数 $g(\boldsymbol{p})$ 将函数目标函数 $f(\boldsymbol{p})$ 从 $f(\tilde{\boldsymbol{p}})$ 减少到 $f(\hat{\boldsymbol{p}})$。上述过程就是 Majorization-Minimization 方法[15]求解给定非凸函数最小化问题的主要思想。在式（8.2.22）中，$g(\boldsymbol{p})$ 为凸函数，其优化问题显然比 $f(\boldsymbol{p})$ 的优化问题更容易求解。SPICE 算法中使用的目标函数式（8.1.8）与 $g(\boldsymbol{p})$ 形式相似（相差一个常数项 $\ln\det(\tilde{\boldsymbol{R}})-M$）。因此，$g(\boldsymbol{p})$ 可以采用 8.1.2 节介绍的迭代方法进行求解。最小化式（8.2.19）所示的负对数似然函数过程称为 LIKES（LIKelihood-based Estimation of Sparse parameters）算法[12]。

式（8.2.22）中的权值 $\tilde{\omega}_n=\boldsymbol{a}_n^{\mathrm{H}}\tilde{\boldsymbol{R}}^{-1}\boldsymbol{a}_n$ 是 $1/p_n$ 的 Capon 估计[8]，因此惩罚项 $\sum_{n=1}^{N+M}\tilde{\omega}_n p_n$ 可以被认为是 L_0 范数的一种近似估计。而经典 SPICE 算法中惩罚项正比于 L_1 范数，见 8.1 节。众所周知，L_0 范数是稀疏矢量求解最合理的度量选择，它不像 L_1 范数那样依赖于参数矢量各元素的大小，对该问题的讨论见参考文献[17]。从上面的分析可知，式(8.2.22)中的权值要比 SPICE 算法的权值更有吸引力。与 IAA 算法中一样，LIKES 算法中的权值是不断更新的。可以用以下步骤来更新 $\tilde{\omega}_n$：

（1）由最近一次得到的 $\tilde{\boldsymbol{p}}$ 构建协方差矩阵 $\tilde{\boldsymbol{R}}=\boldsymbol{A}(\boldsymbol{\Omega}')\mathrm{diag}(\tilde{\boldsymbol{p}})\boldsymbol{A}^{\mathrm{H}}(\boldsymbol{\Omega}')$ 和权值 $\tilde{\omega}_n=\boldsymbol{a}_n^{\mathrm{H}}\tilde{\boldsymbol{R}}^{-1}\boldsymbol{a}_n$；然后通过经典 SPICE 算法求解 $g(\boldsymbol{p})$ 的最小化问题，获得估计值 $\hat{\boldsymbol{p}}$。函数 $g(\boldsymbol{p})$ 减小过程等效于函数 $f(\boldsymbol{p})$ 的减小过程，见式（8.2.23）。

（2）将步骤（1）得到的 $\hat{\boldsymbol{p}}$ 看成更新后的 $\tilde{\boldsymbol{p}}$，并转回到步骤（1）。

将 LIKES 算法的权值分别代入式（8.2.5）和式（8.2.6）所示的加权 SPICE 框架，得到 LIKES 算法的迭代过程：

$$p_n^{(j+1)}=\frac{p_n^{(j)}\left\|\boldsymbol{a}_n^{\mathrm{H}}(\boldsymbol{R}^{(j)})^{-1}\hat{\boldsymbol{R}}^{1/2}\right\|_2}{(\omega^{(i)})^{1/2}}=\frac{p_n^{(j)}\left\|\boldsymbol{a}_n^{\mathrm{H}}(\boldsymbol{R}^{(j)})^{-1}\hat{\boldsymbol{R}}^{1/2}\right\|_2}{(\boldsymbol{a}_n^{\mathrm{H}}(\boldsymbol{R}^{(i)})^{-1}\boldsymbol{a}_n)^{1/2}},\ (\text{LIKES-A}) \tag{8.2.24}$$

$$p_n^{(j+1)}=\frac{p_n^{(j)}\left\|\boldsymbol{a}_n^{\mathrm{H}}(\boldsymbol{R}^{(j)})^{-1}\hat{\boldsymbol{R}}^{1/2}\right\|_2}{\omega^{(i)}}=\frac{p_n^{(j)}\left\|\boldsymbol{a}_n^{\mathrm{H}}(\boldsymbol{R}^{(j)})^{-1}\hat{\boldsymbol{R}}^{1/2}\right\|_2}{(\boldsymbol{a}_n^{\mathrm{H}}(\boldsymbol{R}^{(i)})^{-1}\boldsymbol{a}_n)},\ (\text{LIKES-B}) \tag{8.2.25}$$

注意，这里权值更新与 p_n 更新并不完全同步。LIKES 算法总结在算法 8.3 中。

算法 8.3　LIKES 算法

输入：接收数据 $\boldsymbol{Y}\in\mathbb{C}^{M\times L}$，完备字典 $\boldsymbol{A}(\boldsymbol{\Omega})\in\mathbb{C}^{M\times N}$，稀疏度 K。

初始化：

$p_n^{(0)}=\boldsymbol{a}_n^{\mathrm{H}}\hat{\boldsymbol{R}}\boldsymbol{a}_n$，$\boldsymbol{p}^{(0)}=[p_1^{(0)},p_2^{(0)},\cdots,p_{N+M}^{(0)}]^{\mathrm{T}}$

$\boldsymbol{P}^{(0)}=\mathrm{diag}(\boldsymbol{p}^{(0)})$

$\boldsymbol{R}^{(0)}=\boldsymbol{A}(\boldsymbol{\Omega}')\boldsymbol{P}^{(0)}\boldsymbol{A}^{\mathrm{H}}(\boldsymbol{\Omega}')$

$i=0$;

重复：

1）保持权值 $\omega_n^{(i)}=\boldsymbol{a}_n^{\mathrm{H}}(\boldsymbol{R}^{(i)})^{-1}\boldsymbol{a}_n$ 不变，由迭代计算式（8.2.24）或式（8.2.25）得到 $p_n^{(j)}$，$j=i,i+1,\cdots,i+m$，m 为迭代次数；

2）令 $i\leftarrow i+m$，计算

$\boldsymbol{R}^{(i)}=\boldsymbol{A}(\boldsymbol{\Omega}')\boldsymbol{P}^{(i)}\boldsymbol{A}^{\mathrm{H}}(\boldsymbol{\Omega}')$

直到达到停止条件，例如 $\left\|\boldsymbol{p}^{(j+1)}-\boldsymbol{p}^{(j)}\right\|_2/\left\|\boldsymbol{p}^{(j)}\right\|_2<\delta$ 或迭代次数。

输出：重构后的空间谱 $\hat{\boldsymbol{p}}$，根据其对应的网格得到目标入射方向。

算法 IAA 和 LIKES 都可以归为不同形式的加权 SPICE 算法。它们分别从加权最小二乘与最大似然角度建立目标函数，使用不同加权值诱导获得信号稀疏解。加权值的合理选择，可能会使 SPICE 类算法得到不同的收敛速度和信号稀疏度，其他加权 SPICE 算法可参见文献[21,22]。

8.2.4　仿真与性能分析

实验一：加权 SPICE 算法空间谱

仿真条件：假设空间远场存在三个等功率不相关辐射源，空间入射方向分别为 $\theta_1=0^\circ$、$\theta_2=30^\circ$ 和 $\theta_3=45^\circ$；使用阵元间距为半波长的 10 阵元均匀线阵接收信号，采样快拍数 $L=100$；噪声为零均值复高斯白噪声，信噪比 SNR=20dB。

图 8.2.1 给出几种加权 SPICE 算法得到的空间谱。从图中可以看出，SPICE-A、IAA、LIKES、SLIM[21]、MEM[22]这几个算法都可以准确估计出入射信号方向。主要区别在于，各算法获得空间谱的谱峰尖锐程度不同，且旁瓣高度不同。尤其要注意的是谱峰的尖锐程度，

这可能直接影响各算法的空间分辨力性能。

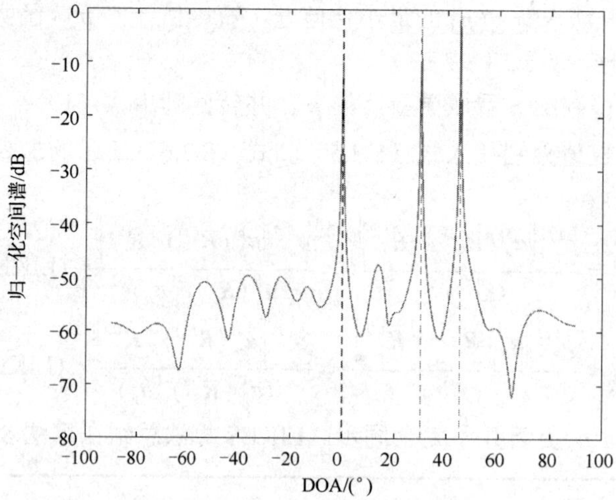

（a）SPICE-A算法的空间谱

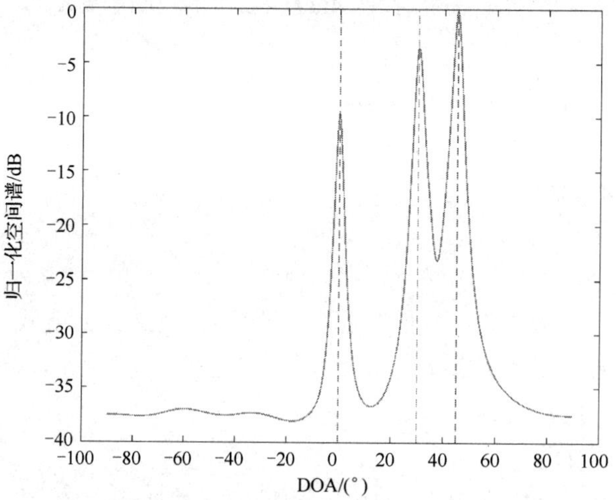

（b）IAA算法的空间谱

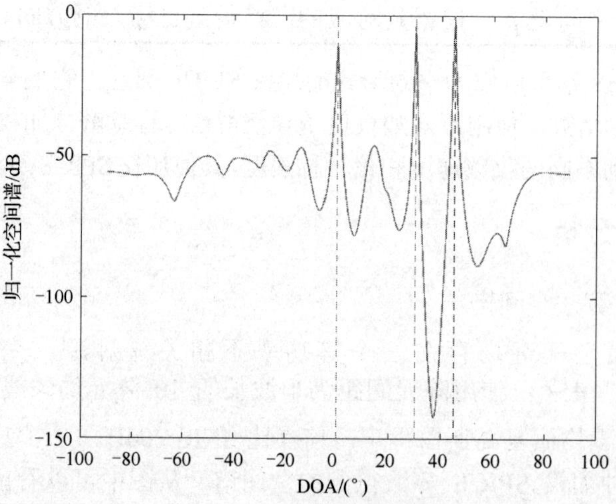

（c）LIKES算法的空间谱

图 8.2.1 加权 SPICE 算法的空间谱

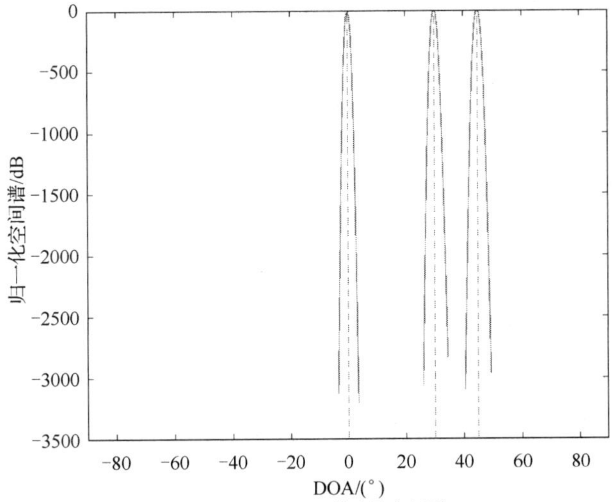

（d）SLIM算法的空间谱

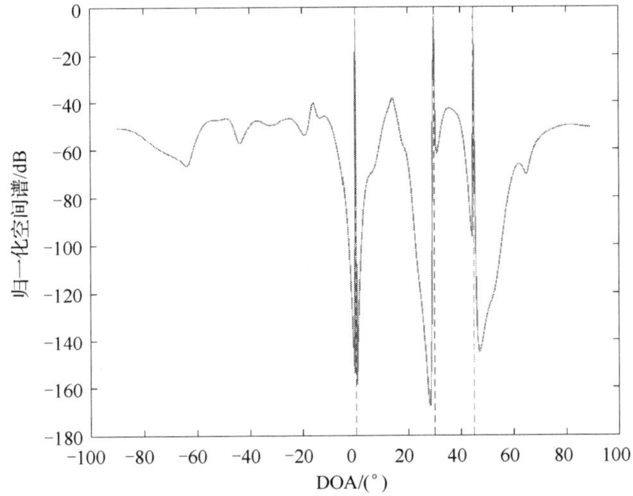

（e）MEM算法的空间谱

图 8.2.1　加权 SPICE 算法的空间谱（续）

实验二：加权 SPICE 算法估计精度比较

仿真条件：空间远场存在两个不相关等功率辐射源，入射方向以 $\theta_1 = 0^\circ$ 、$\theta_2 = 30^\circ$ 为中心以均匀分布的方式随机变化，变化范围在1°之内；使用阵元间距为半波长的 10 阵元均匀线阵接收信号；噪声为零均值复高斯白噪声。不同信噪比或不同快拍数情况进行多次独立的蒙特卡洛实验。各算法均采用均匀网格，网格大小为0.1°。

图 8.2.2 与图 8.2.3 分别给出了采样快拍数 L=200 情况下，各种加权算法的波达方向估计精度和收敛速度的比较。图 8.2.4 给出了估计精度随快拍数的变化情况。MEM 加权算法[22]虽然可以获得尖锐的谱峰图，但是其测角精度最差。SPICE、IAA 和 LIKES 算法在测向精度方面基本相同；IAA 算法在低信噪比或低快拍条件下略好于其他算法。从收敛速度方面分析，在低信噪比情况下，LIKES 和 MEM 算法所需迭代次数较多。

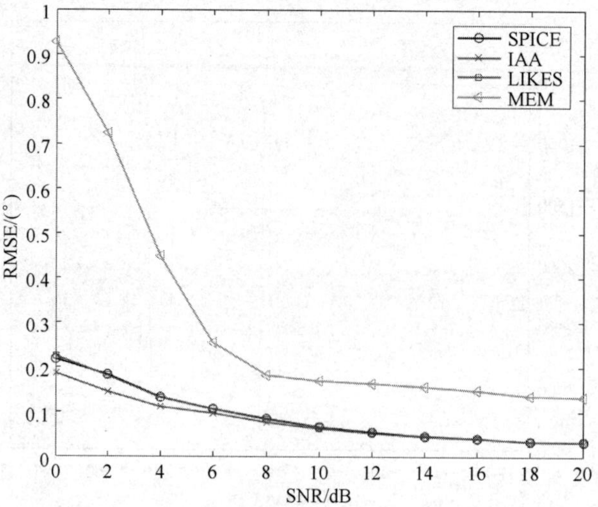

图 8.2.2 RMSE 随 SNR 变化关系（快拍数 $L = 200$）

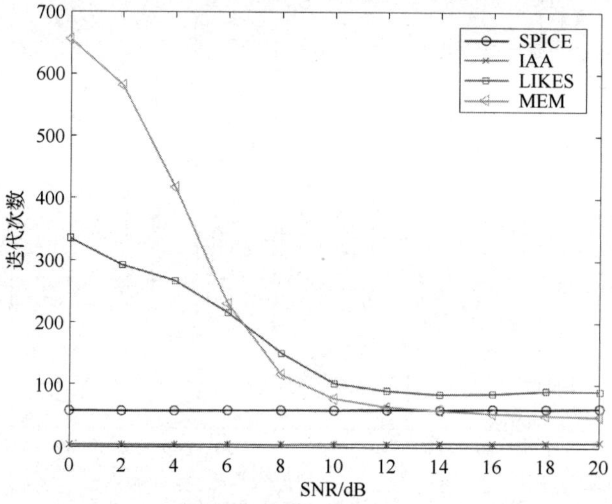

图 8.2.3 平均迭代次数随 SNR 变化关系（快拍数 $L = 200$）

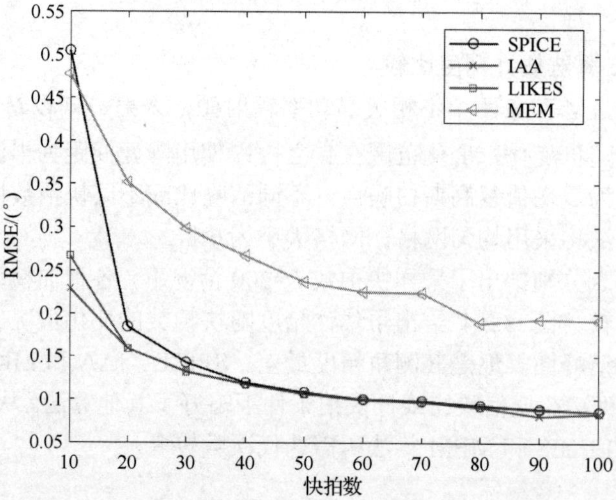

图 8.2.4 RMSE 随快拍数变化关系（SNR = 10dB）

实验三：加权 SPICE 算法分辨力性能

仿真条件：空间远场存在两个等功率辐射源，空间入射方向分别为$\theta_1 = 0^\circ$与$\theta_2 = \Delta\theta$；使用阵元间距为半波长的 10 阵元均匀线阵接收信号，采样快拍数$L = 200$；噪声为零均值复高斯白噪声，信噪比 SNR=10dB。算法空间网格大小设为0.5°，进行多次独立的蒙特卡洛实验。

图 8.2.5 与图 8.2.6 给出了几种算法对非相关信号、相干信号的分辨能力。其结果基本与图 8.2.1 所展示的空间谱图对应，也就是说，谱峰越尖锐，分辨力越好。MEM 加权算法谱峰图最尖锐，所以在分辨性能方面表现最佳。而 IAA 算法虽然估计精度略高于其他几种方法算法，但由于它得到的谱峰略宽，角度分辨力偏低。结合图 8.2.3 可知，LIKES 和 MEM 算法分辨力性能的提升是以牺牲迭代次数为代价的。

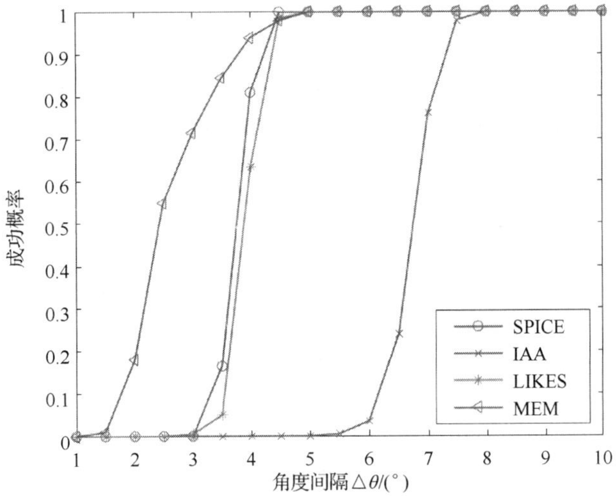

图 8.2.5　非相关信号分辨成功概率（$\left|\hat{\theta}_k - \theta_k\right| \leqslant 1^\circ$）

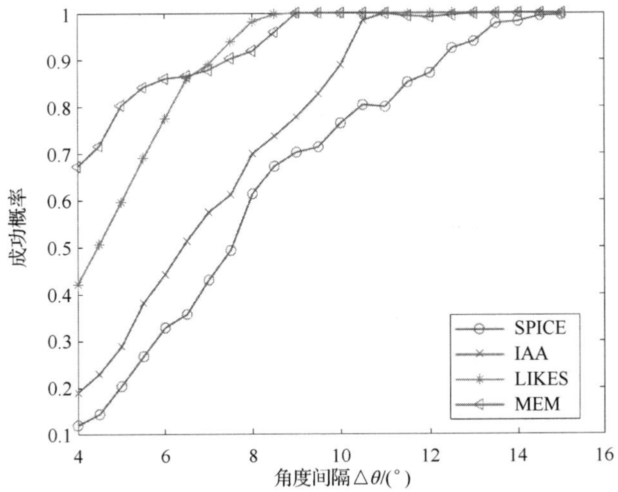

图 8.2.6　相干信号分辨成功概率（$\left|\hat{\theta}_k - \theta_k\right| \leqslant 2^\circ$）

从以上这几个仿真实验可知，对于加权 SPICE 算法，权值的变化对算法收敛速度、估计精度和分辨力等方面的指标都有一定影响。关于精度和分辨力指标之间的矛盾在前面章节已经提到，在波达方向估计中这是一个需要折中考虑的问题。总体上讲，加权 SPICE 算法在分辨力、稳定性、算法复杂度方面表现都是很好的。

8.3 广义 SPICE 估计算法

8.3.1 广义 SPICE 估计算法原理

原 SPICE 最小化目标函数为式（8.1.9），等价于

$$\begin{aligned}&\min_{p}\ \mathrm{tr}(\hat{\boldsymbol{R}}^{1/2}\boldsymbol{R}^{-1}\hat{\boldsymbol{R}}^{1/2})+\|\boldsymbol{W}\boldsymbol{p}\|_1\\&\boldsymbol{W}=\mathrm{diag}\{[\omega_1,\cdots,\omega_{N+M}]\}\\&\omega_n=\boldsymbol{a}_n^{\mathrm{H}}\hat{\boldsymbol{R}}^{-1}\boldsymbol{a}_n/M,n=1,2,\cdots,N+M\end{aligned}\tag{8.3.1}$$

其中，$\boldsymbol{p}$ 为 $N+M$ 维矢量，其元素包含 N 个空间网格信号的功率和 M 个阵元的噪声功率，见式（8.1.4）的模型描述。值得注意的是，在前文所论述的 SPICE 及加权 SPICE 算法中，诱导稀疏的惩罚项并没有区别对待噪声和信号，如目标函数式（8.3.1）所示。可想而知，最终优化结果是目标实际入射网格对应的功率估计 $\hat{p}_n$ 非零，而其他非目标入射空间网格对应的 $\hat{p}_n\approx 0$，$n\in\{1,2,\cdots,N\}$。如果算法没有单独考虑噪声功率，稀疏约束诱导的噪声功率估计结果使得 $\hat{p}_n\approx 0,\ n\in\{N+1,N+2,\cdots,N+M\}$。一般情况下，噪声功率不可能为零，尤其是在信噪比较低时。在模型建立和算法优化中对噪声功率强制置零就显得不太合理了。如果对噪声项强制置零，可能导致最终求得的空间谱 $\{\hat{p}_n\}_{n=1}^N$ 并不那么稀疏。这个结果很容易理解，阵列接收数据总能量不变情况下，噪声功率强制置零必然导致噪声能量被“挤”到其他网格位置，可能造成信号欠稀疏估计或估计的空间谱旁瓣提高，进而影响估计性能。

为了解决上述问题，将噪声功率与信号功率分开考虑是一个更合适的方案。从目标函数式（8.3.1）中直接忽略噪声项的约束是不可行的，这会导致所有网格对应的功率估计量 $\{\hat{p}_n\}_{n=1}^N$ 全部接近于零值。这是因为稀疏求解目的是获得最稀疏信号结构，稀疏解中只要保证噪声功率估计值非零就能保证数据协方差 $\boldsymbol{R}$ 满秩，而网格上的 $\{p_n\}_{n=1}^N$ 将被认为是冗余项而变为零。为了得到有意义的稀疏解，必须对噪声项进行非稀疏的适当约束。因此，可以采用对信号和噪声分别约束的方式设计目标函数，进而通过对目标函数最小化实现对 $\{p_n\}_{n=1}^N$ 的稀疏求解和对噪声 $\{p_n\}_{n=N+1}^{N+M}$ 的正确估计。根据式（8.3.1）构建下列目标函数最小化问题：

$$\min_{\boldsymbol{p}_s,\boldsymbol{\sigma}}\ \mathrm{tr}(\hat{\boldsymbol{R}}^{1/2}\boldsymbol{R}^{-1}\hat{\boldsymbol{R}}^{1/2})+\|\boldsymbol{W}_s\boldsymbol{p}_s\|_r+\|\boldsymbol{W}_\sigma\boldsymbol{\sigma}\|_q,r,q\geqslant 1\tag{8.3.2}$$

式中，

$$\begin{aligned}&\boldsymbol{W}_s=\mathrm{diag}\{[\omega_1,\cdots,\omega_N]\},\boldsymbol{W}_\sigma=\mathrm{diag}\{[\omega_N,\cdots,\omega_{N+M}]\}\\&\omega_n=\boldsymbol{a}_n^{\mathrm{H}}\hat{\boldsymbol{R}}^{-1}\boldsymbol{a}_n/M,n=1,2,\cdots,N+M\\&\boldsymbol{p}=[\boldsymbol{p}_s^{\mathrm{T}},\boldsymbol{\sigma}^{\mathrm{T}}]^{\mathrm{T}},\boldsymbol{p}_s=[p_1,\cdots,p_N]^{\mathrm{T}},\boldsymbol{\sigma}=[p_{N+1},\cdots,p_{N+M}]^{\mathrm{T}}=[\sigma_1,\cdots,\sigma_M]^{\mathrm{T}}\\&\|\boldsymbol{W}_s\boldsymbol{p}_s\|_r=\left[\sum_{n=1}^{N}\omega_n^r p_n^r\right]^{1/r}\\&\|\boldsymbol{W}_\sigma\boldsymbol{\sigma}\|_q=\left[\sum_{m=1}^{M}\omega_{N+m}^q\sigma_m^q\right]^{1/q}\end{aligned}\tag{8.3.3}$$

如果 $0\leqslant r$、$q<1$，则会导致约束项 $\|\boldsymbol{W}_s\boldsymbol{p}_s\|_r$ 和 $\|\boldsymbol{W}_\sigma\boldsymbol{\sigma}\|_q$ 非凸，增加求解难度。所以，要选择

$r=1$且$q\geqslant1$。当$r=1$、$q=1$时，就是 8.1 节所示的经典 SPICE 模型。因此，可以将式（8.3.2）所示的$\{r,q\}$-SPICE 模型视为经典 SPICE 模型的推广，与前述 SPICE 算法的区别在于，广义 SPICE 算法分别考虑了信号的稀疏性和噪声的非稀疏性[23]。

根据 8.1 节论述，这里同样采用循环迭代方法实现对式（8.3.2）的优化。在多快拍情况下首先认为$\boldsymbol{p}$是不变常量，式（8.3.2）中的第一项$\mathrm{tr}(\hat{\boldsymbol{R}}^{1/2}\boldsymbol{R}^{-1}\hat{\boldsymbol{R}}^{1/2})$的最小化问题等价于下列最小化问题：

$$\begin{aligned}&\min_{\boldsymbol{C}}\ \boldsymbol{C}^{\mathrm{H}}\boldsymbol{P}^{-1}\boldsymbol{C}\\&\text{s.t.}\ \ \boldsymbol{A}(\boldsymbol{\Omega}')\boldsymbol{C}=\hat{\boldsymbol{R}}^{1/2}\end{aligned}\tag{8.3.4}$$

其中，$\boldsymbol{P}=\mathrm{diag}(\boldsymbol{p})$。上式最优解为

$$\boldsymbol{C}=\boldsymbol{P}\boldsymbol{A}^{\mathrm{H}}(\boldsymbol{\Omega}')\boldsymbol{R}^{-1}\hat{\boldsymbol{R}}^{1/2}\tag{8.3.5}$$

具体推导见 8.1 节。矩阵$\boldsymbol{C}$的每一行可以写成

$$\boldsymbol{c}_n=p_n\boldsymbol{a}_n^{\mathrm{H}}\boldsymbol{R}^{-1}\hat{\boldsymbol{R}}^{1/2},n=1,2,\cdots,N+M\tag{8.3.6}$$

将噪声与信号分开处理，有

$$\boldsymbol{C}=\begin{bmatrix}\boldsymbol{C}_s\\\boldsymbol{C}_\sigma\end{bmatrix},\ \boldsymbol{C}_s=\begin{bmatrix}\boldsymbol{c}_1\\\boldsymbol{c}_2\\\vdots\\\boldsymbol{c}_n\\\vdots\\\boldsymbol{c}_N\end{bmatrix},\ \boldsymbol{C}_\sigma=\begin{bmatrix}\boldsymbol{c}_{N+1}\\\boldsymbol{c}_{N+2}\\\vdots\\\boldsymbol{c}_{N+m}\\\vdots\\\boldsymbol{c}_{N+M}\end{bmatrix}\tag{8.3.7}$$

用$\boldsymbol{C}^{\mathrm{H}}\boldsymbol{P}^{-1}\boldsymbol{C}$代替$\mathrm{tr}(\hat{\boldsymbol{R}}^{1/2}\boldsymbol{R}^{-1}\hat{\boldsymbol{R}}^{1/2})$，由式（8.3.2）得到关于$\{p_n\}_{n=1}^N$和$\{\sigma_m\}_{m=1}^M$最小化问题为

$$\min_{p,\sigma}\sum_{n=1}^N\frac{\|\boldsymbol{c}_n\|_2^2}{p_n}+\sum_{m=1}^M\frac{\|\boldsymbol{c}_{N+m}\|_2^2}{\sigma_m}+\left(\sum_{n=1}^N\omega_n^r p_n^r\right)^{1/r}+\left(\sum_{m=1}^M\omega_{N+m}^q\sigma_m^q\right)^{1/q}\tag{8.3.8}$$

对式（8.3.8）关于p_n求导，并令结果为零

$$\frac{\partial\left[\sum_{n=1}^N\|\boldsymbol{c}_n\|_2^2/p_n+\left(\sum_{n=1}^N\omega_n^r p_n^r\right)^{1/r}\right]}{\partial p_n}=-\frac{\|\boldsymbol{c}_n\|_2^2}{p_n^2}+\frac{\omega_n^r p_n^{r-1}}{\|\boldsymbol{W}_s\boldsymbol{p}_s\|_r^{r-1}}=0\tag{8.3.9}$$

可以得到

$$p_n=\omega_n^{-\frac{r}{r+1}}\|\boldsymbol{c}_n\|_2^{\frac{2}{r+1}}\|\boldsymbol{W}_s\boldsymbol{p}_s\|_r^{\frac{r-1}{r+1}},n=1,2,\cdots,N\tag{8.3.10}$$

将$\boldsymbol{c}_n=p_n\boldsymbol{a}_n^{\mathrm{H}}\boldsymbol{R}^{-1}\hat{\boldsymbol{R}}^{1/2}$代入上式，得到迭代公式：

$$p_n^{(j+1)}=\omega_n^{-\frac{r}{r+1}}\left\|p_n^{(j)}\boldsymbol{a}_n^{\mathrm{H}}(\boldsymbol{R}^{(j)})^{-1}\hat{\boldsymbol{R}}^{1/2}\right\|_2^{\frac{2}{r+1}}\left\|\boldsymbol{W}_s\boldsymbol{p}_s^{(j)}\right\|_r^{\frac{r-1}{r+1}},n=1,2,\cdots,N\tag{8.3.11}$$

同理，式（8.3.8）关于σ_m求导，并令结果为零：

$$\frac{\partial\left[\sum_{m=1}^M\|\boldsymbol{c}_{N+m}\|_2^2/\sigma_m+\left(\sum_{m=1}^M\omega_{N+m}^q\sigma_m^q\right)^{1/q}\right]}{\partial\sigma_m}=-\frac{\|\boldsymbol{c}_{N+m}\|_2^2}{\sigma_m^2}+\frac{\omega_{N+m}^q\sigma_m^{q-1}}{\|\boldsymbol{W}_\sigma\boldsymbol{\sigma}\|_q^{q-1}}=0\tag{8.3.12}$$

得到

$$\sigma_m = \omega_m^{-\frac{q}{q+1}} \left\| \boldsymbol{c}_{N+m} \right\|_2^{\frac{2}{q+1}} \left\| \boldsymbol{W}_\sigma \boldsymbol{\sigma} \right\|_q^{\frac{q-1}{q+1}}, m=1,2,\cdots,M \tag{8.3.13}$$

将 $\boldsymbol{c}_{N+m} = \sigma_m \boldsymbol{a}_{N+m}^{\mathrm{H}} \boldsymbol{R}^{-1} \hat{\boldsymbol{R}}^{1/2}$ 代入上式，得到迭代公式：

$$\sigma_m^{(j+1)} = \omega_{N+m}^{-\frac{q}{q+1}} \left\| \sigma_m^{(j)} \boldsymbol{a}_{N+m}^{\mathrm{H}} (\boldsymbol{R}^{(j)})^{-1} \hat{\boldsymbol{R}}^{1/2} \right\|_2^{\frac{2}{q+1}} \left\| \boldsymbol{W}_\sigma \boldsymbol{\sigma}^{(j)} \right\|_q^{\frac{q-1}{q+1}}, m=1,2,\cdots,M \tag{8.3.14}$$

基于多快拍的广义 SPICE 算法步骤见算法 8.4。

算法 8.4 广义 SPICE 算法

输入：接收数据 $\boldsymbol{Y} \in \mathbb{C}^{M \times L}$，完备字典 $\boldsymbol{A}(\boldsymbol{\Omega}') = [\boldsymbol{A}(\boldsymbol{\Omega}), \boldsymbol{I}_M]$，选择适当的 r 和 q。

初始化：

$p_n^{(0)} = \left| \boldsymbol{a}_n^{\mathrm{H}} \hat{\boldsymbol{R}} \boldsymbol{a}_n \right|^2 \Big/ \left\| \boldsymbol{a}_n \right\|^4, n=1,2,\cdots,N;$

$\sigma_m^{(0)} = \left| \boldsymbol{a}_{N+m}^{\mathrm{H}} \hat{\boldsymbol{R}} \boldsymbol{a}_{N+m} \right|^2 \Big/ \left\| \boldsymbol{a}_{N+m} \right\|^4, m=1,2,\cdots,M, \ j=0$

重复：

1）计算 $\boldsymbol{R}^{(j)} = \boldsymbol{A}(\boldsymbol{\Omega}') \boldsymbol{P}^{(j)} \boldsymbol{A}^H(\boldsymbol{\Omega}')$，

$\boldsymbol{P}^{(j)} = \mathrm{diag}\{[(\boldsymbol{p}_s^{(j)})^{\mathrm{T}}, (\boldsymbol{\sigma}^{(j)})^{\mathrm{T}}]^{\mathrm{T}}\}$；

2）更新：

$p_n^{(j+1)} = \omega_n^{-\frac{r}{r+1}} \left\| p_n^{(j)} \boldsymbol{a}_n^{\mathrm{H}} (\boldsymbol{R}^{(j)})^{-1} \hat{\boldsymbol{R}}^{1/2} \right\|_2^{\frac{2}{r+1}} \left\| \boldsymbol{W}_s \boldsymbol{p}_s^{(j)} \right\|_r^{\frac{r-1}{r+1}}$

$\sigma_m^{(j+1)} = \omega_{N+m}^{-\frac{q}{q+1}} \left\| \sigma_m^{(j)} \boldsymbol{a}_{N+m}^{\mathrm{H}} (\boldsymbol{R}^{(j)})^{-1} \hat{\boldsymbol{R}}^{1/2} \right\|_2^{\frac{2}{q+1}} \left\| \boldsymbol{W}_\sigma \boldsymbol{\sigma}^{(j)} \right\|_q^{\frac{q-1}{q+1}}, j=j+1$

到达到停止条件，如 $\left\| \boldsymbol{p}^{(j+1)} - \boldsymbol{p}^{(j)} \right\|_2 \Big/ \left\| \boldsymbol{p}^{(j)} \right\|_2 < \delta$ 或迭代次数。

输出：重构后的空间谱 $\hat{\boldsymbol{p}}_s$ 和对应信号入射方向

单快拍情况下的广义 SPICE 算法谱估计见文献[21]，文献中也讨论了有关 q 的取值问题，证明了当 $1<q<2$ 时估计准确性最高，而当 $q>3$ 时，可能导致部分目标丢失。

8.3.2 仿真与性能分析

实验一：广义 SPICE 算法空间谱图

仿真条件：假设空间远场存在三个等功率不相关辐射源，空间入射方向分别为 $\theta_1 = -30°$、$\theta_2 = 30°$和$\theta_3 = 55°$；使用阵元间距为半波长的 10 阵元均匀线阵接收信号，噪声均为零均值复高斯白噪声，信噪比 SNR=10dB。广义 SPICE 算法网格大小设为0.5°。

图 8.3.1 给出了广义 SPICE 算法归一化的空间谱估计。可以看出，在较高信噪比条件下，广义 SPICE 算法可以实现对目标波达方向的估计。随着快拍数的增加，估计性能得到进一步改善，空间谱的谱峰变得越来越窄，旁瓣越来越低。

实验二：广义 SPICE 算法与 SPICE 算法空间谱图对比

仿真条件：假设空间远场存在三个等功率不相关辐射源，空间入射方向分别为 $\theta_1 = -15°$、$\theta_2 = 5°$和$\theta_3 = 45°$；使用阵元间距为半波长的 40 阵元均匀线阵接收信号，采样快拍数 $L = 10$；噪声均为零均值复高斯白噪声，信噪比 SNR=10dB。空间网格均匀分布在角度空间$[-90°, 90°]$，网格大小 0.5°。

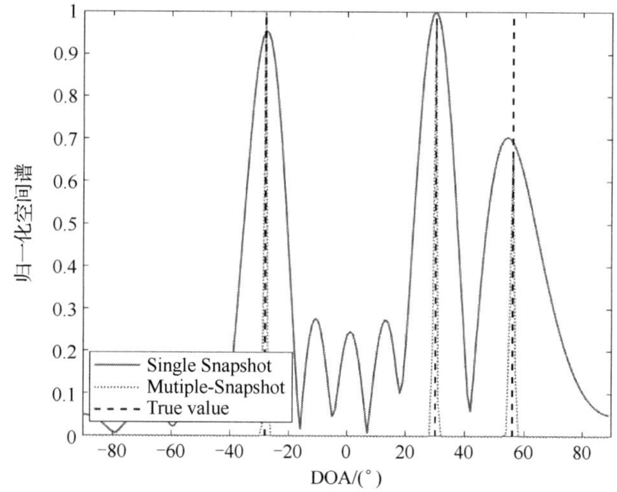

图 8.3.1　广义 SPICE 算法空间谱（r=1，q=1.25）

图 8.3.2 与图 8.3.3 分别为经典 SPICE 算法（r=1, q=1）和广义 SPICE 算法（r=1, q=2）得到的空间谱和各阵元通道的噪声谱估计结果。为展示两种算法的区别，未对空间谱和噪声估计进行归一化处理。如式（8.3.1）所示，经典 SPICE 算法模型将空间网格信号的功率 $\boldsymbol{p}_s$ 和各阵元的噪声功率 $\boldsymbol{\sigma}$ 一起进行稀疏约束，导致所有阵元的噪声估计值都很小，甚至有些阵元噪声功率估计为零值，见图 8.3.2（b）。接收数据中大部分噪声功率“流入”空间谱中，造成空间谱图噪声基底抬升、峰值谱线附近位置旁瓣提高以及谱峰估计值偏大，如图 8.3.2（a）所示。广义 SPICE 算法对噪声不进行强制稀疏约束，可以得到合理的阵元噪声功率估计，如图 8.3.3（b）中，所有阵元噪声谱估计结果波动不大，与仿真参数设置情况基本一致。对比图 8.3.3（a）和图 8.3.2（a）可以看出，对噪声的合理处理也使得空间谱估计结果显得更稀疏、旁瓣和噪底更低。

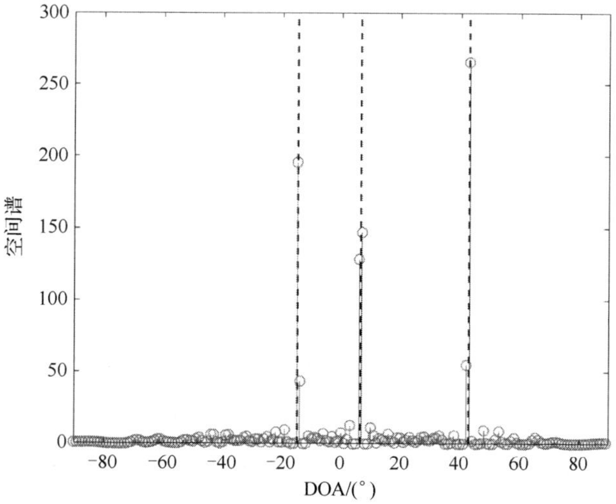

（a）空间各入射方向的功率估计

图 8.3.2　经典 SPICE 算法空间谱和噪声谱（r=1, q=1）

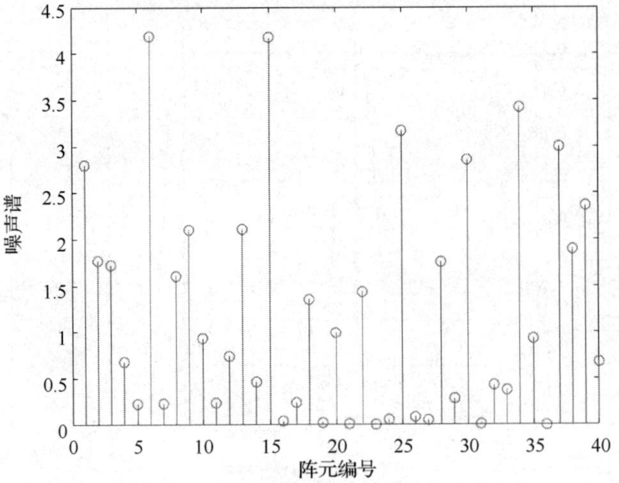

（b）各阵元通道的噪声功率估计

图 8.3.2 经典 SPICE 算法空间谱和噪声谱（$r=1, q=1$）（续）

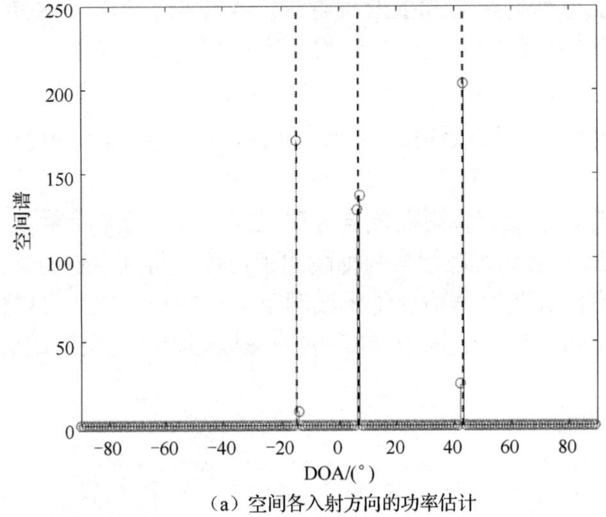

（a）空间各入射方向的功率估计

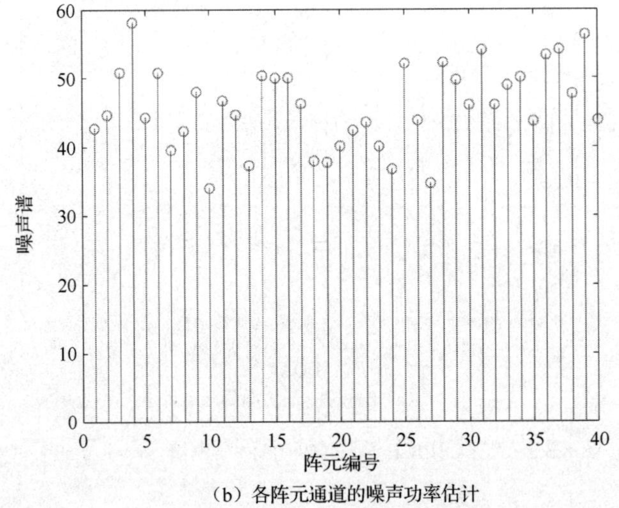

（b）各阵元通道的噪声功率估计

图 8.3.3 广义 SPICE 算法空间谱和噪声谱（$r=1, q=2$）

实验三：不同噪声范数约束 q 值对广义 SPICE 算法估计性能的影响

仿真条件：假设空间远场存在两个等功率辐射源，入射方向分别为 $\theta_1 = 10.5^\circ$ 与 $\theta_2 = 30^\circ$；使用阵元间距为半波长的 12 阵元均匀线阵接收信号，采样快拍数 L=15，噪声均为零均值复高斯白噪声；每个信噪比情况进行 100 次独立的蒙特卡洛实验。广义 SPICE 算法网格大小为 0.5°。

图 8.3.4 和图 8.3.5 分别给出了广义 SPICE 算法在不同范数约束下的估计均方根误差和成功概率。由图可知，经典 SPICE 算法（r=1, q=1）并不能得到最好的估计性能；广义 SPICE 算法在范数约束选取 q=1.25 时可以得到最好的估计性能。同时，当算法约束选取 $1 \leqslant q \leqslant 2$ 时，都可以得到较好的估计结果。当算法约束选取 q>2 时，算法有可能丢失入射信号能量，导致空间谱估计结果过于稀疏。特别是对于相干入射情况，选取 q>2 时，算法估计性能下降非常明显。类似于 8.2 节的内容，广义 SPICE 算法也可以采用变化权值方法改善各方面的估计性能[24]。

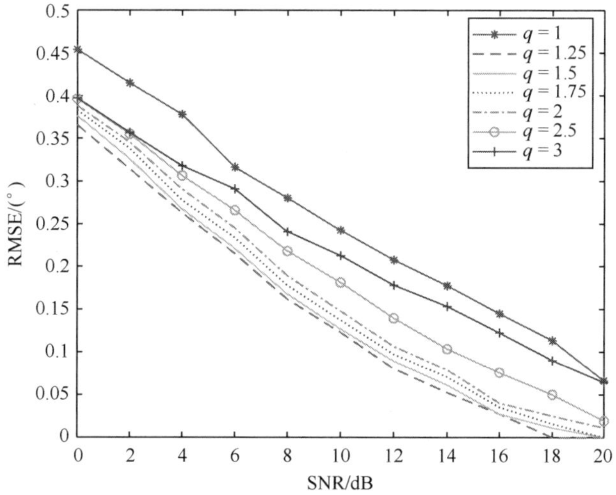

（a）均方根误差

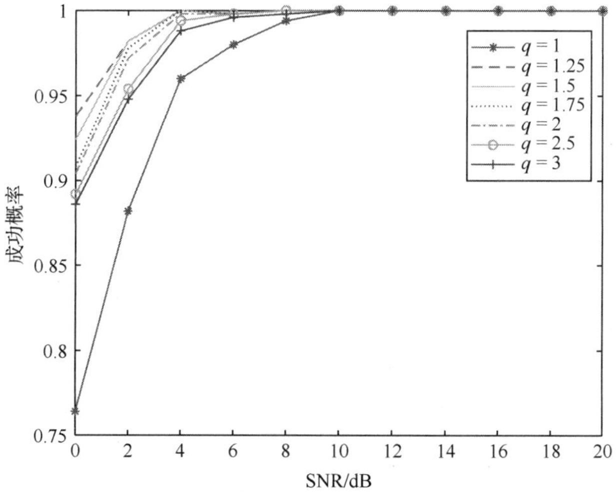

（b）成功率($|\hat{\theta}_k - \theta_k| \leqslant 1^\circ$)

图 8.3.4 非相关信号测向性能（r=1）

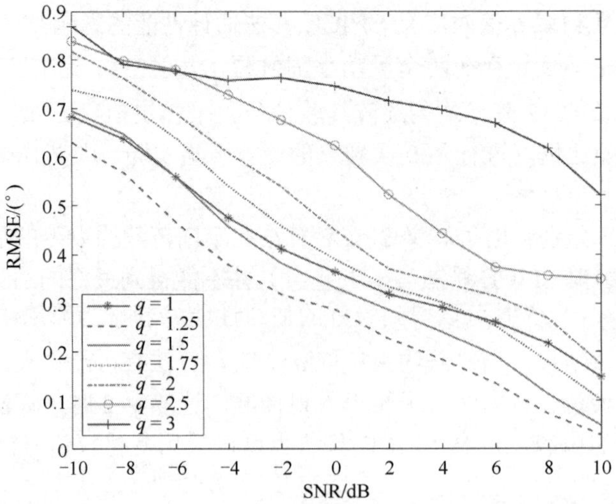

（a）均方根误差

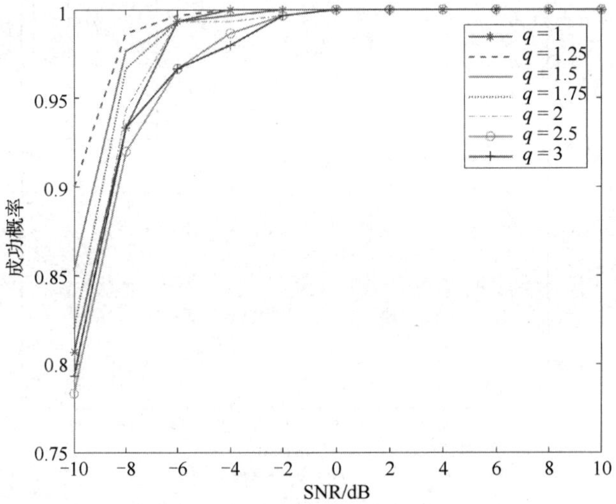

（b）成功率($|\hat{\theta}_k-\theta_k|\leqslant 1°$)

图 8.3.5 相干信号测向性能（$r=1$）

8.4 本章小结

SPICE 算法是一种基于线性模型的稀疏信号重构方法，以协方差矩阵拟合准则推导而来，可以同时实现对于信号波达方向和信号能量的估计。算法简单、稳定，无须选择任何其他超参数，并且具备全局收敛特性。算法具有超分辨测向能力，对于处理相干信号源波达方向估计也具有一定的健壮性。但是，和大多数基于能量估计的稀疏算法一样，SPICE 算法的分辨力和估计精度受空间网格的限制。该算法以协方差矩阵估计为基础，相对于 L_1 范数算法在分辨力和精度指标方面稍差，尤其是对抗相干信号能力比 L_1 范数算法差。但是，该类算法最大的优势是算法稳定，迭代速度较快，通过对噪声和信号能量的估计代替对超参数的选择。相比前面几章讨论的算法，SPICE 类算法可以很好地适应较为严苛的工程环境，实现快速、高精度波达方向估计。

本章参考文献

[1] Stoica P, Babu P, Li J. SPICE: A sparse covariance-based estimation method for array processing [J]. IEEE Transactions on Signal Processing, 2011, 59(2): 629-638.

[2] Das A, Zachariah D, Stoica P. Comparison of two hyperparameter-free sparse signal processing methods for direction-of-arrival tracking in the HF97 ocean acoustic experiment [J]. IEEE Journal of Oceanic Engineering, 2017, 43(3): 725-734.

[3] Cai S, Shi X, Zhu H. Direction-of-arrival estimation and tracking based on a sequential implementation of C-SPICE with an off-Grid model [J]. Sensors, 2017, 17(12): 2718.

[4] Ottersten B, Stoica P, Roy R. Covariance matching estimation techniques for array signal processing applications [J]. Digital Signal Processing, 1998, 8(3): 185-210.

[5] Stoica P, Babu P, Li J. New method of sparse parameter estimation in separable models and its use for spectral analysis of irregularly sampled data [J]. IEEE Transactions on Signal Processing, 2011, 59(1): 35-47.

[6] Nemirovskii A, Nesterov Y E. Interior-point polynomial algorithms in convex programming [M]. Philadelphia, PA: SIAM, 1994.

[7] Stoica P, Moses R. Spectral analysis of signals (POD) [M]. Upper Saddle River, NJ: Pearson Prentice Hall, 2005.

[8] Krim H, Viberg M. Two decades of array signal processing research: the parametric approach [J]. IEEE Signal Processing Magazine, 1996, 13(4): 67-94.

[9] Li J, Stoica P. An adaptive filtering approach to spectral estimation and SAR imaging [J]. IEEE Transactions on Signal Processing, 1996, 44(6): 1469-1484.

[10] Stoica P, Li H, Li J. A new derivation of the APES filter [J]. IEEE Signal Processing Letters, 2002, 6(8): 205-206.

[11] Stoica P, Jakobsson A, Li J. Capon, APES and matched-filterbank spectral estimation [J]. Signal Processing, 1998, 66(1): 45-59.

[12] Stoica P, Babu P. SPICE and LIKES: Two hyperparameter-free methods for sparse-parameter estimation [J]. Signal Processing, 2012, 92(7): 1580-1590.

[13] Stoica P, Zachariah D, Li J. Weighted SPICE: A unifying approach for hyperparameter-free sparse estimation [J]. Digital Signal Processing, 2014, 33: 1-12.

[14] Jaffer A G. Maximum likelihood direction finding of stochastic sources: a separable solution [C]. in Proceeding of the IEEE International Conference on Acoustics, Speech, and Signal Processing (ICASSP), New York, NY, USA, 1988: 2893-2896.

[15] Stoica P, Selen Y. Cyclic minimizers, majorization techniques, and the expectation-maximization algorithm: a refresher [J]. IEEE Signal Processing Magazine, 2004, 21(1): 112-114.

[16] Boyd S, Vandenberghe L. Convex Optimization [M]. Cambridge: Cambridge University Press, 2004.

[17] Candès E J, Wakin M B, Boyd S. Enhancing sparsity by reweighted $\ell 1$ minimization [J].

Journal of Fourier Analysis and Applications, 2008, 14: 877-905.

[18] Yardibi T, Li J, Stoica P, et al. Source localization and sensing: a nonparametric iterative adaptive approach based on weighted least squares [J]. IEEE Transactions on Aerospace and Electronic Systems, 2010, 46(1): 425-443.

[19] Rojas C R, Katselis D, Hjalmarsson H. A note on the SPICE method [J]. IEEE Transactions on Signal Processing, 2013, 61(18): 4545-4551.

[20] Malioutov D, Çetin M, Willsky A S. A sparse signal reconstruction perspective for source localization with sensor arrays [J]. IEEE Transactions on Signal Processing, 2005, 53(8): 3010-3022.

[21] Tan X, Roberts W, Li J, et al. Sparse learning via iterative minimization with application to MIMO radar imaging [J]. IEEE Transactions on Signal Processing, 2011, 59(3): 1088-1101.

[22] Zheng Y, Diao M, Guo M. Weight optimization via maximum entropy criterion for SPICE [C]. in Proceeding of the CIE International Conference on Radar, Haikou, China, 2021

[23] Swärd J, Adalbjörnsson S I, Jakobsson A. Generalized sparse covariance-based estimation [J]. Signal Processing, 2016, 143: 311-319.

[24] Liu L, Xiao Y, Wu Y. An iterative Lq-norm based optimization algorithm for generalized SPICE [J]. Digital Signal Processing, 2022, 123: 103389.

第 9 章　基于原子范数的无网格稀疏 DOA 估计

前面几章研究了几类基于网格划分的稀疏重构算法，它们存在的主要问题是模型网格与真实入射方向失配，导致不可避免的量化误差。基于稀疏贝叶斯学习的离网重构算法能够在一定程度上减小网格划分带来的影响，但其本质仍然是网格类算法的延伸。突破网格划分的制约，在无须网格的条件下通过稀疏表示理论实现高精度测向，已经成为近几年空间谱估计研究的热点问题。目前，已经出现了以原子范数理论和协方差匹配准则为代表的两大类算法，用以实现波达方向无网格估计。这两类算法之间已经被证明具有一定的等价性，在特定场景下可以相互转换。

本章重点讨论基于原子范数的无网格空间谱估计算法。首先，介绍原子范数定义并讨论原子范数最小化问题的相关理论；然后，针对不同空间谱估计问题给出具体的求解过程；再次简要论述基于协方差阵匹配准则的无网格 DOA 估计算法，并讨论两类算法的关联性；最后，给出基于无网格稀疏重构的 DOA 估计仿真和性能分析。

9.1　原子范数理论基础

原子范数具有对连续字典集的稀疏约束能力，文献[1]证明了在给定一个原子集合的条件下，原子范数是信号模型恢复的最佳凸约束。原子范数理论与 Toeplitz 矩阵的范德蒙分解定理[6]一起，构成了无网格类阵列测向方法两个重要的理论基础。

9.1.1　原子范数

定义 9.1.1（原子范数[1-3]）：假设 $\mathcal{A}$ 是由一些定义在 $\mathbb{C}^n$ 上紧子集组成的原子集合，并假设 $\mathcal{A}$ 中的原子都是凸包 $\mathrm{conv}(\mathcal{A})$ 的极值点，那么此时 $\mathrm{conv}(\mathcal{A})$ 的度规（gauge）函数定义为

$$\|\boldsymbol{x}\|_{\mathcal{A}} = \inf\{t>0 : \boldsymbol{x} \in t\,\mathrm{conv}(\mathcal{A})\} \tag{9.1.1}$$

对任意的 $\mathcal{A}$，该度规函数都是凸的；如果 $\mathcal{A}$ 是关于原点中心对称的，则 $\|\boldsymbol{x}\|_{\mathcal{A}}$ 是一个范数，将其称为原子范数。

以一个实值二维空间为例，图 9.1.1 展示了矢量 $\boldsymbol{x}\in\mathbb{R}^2$ 在集合 $\mathcal{A}$ 上的原子范数 $\|\boldsymbol{x}\|_{\mathcal{A}}$。矢量 $\boldsymbol{x}$ 的原子范数可以解释为当 $\boldsymbol{x}$ 包含于 $t\mathrm{conv}(\mathcal{A})$ 时最小的扩张系数 t。

在信号处理中，经常在一个矢量空间中使用原子集 $\mathcal{A}=\{\boldsymbol{a}_k\}$ 中的一系列原子表示信号 $\boldsymbol{x}$，用公式表示为

$$\boldsymbol{x} = \sum_k c_k \boldsymbol{a}_k,\ c_k \geqslant 0,\ \boldsymbol{a}_k \in \mathcal{A} \tag{9.1.2}$$

式中，c_k 表示各原子的加权系数。原子集 $\mathcal{A}$ 中的原子个数既可以是有限的，也可以是无限的。根据信号的稀疏表示理论，总希望用最少的原子数表示信号。根据 Carathéodory's 定理[3,4]，凸包 $\mathrm{conv}(\mathcal{A})$ 中的任意一个点，都可以被表示为 $\mathcal{A}$ 中元素的凸组合：

$$\mathrm{conv}(\mathcal{A})=\left\{\sum_{k=1}^{K}c_k\boldsymbol{a}_k:\boldsymbol{a}_k\in\mathcal{A},\ c_k\geqslant 0,\ \sum_{k=1}^{K}c_k=1\right\} \tag{9.1.3}$$

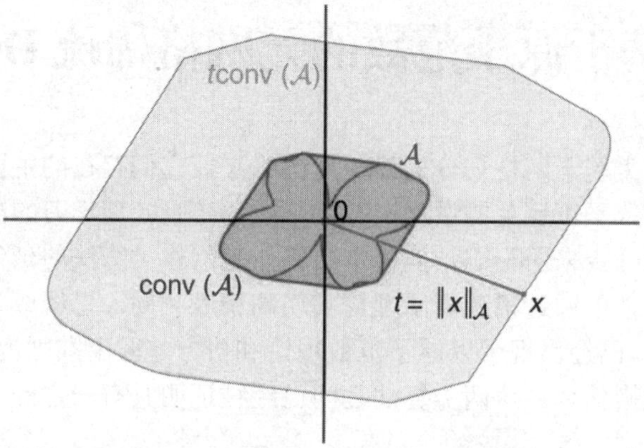

图 9.1.1 原子范数定义的示意图[3]

将式（9.1.3）代入式（9.1.1）中，可得

$$\begin{aligned}\|\boldsymbol{x}\|_{\mathcal{A}}&=\inf\left\{t:\boldsymbol{x}=t\sum_{k=1}^{K}(c_k\boldsymbol{a}_k),c_k\geqslant 0,\ \sum_{k=1}^{K}c_k=1\right\}\\&=\inf\left\{\sum_{k=1}^{K}tc_k:\boldsymbol{x}=\sum_{k=1}^{K}(tc_k)\boldsymbol{a}_k,c_k\geqslant 0,\ \sum_{k=1}^{K}c_k=1\right\}\\&=\inf_{s_k\geqslant 0}\left\{\sum_{k=1}^{K}s_k:\boldsymbol{x}=\sum_{k=1}^{K}s_k\boldsymbol{a}_k,s_k=tc_k\right\}\end{aligned} \tag{9.1.4}$$

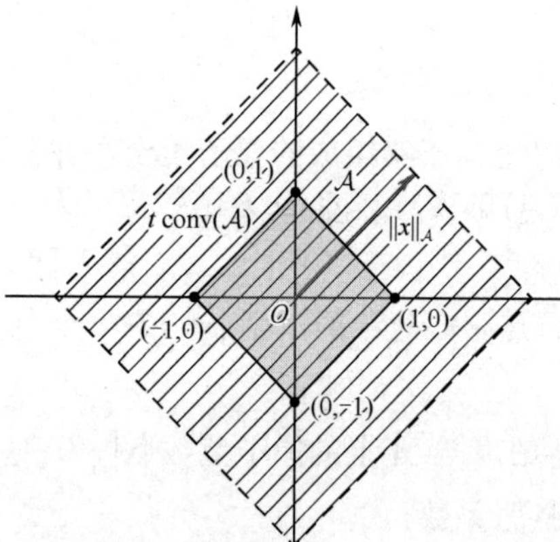

图 9.1.2 原子范数与 L_1 范数等价性示意图

由上述分析不难看出，原子范数能够衡量矢量 $\boldsymbol{x}$ 的稀疏度。因为与整个原子集合中的原子数（集合 $\mathcal{A}$ 的基数）相比，组成矢量 $\boldsymbol{x}$ 的原子数一定是稀疏的。此处需要注意，有限原子集可以视为无限原子集的一种特殊情况。如果原子集 $\mathcal{A}$ 由所有 n 维单位矢量 $\{\pm\boldsymbol{e}_i\}_{i=1}^{n}$ 组成，K 稀疏矢量 $\boldsymbol{x}$ 可用原子集中 K 个单位矢量的线性组合表示，则原子范数退化为 L_1 范数，这种关系可以很容易地从式(9.1.3)中看出。如果式(9.1.1)中的原子集元素都是单位矢量，原子范数的定义即等价为 L_1 范数，在二维空间中，该定义可用图 9.1.2 表示。从图中还可以明显看到，单位矢量的凸包就是 L_1 范数的单位球。如果 n 维矢量其元素都是由 $\{\pm 1\}$ 组成的，这种矢量共有 2^n 个，共同组成的凸包是 L_∞ 范数的单位球；再如，秩-1 矩阵的凸包是核范数的单位球。这种对应关系在各种范数中广泛存在，这也是提出原子范数的启发之一。

根据原子范数理论，文献[5，6]研究了无噪声和有噪声条件下，时域叠加多个正弦信号的恢复问题。根据时空等效性，很自然地可以将原子范数拓展到空间谱估计当中。假设有远场信号以角度 θ 入射到 M 个阵元组成的均匀线阵，相邻天线间距为 d，则导向矢量为

$$\boldsymbol{a}(\theta)=[\mathrm{e}^{\mathrm{j}2\pi d\sin\theta/\lambda},\mathrm{e}^{\mathrm{j}2\pi(2d)\sin\theta/\lambda},\cdots,\mathrm{e}^{\mathrm{j}2\pi Md\sin\theta/\lambda}]^{\mathrm{T}}$$

不考虑噪声，接收数据模型为

$$\boldsymbol{y}(t)=\sum_k s_k(t)\boldsymbol{a}(\theta_k)=\sum_k |s_k(t)|\boldsymbol{a}(\theta_k)\mathrm{e}^{\mathrm{j}\phi_k} \tag{9.1.5}$$

式中，$\phi_k\in[0,2\pi)$ 为入射信号 $s_k(t)$ 的相位。定义原子

$$\boldsymbol{a}(\theta,\phi)=\boldsymbol{a}(\theta)\mathrm{e}^{\mathrm{j}\phi} \tag{9.1.6}$$

针对式（9.1.6）构建连续字典集合：

$$\mathcal{A}=\{\boldsymbol{a}(\theta,\phi):\theta\in[-90^\circ,90^\circ],\ \phi\in[0,2\pi)\}$$

则接收数据模型可以表示为

$$\boldsymbol{y}(t)=\sum_k s_k(t)\boldsymbol{a}(\theta_k)=\sum_k |s_k(t)|\boldsymbol{a}(\theta_k,\phi_k) \tag{9.1.7}$$

根据式（9.1.4）和式（9.1.7），接收数据的原子范数可以表示为

$$\|\boldsymbol{y}(t)\|_{\mathcal{A}}=\inf\left\{\sum_k |s_k(t)|:\boldsymbol{y}(t)=\sum_k |s_k(t)|\boldsymbol{a}(\theta_k,\phi_k)\right\} \tag{9.1.8}$$

注意，由于入射角度 θ 为连续变量，所以字典包含了无穷多个原子，且原子间相关性可能趋向于 1，不再满足 RIP 准则。但是，原子范数对于上述连续字典仍然有良好的稀疏诱导能力，可以保证在有噪情况下对稀疏信号的精确重构。

9.1.2　Toeplitz 矩阵的范德蒙分解

Toeplitz 矩阵的范德蒙（Vandermonde）分解[6]在原子范数的 DOA 估计问题中扮演着十分重要的角色。范德蒙分解最早在 1911 年提出，Pisarenko 等人将其引入信号处理和数据分析领域，用于从协方差矩阵中进行频率恢复[7]。本节首先给出 Toeplitz 矩阵的定义，然后给出 Toeplitz 矩阵的范德蒙分解定理。

定义 9.1.2（Toeplitz 矩阵[8]）：每条对角线元素都相同的矩阵称为 Toeplitz 矩阵，即形如

$$\mathrm{Toep}=\begin{bmatrix} u_1 & u_2 & \cdots & u_n \\ u_{-2} & \ddots & \ddots & \vdots \\ \vdots & \ddots & \ddots & u_2 \\ u_{-n} & \cdots & u_{-2} & u_1 \end{bmatrix}$$

的矩阵。Toeplitz 矩阵关于次对角线对称，一个 $n\times n$ 的 Toeplitz 矩阵可由其第一行元素 $[u_1,u_2,\cdots,u_n]$ 和第一列元素 $[u_1,u_{-2},\cdots,u_{-n}]$ 完全确定。特别地，若 Toeplitz 矩阵元素关于主对角线对称，即形如

$$\mathrm{Toep}=\begin{bmatrix} u_1 & u_2 & \cdots & u_n \\ u_2 & \ddots & \ddots & \vdots \\ \vdots & \ddots & \ddots & u_2 \\ u_n & \cdots & u_2 & u_1 \end{bmatrix}$$

则该矩阵称为对称 Toeplitz 矩阵。而对于复 Toeplitz 矩阵，满足复共轭对称，形如

$$\mathrm{Toep}=\begin{bmatrix} u_1 & u_2 & \cdots & u_n \\ u_2^* & \ddots & \ddots & \vdots \\ \vdots & \ddots & \ddots & u_2 \\ u_n^* & \cdots & u_2^* & u_1 \end{bmatrix}$$

则该矩阵称为 Hermitian Toeplitz 矩阵。对称 Toeplitz 矩阵和 Hermitian Toeplitz 矩阵都可以由其矩阵第一行 $\boldsymbol{u}^{\mathrm{T}}=[u_1,u_2,\cdots,u_n]$ 或第一列完全确定。

不考虑噪声影响，并假设入射信号互不相关，M 维均匀阵列接收数据协方差矩阵为

$$\begin{aligned}\boldsymbol{R}&=\mathbb{E}\,[\boldsymbol{y}(t)\boldsymbol{y}^{\mathrm{H}}(t)]=\sum_{k=1}^{K}p_k\boldsymbol{a}(\theta_k)\boldsymbol{a}^{\mathrm{H}}(\theta_k)\\&=\boldsymbol{A}(\boldsymbol{\theta})\mathrm{diag}(\boldsymbol{p})\boldsymbol{A}^{\mathrm{H}}(\boldsymbol{\theta})=\boldsymbol{A}(\boldsymbol{\theta})\boldsymbol{P}\boldsymbol{A}^{\mathrm{H}}(\boldsymbol{\theta})\\&=\boldsymbol{A}(\boldsymbol{\theta})\boldsymbol{R}_s\boldsymbol{A}^{\mathrm{H}}(\boldsymbol{\theta})\end{aligned}\tag{9.1.9}$$

式中，$\boldsymbol{A}(\boldsymbol{\theta})=[\boldsymbol{a}(\theta_1),\boldsymbol{a}(\theta_2),\cdots,\boldsymbol{a}(\theta_K)]$ 为阵列流形，信号协方差阵 $\boldsymbol{R}_s=\boldsymbol{P}=\mathrm{diag}(\boldsymbol{p})$，$p_k=\mathbb{E}\,[s_k(t)s_k^*(t)]$ 为信号功率。很容易证明，数据协方差阵

$$\boldsymbol{R}=\mathrm{Toep}(\boldsymbol{u})=\begin{bmatrix}u_1&u_2&\cdots&u_M\\u_2^*&u_1&\cdots&\vdots\\\vdots&\vdots&\ddots&u_2\\u_M^*&\cdots&u_2^*&u_1\end{bmatrix}\tag{9.1.10}$$
$$\boldsymbol{u}=[u_1,u_2,\cdots,u_M]^{\mathrm{T}}$$

是一个 Hermitian Toeplitz 矩阵，该矩阵是半正定矩阵。

定理 9.1.1[6]：任意形如式(9.1.10)的半正定 Toeplitz 矩阵 $\mathrm{Toep}(\boldsymbol{u})\in\mathbb{C}^{M\times M}$，若其秩 $K\leqslant M$，则可进行如下范德蒙分解

$$\mathrm{Toep}(\boldsymbol{u})=\sum_{k=1}^{K}p_k\boldsymbol{a}(\theta_k)\boldsymbol{a}^{\mathrm{H}}(\theta_k)=\boldsymbol{A}(\boldsymbol{\theta})\boldsymbol{P}\boldsymbol{A}^{\mathrm{H}}(\boldsymbol{\theta})\tag{9.1.11}$$

式中，$\boldsymbol{P}=\mathrm{diag}(\boldsymbol{p})$，$\boldsymbol{p}=[p_1,p_2,\cdots,p_K]^{\mathrm{T}}$，$p_k>0$。若 $K<M$，则该分解是唯一的，这就是 Toeplitz 矩阵的范德蒙分解定理。该定理给出了入射信号角度信息可以唯一地从采样数据协方差矩阵中恢复出来。证明过程如下：

因为 $\mathrm{Toep}(\boldsymbol{u})\succeq 0$，存在矩阵 $\boldsymbol{V}\in\mathbb{C}^{M\times K}$ 满足 $\mathrm{Toep}(\boldsymbol{u})=\boldsymbol{V}\boldsymbol{V}^{\mathrm{H}}$。令 $\boldsymbol{V}_{-1}$ 和 $\boldsymbol{V}_{-M}$ 表示矩阵 $\boldsymbol{V}$ 移除第一行与最后一行之后所得到的新矩阵。根据 $\mathrm{Toep}(\boldsymbol{u})$ 矩阵的结构，有以下等式成立

$$\boldsymbol{V}_{-1}\boldsymbol{V}_{-1}^{\mathrm{H}}=\boldsymbol{V}_{-M}\boldsymbol{V}_{-M}^{\mathrm{H}}\tag{9.1.12}$$

因此，一定存在一个大小为 $K\times K$ 的酉矩阵 $\boldsymbol{Q}$，满足 $\boldsymbol{V}_{-1}=\boldsymbol{V}_{-M}\boldsymbol{Q}$，并且有

$$\boldsymbol{V}(m,:)=\boldsymbol{V}(1,:)\boldsymbol{Q}^{m-1},\ m=1,2,\cdots,M\tag{9.1.13}$$

由 $\mathrm{Toep}(\boldsymbol{u})$ 第一行的第 m 个元素 $u_m=\boldsymbol{V}(1,:)\boldsymbol{V}^{\mathrm{H}}(m,:)$，以及式（9.1.13），可得

$$u_m=\boldsymbol{V}(1,:)\boldsymbol{Q}^{1-m}\boldsymbol{V}^{\mathrm{H}}(1,:)\tag{9.1.14}$$

酉矩阵 $\boldsymbol{Q}$ 的特征值分解可以表示为

$$\boldsymbol{Q}=\tilde{\boldsymbol{Q}}\mathrm{diag}([z_1,\cdots,z_K])\tilde{\boldsymbol{Q}}^{\mathrm{H}}\tag{9.1.15}$$

式中，$\tilde{\boldsymbol{Q}}$ 是一个大小为 $K\times K$ 的酉矩阵，z_k 表示 $\boldsymbol{Q}$ 的特征值。因为酉矩阵的特征值满足 $|z_k|=1$，不失一般性，可以找到 θ_k 满足 $z_k=\mathrm{e}^{\mathrm{j}2\pi d\sin\theta_k/\lambda}$，将式（9.1.15）代入式（9.1.14），有

$$\begin{aligned}u_m&=\boldsymbol{V}(1,:)\tilde{\boldsymbol{Q}}\begin{bmatrix}z_1^{1-m}&&\\&\ddots&\\&&z_K^{1-m}\end{bmatrix}\tilde{\boldsymbol{Q}}^{\mathrm{H}}\boldsymbol{V}^{\mathrm{H}}(1,:)\\&=\sum_{k=1}^{K}z_k^{1-m}\left|\boldsymbol{V}(1,;)\tilde{\boldsymbol{Q}}(:,k)\right|^2=\sum_{k=1}^{K}z_k^{1-m}p_k\end{aligned}\tag{9.1.16}$$

其中，$p_k = \left|V(1,:)\tilde{Q}(:,k)\right|^2 > 0$。则 $\text{Toep}(\boldsymbol{u})$ 可表示为式（9.1.11）所示的形式。此外，θ_k 各不相同，否则 $\text{rank}\{\text{Toep}(\boldsymbol{u})\} < K$。

下面证明在 $K < M$ 的情况下，范德蒙分解的唯一性。假设存在另一个分解

$$\text{Toep}(\boldsymbol{u}) = \boldsymbol{A}(\widehat{\boldsymbol{\theta}})\text{diag}(\widehat{\boldsymbol{p}})\boldsymbol{A}^{\mathrm{H}}(\widehat{\boldsymbol{\theta}}) \tag{9.1.17}$$

那么，有

$$\boldsymbol{A}(\widehat{\boldsymbol{\theta}})\text{diag}(\widehat{\boldsymbol{p}})\boldsymbol{A}^{\mathrm{H}}(\widehat{\boldsymbol{\theta}}) = \boldsymbol{A}(\boldsymbol{\theta})\text{diag}(\boldsymbol{p})\boldsymbol{A}^{\mathrm{H}}(\boldsymbol{\theta}) \tag{9.1.18}$$

存在一个 $K \times K$ 的酉矩阵 $\widehat{\boldsymbol{Q}}$，使得

$$\boldsymbol{A}(\widehat{\boldsymbol{\theta}})(\text{diag}(\widehat{\boldsymbol{p}}))^{\frac{1}{2}} = \boldsymbol{A}(\boldsymbol{\theta})(\text{diag}(\boldsymbol{p}))^{\frac{1}{2}}\widehat{\boldsymbol{Q}} \tag{9.1.19}$$

并有

$$\boldsymbol{A}(\widehat{\boldsymbol{\theta}}) = \boldsymbol{A}(\boldsymbol{\theta})(\text{diag}(\boldsymbol{p}))^{\frac{1}{2}}\widehat{\boldsymbol{Q}}(\text{diag}(\widehat{\boldsymbol{p}}))^{-\frac{1}{2}} \tag{9.1.20}$$

这意味着对于每一个 $k \in \{1,2,\cdots,K\}$，$\boldsymbol{a}(\widehat{\theta}_k)$ 都位于由 $\{\boldsymbol{a}(\theta_k)\}_{k=1}^K$ 张成的空间内。根据 $K < M$ 且 $\boldsymbol{a}(\theta_k)$ 都是线性无关性质，可以得到 $\boldsymbol{a}(\widehat{\theta}_k) \in \{\boldsymbol{a}(\theta_k)\}_{k=1}^K$。因此，两个集合 $\{\boldsymbol{a}(\widehat{\theta}_k)\}_{k=1}^K$ 和 $\{\boldsymbol{a}(\theta_k)\}_{k=1}^K$ 相同，矩阵 $\text{Toep}(\boldsymbol{u})$ 的范德蒙分解是唯一的。

需要注意的是，线性均匀阵列导向矢量 $\boldsymbol{a}(\theta) = [\mathrm{e}^{\mathrm{j}2\pi d \sin\theta/\lambda},\cdots,\mathrm{e}^{\mathrm{j}2\pi Md\sin\theta/\lambda}]^{\mathrm{T}}$ 是 $\sin\theta$ 的周期函数，所以，范德蒙分解对导向矢量而言具有唯一性，并不是对入射角 θ 具有唯一性。如果加入天线间距 d 与波长 λ 关系的限制条件 $d/\lambda \leqslant 1/2$，则在入射角度在 $\theta \in [-90^\circ, 90^\circ]$ 范围内，范德蒙分解对入射角度而言也是唯一的，关于这个问题后文中不再特殊说明。以上关于定理 9.1.1 的证明过程提供了一种有效计算范德蒙分解的算法，如算法 9.1 所示。

算法 9.1　范德蒙分解算法

输入： $\text{Toep}(\boldsymbol{u}) \in \mathbb{C}^{M\times M}$。

1）对 $\text{Toep}(\boldsymbol{u})$ 进行 Cholesky 分解，得到下三角矩阵 $\boldsymbol{V}$；

2）移除矩阵 $\boldsymbol{V}$ 的第一行得到矩阵 $\boldsymbol{V}_{-1}$，移除矩阵 $\boldsymbol{V}$ 的最后一行得到矩阵 $\boldsymbol{V}_{-M}$；

3）计算矩阵束 $(\boldsymbol{V}_{-M}^{\mathrm{H}}\boldsymbol{V}_{-1}, \boldsymbol{V}_{-M}^{\mathrm{H}}\boldsymbol{V}_{-M})$ 的广义特征值分解，得到特征值 z_k 和对应特征矢量 $\boldsymbol{q}_k$，$k = 1,2,\cdots,K$；

4）计算估计参数 $\hat{\theta}_k = \dfrac{\lambda}{2\pi d}\arg(z_k)$，$\hat{p}_k = \left|V(1,:)\boldsymbol{q}_k\right|^2$。

输出： 角度估计 $\hat{\boldsymbol{\theta}}$ 和信号功率 $\hat{\boldsymbol{p}}$。

9.1.3　原子范数最小化问题的求解

从 9.1.1 节原子范数的定义可知，通过原子范数最小化（Atomic Norm Minimization，ANM）[3,9,10]，可以实现稀疏信号的重构。在无噪声影响下，对于 M 维线性均匀阵列接收模型：

$$\boldsymbol{y}(t) = \boldsymbol{A}(\boldsymbol{\theta})\boldsymbol{s}(t)$$

可以通过求解如下的原子范数最小化问题，得到目标波达方向估计：

$$\begin{aligned} &\min_{\boldsymbol{\theta}} \|\boldsymbol{y}(t)\|_{\mathcal{A}} \\ &\text{s.t.}\quad \boldsymbol{y}(t) = \boldsymbol{A}(\boldsymbol{\theta})\boldsymbol{s}(t) \end{aligned} \tag{9.1.21}$$

为了方便，下面表达式都省去时间变量 t。直接求解式（9.1.21）中所示的原子范数优化问题很难，一般处理方法是将原子范数优化问题转化为等价的半正定问题进行求解，该结论

由下列定理给出。

定理 9.1.2[6,11]：矢量 $\boldsymbol{y}$ 在原子集合 $\mathcal{A}$ 上的原子范数 $\|\boldsymbol{y}\|_{\mathcal{A}}$ 等价于下列半正定规划问题的最优值：

$$\begin{aligned}&\min_{t>0,\boldsymbol{u}} \ \frac{1}{2}t+\frac{1}{2M}\operatorname{tr}\{\operatorname{Toep}(\boldsymbol{u})\}\\&\text{s.t.}\begin{bmatrix}\operatorname{Toep}(\boldsymbol{u}) & \boldsymbol{y}\\ \boldsymbol{y}^{\mathrm{H}} & t\end{bmatrix}\succeq 0\end{aligned} \tag{9.1.22}$$

证明：令式（9.1.22）的最优值为 $r^{\star}(\boldsymbol{y})$，定理的证明分为两个部分。

（1）证明 $r^{\star}(\boldsymbol{y})\leqslant\|\boldsymbol{y}\|_{\mathcal{A}}$

由式（9.1.7），有 $\forall\boldsymbol{y}=\sum_k|s_k|\boldsymbol{a}(\theta_k,\phi_k),\boldsymbol{a}(\theta_k,\phi_k)\in\mathcal{A}$。令 $\boldsymbol{u}=\sum_k|s_k|\boldsymbol{a}(\theta_k,0)$，$\boldsymbol{u}$ 的第一个元素 $u_1=\sum_k|s_k|$，则有

$$\sum_k|s_k|\,\boldsymbol{a}(\theta_k,\phi_k)\boldsymbol{a}^{\mathrm{H}}(\theta_k,\phi_k)=\operatorname{Toep}(\boldsymbol{u}) \tag{9.1.23}$$

因此，可以得到

$$\begin{bmatrix}\operatorname{Toep}(\boldsymbol{u}) & \boldsymbol{y}\\ \boldsymbol{y}^{\mathrm{H}} & t\end{bmatrix}=\sum_{k=1}^{K}|s_k|\begin{bmatrix}\boldsymbol{a}(\theta_k,\phi_k)\\ 1\end{bmatrix}\begin{bmatrix}\boldsymbol{a}(\theta_k,\phi_k)\\ 1\end{bmatrix}^{\mathrm{H}}\succeq 0 \tag{9.1.24}$$

由上式和 $\operatorname{tr}\{\operatorname{Toep}(\boldsymbol{u})\}=Mu_1$，可知

$$\frac{1}{2M}\operatorname{tr}\{\operatorname{Toep}(\boldsymbol{u})\}+\frac{1}{2}t=\frac{1}{2}\sum_{k=1}^{K}|s_k|+\frac{1}{2}\sum_{k=1}^{K}|s_k|=\sum_{k=1}^{K}|s_k| \tag{9.1.25}$$

则式（9.1.22）的最优值 $r^{\star}(\boldsymbol{y})\leqslant\sum_{k=1}^{K}|s_k|$。根据式（9.1.8）有 $\|\boldsymbol{y}\|_{\mathcal{A}}=\inf\left\{\sum_{k=1}^{K}|s_k|\right\}$。所以，可以得到 $r^{\star}(\boldsymbol{y})\leqslant\|\boldsymbol{y}\|_{\mathcal{A}}$。

（2）再证明 $r^{\star}(\boldsymbol{y})\geqslant\|\boldsymbol{y}\|_{\mathcal{A}}$

假设有 $\boldsymbol{u}$ 和 $\boldsymbol{y}$ 满足

$$\begin{bmatrix}\operatorname{Toep}(\boldsymbol{u}) & \boldsymbol{y}\\ \boldsymbol{y}^{\mathrm{H}} & t\end{bmatrix}\succeq 0$$

则 $\operatorname{Toep}(\boldsymbol{u})\succeq 0$，证明见附录 9.A。根据范德蒙分解定理，$\operatorname{Toep}(\boldsymbol{u})$ 可以写成式（9.1.11）的形式：

$$\operatorname{Toep}(\boldsymbol{u})=\boldsymbol{APA}^{\mathrm{H}}$$

因此，

$$\operatorname{tr}\{\operatorname{Toep}(\boldsymbol{u})\}=\sum_{k=1}^{K}|s_k|\|\boldsymbol{a}(\theta_k,0)\|_2^2=M\cdot\operatorname{tr}(\boldsymbol{P}) \tag{9.1.26}$$

存在系数矢量 $\boldsymbol{w}\in\mathbb{C}^M$ 满足 $\boldsymbol{y}=\operatorname{Toep}(\boldsymbol{u})\boldsymbol{w}$，证明见附录 9.B。可以得到

$$\boldsymbol{y}=\operatorname{Toep}(\boldsymbol{u})\boldsymbol{w}=\boldsymbol{APA}^{\mathrm{H}}\boldsymbol{w}=\boldsymbol{Av} \tag{9.1.27}$$

式中，$\boldsymbol{v}=\boldsymbol{PA}^{\mathrm{H}}\boldsymbol{w}$。$K$ 维矢量 $\boldsymbol{v}$ 可以视为矢量 $\boldsymbol{y}$ 在原子集合 $\mathcal{A}$ 上一种分解的系数矢量，根据原子范数定义，必然有 $\sum_k|v_k|\geqslant\|\boldsymbol{y}\|_{\mathcal{A}}$。根据舒尔补引理（Schur Complement Lemma）[12]，由式（9.1.27）可知

$$\mathrm{Toep}(\boldsymbol{u})=\boldsymbol{APA}^{\mathrm{H}}\succeq t^{-1}\boldsymbol{yy}^{\mathrm{H}}=t^{-1}\boldsymbol{Avv}^{\mathrm{H}}\boldsymbol{A}^{\mathrm{H}} \tag{9.1.28}$$

因为 $\boldsymbol{A}$ 是列满秩，一定存在矢量 $\boldsymbol{q}$，满足

$$\begin{aligned}\mathrm{tr}(\boldsymbol{P})&=\boldsymbol{q}^{\mathrm{H}}\boldsymbol{APA}^{\mathrm{H}}\boldsymbol{q}\\&\geqslant t^{-1}\boldsymbol{q}^{\mathrm{H}}\boldsymbol{Avv}^{\mathrm{H}}\boldsymbol{A}^{\mathrm{H}}\boldsymbol{q}\\&=t^{-1}\left(\sum_k|v_k|\right)^2\end{aligned} \tag{9.1.29}$$

根据算术、几何平均不等式：

$$\begin{aligned}&\frac{1}{2M}\mathrm{tr}\{\mathrm{Toep}(\boldsymbol{u})\}+\frac{1}{2}t\\&=\frac{1}{2}\mathrm{tr}(\boldsymbol{P})+\frac{1}{2}t\geqslant\sqrt{t\cdot\mathrm{tr}(\boldsymbol{P})}\geqslant\sum_k^K|v_k|\geqslant\|\boldsymbol{y}\|_{\mathcal{A}}\end{aligned} \tag{9.1.30}$$

即 $r^\star(\boldsymbol{y})\geqslant\|\boldsymbol{y}\|_{\mathcal{A}}$。综上所述，定理 9.1.2 得证。

该定理提供了一种求解原子范数的方法，首先通过半正定规划得到 $\mathrm{Toep}(\boldsymbol{u})$ 的估计，然后通过范德蒙分解得到参数 $\hat{\boldsymbol{\theta}}$ 的估计。

9.1.4　原子范数与原子 L_0 范数的关系

在稀疏重构问题中，由于 L_0 范数的非凸特性，一般使用 L_1 范数代替 L_0 范数约束，进而在凸函数条件下进行信号稀疏重构计算。类似地，原子范数问题中除了原子范数的定义，还可以定义原子 L_0 范数。

定义 9.1.3（原子 L_0 范数[4,6]）：原子 L_0 范数定义为原子集 $\mathcal{A}$ 中可以合成 $\boldsymbol{y}$ 的最小原子数，即

$$\begin{aligned}\|\boldsymbol{y}\|_{\mathcal{A},0}&=\inf_{s_k,\theta_k}\left\{K:\boldsymbol{y}=\sum_{k=1}^K s_k\boldsymbol{a}(\theta_k,0)\right\}\\&=\inf_{\phi_k,|s_k|,\theta_k}\left\{K:\boldsymbol{y}=\sum_{k=1}^K|s_k|\boldsymbol{a}(\theta_k,\phi_k)\right\}\end{aligned} \tag{9.1.31}$$

为了求解原子 L_0 范数，可以将其等价为一个秩最小化问题。

定理 9.1.3[4,6]：求解 $\|\boldsymbol{y}\|_{\mathcal{A},0}$ 等价于求解如下秩最小化问题：

$$\begin{aligned}&\min_{\boldsymbol{u},t}\ \mathrm{rank}\{\mathrm{Toep}(\boldsymbol{u})\}\\&\text{s.t.}\ \begin{bmatrix}\mathrm{Toep}(\boldsymbol{u})&\boldsymbol{y}\\\boldsymbol{y}^{\mathrm{H}}&t\end{bmatrix}\succeq 0\end{aligned} \tag{9.1.32}$$

证明：此处忽略 $\boldsymbol{y}=0$ 的情况，令式（9.1.32）的最优值为 $r^\star(\boldsymbol{y})$，首先证明 $r^\star(\boldsymbol{y})\leqslant\|\boldsymbol{y}\|_{\mathcal{A},0}$。令 $\boldsymbol{y}=\sum_{k=1}^K|s_k|\boldsymbol{a}(\theta_k,\phi_k)$ 满足 $\|\boldsymbol{y}\|_{\mathcal{A},0}=K$，定义 $\boldsymbol{u}=\sum_k|s_k|\boldsymbol{a}(\theta_k,0)$，所以

$$\mathrm{Toep}(\boldsymbol{u})=\sum_k|s_k|\boldsymbol{a}(\theta_k,\phi_k)\ \boldsymbol{a}(\theta_k,\phi_k)^{\mathrm{H}}\succeq 0,t=\sum_k|s_k|>0。$$

然后有

$$\begin{bmatrix}\mathrm{Toep}(\boldsymbol{u})&\boldsymbol{y}\\\boldsymbol{y}^{\mathrm{H}}&\boldsymbol{t}\end{bmatrix}=\sum_{k=1}^K|s_k|\begin{bmatrix}\boldsymbol{a}(\theta_k,\phi_k)\\1\end{bmatrix}\begin{bmatrix}\boldsymbol{a}(\theta_k,\phi_k)\\1\end{bmatrix}^{\mathrm{H}}\succeq 0$$

这说明 $r^\star(\boldsymbol{y})=\mathrm{rank}\{\mathrm{Toep}(\boldsymbol{u})\}\leqslant K$。

接下来证明 $r^{\star}(\boldsymbol{y}) \geqslant \|\boldsymbol{y}\|_{\mathcal{A},0}$，这里主要关注 $r^{\star}(\boldsymbol{y}) < M$ 的情况。假设 $\boldsymbol{u}$ 是式（9.1.32）的最优解，如果范德蒙分解 $\text{Toep}(\boldsymbol{u}) = \boldsymbol{APA}^{\text{H}}$ 成立，矩阵的半正定性质说明 $\boldsymbol{y}$ 位于 $\boldsymbol{A}$ 的值域空间，即 $\boldsymbol{y}$ 最多可以用 $r^{\star}(\boldsymbol{y})$ 个原子的线性组合表示，证毕。

在求解原子 L_0 范数时，角度参数信息依然存在于 Toeplitz 矩阵 $\text{Toep}(\boldsymbol{u})$ 中。由于秩最小化问题的非凸性，这一问题同样不易求解。类似于 L_1 范数对 L_0 范数的凸松弛，我们很容易联想到原子范数实际是原子 L_0 范数的最佳凸松弛。事实上也是如此，式（9.1.22）中目标函数的第二项 $\frac{1}{2M}\text{tr}\{\text{Toep}(\boldsymbol{u})\}$ 是迹范数（核范数），常用于矩阵秩的松弛，第一项 $\frac{1}{2}t$ 用于避免无效解。

9.2 基于原子范数的 DOA 估计

9.1 节关于原子范数基础理论的讨论，已经基于阵列接收模型给出了一些与原子范数相关的定义和定理。本节将原子范数理论应用到具体的空间谱估计问题中，实现基于稀疏理论的无网格 DOA 估计。

9.2.1 单快拍的 DOA 估计

在基于稀疏表示理论的网格化 DOA 估计中，多使用 L_1 范数进行稀疏度度量。若使用原子范数替代 L_1 范数，即可以实现无网格的 DOA 估计。针对单快拍情况，我们分为无噪声和有噪声两种情况进行讨论。对于无噪声干扰的情况，需要优化的接收数学模型为[9]

$$\begin{aligned}&\min_{\boldsymbol{z}} \ \|\boldsymbol{z}\|_{\mathcal{A}}\\&\text{s.t.} \quad \boldsymbol{y} = \boldsymbol{z}\end{aligned} \tag{9.2.1}$$

式中，$\boldsymbol{y}$ 为 M 维均匀阵列的采样数据，$\boldsymbol{z} = \boldsymbol{A}(\boldsymbol{\theta})\boldsymbol{s}$。式（9.2.1）就是式（9.1.21）所示的优化问题。因此，由定理 9.1.2 得到

$$\begin{aligned}&\min_{t,\boldsymbol{u},\boldsymbol{z}} \ \frac{1}{2}t + \frac{1}{2M}\text{tr}\{\text{Toep}(\boldsymbol{u})\}\\&\text{s.t.} \quad \begin{bmatrix}\text{Toep}(\boldsymbol{u}) & \boldsymbol{z}\\ \boldsymbol{z}^{\text{H}} & t\end{bmatrix} \succeq 0, \ \boldsymbol{y} = \boldsymbol{z}\end{aligned} \tag{9.2.2}$$

求解式（9.2.2）的半正定规划问题，将得到接收数据协方差估计 $\text{Toep}(\hat{\boldsymbol{u}})$，然后通过范德蒙分解算法得到目标入射方向。

在有噪声的情况下，阵列采样数据模型写成

$$\boldsymbol{y} = \boldsymbol{z} + \boldsymbol{e} \tag{9.2.3}$$

式中，$\boldsymbol{z} = \boldsymbol{A}(\boldsymbol{\theta})\boldsymbol{s}$ 为无噪声信号接收模型，$\boldsymbol{e}$ 为附加噪声。基于原子范数的 DOA 估计优化问题为[9]

$$\begin{aligned}&\min_{\boldsymbol{z}} \ \|\boldsymbol{z}\|_{\mathcal{A}}\\&\text{s.t.} \quad \|\boldsymbol{z} - \boldsymbol{y}\|_2 \leqslant \varepsilon\end{aligned} \tag{9.2.4}$$

此时，假设噪声有界 $\|\boldsymbol{e}\|_2 \leqslant \varepsilon$。写成正则化形式为

$$\min_{\boldsymbol{z}} \ \frac{1}{2}\|\boldsymbol{z} - \boldsymbol{y}\|_2^2 + \lambda\|\boldsymbol{z}\|_{\mathcal{A}} \tag{9.2.5}$$

式中，$\lambda>0$ 为正则化参数。式（9.2.5）的优化问题等价于下列半定规划问题：

$$\begin{aligned}&\min_{t,\boldsymbol{u},\boldsymbol{z}}\ \frac{\lambda}{2}\left\{t+\frac{1}{M}\mathrm{tr}[\mathrm{Toep}(\boldsymbol{u})]\right\}+\frac{1}{2}\|\boldsymbol{z}-\boldsymbol{y}\|_2^2\\&\text{s.t.}\ \begin{bmatrix}\mathrm{Toep}(\boldsymbol{u}) & \boldsymbol{z}\\ \boldsymbol{z}^{\mathrm{H}} & t\end{bmatrix}\succeq 0\end{aligned}\tag{9.2.6}$$

同样，获得 Toep($\boldsymbol{u}$) 的估计之后，使用范德蒙分解算法计算目标入射方向。要注意的是，由于噪声影响，范德蒙分解将得到 M 个非零特征值，即备选信源入射方向与阵元数相同，见算法 9.1。因此，根据备选入射方向对应的能量大小和已知信源数 K，才可以最终确定信源入射方向，即找到 K 个能量最大的入射方向。

假设有三个不相关辐射源分别由 $\theta_1=-10.3^\circ$、$\theta_2=20.1^\circ$ 和 $\theta_3=40.8^\circ$ 入射到 10 阵元均匀线阵，阵元间距为半个波长；信号的强度分别为 $|s_1|=1$、$|s_2|=2$ 和 $|s_3|=3$。在无噪声和有噪声情况下，基于原子范数最小化的 DOA 估计结果如图 9.2.1 和图 9.2.2 所示。使用范德蒙分解后，可以得到 10 个备选的信号入射方向，两幅图中都标记出了备选信号入射方向和信号幅度 $\{\theta_k,|s_k|\}$，$k=1,2,\cdots,10$。从图 9.2.1 可以看出，非目标入射方向信号幅度估计值为零，而目标入射方向的信号幅度估计值较大。图 9.2.2 给出了 SNR=15dB 和 SNR=10dB 情况下 DOA 估计的仿真结果，幅度估计和入射角度估计在噪声影响下相对真值都有一定的偏差，而且非目标入射方向有较小的幅度估计值。由以上分析和仿真结果可知，基于原子范数最小化的 DOA 估计方法不需要划分网格就可以得到信号入射方向估计。但是，在噪声影响下，多个备选的目标入射方向都可能有能量输出。所以，使用该方法时首先要已知（或估计）信源数目，否则可能出现过估计。

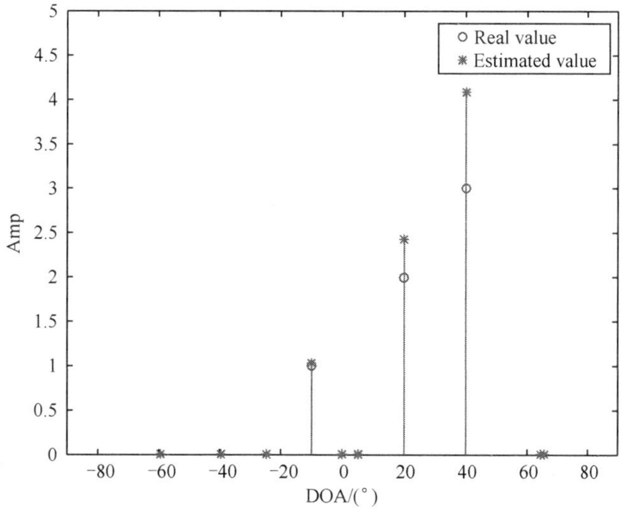

图 9.2.1 单快拍信号波达方向和信号幅度估计（无噪声）

9.2.2 多快拍的 DOA 估计

多快拍情况下，无噪声和有噪声的数学模型分别为

$$\boldsymbol{Y}=\boldsymbol{Z}\ ,\boldsymbol{Y}=\boldsymbol{Z}+\boldsymbol{E}\tag{9.2.7}$$

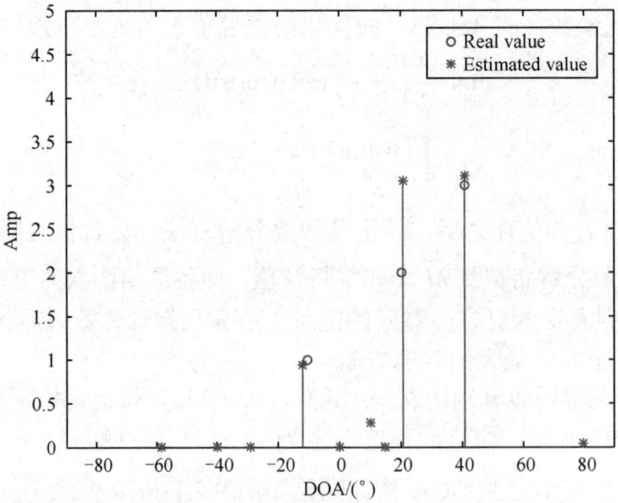

（a）SNR=15dB

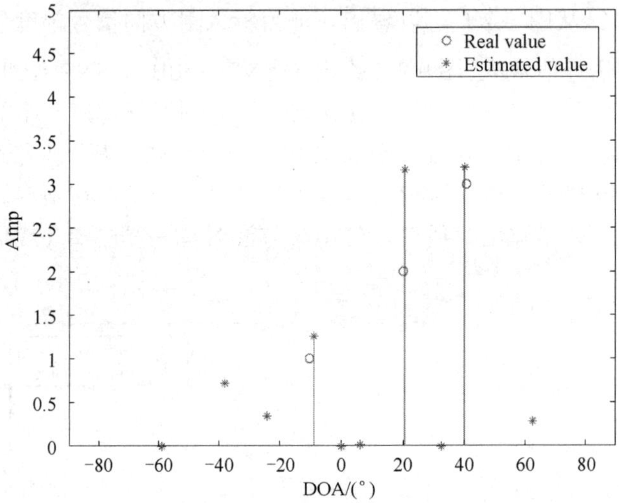

（b）SNR=10dB

图 9.2.2 单快拍信号波达方向和信号幅度估计（有噪声）

式中，$\boldsymbol{Y}=[\boldsymbol{y}(t_1), \boldsymbol{y}(t_2) ,\cdots,\boldsymbol{y}(t_L)]$ 为均匀线阵的采样接收数据，$\boldsymbol{Z}$ 为无噪声接收数据，阵列接收信号模型为

$$\boldsymbol{Z}=\boldsymbol{A}(\boldsymbol{\theta})\boldsymbol{S}=\sum_{k=1}^{K}\boldsymbol{a}(\theta_k)\boldsymbol{s}_k \tag{9.2.8}$$

式中，$\boldsymbol{S}=[\boldsymbol{s}_1^{\mathrm{T}}, \boldsymbol{s}_2^{\mathrm{T}},\cdots,\boldsymbol{s}_K^{\mathrm{T}}]^{\mathrm{T}}$, $\boldsymbol{s}_k=[s_k(t_1),s_k(t_2),\cdots,s_k(t_L)]$ 。可以根据多快拍接收数据模型特点，定义一种矩阵形式的原子集合来描述多快拍观测数据。由式（9.2.8），首先将 $\boldsymbol{Z}$ 写成

$$\boldsymbol{Z}=\sum_{k=1}^{K}\boldsymbol{a}(\theta_k)\boldsymbol{s}_k=\sum_{k=1}^{K}c_k\boldsymbol{a}(\theta_k)\boldsymbol{v}_k \tag{9.2.9}$$

式中，$c_k=\|\boldsymbol{s}_k\|_2$, $\boldsymbol{v}_k=c_k^{-1}\boldsymbol{s}_k\in\mathbb{C}^{1\times L}$ 则有 $\|\boldsymbol{v}_k\|_2=1$ 。由此，可以定义矩阵形式的原子集合：

$$\mathcal{A}=\{\boldsymbol{a}(\theta,\boldsymbol{v})=\boldsymbol{a}(\theta)\boldsymbol{v}:\theta\in[-\pi/2,\pi/2],\|\boldsymbol{v}\|_2=1\} \tag{9.2.10}$$

通过上面对原子集合的定义，就可以将 $\boldsymbol{Z}$ 写成 $\mathcal{A}$ 中若干原子的线性组合方式。同样，可以利用矩阵原子范数的概念来度量多快拍数据的稀疏度。这与单快拍的情况基本一致，只是字典

库中的原子形式发生了改变而已。具体地，矩阵原子范数可以定义为

$$\begin{aligned}\|\boldsymbol{Z}\|_{\mathcal{A}} &= \inf\{t \geqslant 0 : \boldsymbol{Z} \in t\operatorname{conv}(\mathcal{A})\} \\ &= \inf_{\substack{c_k \geqslant 0 \\ \theta_k \in [-\pi/2, \pi/2]}} \left\{ \sum_{k=1}^{K} c_k : \boldsymbol{Z} = \sum_{k=1}^{K} c_k \boldsymbol{a}(\theta_k, \boldsymbol{v}_k) \right\} \\ &= \inf_{\boldsymbol{s}_k, \theta_k \in [-\pi/2, \pi/2]} \left\{ \sum_{k=1}^{K} \|\boldsymbol{s}_k\|_2 : \boldsymbol{Z} = \sum_{k=1}^{K} \boldsymbol{s}_k \boldsymbol{a}(\theta_k) \right\}\end{aligned} \tag{9.2.11}$$

实际上$\|\boldsymbol{Z}\|_{\mathcal{A}}$是$L_{2,1}$范数在连续域上的表达[6]。与单快拍情况类似，求$\|\boldsymbol{Z}\|_{\mathcal{A}}$最小化的过程同样也等价于一个半正定规划问题。在无噪声情况下：

$$\min_{\boldsymbol{Z} \in \mathbb{C}^{M \times L}} \|\boldsymbol{Z}\|_{\mathcal{A}} \Leftrightarrow \begin{array}{c} \min\limits_{\boldsymbol{u} \in \mathbb{C}^{M}, \boldsymbol{W} \in \mathbb{C}^{L \times L}} \dfrac{1}{2\sqrt{M}} \operatorname{tr}\{\operatorname{Toep}(\boldsymbol{u})\} + \dfrac{1}{2}\operatorname{tr}(\boldsymbol{W}) \\ \text{s.t.} \begin{bmatrix} \operatorname{Toep}(\boldsymbol{u}) & \boldsymbol{Z} \\ \boldsymbol{Z}^{\mathrm{H}} & \boldsymbol{W} \end{bmatrix} \succeq 0,\ \boldsymbol{Z} = \boldsymbol{Y} \end{array} \tag{9.2.12}$$

上述结论的证明与定理 9.1.2 的证明过程类似，这里不再展开讨论，有关该结论的讨论可见参考文献[6,13]。有噪声情况下：

$$\begin{array}{c} \min\limits_{\boldsymbol{Z} \in \mathbb{C}^{M \times L}} \|\boldsymbol{Z}\|_{\mathcal{A}} \\ \text{s.t.}\ \ \|\boldsymbol{Y} - \boldsymbol{Z}\|_{\mathrm{F}} \leqslant \varepsilon \end{array} \Leftrightarrow \begin{array}{c} \min\limits_{\boldsymbol{u} \in \mathbb{C}^{M}, \boldsymbol{W} \in \mathbb{C}^{L \times L}} \dfrac{1}{2\sqrt{M}} \operatorname{tr}\{\operatorname{Toep}(\boldsymbol{u})\} + \dfrac{1}{2}\operatorname{tr}(\boldsymbol{W}) \\ \text{s.t.} \begin{cases} \begin{bmatrix} \operatorname{Toep}(\boldsymbol{u}) & \boldsymbol{Z} \\ \boldsymbol{Z}^{\mathrm{H}} & \boldsymbol{W} \end{bmatrix} \succeq 0 \\ \|\boldsymbol{Y} - \boldsymbol{Z}\|_{\mathrm{F}} \leqslant \varepsilon \end{cases} \end{array} \tag{9.2.13}$$

和单快拍情况一样，我们可以从 $\operatorname{Toep}(\boldsymbol{u})$ 的估计中得出目标入射方向。基于多快拍的原子范数空间谱估计算法如算法 9.2 所示。

算法 9.2 基于多快拍的原子范数空间谱估计算法

输入：阵列接收数据 $\boldsymbol{Y} \in \mathbb{C}^{M \times L}$，入射信号数目 K。

1）求解式（9.2.13）所示的半正定规划问题，得到 $\hat{\boldsymbol{u}}$ 与 $\operatorname{Toep}(\hat{\boldsymbol{u}})$；

2）对 $\operatorname{Toep}(\hat{\boldsymbol{u}})$ 进行范德蒙分解，获得 M 个特征值；

3）从 M 个特征值和特征矢量中得到备选角度和对应的功率 $(\hat{\theta}_m, \hat{p}_m)$，$m = 1, 2, \cdots, M$，其中前 K 个最大功率 $\hat{p}_m$ 对应角度 $\hat{\theta}_m$ 为入射信号角度估计。

输出：信号入射角度 $\hat{\boldsymbol{\theta}}$ 和功率 $\hat{\boldsymbol{p}}$ 估计。

9.3 原子范数对偶模型与 DOA 估计

基于原子范数的 DOA 估计方法，需要求解半正定规划，其计算量较大。可以考虑对原子范数优化问题使用对偶方法以获得较小的运算复杂度。9.2 节介绍的算法均需要信源数目作为先验信息，也就是说，在原始问题框架下算法不具备估计信源数目能力，而对偶模型则能够独立完成信源数的估计。本节讨论内容为原子范数最小化的对偶模型[5]以及在此模型下的 DOA 估计问题。

9.3.1 单快拍无噪声对偶模型

为了更好地理解原子范数对偶模型，首先介绍一下对偶范数和共轭函数两个概念。

定义 9.3.1（对偶范数[12]）：对于任意一个范数$\|\cdot\|$，其对偶范数$\|\cdot\|_*$定义为

$$\|\boldsymbol{y}\|_* = \sup_{\|\boldsymbol{x}\|\leqslant 1} \langle \boldsymbol{y},\boldsymbol{x}\rangle_{\mathbb{R}} \tag{9.3.1}$$

式中，sup 表示上确界，$\langle \boldsymbol{y},\boldsymbol{x}\rangle_{\mathbb{R}}$ 表示取内积$\langle \boldsymbol{y},\boldsymbol{x}\rangle$的实部。根据对偶范数的定义可以得到不等式：

$$\langle \boldsymbol{x},\boldsymbol{y}\rangle \leqslant \|\boldsymbol{x}\|\|\boldsymbol{y}\|_*$$

关于对偶范数的意义以及对偶函数的详细论述，可以参考文献[12][14,15]。

定义 9.3.2（共轭函数[12]）：对于原函数$f(\boldsymbol{x})$，其共轭函数定义为

$$f^*(\boldsymbol{y}) = \sup\{\langle \boldsymbol{y},\boldsymbol{x}\rangle - f(\boldsymbol{x})\}_{\mathbb{R}} \tag{9.3.2}$$

特别注意，共轭函数定义要求在$\boldsymbol{x}$的定义域内$f^*(\boldsymbol{y})$不能为无穷大。

无噪声情况下，原子范数最小化模型如式（9.2.1）所示，其对应的拉格朗日函数为

$$L(\boldsymbol{z},\boldsymbol{y},\boldsymbol{q}) = \|\boldsymbol{y}\|_{\mathcal{A}} + \langle \boldsymbol{q},\boldsymbol{z}-\boldsymbol{y}\rangle_{\mathbb{R}} \tag{9.3.3}$$

其中，$\boldsymbol{q}\in\mathbb{C}^M$为拉格朗日乘子，也称为对偶变量。建立对偶函数

$$\begin{aligned} g(\boldsymbol{q}) &= \inf_{\boldsymbol{y}} L(\boldsymbol{z},\boldsymbol{y},\boldsymbol{q}) \\ &= \inf_{\boldsymbol{y}}\left\{\left(\|\boldsymbol{y}\|_{\mathcal{A}} - \langle \boldsymbol{q},\boldsymbol{y}\rangle_{\mathbb{R}}\right) + \langle \boldsymbol{q},\boldsymbol{z}\rangle_{\mathbb{R}}\right\} \\ &= \langle \boldsymbol{q},\boldsymbol{z}\rangle_{\mathbb{R}} - \sup_{\boldsymbol{y}}\left(\langle \boldsymbol{q},\boldsymbol{y}\rangle_{\mathbb{R}} - \|\boldsymbol{y}\|_{\mathcal{A}}\right) \end{aligned} \tag{9.3.4}$$

由共轭函数定义，式（9.3.4）中的$\sup_{\boldsymbol{y}}\left(\langle \boldsymbol{q},\boldsymbol{y}\rangle_{\mathbb{R}} - \|\boldsymbol{y}\|_{\mathcal{A}}\right)$是函数 $\|\boldsymbol{y}\|_{\mathcal{A}}$ 的共轭函数$f^*(\boldsymbol{q})$。范数的共轭函数等于其对偶范数单位球的示性函数[12]，即

$$f^*(\boldsymbol{q}) = \sup_{\boldsymbol{y}}\left(\langle \boldsymbol{q},\boldsymbol{y}\rangle_{\mathbb{R}} - \|\boldsymbol{y}\|_{\mathcal{A}}\right) = I\left\{\boldsymbol{q}:\|\boldsymbol{q}\|_{\mathcal{A}^*}\leqslant 1\right\} = \begin{cases} 0, & \|\boldsymbol{q}\|_{\mathcal{A}^*}\leqslant 1 \\ \infty, & \text{其他} \end{cases} \tag{9.3.5}$$

其中，$\|\cdot\|_{\mathcal{A}^*}$表示原子范数$\|\cdot\|_{\mathcal{A}}$的对偶范数。因此，式（9.3.4）可以写为

$$g(\boldsymbol{q}) = \langle \boldsymbol{q},\boldsymbol{z}\rangle_{\mathbb{R}} - I\left\{\boldsymbol{q}:\|\boldsymbol{q}\|_{\mathcal{A}^*}\leqslant 1\right\}$$

由上式得到式（9.2.1）的对偶问题为

$$\sup_{\boldsymbol{q}}\langle \boldsymbol{q},\boldsymbol{z}\rangle_{\mathbb{R}}\text{ , s.t. }\|\boldsymbol{q}\|_{\mathcal{A}^*}\leqslant 1 \tag{9.3.6}$$

由接收数据模型中$\boldsymbol{z}$的结构特点，并根据对偶范数定义式（9.3.1），可知原子范数对偶范数为

$$\|\boldsymbol{q}\|_{\mathcal{A}^*} = \sup_{\|\boldsymbol{z}\|_{\mathcal{A}}\leqslant 1}\langle \boldsymbol{q},\boldsymbol{z}\rangle_{\mathbb{R}} = \sup_{\substack{\phi\in[0,2\pi] \\ \theta\in[-\pi/2,\pi/2)}}\left\langle \boldsymbol{q},\mathrm{e}^{\mathrm{j}\phi}\boldsymbol{a}(\theta,0)\right\rangle_{\mathbb{R}} = \sup_{\theta\in[-\pi/2,\pi/2]}\left|\langle \boldsymbol{q},\boldsymbol{a}(\theta,0)\rangle\right| \tag{9.3.7}$$

由均匀线阵的导向矢量结构，原子范数的对偶范数等于多项式

$$Q(\theta) = \langle \boldsymbol{q},\boldsymbol{a}(\theta,0)\rangle = \sum_m q_m z^{-m},\ z = \mathrm{e}^{\mathrm{j}2\pi d\sin(\theta)/\lambda} \tag{9.3.8}$$

的模在集合$\theta\in[-\pi/2,\pi/2]$内的上确界，其中$\boldsymbol{q}=[q_1,\cdots,q_M]^{\mathrm{T}}\in\mathbb{C}^M$。这样便将对偶问题转变成一个多项式有界的问题。因此，多项式$Q(\theta)$被称为对偶多项式。通过定理 9.3.1 和定理 9.3.2，

可以将对偶问题也转变成一个半正定规划问题。

定理 9.3.1[2]：如果对偶多项式（9.3.8）满足

$$\begin{cases}|Q(\theta_k)|=1, & \forall\theta_k\in\mathrm{supp}(\theta)\\|Q(\theta_k)|<1, & \forall\theta_k\notin\mathrm{supp}(\theta)\end{cases}$$

则式（9.2.1）存在唯一最优解，其中，$\mathrm{supp}(\theta)$ 表示 θ 的支撑集。该定理指出，我们可以通过寻找对偶多项式 $|Q(\theta)|=1$ 的 θ 值来估计目标入射方向。

定理 9.3.2（多项式有界定理[16]）：如果多项式 $\sum_m q_m z^{-m},\boldsymbol{q}=[q_1,\cdots,q_M]^{\mathrm{T}}$ 的上确界等于 1，则存在一个 Hermitian 矩阵 $\boldsymbol{H}\in\mathbb{C}^{M\times M}$，满足

$$\begin{bmatrix}\boldsymbol{H} & \boldsymbol{q}\\\boldsymbol{q}^{\mathrm{H}} & 1\end{bmatrix}\succeq 0,\quad \sum_{i=1}^{M-j}\boldsymbol{H}_{i,i+j}=\begin{cases}1, & j=0\\0, & j=1,2,\cdots,M-1\end{cases}$$

根据这一定理，可将式（9.3.6）所示的对偶问题写成如下半正定规划问题：

$$\begin{aligned}&\max_{\boldsymbol{H}\in\mathbb{S}^M,\boldsymbol{q}\in\mathbb{C}^M} \langle\boldsymbol{q},\boldsymbol{z}\rangle_{\mathbb{R}}\\&\text{s.t.}\quad\begin{bmatrix}\boldsymbol{H} & \boldsymbol{q}\\\boldsymbol{q}^{\mathrm{H}} & 1\end{bmatrix}\succeq 0\\&\qquad\sum_{i=1}^{M-j}\boldsymbol{H}_{i,i+j}=\begin{cases}1, & j=0\\0, & j=1,2,\cdots,M-1\end{cases}\end{aligned}\tag{9.3.9}$$

其中，$\mathbb{S}^M$ 为 M 维共轭对称集合。注意，原子范数最小化的对偶问题与半正定规划等价的一个前提也是原子必须满足均匀采样的形式。这说明，利用原子范数最小化对偶模型来进行 DOA 估计，仅适用于均匀线阵情况。另外，利用对偶模型来估计 DOA 参数的优势是不再需要信源数目作为估计过程的先验条件。以对偶问题的最优解 $\boldsymbol{q}$ 作为多项式系数来恢复对偶多项式 $Q(\theta)$，那么 $|Q(\theta)|=1$ 处对应的 θ 即为 DOA 估计结果。所以，集合 $\{\theta:|Q(\theta)|=1\}$ 的基数即为入射信源数目。

9.3.2 单快拍有噪声对偶模型

单快拍有噪声的情况下，引入松弛变量 $\boldsymbol{x}$ 将式（9.2.4）所示的原问题改写为

$$\begin{aligned}&\min_{\boldsymbol{z}\in\mathbb{C}^M,\boldsymbol{x}\in\mathbb{C}^M}\|\boldsymbol{z}\|_{\mathcal{A}}\\&\text{s.t.}\quad\begin{cases}\boldsymbol{y}-\boldsymbol{z}-\boldsymbol{x}=\boldsymbol{0}\\\|\boldsymbol{x}\|_2-\varepsilon\leqslant 0\end{cases}\end{aligned}\tag{9.3.10}$$

上述凸优化问题的拉格朗日函数可以表示为

$$L(\boldsymbol{y},\boldsymbol{z},\boldsymbol{q},\lambda)=\|\boldsymbol{z}\|_{\mathcal{A}}+\langle\boldsymbol{q},\boldsymbol{y}-\boldsymbol{z}-\boldsymbol{x}\rangle_{\mathbb{R}}+\lambda\left(\|\boldsymbol{x}\|_2-\varepsilon\right)\tag{9.3.11}$$

其中，$\boldsymbol{q}\in\mathbb{C}^M$，$\lambda$ 为正实数。则对偶函数为

$$\begin{aligned}g(\boldsymbol{q},\lambda)&=\inf_{\boldsymbol{z},\boldsymbol{x}}L(\boldsymbol{y},\boldsymbol{z},\boldsymbol{q},\lambda)\\&=\inf_{\boldsymbol{z}}\left(\|\boldsymbol{z}\|_{\mathcal{A}}-\langle\boldsymbol{q},\boldsymbol{z}\rangle_{\mathbb{R}}\right)+\inf_{\boldsymbol{x}}\left(\lambda\|\boldsymbol{x}\|_2-\langle\boldsymbol{q},\boldsymbol{x}\rangle_{\mathbb{R}}\right)+\langle\boldsymbol{q},\boldsymbol{y}\rangle_{\mathbb{R}}-\lambda\varepsilon\end{aligned}\tag{9.3.12}$$

范数的共轭函数是其对偶范数单位球的示性函数[12]，所以式（9.3.12）等号右侧第一项可以表示为

$$\inf_{z}\left(\|z\|_{\mathcal{A}}-\langle \boldsymbol{q},\boldsymbol{z}\rangle_{\mathbb{R}}\right)=\begin{cases}0, & \|\boldsymbol{q}\|_{\mathcal{A}^*}\leqslant 1\\ -\infty, & \text{其他}\end{cases} \tag{9.3.13}$$

式（9.3.12）等号右侧第二项

$$\inf_{\boldsymbol{x}}\left(\lambda\|\boldsymbol{x}\|_2-\langle \boldsymbol{q},\boldsymbol{x}\rangle_{\mathbb{R}}\right)=\inf_{\boldsymbol{x}}\left(\left\langle \frac{\lambda}{\|\boldsymbol{x}\|_2}\boldsymbol{x}-\boldsymbol{q},\boldsymbol{x}\right\rangle_{\mathbb{R}}\right)=\begin{cases}0, & \boldsymbol{q}=\dfrac{\lambda}{\|\boldsymbol{x}\|_2}\boldsymbol{x}\\ -\infty, & \text{其他}\end{cases} \tag{9.3.14}$$

值得注意的是，$\lambda=\|\boldsymbol{q}\|_2$ 满足式（9.3.14）中下确界为零。所以，对偶函数式（9.3.12）可简化为

$$g(\boldsymbol{q})=\begin{cases}\langle \boldsymbol{q},\boldsymbol{y}\rangle_{\mathbb{R}}-\varepsilon\|\boldsymbol{q}\|_2, & \|\boldsymbol{q}\|_{\mathcal{A}^*}\leqslant 1\\ -\infty, & \text{其他}\end{cases} \tag{9.3.15}$$

由此，有噪声情况下原子范数最小化对偶问题的数学模型可表示为

$$\begin{aligned}&\max_{\boldsymbol{q}\in\mathbb{C}^M}\ \langle \boldsymbol{q},\boldsymbol{y}\rangle_{\mathbb{R}}-\varepsilon\|\boldsymbol{q}\|_2\\ &\text{s.t.}\quad \|\boldsymbol{q}\|_{\mathcal{A}^*}\leqslant 1\end{aligned} \tag{9.3.16}$$

同样，根据定理 9.3.2 可将上述对偶问题转变为半正定规划[17]：

$$\begin{aligned}&\max_{\boldsymbol{H}\in\mathbb{S}^M,\boldsymbol{q}\in\mathbb{C}^M}\ \langle \boldsymbol{q},\boldsymbol{y}\rangle_{\mathbb{R}}-\varepsilon\|\boldsymbol{q}\|_2\\ &\text{s.t.}\ \begin{cases}\begin{bmatrix}\boldsymbol{H} & \boldsymbol{q}\\ \boldsymbol{q}^{\mathrm{H}} & 1\end{bmatrix}\succeq 0\\ \displaystyle\sum_{i=1}^{M-j}\boldsymbol{H}_{i,i+j}=\begin{cases}1, & j=0\\ 0, & j=1,2,\cdots,M-1\end{cases}\end{cases}\end{aligned} \tag{9.3.17}$$

另外，如果将式（9.2.4）的原问题写成下列形式：

$$\begin{aligned}&\min_{\boldsymbol{z},\boldsymbol{u}}\ \frac{1}{2}\|\boldsymbol{y}-\boldsymbol{z}\|_2^2+\lambda\|\boldsymbol{u}\|_{\mathcal{A}}\\ &\text{s.t.}\quad \boldsymbol{u}=\boldsymbol{z}\end{aligned} \tag{9.3.18}$$

即通过引入正则化参数来平衡稀疏度与噪声带来的误差，其对应的对偶模型为

$$\begin{aligned}&\sup_{\boldsymbol{q}}\ \frac{1}{2}\left(\|\boldsymbol{y}\|_2^2-\|\boldsymbol{y}-\boldsymbol{q}\|_2^2\right)\\ &\text{s.t.}\quad \|\boldsymbol{q}\|_{\mathcal{A}^*}\leqslant \lambda\end{aligned} \tag{9.3.19}$$

与式（9.3.17）所示模型形式略有差别，但最优解是一致的。获得对偶模型式（9.3.19）具体细节可见参考文献[17] [5]。

通过以上分析可知，对偶模型同样可以实现 DOA 估计。假设有三个不相关辐射源分别由 $\theta_1=-10.3^\circ$、$\theta_2=20.1^\circ$ 和 $\theta_3=40.8^\circ$ 入射到 10 阵元均匀线阵，阵元间距为半波长；信号的强度分别为 $|s_1|=1$、$|s_2|=2$ 和 $|s_3|=3$。无噪声和有噪声情况下，基于原子范数对偶模型的 DOA 估计仿真结果如图 9.3.1 和图 9.3.2 所示。对偶模型方法与直接应用原子范数模型方法的区别主要在于，可以通过空间谱的幅度为 1 的点判断信号数和入射方向，但不能估计出信号的能量谱。

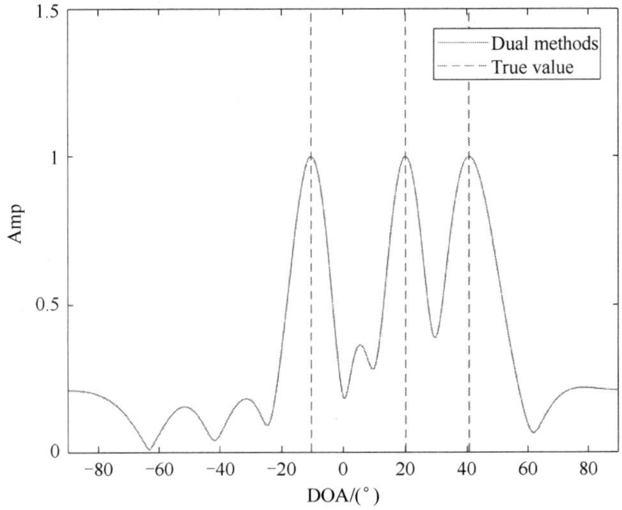

图 9.3.1　使用对偶方法进行 DOA 估计仿真结果（无噪声）

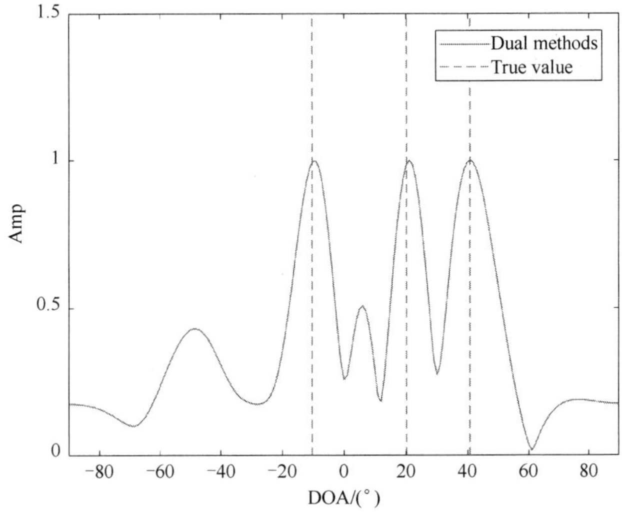

图 9.3.2　使用对偶方法进行 DOA 估计仿真结果（SNR=10dB）

9.3.3　多快拍对偶模型

在无噪声条件下，多快拍原子范数最小化原问题如式（9.2.12），它对应的对偶问题为

$$\begin{aligned} &\max_{\boldsymbol{Q}\in\mathbb{C}^{M\times L}} \langle \boldsymbol{Q},\boldsymbol{Y}\rangle_{\mathbb{R}} \\ &\text{s.t.}\quad \|\boldsymbol{Q}\|_{\mathcal{A}^*}\leqslant 1 \\ &\boldsymbol{Y}=\boldsymbol{Z} \end{aligned} \tag{9.3.20}$$

其中，矩阵内积定义为 $\langle \boldsymbol{Q},\boldsymbol{Y}\rangle_{\mathbb{R}}=\mathrm{Re}\{\mathrm{tr}(\boldsymbol{Y}^{\mathrm{H}}\boldsymbol{Q})\}$。矩阵原子范数的对偶范数定义为 $\|\boldsymbol{Q}\|_{\mathcal{A}^*}=\sup\limits_{\|\boldsymbol{Y}\|_{\mathcal{A}}\leqslant 1}\langle \boldsymbol{Q},\boldsymbol{Y}\rangle_{\mathbb{R}}$。式（9.3.20）等价于求解下列半正定规划最优化问题：

$$\max_{\boldsymbol{H}\in\mathbb{S}^M,\boldsymbol{Q}\in\mathbb{C}^M} \langle \boldsymbol{Q},\boldsymbol{Y}\rangle_{\mathbb{R}}$$
$$\text{s.t.}\ \begin{cases}\begin{bmatrix}\boldsymbol{H} & \boldsymbol{Q}\\ \boldsymbol{Q}^{\mathrm{H}} & \boldsymbol{I}\end{bmatrix}\succeq 0\\ \sum_{i=1}^{M-j}\boldsymbol{H}_{i,i+j}=\begin{cases}1, & j=0\\ 0, & j=1,2,\cdots,M-1\end{cases}\end{cases} \tag{9.3.21}$$

有噪声条件下，多快拍原子范数最小化原问题为式（9.2.13），它对应的对偶问题为

$$\max_{\boldsymbol{Q}\in\mathbb{C}^{M\times L}} \langle \boldsymbol{Q},\boldsymbol{Y}\rangle_{\mathbb{R}}-\varepsilon\|\boldsymbol{Q}\|_{\mathrm{F}}$$
$$\text{s.t.}\ \ \|\boldsymbol{Q}\|_{\mathcal{A}^*}\leqslant 1 \tag{9.3.22}$$

式（9.3.22）等价于求解下列半正定规划问题：

$$\max_{\boldsymbol{H}\in\mathbb{S}^M,\boldsymbol{Q}\in\mathbb{C}^M} \langle \boldsymbol{Q},\boldsymbol{Y}\rangle_{\mathbb{R}}-\varepsilon\|\boldsymbol{Q}\|_{\mathrm{F}}$$
$$\text{s.t.}\ \begin{cases}\begin{bmatrix}\boldsymbol{H} & \boldsymbol{Q}\\ \boldsymbol{Q}^{\mathrm{H}} & \boldsymbol{I}\end{bmatrix}\succeq 0\\ \sum_{i=1}^{M-j}\boldsymbol{H}_{i,i+j}=\begin{cases}1, & j=0\\ 0, & j=1,2,\cdots,M-1\end{cases}\end{cases} \tag{9.3.23}$$

关于多快拍情况对偶问题的推导与单快拍情况基本一致，这里不再赘述。表 9.1 总结了不同情况下原子范数最小化的原始问题数学模型和其对偶问题数学模型[18]。

表 9.1 基于原子范数最小化问题的数学模型

	原始问题数学模型	对偶问题数学模型
单快拍无噪声	$\min \|\boldsymbol{y}\|_{\mathcal{A}}$, s.t. $\boldsymbol{y}=\boldsymbol{z}$ $\Leftrightarrow \min\limits_{\boldsymbol{u}\in\mathbb{C}^M,t\geqslant 0} \frac{1}{2M}\mathrm{tr}\{\mathrm{Toep}(\boldsymbol{u})\}+\frac{1}{2}t$ s.t. $\begin{bmatrix}\mathrm{Toep}(\boldsymbol{u}) & \boldsymbol{z}\\ \boldsymbol{z}^{\mathrm{H}} & t\end{bmatrix}\succeq 0$	$\max\limits_{\boldsymbol{q}\in\mathbb{C}^M} \langle\boldsymbol{q},\boldsymbol{y}\rangle_{\mathbb{R}}$, s.t. $\|\boldsymbol{q}\|_{\mathcal{A}^*}\leqslant 1$ $\Leftrightarrow \max\limits_{\boldsymbol{H}\in\mathbb{S}^M,\boldsymbol{q}\in\mathbb{C}^M} \langle\boldsymbol{q},\boldsymbol{y}\rangle_{\mathbb{R}}$ s.t. $\begin{cases}\begin{bmatrix}\boldsymbol{H} & \boldsymbol{q}\\ \boldsymbol{q}^{\mathrm{H}} & 1\end{bmatrix}\succeq 0\\ \sum_{i=1}^{M-j}\boldsymbol{H}_{i,i+j}=\begin{cases}1, & j=0\\ 0, & j=1,2,\cdots,M-1\end{cases}\end{cases}$
单快拍有噪声	$\min\limits_{\boldsymbol{z}\in\mathbb{C}^M} \|\boldsymbol{z}\|_{\mathcal{A}}$, s.t. $\|\boldsymbol{y}-\boldsymbol{z}\|_2\leqslant\varepsilon$ $\Leftrightarrow \min\limits_{\boldsymbol{z},\boldsymbol{u}\in\mathbb{C}^M,t\geqslant 0} \frac{1}{2M}\mathrm{tr}\{\mathrm{Toep}(\boldsymbol{u})\}+\frac{1}{2}t$ s.t. $\begin{cases}\begin{bmatrix}\mathrm{Toep}(\boldsymbol{u}) & \boldsymbol{z}\\ \boldsymbol{z}^{\mathrm{H}} & t\end{bmatrix}\succeq 0\\ \|\boldsymbol{y}-\boldsymbol{z}\|_2\leqslant\varepsilon\end{cases}$	$\max\limits_{\boldsymbol{q}\in\mathbb{C}^M} \langle\boldsymbol{q},\boldsymbol{y}\rangle_{\mathbb{R}}-\varepsilon\|\boldsymbol{q}\|_2$, s.t. $\|\boldsymbol{q}\|_{\mathcal{A}^*}\leqslant 1$ $\Leftrightarrow \max\limits_{\boldsymbol{H}\in\mathbb{S}^M,\boldsymbol{q}\in\mathbb{C}^M} \langle\boldsymbol{q},\boldsymbol{y}\rangle_{\mathbb{R}}-\varepsilon\|\boldsymbol{q}\|_2$ s.t. $\begin{cases}\begin{bmatrix}\boldsymbol{H} & \boldsymbol{q}\\ \boldsymbol{q}^{\mathrm{H}} & 1\end{bmatrix}\succeq 0\\ \sum_{i=1}^{M-j}\boldsymbol{H}_{i,i+j}=\begin{cases}1, & j=0\\ 0, & j=1,2,\cdots,M-1\end{cases}\end{cases}$
多快拍无噪声	$\min\limits_{\boldsymbol{Z}\in\mathbb{C}^{M\times L}} \|\boldsymbol{Z}\|_{\mathcal{A}}$, s.t. $\boldsymbol{Z}=\boldsymbol{Y}$ $\Leftrightarrow \min\limits_{\substack{\boldsymbol{u}\in\mathbb{C}^M\\ \boldsymbol{W}\in\mathbb{C}^{L\times L}}} \frac{1}{2M}\mathrm{tr}\{\mathrm{Toep}(\boldsymbol{u})\}+\frac{1}{2}\mathrm{tr}(\boldsymbol{W})$ s.t. $\begin{bmatrix}\mathrm{Toep}(\boldsymbol{u}) & \boldsymbol{Z}\\ \boldsymbol{Z}^{\mathrm{H}} & \boldsymbol{W}\end{bmatrix}\succeq 0$	$\max\limits_{\boldsymbol{Q}\in\mathbb{C}^{M\times L}} \langle\boldsymbol{Q},\boldsymbol{Y}\rangle_{\mathbb{R}}$, s.t. $\|\boldsymbol{Q}\|_{\mathcal{A}^*}\leqslant 1$ $\Leftrightarrow \max\limits_{\boldsymbol{H}\in\mathbb{S}^M,\boldsymbol{Q}\in\mathbb{C}^M} \langle\boldsymbol{Q},\boldsymbol{Y}\rangle_{\mathbb{R}}$ s.t. $\begin{cases}\begin{bmatrix}\boldsymbol{H} & \boldsymbol{Q}\\ \boldsymbol{Q}^{\mathrm{H}} & \boldsymbol{I}\end{bmatrix}\succeq 0\\ \sum_{i=1}^{M-j}\boldsymbol{H}_{i,i+j}=\begin{cases}1, & j=0\\ 0, & j=1,2,\cdots,M-1\end{cases}\end{cases}$

续表

	原始问题数学模型	对偶问题数学模型
多快拍有噪声	$\min_{\boldsymbol{Z}\in\mathbb{C}^{M\times L}} \|\boldsymbol{Z}\|_{\mathcal{A}}$，s.t. $\|\boldsymbol{Y}-\boldsymbol{Z}\|_{\mathrm{F}}\leqslant\varepsilon$ $\Leftrightarrow \min_{\substack{\boldsymbol{u}\in\mathbb{C}^M\\ \boldsymbol{Z}\in\mathbb{C}^{M\times L}\\ \boldsymbol{W}\in\mathbb{C}^{L\times L}}} \frac{1}{2M}\mathrm{tr}(\mathrm{Toep}(\boldsymbol{u}))+\frac{1}{2}\mathrm{tr}(\boldsymbol{W})$ s.t. $\begin{cases}\begin{bmatrix}\mathrm{Toep}(\boldsymbol{u}) & \boldsymbol{Z}\\ \boldsymbol{Z}^{\mathrm{H}} & \boldsymbol{W}\end{bmatrix}\succeq 0\\ \|\boldsymbol{Y}-\boldsymbol{Z}\|_F\leqslant\varepsilon\end{cases}$	$\max_{\boldsymbol{Q}\in\mathbb{C}^{M\times L}} \langle\boldsymbol{Q},\boldsymbol{Y}\rangle_{\mathbb{R}}-\varepsilon\|\boldsymbol{Q}\|_{\mathrm{F}}$ s.t. $\|\boldsymbol{Q}\|_{\mathcal{A}^*}\leqslant 1$ $\Leftrightarrow \max_{\boldsymbol{H}\in\mathbb{S}^M,\boldsymbol{Q}\in\mathbb{C}^M} \langle\boldsymbol{Q},\boldsymbol{Y}\rangle_{\mathbb{R}}-\varepsilon\|\boldsymbol{Q}\|_{\mathrm{F}}$, s.t. $\begin{cases}\begin{bmatrix}\boldsymbol{H} & \boldsymbol{Q}\\ \boldsymbol{Q}^{\mathrm{H}} & \boldsymbol{I}\end{bmatrix}\succeq 0\\ \sum_{i=1}^{M-j}\boldsymbol{H}_{i,i+j}=\begin{cases}1, & j=0\\ 0, & j=1,2,\cdots,M-1\end{cases}\end{cases}$

9.4 交替方向乘子法求解半正定规划

首先，将式（9.2.6）写成 ADMM 可处理的形式：

$$\begin{aligned}&\min_{t,\boldsymbol{u},\boldsymbol{z}} \frac{\lambda}{2}(t+u_1)+\frac{1}{2}\|\boldsymbol{z}-\boldsymbol{y}\|_2^2\\ &\text{s.t.}\quad \boldsymbol{S}=\begin{bmatrix}\mathrm{Toep}(\boldsymbol{u}) & \boldsymbol{z}\\ \boldsymbol{z}^{\mathrm{H}} & t\end{bmatrix}\\ &\qquad \boldsymbol{S}\succeq 0\end{aligned} \tag{9.4.1}$$

根据等式约束写出其增广拉格朗日函数

$$L(t,\boldsymbol{u},\boldsymbol{z},\boldsymbol{S},\boldsymbol{\varLambda})=\frac{1}{2}\|\boldsymbol{z}-\boldsymbol{y}\|_2^2+\frac{\lambda}{2}(t+u_1)+\left\langle\boldsymbol{\varLambda},\boldsymbol{S}-\begin{bmatrix}\mathrm{Toep}(\boldsymbol{u}) & \boldsymbol{z}\\ \boldsymbol{z}^{\mathrm{H}} & t\end{bmatrix}\right\rangle_{\mathbb{R}}+\frac{\rho}{2}\left\|\boldsymbol{S}-\begin{bmatrix}\mathrm{Toep}(\boldsymbol{u}) & \boldsymbol{z}\\ \boldsymbol{z}^{\mathrm{H}} & t\end{bmatrix}\right\|_{\mathrm{F}}^2 \tag{9.4.2}$$

式中，$\boldsymbol{\varLambda}\in\mathbb{S}^{M+1}$ 为拉格朗日乘子（也称对偶变量），它是共轭对称阵；$\rho>0$ 为惩罚系数。ADMM 算法主要分为以下三步。首先，固定 $\boldsymbol{\varLambda}^{(j)}$ 与 $\boldsymbol{S}^{(j)}$，按如下公式更新 t、$\boldsymbol{u}$ 与 $\boldsymbol{z}$：

$$[\boldsymbol{u}^{(j+1)},t^{(j+1)},\boldsymbol{z}^{(j+1)}]=\arg\min_{\boldsymbol{u},t,\boldsymbol{z}} L(t,\boldsymbol{u},\boldsymbol{z},\boldsymbol{S}^{(j)},\boldsymbol{\varLambda}^{(j)}) \tag{9.4.3}$$

然后，根据更新后的 $\boldsymbol{u}^{(j+1)}$ 与 $t^{(j+1)}$ 确定 $\boldsymbol{S}^{(j+1)}$：

$$\boldsymbol{S}^{(j+1)}=\arg\min_{\boldsymbol{S}} L(\boldsymbol{u}^{(j+1)},t^{(j+1)},\boldsymbol{S},\boldsymbol{\varLambda}^{(j)}) \tag{9.4.4}$$

最后，更新对偶变量 $\boldsymbol{\varLambda}^{(j+1)}$：

$$\boldsymbol{\varLambda}^{(j+1)}=\boldsymbol{\varLambda}^{(j)}+\rho\left\{\boldsymbol{S}^{(j+1)}-\begin{bmatrix}\mathrm{Toep}(\boldsymbol{u}^{(j+1)}) & \boldsymbol{z}\\ \boldsymbol{z}^{\mathrm{H}} & t^{(j+1)}\end{bmatrix}\right\} \tag{9.4.5}$$

ADMM 算法在每次迭代过程中，利用上述三个更新公式获得原始变量与对偶变量的估计结果。当第 $j+1$ 次的估计结果满足停止条件时，停止迭代；否则继续循环。下面给出关于参数更新的详细过程。

关于 $(t,\boldsymbol{u},\boldsymbol{z})$ 的更新有下列闭合解：

$$\begin{aligned}&t^{(j+1)}=\boldsymbol{S}^{(j)}(M+1,M+1)+\frac{1}{\rho}\left(\boldsymbol{\varLambda}^{(j)}(M+1,M+1)-\frac{\lambda}{2}\right)\\ &\boldsymbol{z}^{(j+1)}=\frac{1}{2\rho+1}(\boldsymbol{y}+2\rho\boldsymbol{s}_1^{(j)}+2\boldsymbol{\lambda}_1^{(j)})\\ &\boldsymbol{u}^{(j+1)}=\boldsymbol{W}\left\{\boldsymbol{\mathcal{T}}^{-1}\left(\boldsymbol{S}_0^{(j)}+\frac{\boldsymbol{\varLambda}_0^{(j)}}{\rho}\right)-\frac{\lambda}{2\rho}\boldsymbol{e}_1\right\}\end{aligned} \tag{9.4.6}$$

式中，$\boldsymbol{e}_1$ 是第一个元素为 1 的单位列矢量；$\boldsymbol{W}$ 是一个对角矩阵，其元素满足

$$\boldsymbol{W}_{mm}=\frac{1}{M-m+1},\ m=1,2,\cdots,M \tag{9.4.7}$$

映射 $\mathcal{T}^{-1}:\mathbb{C}^{M\times M}\rightarrow\mathbb{C}^{M}$，若有 $\boldsymbol{a}=\mathcal{T}^{-1}(\boldsymbol{A})$，则矢量 $\boldsymbol{a}$ 中的第 m 个元素是矩阵 $\boldsymbol{A}$ 中满足 $q-p+1=m$ 条件的所有元素 $\boldsymbol{A}(p,q)$ 之和（即 $\boldsymbol{A}$ 第 m 上对角线所有元素之和，设主对角线为第一上对角线）。式（9.4.6）中，$\boldsymbol{s}_1^{(j)}$、$\boldsymbol{S}_0^{(j)}$ 和 $\boldsymbol{\lambda}_1^{(j)}$ 的取值通过对矩阵 $\boldsymbol{S}^{(j)}$ 和 $\boldsymbol{\Lambda}^{(j)}$ 分解得到：

$$\boldsymbol{S}^{(j)}=\begin{bmatrix}\boldsymbol{S}_0^{(j)} & \boldsymbol{s}_1^{(j)}\\ (\boldsymbol{s}_1^{(j)})^{\mathrm{H}} & \boldsymbol{S}_{M+1,M+1}^{(j)}\end{bmatrix},\ \boldsymbol{\Lambda}^{(j)}=\begin{bmatrix}\boldsymbol{\Lambda}_0^{(j)} & \boldsymbol{\lambda}_1^{(j)}\\ (\boldsymbol{\lambda}_1^{(j)})^{\mathrm{H}} & \boldsymbol{\Lambda}_{M+1,M+1}^{(j)}\end{bmatrix} \tag{9.4.8}$$

而 $\boldsymbol{S}$ 的更新就是将其投影在半正定锥上：

$$\boldsymbol{S}^{(j+1)}=\arg\min_{\boldsymbol{S}\succeq 0}\left\|\boldsymbol{S}-\left\{\begin{bmatrix}\mathrm{Toep}(\boldsymbol{u}^{(j+1)}) & \boldsymbol{z}^{(j+1)}\\ (\boldsymbol{z}^{(j+1)})^{\mathrm{H}} & t^{(j+1)}\end{bmatrix}-\frac{\boldsymbol{\Lambda}^{(j)}}{\rho}\right\}\right\|_{\mathrm{F}}^2 \tag{9.4.9}$$

将矩阵 $\boldsymbol{S}$ 投影到半正定锥上，可以通过对矩阵

$$\begin{bmatrix}\mathrm{Toep}(\boldsymbol{u}^{(j+1)}) & \boldsymbol{z}^{(j+1)}\\ (\boldsymbol{z}^{(j+1)})^{\mathrm{H}} & t^{(j+1)}\end{bmatrix}-\frac{\boldsymbol{\Lambda}^{(j)}}{\rho} \tag{9.4.10}$$

进行特征分解得到：保留该矩阵所有非负特征值并把所有负特征值置零，即可得到更新的 $\boldsymbol{S}$。ADMM 解半正定规划的整个算法流程如算法 9.3 所示。

算法 9.3　ADMM 解半正定规划

输入： 接收数据 $\boldsymbol{y}$，正则参数 $\lambda>0$，$\rho>0$。

初始化： $\boldsymbol{\Lambda}^{(0)}=\boldsymbol{0},\boldsymbol{S}^{(0)}=\boldsymbol{0},j=0$。

重复：

1）根据式（9.4.6）计算 $t^{(j+1)},\boldsymbol{u}^{(j+1)},\boldsymbol{z}^{(j+1)}$；

2）根据式（9.4.9）计算 $\boldsymbol{S}^{(j+1)}$；

3）根据式（9.4.5）计算 $\boldsymbol{\Lambda}^{(j+1)}$，$j=j+1$；

直到达到停止条件；

4）得到 $\mathrm{Toep}(\hat{\boldsymbol{u}})$，进行范德蒙分解。

输出： $\boldsymbol{u}$,t ,$\boldsymbol{z}$ 与目标入射方向。

总体来看，$(t,\boldsymbol{u},\boldsymbol{z})$ 的更新过程需要对矩阵的元素求均值（等价于将矩阵投影到 Toeplitz 空间），计算复杂度为 $O(M)$；$\boldsymbol{S}$ 的更新需要投影到半正定锥上，算法复杂度为 $O(M^3)$；$\boldsymbol{\Lambda}$ 的更新过程为简单的对称矩阵相加。

9.5　加权原子范数最小化

为了提高原子范数法测向的分辨力，文献[20]提出了加权原子范数最小化（Reweighted Atomic norm Minimization，RAM）算法。依据 9.1.4 节的论述，原子 L_0 范数相比于原子范数具有更好的稀疏度量。虽然原子 L_0 范数可以等效为一个秩最小化问题，但秩最小化问题是一个非凸问题，难以求解。为了利用原子 L_0 范数约束更为稀疏的优点，同时考虑计算复杂度，采用加权原子范数代替原子 L_0 范数。其主要思想是，找到一个易处理的平滑函数近似替代原

子 L_0 范数，通过求解该平滑函数来获得更好的信号分辨力。不失一般性，本节直接给出多快拍情况下加权原子范数方法。

无噪声情况下，接收数据 $\boldsymbol{Y}\in\mathbb{C}^{M\times L}$ 的原子 L_0 范数 $\|\boldsymbol{Y}\|_{\mathcal{A},0}$ 可以表示为下列秩的最小化问题

$$\begin{aligned}&\min_{\boldsymbol{Z},\boldsymbol{u}}\ \operatorname{rank}\{\operatorname{Toep}(\boldsymbol{u})\}\\&\text{s.t.}\ \begin{bmatrix}\operatorname{Toep}(\boldsymbol{u}) & \boldsymbol{Z}\\ \boldsymbol{Z}^{\mathrm{H}} & \boldsymbol{W}\end{bmatrix}\succeq 0,\ \boldsymbol{Y}=\boldsymbol{Z}\end{aligned}\tag{9.5.1}$$

根据低秩矩阵恢复理论[20-22]，式中目标函数可以用以下平滑对数函数近似

$$\begin{aligned}\mathcal{M}^{\epsilon}(\boldsymbol{Y})=&\min_{\boldsymbol{W},\boldsymbol{u}}\ \ln\left|\operatorname{Toep}(\boldsymbol{u})+\epsilon\boldsymbol{I}\right|+\operatorname{tr}(\boldsymbol{W})\\&\text{s.t.}\ \begin{bmatrix}\operatorname{Toep}(\boldsymbol{u}) & \boldsymbol{Z}\\ \boldsymbol{Z}^{\mathrm{H}} & \boldsymbol{W}\end{bmatrix}\succeq 0,\ \boldsymbol{Y}=\boldsymbol{Z}\end{aligned}\tag{9.5.2}$$

式中，ϵ 是一个调节参数，当 $\operatorname{Toep}(\boldsymbol{u})$ 秩亏时，ϵ 可以防止目标函数的第一项出现无穷的情况。目标函数中的 $\operatorname{tr}(\boldsymbol{W})$ 可以防止出现 $\boldsymbol{u}=\boldsymbol{0}$ 的无效解。实际上，当 $\epsilon\to 0$ 时，式（9.5.2）中的目标函数趋近于秩函数，$\mathcal{M}^{\epsilon}(\boldsymbol{Y})$ 趋近于 $\|\boldsymbol{Y}\|_{\mathcal{A},0}$。当 $\epsilon\to+\infty$ 时，$\mathcal{M}^{\epsilon}(\boldsymbol{Y})$ 趋近于 $\|\boldsymbol{Y}\|_{\mathcal{A}}$，详细分析见文献[20]。

对于有噪声的情况，可以将式（9.5.2）的问题改写为下列优化问题：

$$\begin{aligned}&\min_{\boldsymbol{W},\boldsymbol{u},\boldsymbol{Z}}\ln\left|\operatorname{Toep}(\boldsymbol{u})+\epsilon\boldsymbol{I}\right|+\operatorname{tr}(\boldsymbol{W})\\&\text{s.t.}\ \begin{bmatrix}\operatorname{Toep}(\boldsymbol{u}) & \boldsymbol{Z}\\ \boldsymbol{Z}^{\mathrm{H}} & \boldsymbol{W}\end{bmatrix}\succeq 0,\|\boldsymbol{Z}-\boldsymbol{Y}\|_{\mathrm{F}}\leqslant\varepsilon\end{aligned}\tag{9.5.3}$$

因为对数函数是非凸函数，所以式（9.5.3）中的目标函数也是非凸的。实际上，$\ln\left|\operatorname{Toep}(\boldsymbol{u})+\epsilon\boldsymbol{I}\right|$ 是一个关于 $\boldsymbol{u}$ 的凹函数，而 $\operatorname{tr}(\boldsymbol{W})$ 是凸函数。求解这类“凹+凸”函数最常用的方法为 Majorization-Minimization [23][24]。令 $\boldsymbol{u}^{(j)}$ 表示优化变量 $\boldsymbol{u}$ 的第 j 次迭代值的结果，那么在第 $j+1$ 次迭代中，用函数 $\ln\left|\operatorname{Toep}(\boldsymbol{u})+\epsilon\boldsymbol{I}\right|$ 在 $\boldsymbol{u}=\boldsymbol{u}^{(j)}$ 的切平面替代函数本身

$$\begin{aligned}&\ln\left|\operatorname{Toep}(\boldsymbol{u}^{(j)})+\epsilon\boldsymbol{I}\right|+\operatorname{tr}\{(\operatorname{Toep}(\boldsymbol{u}^{(j)})+\epsilon\boldsymbol{I})^{-1}\operatorname{Toep}(\boldsymbol{u}-\boldsymbol{u}^{(j)})\}\\&=\operatorname{tr}\{[\operatorname{Toep}(\boldsymbol{u}^{(j)})+\epsilon\boldsymbol{I}]^{-1}\operatorname{Toep}(\boldsymbol{u})\}+\operatorname{tr}\{[\operatorname{Toep}(\boldsymbol{u}^{(j)})+\epsilon\boldsymbol{I}]^{-1}\operatorname{Toep}(-\boldsymbol{u}^{(j)})\}\\&\quad+\ln\left|\operatorname{Toep}(\boldsymbol{u}^{(j)})+\epsilon\boldsymbol{I}\right|\\&=\operatorname{tr}\{[\operatorname{Toep}(\boldsymbol{u}^{(j)})+\epsilon\boldsymbol{I}]^{-1}\operatorname{Toep}(\boldsymbol{u})\}+c^{(j)}\end{aligned}\tag{9.5.4}$$

式中，$c^{(j)}$ 是一个与变量 $\boldsymbol{u}$ 无关的常数。那么，第 $j+1$ 次迭代的优化问题变为

$$\begin{aligned}&\min_{\boldsymbol{W},\boldsymbol{u},\boldsymbol{Z}}\operatorname{tr}\{[\operatorname{Toep}(\boldsymbol{u}^{(j)})+\epsilon\boldsymbol{I}]^{-1}\operatorname{Toep}(\boldsymbol{u})\}+\operatorname{tr}(\boldsymbol{W})\\&\text{s.t.}\ \begin{bmatrix}\operatorname{Toep}(\boldsymbol{u}) & \boldsymbol{Z}\\ \boldsymbol{Z}^{\mathrm{H}} & \boldsymbol{W}\end{bmatrix}\succeq 0,\ \|\boldsymbol{Z}-\boldsymbol{Y}\|_{\mathrm{F}}\leqslant\varepsilon\end{aligned}\tag{9.5.5}$$

此时，式（9.5.5）的优化问题是一个半正定规划，可以得到全局收敛解。求解式（9.5.5）中的最优值，可以使式（9.5.3）中的目标函数递减至一个局部最小值。利用式（9.5.5）反复迭代就可以得到式（9.5.3）的最优值。

实际上，式（9.5.5）中的优化问题是一个加权原子范数最小化问题。根据接收数据 $\boldsymbol{Z}\in\mathbb{C}^{M\times L}$ 的维度，使用导向矢量 $\boldsymbol{a}(\theta)$ 定义加权原子集：

$$\mathcal{A}^q=\{\boldsymbol{a}^q(\theta)=q(\theta)\boldsymbol{a}(\theta)\boldsymbol{\phi},\ \boldsymbol{\phi}\in\mathbb{C}^{1\times L},\ \|\boldsymbol{\phi}\|_2=1\} \tag{9.5.6}$$

式中，$q(\theta)\geqslant 0$表示一个权重函数。则接收数据$\boldsymbol{Z}$的加权原子范数为

$$\begin{aligned}\|\boldsymbol{Z}\|_{\mathcal{A}^q}&=\inf_{c_k,\theta_k,\phi_k}\left\{\sum_k c_k:\boldsymbol{Z}=\sum_k c_k\boldsymbol{a}^q(\theta_k)=\sum_k c_k q(\theta_k)\boldsymbol{a}(\theta_k)\boldsymbol{\phi}_k,\ c_k>0\right\}\\&=\inf_{\theta_k,\boldsymbol{s}_k}\left\{\sum_k\frac{\|\boldsymbol{s}_k\|_2}{q(\theta_k)}:\boldsymbol{Z}=\sum_k\boldsymbol{a}(\theta_k)\boldsymbol{s}_k\right\}\end{aligned} \tag{9.5.7}$$

其中，$\boldsymbol{s}_k=c_k q(\theta_k)\boldsymbol{\phi}_k$。根据以上定义可以看到，$q(\theta_k)$描述了$\theta_k$处原子的重要程度；$q(\theta_k)$越大，$\theta_k$处原子被选择的概率也就越大。显然，原子范数是加权原子范数的特殊情况，其对应的权重函数为常数$q(\theta)=1$。与原子范数类似，定理 9.5.1 指出加权原子范数同样可以等效为一个半正定规划问题。

定理 9.5.1[20]：假设$q(\theta)=\dfrac{1}{\sqrt{\boldsymbol{a}^{\mathrm{H}}(\theta)\boldsymbol{Q}\boldsymbol{a}(\theta)}}\geqslant 0,\boldsymbol{Q}\in\mathbb{C}^{M\times M}$，那么有

$$\begin{aligned}\|\boldsymbol{Z}\|_{\mathcal{A}^q}&=\min_{\boldsymbol{W},\boldsymbol{u}}\frac{1}{2\sqrt{M}}\operatorname{tr}(\boldsymbol{W})+\frac{\sqrt{M}}{2}\operatorname{tr}\{\boldsymbol{Q}\operatorname{Toep}(\boldsymbol{u})\}\\&\text{s.t.}\ \begin{bmatrix}\operatorname{Toep}(\boldsymbol{u}) & \boldsymbol{Z}\\ \boldsymbol{Z}^{\mathrm{H}} & \boldsymbol{W}\end{bmatrix}\succeq 0\end{aligned} \tag{9.5.8}$$

令第j次迭代的$\boldsymbol{Q}^{(j)}=\dfrac{1}{M}\{\operatorname{Toep}(\boldsymbol{u}^{(j)})+\epsilon\boldsymbol{I}\}^{-1},q^{(j)}(\theta)=\dfrac{1}{\sqrt{\boldsymbol{a}^{\mathrm{H}}(\theta)\boldsymbol{Q}^{(j)}\boldsymbol{a}(\theta)}}$，由上述定理可知，式（9.5.5）的最小化问题可以表示成

$$\begin{aligned}&\min\ \|\boldsymbol{Z}\|_{\mathcal{A}^{q^{(j)}}}\\&\text{s.t.}\ \|\boldsymbol{Z}-\boldsymbol{Y}\|_{\mathrm{F}}\leqslant\varepsilon\end{aligned} \tag{9.5.9}$$

上述迭代过程称为加权原子范数最小化算法。注意，在迭代过程中权值是不断变化的，它由每次迭代获得的$\boldsymbol{u}$值决定。如果令$q^{(0)}(\theta)$为常数或$\boldsymbol{u}^{(0)}=\boldsymbol{0}$，那么第一次迭代过程与一般的原子范数最小化一致。从第二次迭代开始，原子选择将受到加权函数$q^{(j)}(\theta)$的影响。由式（9.1.11）可知，

$$\operatorname{Toep}(\boldsymbol{u})=\sum_{k=1}^{K}p_k\boldsymbol{a}(\theta_k)\boldsymbol{a}^{\mathrm{H}}(\theta_k)$$

相当于无噪声条件下的数据协方差矩阵，如果将ϵ视为噪声方差，则$\operatorname{Toep}(\boldsymbol{u})+\epsilon\boldsymbol{I}$可以当作噪声影响下的数据协方差阵$\boldsymbol{R}$，再由定理 9.5.1 可知

$$\begin{aligned}q^2(\theta)&=\frac{1}{\boldsymbol{a}^{\mathrm{H}}(\theta)\boldsymbol{Q}\boldsymbol{a}(\theta)}\\&=\frac{M}{\boldsymbol{a}^{\mathrm{H}}(\theta)\{\operatorname{Toep}(\boldsymbol{u})+\epsilon\boldsymbol{I}\}^{-1}\boldsymbol{a}(\theta)}\\&=\frac{M}{\boldsymbol{a}^{\mathrm{H}}(\theta)\boldsymbol{R}^{-1}\boldsymbol{a}(\theta)}\end{aligned} \tag{9.5.10}$$

上式相当于使用 Capon 算法计算的空间能量谱，见 3.2.1 节。因此，式（9.5.10）可以理解为：加权原子范数法中，权值的生成相当于使用 Capon 算法实现预估计（筛选）过程。如果在第j次迭代中角度θ_k对应的$q(\theta_k)$较大，则第$j+1$次迭代中角度θ_k附近对应的原子更易

被选择，从而实现测向性能的提高。

假设两个非相关信号入射方向分别为$\theta=-53.13°$和$-51.26°$；使用阵元间距为半波长的 20 阵元均匀线阵接收信号，快拍数 $L=10$；噪声为零均值复高斯均匀白噪声，信噪比 SNR=20dB。图 9.5.1 和图 9.5.2 分别展示了标准原子范数方法和加权原子范数法 100 次蒙特卡洛实验得到的估计结果。从两个仿真图中可以看出，使用加权原子范数对邻近信号分辨的效果明显提高。

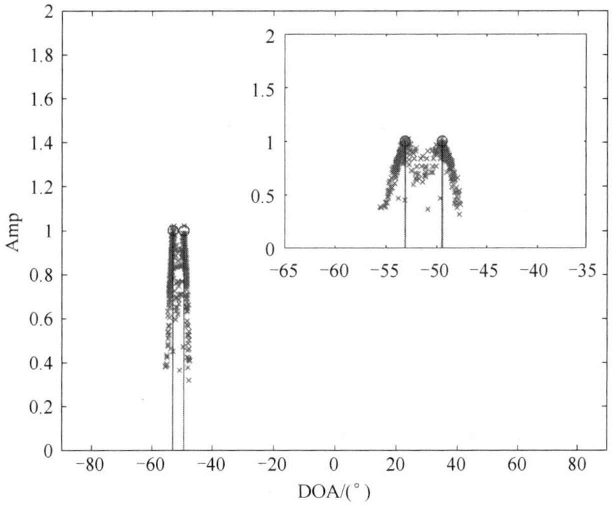

图 9.5.1　标准原子范数法

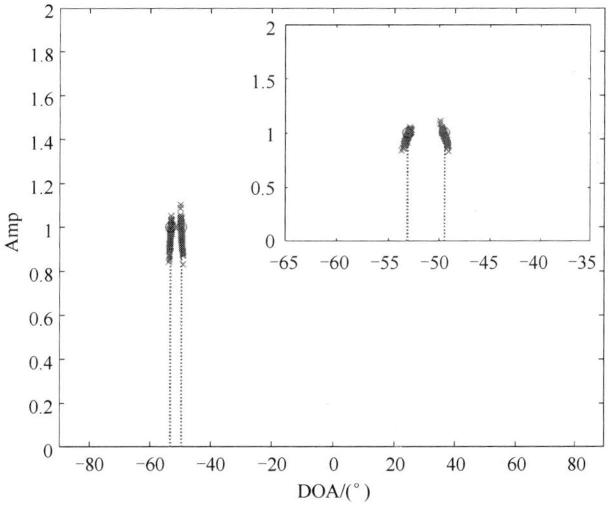

图 9.5.2　加权原子范数法

9.6　特殊阵列结构的 DOA 估计

均匀线阵数据的协方差阵符合 Toeplitz 矩阵结构，因此可以将对应的原子范数优化问题转化为可解的半正定规划问题。前面几节关于原子范数空间谱估计算法的讨论都是针对均匀线阵进行的。在任意阵列情况下，接收数据协方差不再符合 Toeplitz 矩阵结构，除非使用一些特定的预处理技术，否则不能直接使用原子范数最小化技术实现空间谱估计[25]。实际上，直接应用原子范数技术进行 DOA 估计，阵列不必严格限制为均匀线阵。本节将讨论一些可以直接使用原子范数技术实现空间谱估计的特殊阵列。

9.6.1　稀疏阵列 DOA 估计

近些年，一些学者展开了对稀疏线阵（Sparse Linear Array，SLA）空间谱估计的研究。相对于阵元数目相同的均匀阵列，稀疏阵列拥有更大的阵列孔径，在测向精度、空间分辨力和可同时测量信号数目方面性能更优。相对于孔径相同的均匀阵列，稀疏阵列需要的阵元数量更少且在估计性能方面没有明显下降。因此，稀疏阵列结构在节省天线系统成本、减小阵列尺寸、提高阵列估计性能等方面具有一定的研究价值。较为经典的稀疏线阵结构包括最小冗余阵（Minimum-Redundancy Array）[26]、嵌套阵（Nested Array）[27]以及互质阵（Co-Prime Array）[28]等。稀疏线阵可以看成是“阵元缺失”的均匀阵列。图 9.6.1 给出一个 7 元均匀阵列和对应的 4 元稀疏线阵。该稀疏线阵可视为 7 维均匀阵列缺失 3、4、6 位置的阵元。

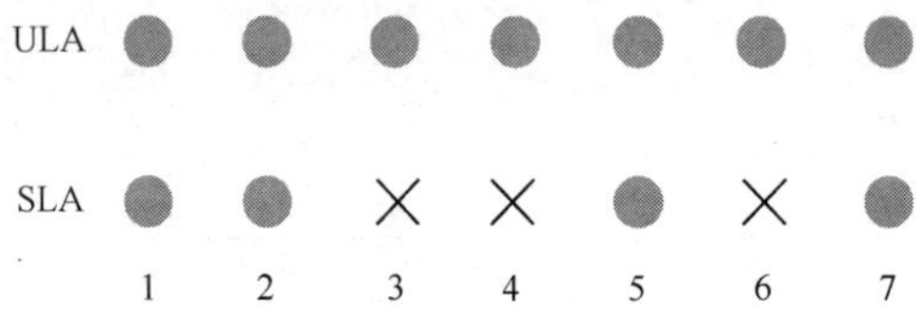

图 9.6.1　稀疏阵列示意图

假设以 $\Xi=\{1,2,\cdots,M\}$ 表示 M 维均匀线阵的阵元位置索引集。由均匀线阵部分阵元缺失产生一个 M_s 维阵元的稀疏线阵，其位置索引集为 $\Xi_{\rm sl}=\{\xi_1,\xi_2,\cdots,\xi_{M_s}\}$，则有 $\Xi_{\rm sl}\subset\Xi$，且 $\xi_1=1$，$\xi_{M_s}=M$。可以使用选择矩阵 $\boldsymbol{\Gamma}_c$ 来表示均匀阵列的接收数据 $\boldsymbol{y}$ 与稀疏线阵的接收数据 $\boldsymbol{y}_{\rm sl}$ 的关系：

$$\boldsymbol{y}_{\rm sl}=\boldsymbol{\Gamma}_c\boldsymbol{y}$$

其中，选择矩阵 $\boldsymbol{\Gamma}_c\in\{0,1\}^{M_s\times M}$，在 $\boldsymbol{\Gamma}_c$ 中每行只有一个元素为 1，其他元素都为 0。图 9.6.1 所示情况的选择矩阵 $\boldsymbol{\Gamma}_c$ 为

$$\boldsymbol{\Gamma}_c=\begin{bmatrix}1&0&0&0&0&0&0\\0&1&0&0&0&0&0\\0&0&0&0&1&0&0\\0&0&0&0&0&0&1\end{bmatrix}$$

同理，均匀线阵接收数据的导向矢量 $\boldsymbol{a}(\theta)$ 和稀疏线阵的导向矢量 $\boldsymbol{a}_{\rm sl}(\theta)$ 也满足

$$\boldsymbol{a}_{\rm sl}(\theta)=\boldsymbol{\Gamma}_c\boldsymbol{a}(\theta)$$

以均匀线阵与稀疏线阵的导向矢量分别构建字典集：

$$\mathcal{A}=\{\boldsymbol{a}(\theta,\phi):\theta\in[-90^\circ,90^\circ],\ \phi\in[0,2\pi)\}$$

$$\mathcal{A}_{\rm sl}=\{\boldsymbol{a}_{\rm sl}(\theta,\phi):\theta\in[-90^\circ,90^\circ],\ \phi\in[0,2\pi)\}$$

文献[13]已经证明，有噪声情况下，稀疏线阵的原子范数最小化问题：

$$\min_{z_{\rm sl}}\ \frac{1}{2}\|\boldsymbol{z}_{\rm sl}-\boldsymbol{y}_{\rm sl}\|_2^2+\lambda\|\boldsymbol{z}_{\rm sl}\|_{\mathcal{A}_{\rm sl}} \tag{9.6.1}$$

式中，$\boldsymbol{z}_{\rm sl}$ 为无噪声情况下阵列的接收数据。式（9.6.1）所示优化问题可以等效为

$$\begin{aligned}&\min_{t,\boldsymbol{u},\boldsymbol{z}}\ \frac{\lambda}{2}\left\{t+\frac{1}{M}\mathrm{tr}(\mathrm{Toep}(\boldsymbol{u}))\right\}+\frac{1}{2}\|\boldsymbol{z}_{\mathrm{sl}}-\boldsymbol{y}_{\mathrm{sl}}\|_2^2\\&\ \mathrm{s.t.}\ \begin{bmatrix}\mathrm{Toep}(\boldsymbol{u}) & \boldsymbol{z}\\ \boldsymbol{z}^{\mathrm{H}} & t\end{bmatrix}\succeq 0\end{aligned}\tag{9.6.2}$$

式中，$\boldsymbol{z}$ 为对应均匀线阵的无噪声接收数据。基于稀疏线阵接收数据 $\boldsymbol{y}_{\mathrm{sl}}$，求解式（9.6.2）可以得到 $\boldsymbol{u}$ 的估计。然后构造对应的 $\mathrm{Toep}(\boldsymbol{u})$，进而可以通过范德蒙分解进行信号入射方向的估计。

由于稀疏线阵接收数据模型为

$$\boldsymbol{y}_{\mathrm{sl}}=\boldsymbol{\Gamma}_c\boldsymbol{y}=\boldsymbol{\Gamma}_c\boldsymbol{z}+\boldsymbol{\Gamma}_c\boldsymbol{e}\tag{9.6.3}$$

其数据协方差矩阵

$$\begin{aligned}\boldsymbol{R}_{\mathrm{sl}}&=\boldsymbol{\Gamma}_c\mathbb{E}(\boldsymbol{z}\boldsymbol{z}^{\mathrm{H}})\boldsymbol{\Gamma}_c^{\mathrm{T}}+\sigma\boldsymbol{I}_{M_s}\\&=\boldsymbol{\Gamma}_c\mathrm{Toep}(\boldsymbol{u})\boldsymbol{\Gamma}_c^{\mathrm{T}}+\sigma\boldsymbol{I}_{M_s}\\&=T_{\mathrm{sl}}(\boldsymbol{u})+\sigma\boldsymbol{I}_{M_s}\end{aligned}\tag{9.6.4}$$

式中，$T_{\mathrm{sl}}(\boldsymbol{u})=\boldsymbol{\Gamma}_c\mathrm{Toep}(\boldsymbol{u})\boldsymbol{\Gamma}_c^{\mathrm{T}}$。$T_{\mathrm{sl}}(\boldsymbol{u})$ 与对应的 $\mathrm{Toep}(\boldsymbol{u})$ 不同，并不一定具有良好的低秩和半正定 Toeplitz 结构。但是，若 $T_{\mathrm{sl}}(\boldsymbol{u})$ 包含 $\mathrm{Toep}(\boldsymbol{u})$ 所有信息，就可以通过一定的转换关系构建 $\mathrm{Toep}(\boldsymbol{u})$。以图 9.6.1 中给出的稀疏线阵为例，有

$$T_{\mathrm{sl}}(\boldsymbol{u})=\boldsymbol{\Gamma}_c\mathrm{Toep}(\boldsymbol{u})\boldsymbol{\Gamma}_c^{\mathrm{T}}=\begin{bmatrix}u_1 & u_2 & u_5 & u_7\\ u_2^{\mathrm{H}} & u_1 & u_4 & u_6\\ u_5^{\mathrm{H}} & u_4^{\mathrm{H}} & u_1 & u_3\\ u_7^{\mathrm{H}} & u_6^{\mathrm{H}} & u_3^{\mathrm{H}} & u_1\end{bmatrix}\tag{9.6.5}$$

该矩阵中包含了矢量 $\boldsymbol{u}=[u_1,u_2,\cdots,u_7]^{\mathrm{T}}$ 中的所有元素。所以通过稀疏线阵的接收数据可以估计出矩阵 $\mathrm{Toep}(\boldsymbol{u})$。这就解释了为什么通过式（9.6.2）的半正定规划可以实现稀疏线阵的原子范数最小化问题。需要注意的是，只有当稀疏线阵是冗余阵列时，$T_{\mathrm{sl}}(\boldsymbol{u})$ 才可能包含 $\mathrm{Toep}(\boldsymbol{u})$ 的全部信息。因此，使用原子范数技术直接实现空间谱估计时，阵列摆放形式并不是随意的，对于线阵，仅限于均匀线阵和冗余阵列情况。

9.6.2　二维阵列 DOA 估计

如图 9.6.2 所示的 $M_1\times M_2$ 二维矩形阵列，一个信号从远场以方位角 φ 和俯仰角 θ 入射到阵列上。如果以原点阵元为参考阵元，由式（3.1.11）可推导出，第 m_1 行、第 m_2 列阵元（假设沿 x 轴方向为列方向）形成的延时为

$$\tau=(m_1-1)(d_x/\lambda)\sin\theta\cos\varphi+(m_2-1)(d_y/\lambda)\sin\theta\sin\varphi\tag{9.6.6}$$

因此，如果有 K 个信号从不同方向入射到二维矩形阵列，M_1M_2 维接收数据（无噪声情况）可表示为

$$\boldsymbol{y}=\sum_{k=1}^{K}s_k\boldsymbol{a}_{\mathrm{v}}(\theta_k,\varphi_k)\otimes\boldsymbol{a}_{\mathrm{h}}(\theta_k,\varphi_k)\tag{9.6.7}$$

其中，

$$\boldsymbol{a}_{\mathrm{v}}(\theta_k,\varphi_k)=[1,\mathrm{e}^{-\mathrm{j}2\pi(d_x/\lambda)\sin\theta_k\cos\varphi_k},\cdots,\mathrm{e}^{-\mathrm{j}2\pi(M_1-1)(d_x/\lambda)\sin\theta_k\cos\varphi_k}]^{\mathrm{T}}$$

$$\boldsymbol{a}_{\mathrm{h}}(\theta_k,\varphi_k)=\left[1,\mathrm{e}^{-\mathrm{j}2\pi(d_y/\lambda)\sin\theta_k\sin\varphi_k},\cdots,\mathrm{e}^{-\mathrm{j}2\pi(M_1-1)(d_y/\lambda)\sin\theta_k\sin\varphi_k}\right]^{\mathrm{T}}$$

也可以将 $\boldsymbol{y}$ 重排成 $M_1 \times M_2$ 维矩阵形式

$$\boldsymbol{Y}_{\text{un}} = \text{unvec}(\boldsymbol{y}) = \boldsymbol{A}_{\text{V}} \boldsymbol{D}_{\text{s}} \boldsymbol{A}_{\text{H}}^{\text{T}} \tag{9.6.8}$$

其中，

$$\boldsymbol{A}_{\text{V}} = [\boldsymbol{a}_{\text{v}}(\theta_1,\varphi_1), \boldsymbol{a}_{\text{v}}(\theta_2,\varphi_2), \cdots, \boldsymbol{a}_{\text{v}}(\theta_K,\varphi_K)] \in \mathbb{C}^{M_1 \times K}$$
$$\boldsymbol{A}_{\text{H}} = [\boldsymbol{a}_{\text{h}}(\theta_1,\varphi_1), \boldsymbol{a}_{\text{h}}(\theta_2,\varphi_2), \cdots, \boldsymbol{a}_{\text{h}}(\theta_K,\varphi_K)] \in \mathbb{C}^{M_2 \times K}$$
$$\boldsymbol{D}_{\text{s}} = \text{diag}([s_1, s_2, \cdots, s_K]) = \text{diag}(\boldsymbol{s}) \in \mathbb{C}^{K \times K}$$

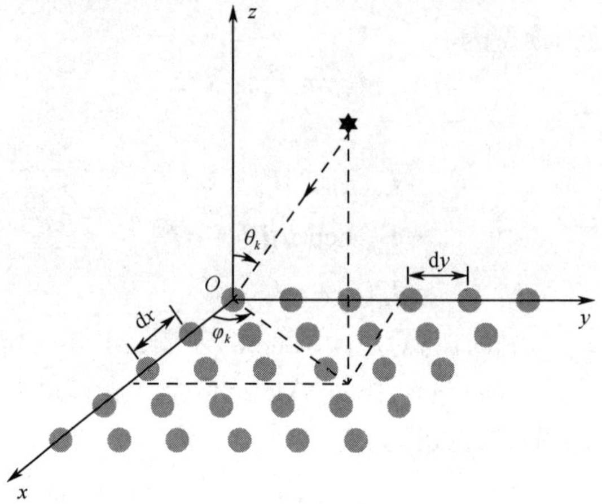

图 9.6.2 平面矩形阵列结构

这里介绍两种基于原子范数的二维 DOA 估计方法：基于矢量化的 2D-ANM [29]和基于解耦的 2D-ANM 快速算法[30]。

1. 基于矢量化的 2D-ANM

针对式（9.6.7）所示的接收模型，令

$$\boldsymbol{a}_{\text{vh}}(\theta_k,\varphi_k) = \boldsymbol{a}_{\text{v}}(\theta_k,\varphi_k) \otimes \boldsymbol{a}_{\text{h}}(\theta_k,\varphi_k) \tag{9.6.9}$$

则有

$$\boldsymbol{y} = \sum_{k=1}^{K} s_k \boldsymbol{a}_{\text{vh}}(\theta_k,\varphi_k)$$

将 $\boldsymbol{a}_{\text{vh}}(\theta,\varphi) \in \mathbb{C}^{M_1 M_2}$ 视为原子集中的原子，则对应的原子范数可以表示为

$$\|\boldsymbol{y}\|_{\mathcal{A}} = \inf_{\substack{\theta_k \in [0,\pi/2) \\ \varphi_k \in [0,2\pi)}} \left\{ \sum_k |s_k| : \boldsymbol{y} = \sum_k s_k \boldsymbol{a}_{\text{vh}}(\theta_k,\varphi_k) \right\} \tag{9.6.10}$$

在给出求解上面原子范数最小化的算法之前，先定义一个两层的 Toeplitz 矩阵。假设有一个 $(2M_1-1)\times(2M_2-1)$ 维的矩阵 $\boldsymbol{T} = [u_{m_1,m_2}]$，其中 $-M_1 < m_1 < M_1$，$-M_2 < m_2 < M_2$，由 $\boldsymbol{T}$ 生成的两层 Toeplitz 矩阵 $\mathcal{S}(\boldsymbol{T}) \in \mathbb{C}^{M_1 M_2 \times M_1 M_2}$ 定义为

$$\mathcal{S}(\boldsymbol{T}) = \begin{bmatrix} \boldsymbol{T}_0 & \boldsymbol{T}_{-1} & \cdots & \boldsymbol{T}_{-(M_1-1)} \\ \boldsymbol{T}_1 & \boldsymbol{T}_0 & \cdots & \boldsymbol{T}_{-(M_1-2)} \\ \vdots & \vdots & \ddots & \vdots \\ \boldsymbol{T}_{M_1-1} & \boldsymbol{T}_{M_1-2} & \cdots & \boldsymbol{T}_0 \end{bmatrix} \tag{9.6.11}$$

每个块阵 $\boldsymbol{T}_l$ 是一个 $M_2 \times M_2$ 维的 Toeplitz 矩阵，$-(M_1-1) \leqslant l \leqslant (M_1-1)$，其定义为

$$\boldsymbol{T}_l=\begin{bmatrix} u_{l,0} & u_{l,-1} & \cdots & u_{l,-(M_2-1)} \\ u_{l,1} & u_{l,0} & \cdots & u_{l,-(M_2-2)} \\ \vdots & \vdots & \ddots & \vdots \\ u_{l,M_2-1} & u_{l,M_2-2} & \cdots & u_{l,0} \end{bmatrix}$$

针对式（9.6.10）所示问题，有如下定理给出原子范数对应的半正定规划近似。

定理 9.6.1：假设有

$$\{\hat{\boldsymbol{T}},\hat{t}\}=\arg\min\left\{\frac{1}{2}\mathrm{tr}(\mathcal{S}(\boldsymbol{T}))+\frac{1}{2}t,\ \begin{bmatrix}\mathcal{S}(\boldsymbol{T}) & \boldsymbol{z}\\ \boldsymbol{z}^{\mathrm{H}} & t\end{bmatrix}\succeq 0,\ \boldsymbol{z}=\boldsymbol{y}\right\} \tag{9.6.12}$$

令 $r^{\star}(\boldsymbol{y})$ 为上述目标函数取得的最小值，则有

$$\|\boldsymbol{y}\|_{\mathcal{A}}\geqslant r^{\star}(\boldsymbol{y})$$

若 $\mathcal{S}(\boldsymbol{T})$ 可以表示为

$$\mathcal{S}(\boldsymbol{T})=\boldsymbol{APA}^{\mathrm{H}} \tag{9.6.13}$$

其中

$$\boldsymbol{A}=[\boldsymbol{a}_{\mathrm{vh}}(\theta_1,\varphi_1),\boldsymbol{a}_{\mathrm{vh}}(\theta_2,\varphi_2),\cdots,\boldsymbol{a}_{\mathrm{vh}}(\theta_K,\varphi_K)]$$
$$\boldsymbol{P}=\mathrm{diag}([p_1,p_2,\cdots,p_K]),\ \ p_k>0$$

则有

$$\|\boldsymbol{y}\|_{\mathcal{A}}=r^{\star}(\boldsymbol{y})$$

上述定理与定理 9.1.2 的证明类似，详细证明见文献[29]。由以上定理我们可以将关于式（9.6.10）的原子范数最小化问题写成下面半正定规划问题

$$\begin{aligned}&\min_{\boldsymbol{T},t}\frac{1}{2}\mathrm{tr}\{\mathcal{S}(\boldsymbol{T})\}+\frac{1}{2}t\\ &\text{s.t.}\ \begin{bmatrix}\mathcal{S}(\boldsymbol{T}) & \boldsymbol{z}\\ \boldsymbol{z}^{\mathrm{H}} & t\end{bmatrix}\succeq 0,\ \boldsymbol{z}=\boldsymbol{y}\end{aligned} \tag{9.6.14}$$

求得 $\hat{\boldsymbol{T}},\mathcal{S}(\hat{\boldsymbol{T}})$ 后，就可以通过范德蒙分解或二维 ESPRIT 等算法估计出两个与入射角度有关的参数 g_1 与 g_2：

$$\begin{cases}g_1(\varphi_k,\theta_k)=\sin\theta_k\cos\varphi_k\\ g_2(\varphi_k,\theta_k)=\sin\theta_k\sin\varphi_k\end{cases},\ k=\{1,2,\cdots,K\} \tag{9.6.15}$$

即可以得到目标入射方向 (φ_k,θ_k) 估计。

需要注意的是，与一维线阵不同，式（9.6.14）无法保证得到的 $\mathcal{S}(\hat{\boldsymbol{T}})$ 一定满足式（9.6.13），所以式（9.6.14）不一定等价于原子范数最小化问题。只有在 $\mathrm{rank}\{\mathcal{S}(\boldsymbol{T})\}\leqslant\min\{M_1,M_2\}$ 的情况下，这种半正定规划才等价于原子范数最小化问题。也就是说，只有在入射信号数目 $K\leqslant\min\{M_1,M_2\}$ 时，才可以使用原子范数最小化方法求解目标入射角度[29]。

在有噪声情况下，阵列接收模型为 $\boldsymbol{y}=\boldsymbol{z}+\boldsymbol{e}$，对应的半正定规划问题为

$$\begin{aligned}&\min_{\boldsymbol{T},t,\boldsymbol{z}}\ \frac{1}{2}\mathrm{tr}[\mathcal{S}(\boldsymbol{T})]+\frac{1}{2}t\\ &\text{s.t.}\ \begin{bmatrix}\mathcal{S}(\boldsymbol{T}) & \boldsymbol{z}\\ \boldsymbol{z}^{\mathrm{H}} & t\end{bmatrix}\succeq 0,\ \|\boldsymbol{z}-\boldsymbol{y}\|_2\leqslant\varepsilon\end{aligned} \tag{9.6.16}$$

或者，表示为

$$\begin{aligned}&\min_{T,t,z}\left\{\frac{\lambda}{2}\{\mathrm{tr}[\mathcal{S}(\boldsymbol{T})]+t\}+\frac{1}{2}\|\boldsymbol{z}-\boldsymbol{y}\|_2^2\right\}\\&\text{s.t.}\begin{bmatrix}\mathcal{S}(\boldsymbol{T}) & \boldsymbol{z}\\ \boldsymbol{z}^{\mathrm{H}} & t\end{bmatrix}\succeq 0\end{aligned} \tag{9.6.17}$$

图 9.6.3 和图 9.6.4 分别给出了在无噪声和有噪声情况下矢量化 2D-ANM 算法的多目标 DOA 估计仿真结果。算法可以准确实现二维测向，但计算量偏高。

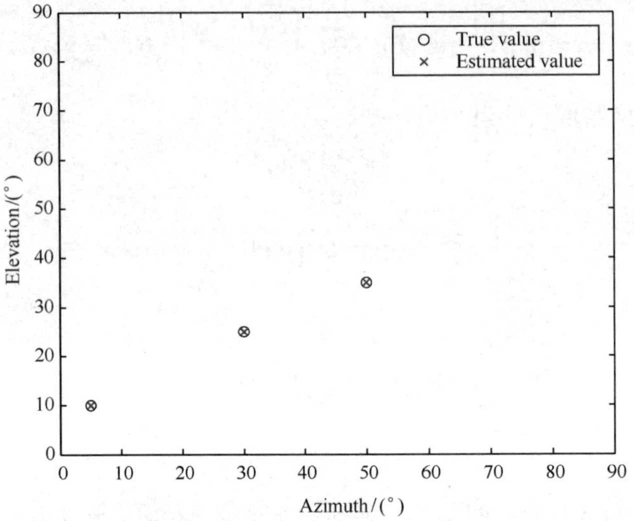

图 9.6.3 无噪声情况下二维 DOA 估计

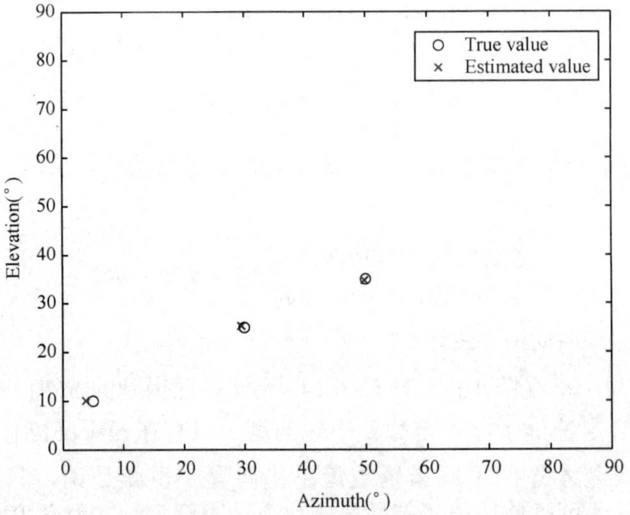

图 9.6.4 有噪声情况下二维 DOA 估计（SNR=10dB）

2. 基于解耦的 2D-ANM

使用基于矢量化的 2D-ANM 方法进行空间谱估计时，求解半正定规划要解决高维矩阵计算问题。为此，文献[30]提出了基于解耦的 2D-ANM 方法。该方法与基于矢量化的 2D-ANM 算法不同之处在于重新定义了矩阵形式的原子：

$$\boldsymbol{A}_{\mathrm{vh}}(\theta,\varphi)=\{\boldsymbol{a}_{\mathrm{v}}(\theta,\varphi)\boldsymbol{a}_{\mathrm{h}}(\theta,\varphi)^{\mathrm{H}},\theta\in[0,\pi/2],\varphi\in[0,2\pi)\} \tag{9.6.18}$$

由式（9.6.8）可知，此时的二维阵列接收数据模型为

$$\boldsymbol{Y}_{\mathrm{un}}=\sum_{k=1}^{K}s_k\boldsymbol{a}_{\mathrm{v}}(\theta_k,\varphi_k)\boldsymbol{a}_{\mathrm{h}}(\theta_k,\varphi_k)^{\mathrm{H}}=\sum_{k=1}^{K}s_k\boldsymbol{A}_{\mathrm{vh}}(\theta_k,\varphi_k) \tag{9.6.19}$$

不同于矢量化算法，该算法中原子集是由 $M_1\times M_2$ 矩阵组成的，自然地生成了矩阵形式的原子范数：

$$\|\boldsymbol{Y}_{\mathrm{un}}\|_{\mathcal{A}_{\mathrm{mat}}}=\inf\left\{\sum_k|s_k|:\boldsymbol{Y}_{\mathrm{un}}=\sum_k s_k\boldsymbol{A}_{\mathrm{vh}}(\theta,\varphi)\right\} \tag{9.6.20}$$

由于 $\boldsymbol{y}=\mathrm{vec}(\boldsymbol{Y}_{\mathrm{un}})$，所以式（9.6.9）和式（9.6.19）定义的两种原子范数是一一对应的，可以推得 $\|\boldsymbol{y}\|_{\mathcal{A}}=\|\boldsymbol{Y}_{\mathrm{un}}\|_{\mathcal{A}_{\mathrm{mat}}}$。

定理 9.6.2：如式（9.6.19）形式的矩阵原子范数问题，如果满足入射信源数 $K\leqslant\min\{M_1,M_2\}$，可以通过以下半正定规划进行计算：

$$\begin{aligned}&\|\boldsymbol{Y}_{\mathrm{un}}\|_{\mathcal{A}_{\mathrm{mat}}}=\min_{\boldsymbol{u}_x,\boldsymbol{u}_y}\frac{1}{2\sqrt{M_1M_2}}\{\mathrm{tr}[\mathrm{Toep}(\boldsymbol{u}_x)]+\mathrm{tr}[\mathrm{Toep}(\boldsymbol{u}_y)]\}\\&\text{s.t.}\ \begin{bmatrix}\mathrm{Toep}(\boldsymbol{u}_x)&\boldsymbol{Y}_{\mathrm{un}}\\\boldsymbol{Y}_{\mathrm{un}}^{\mathrm{H}}&\mathrm{Toep}(\boldsymbol{u}_y)\end{bmatrix}\succeq 0\end{aligned} \tag{9.6.21}$$

此处 $\mathrm{Toep}(\boldsymbol{u}_x)\in\mathbb{C}^{M_1\times M_1}$ 和 $\mathrm{Toep}(\boldsymbol{u}_y)\in\mathbb{C}^{M_2\times M_2}$ 是分别由其第一行 $\boldsymbol{u}_x$ 和 $\boldsymbol{u}_y$ 生成的 Toeplitz 矩阵。

在有噪声情况下，对应的半正定规划问题为

$$\begin{aligned}&\|\boldsymbol{Y}_{\mathrm{un}}\|_{\mathcal{A}_{\mathrm{mat}}}=\min_{\boldsymbol{u}_x,\boldsymbol{u}_y}\left\{\frac{\lambda}{2\sqrt{M_1M_2}}\{\mathrm{tr}[\mathrm{Toep}(\boldsymbol{u}_x)]+\mathrm{tr}[\mathrm{Toep}(\boldsymbol{u}_y)]\}+\|\boldsymbol{Y}_{\mathrm{un}}-\boldsymbol{Z}\|_{\mathrm{F}}^2\right\}\\&\text{s.t.}\ \begin{bmatrix}\mathrm{Toep}(\boldsymbol{u}_x)&\boldsymbol{Z}\\\boldsymbol{Z}^{\mathrm{H}}&\mathrm{Toep}(\boldsymbol{u}_y)\end{bmatrix}\succeq 0\end{aligned} \tag{9.6.22}$$

设半正定规划问题中矩阵的维度 P，ε 为求解精度，如果使用内点法求解半正定规划问题，则其每次迭代的复杂度大约为 $O(P^3)$，并且总共需要 $O(\sqrt{P}\log(1/\varepsilon))$ 次迭代。所以，求解半正定规划问题总的算法复杂度为 $O(P^{3.5}\log(1/\varepsilon))$。对于基于矢量化的 2D-ANM，矩阵维度 $P=M_1M_2+1$；而基于解耦的 2D-ANM，维度 $P=M_1+M_2$。因此，基于解耦的 2D-ANM 算法和基于矢量化的 2D-ANM 算法相比，可减少大量的计算时间。但基于解耦的 2D-ANM 算法需要增加方位角与俯仰角配对过程。两种算法要获得 K 个同时到达信号 DOA 估计，都要满足条件 $K\leqslant\min\{M_1,M_2\}$。

9.7　无网格 SPICE 算法

无网格类稀疏测向技术除了基于原子范数最小化的算法，还有基于协方差拟合准则的无网格 SPICE 算法[31,32]。这两种算法之间已经被证明具有一定的等价性，在某些场景下可以相互转换。同时，这两种算法又具有各自的优势，可以在多种场景下实现互补[33]。

9.7.1　无网格 SPICE 算法原理

无网格 SPICE 算法是 SPICE 算法的无网格形式，该类算法使用 $\mathrm{Toep}(\boldsymbol{u})$ 重新将数据协方差矩阵参数化，使得协方差矩阵与参数矢量 $\boldsymbol{u}$ 成线性关系[33]。其主要思想也是利用协方差拟

合准则和 Toeplitz 矩阵的范德蒙分解实现 DOA 估计。

1. 单快拍情况

对于 M 维均匀线阵而言，如果噪声 $\boldsymbol{e}(t)$ 满足 $\mathbb{E}[\boldsymbol{e}(t)\boldsymbol{e}^{\mathrm{H}}(t)]=\sigma_0\boldsymbol{I}_M$，则数据 $\boldsymbol{Y}$ 的协方差 $\boldsymbol{R}$ 为一个 Toeplitz 矩阵。因此，$\boldsymbol{R}$ 可以被参数化

$$\boldsymbol{R}=\mathbb{E}(\boldsymbol{Y}\boldsymbol{Y}^{\mathrm{H}})=\mathrm{Toep}(\boldsymbol{u}),\ \mathrm{Toep}(\boldsymbol{u})\succeq 0 \tag{9.7.1}$$

在单快拍情况下，采样协方差矩阵 $\hat{\boldsymbol{R}}$ 是奇异矩阵（见 8.1.4 节），由协方差拟合准则：

$$\left\|\boldsymbol{R}^{-1/2}(\hat{\boldsymbol{R}}-\boldsymbol{R})\right\|_{\mathrm{F}}^2=\|\boldsymbol{y}\|_2^2(\boldsymbol{y}^{\mathrm{H}}\boldsymbol{R}^{-1}\boldsymbol{y})+\mathrm{tr}(\boldsymbol{R})-2\|\boldsymbol{y}\|_2^2 \tag{9.7.2}$$

将式（9.7.1）代入式（9.7.2），得到无网格 SPICE 的优化问题为

$$\begin{aligned}
&\min_{\boldsymbol{u}}\|\boldsymbol{y}\|_2^2\cdot\boldsymbol{y}^{\mathrm{H}}\{\mathrm{Toep}(\boldsymbol{u})\}^{-1}\boldsymbol{y}+\mathrm{tr}\{\mathrm{Toep}(\boldsymbol{u})\}\\
&\quad\text{s.t.}\quad \mathrm{Toep}(\boldsymbol{u})\succeq 0\\
\Leftrightarrow&\min_{t,\boldsymbol{u}}\|\boldsymbol{y}\|_2^2\,t+\mathrm{tr}\{\mathrm{Toep}(\boldsymbol{u})\},\\
&\quad\text{s.t.}\quad \mathrm{Toep}(\boldsymbol{u})\succeq 0,\ t\geqslant\boldsymbol{y}^{\mathrm{H}}\{\mathrm{Toep}(\boldsymbol{u})\}^{-1}\boldsymbol{y}\\
\Leftrightarrow&\min_{t,\boldsymbol{u}}\|\boldsymbol{y}\|_2^2\,t+Mu_1\\
&\quad\text{s.t.}\quad \begin{bmatrix}\mathrm{Toep}(\boldsymbol{u}) & \boldsymbol{y}\\ \boldsymbol{y}^{\mathrm{H}} & t\end{bmatrix}\succeq 0
\end{aligned} \tag{9.7.3}$$

所以，式（9.7.2）的协方差拟合问题可以等价为一个半正定规划问题，求解该问题可以得到估计值 $\hat{\boldsymbol{u}}$，然后对 $\mathrm{Toep}(\hat{\boldsymbol{u}})$ 进行范德蒙分解将得到目标入射参数估计。

2. 多快拍情况

由 8.1.1 节可知，对于快拍数 L 大于阵元数 M 的情况，协方差拟合准则为

$$\left\|\boldsymbol{R}^{-1/2}(\hat{\boldsymbol{R}}-\boldsymbol{R})\hat{\boldsymbol{R}}^{-1/2}\right\|_2^2=\mathrm{tr}(\boldsymbol{R}^{-1}\hat{\boldsymbol{R}})+\mathrm{tr}(\hat{\boldsymbol{R}}^{-1}\boldsymbol{R})-2M \tag{9.7.4}$$

将式（9.7.1）代入式（9.7.4），得到下列半正定规划：

$$\begin{aligned}
&\min_{\boldsymbol{u}}\mathrm{tr}\{\hat{\boldsymbol{R}}^{1/2}[\mathrm{Toep}(\boldsymbol{u})]^{-1}\hat{\boldsymbol{R}}^{1/2}\}+\mathrm{tr}\{\hat{\boldsymbol{R}}^{-1}\mathrm{Toep}(\boldsymbol{u})\}\\
&\quad\text{s.t.}\quad \mathrm{Toep}(\boldsymbol{u})\succeq 0\\
\Leftrightarrow&\min_{\boldsymbol{W},\boldsymbol{u}}\mathrm{tr}(\boldsymbol{W})+\mathrm{tr}\{\hat{\boldsymbol{R}}^{-1}\mathrm{Toep}(\boldsymbol{u})\},\\
&\quad\text{s.t.}\quad \mathrm{Toep}(\boldsymbol{u})\succeq 0,\ \boldsymbol{W}\succeq\hat{\boldsymbol{R}}^{1/2}[\mathrm{Toep}(\boldsymbol{u})]^{-1}\hat{\boldsymbol{R}}^{1/2}\\
\Leftrightarrow&\min_{\boldsymbol{W},\boldsymbol{u}}\mathrm{tr}(\boldsymbol{W})+\mathrm{tr}\{\hat{\boldsymbol{R}}^{-1}\mathrm{Toep}(\boldsymbol{u})\}\\
&\quad\text{s.t.}\quad \begin{bmatrix}\boldsymbol{W} & \hat{\boldsymbol{R}}^{1/2}\\ \hat{\boldsymbol{R}}^{1/2} & \mathrm{Toep}(\boldsymbol{u})\end{bmatrix}\succeq 0,\ \mathrm{Toep}(\boldsymbol{u})\succeq 0
\end{aligned} \tag{9.7.5}$$

由于 $\hat{\boldsymbol{R}}=\boldsymbol{Y}\boldsymbol{Y}^{\mathrm{H}}/L$，有

$$\mathrm{tr}\{\hat{\boldsymbol{R}}^{1/2}[\mathrm{Toep}(\boldsymbol{u})]^{-1}\hat{\boldsymbol{R}}^{1/2}\}=\mathrm{tr}\left\{\frac{1}{\sqrt{L}}\boldsymbol{Y}[\mathrm{Toep}(\boldsymbol{u})]^{-1}\frac{1}{\sqrt{L}}\boldsymbol{Y}^{\mathrm{H}}\right\}$$

所以式（9.7.5）也可写为下列最小化问题：

$$\begin{aligned}
&\min_{\boldsymbol{u}}\mathrm{tr}\left\{\frac{1}{\sqrt{L}}\boldsymbol{Y}[\mathrm{Toep}(\boldsymbol{u})]^{-1}\frac{1}{\sqrt{L}}\boldsymbol{Y}^{\mathrm{H}}\right\}+\mathrm{tr}\{\hat{\boldsymbol{R}}^{-1}\mathrm{Toep}(\boldsymbol{u})\}\\
&\quad\text{s.t.}\quad \mathrm{Toep}(\boldsymbol{u})\succeq 0
\end{aligned}$$

$$
\begin{aligned}
&\Leftrightarrow \min_{\boldsymbol{W},\boldsymbol{u}} \operatorname{tr}\{\boldsymbol{W}\}+\operatorname{tr}\{\hat{\boldsymbol{R}}^{-1}\operatorname{Toep}(\boldsymbol{u})\}\\
&\quad \text{s.t.}\quad \operatorname{Toep}(\boldsymbol{u})\succeq 0,\ \boldsymbol{W}\succeq \frac{\boldsymbol{Y}}{\sqrt{L}}[\operatorname{Toep}(\boldsymbol{u})]^{-1}\frac{\boldsymbol{Y}^{\mathrm{H}}}{\sqrt{L}}\\
&\Leftrightarrow \min_{\boldsymbol{W},\boldsymbol{u}} \operatorname{tr}(\boldsymbol{W})+\operatorname{tr}\{\hat{\boldsymbol{R}}^{-1}\operatorname{Toep}(\boldsymbol{u})\}\\
&\quad \text{s.t.}\quad \begin{bmatrix} \boldsymbol{W} & \dfrac{\boldsymbol{Y}^{\mathrm{H}}}{\sqrt{L}} \\ \dfrac{\boldsymbol{Y}}{\sqrt{L}} & \operatorname{Toep}(\boldsymbol{u}) \end{bmatrix}\succeq 0,\ \operatorname{Toep}(\boldsymbol{u})\succeq 0
\end{aligned}
\tag{9.7.6}
$$

当快拍数 L 小于阵元数 M 时，采样协方差矩阵 $\hat{\boldsymbol{R}}$ 奇异，最小化协方差拟合准则为

$$
\left\|\boldsymbol{R}^{-1/2}(\hat{\boldsymbol{R}}-\boldsymbol{R})\right\|_2^2=\operatorname{tr}(\boldsymbol{R}^{-1}\hat{\boldsymbol{R}}^2)+\operatorname{tr}(\boldsymbol{R})-2\operatorname{tr}(\hat{\boldsymbol{R}})
\tag{9.7.7}
$$

同样，将式（9.7.1）代入式（9.7.7）得到以下半正定规划：

$$
\begin{aligned}
&\min_{\boldsymbol{u}} \operatorname{tr}\{\hat{\boldsymbol{R}}[\operatorname{Toep}(\boldsymbol{u})]^{-1}\hat{\boldsymbol{R}}\ \}+\operatorname{tr}(\operatorname{Toep}(\boldsymbol{u}))\\
&\quad \text{s.t.}\quad \operatorname{Toep}(\boldsymbol{u})\succeq 0\\
&\Leftrightarrow \min_{\boldsymbol{W},\boldsymbol{u}} \operatorname{tr}\{\boldsymbol{W}\}+\operatorname{tr}\{\operatorname{Toep}(\boldsymbol{u})\}\\
&\quad \text{s.t.}\quad \boldsymbol{W}\succeq \hat{\boldsymbol{R}}[\operatorname{Toep}(\boldsymbol{u})]^{-1}\hat{\boldsymbol{R}},\ \operatorname{Toep}(\boldsymbol{u})\succeq 0\\
&\Leftrightarrow \min_{\boldsymbol{W},\boldsymbol{u}} \operatorname{tr}\{\boldsymbol{W}\}+\operatorname{tr}\{\operatorname{Toep}(\boldsymbol{u})\}\\
&\quad \text{s.t.}\quad \begin{bmatrix} \boldsymbol{W} & \hat{\boldsymbol{R}} \\ \hat{\boldsymbol{R}} & \operatorname{Toep}(\boldsymbol{u}) \end{bmatrix}\succeq 0,\ \operatorname{Toep}(\boldsymbol{u})\succeq 0
\end{aligned}
\tag{9.7.8}
$$

由以上分析可知，多快拍情况下协方差拟合问题也可以转化为关于 $\boldsymbol{u}$ 的半正定规划问题。

9.7.2　无网格 SPICE 与原子范数算法的联系

1. 单快拍情况

从最小化目标函数形式上可以直观看出，无网格 SPICE 算法和原子范数最小化算法十分相似。本节简要讨论两者之间的内在联系。在单快拍情况下，由式（9.7.3）可以推得

$$
\begin{aligned}
&\min_{\boldsymbol{u}} \|\boldsymbol{y}\|_2^2\cdot \boldsymbol{y}^{\mathrm{H}}\{\operatorname{Toep}(\boldsymbol{u})\}^{-1}\boldsymbol{y}+Mu_1,\ \text{s.t.}\quad \operatorname{Toep}(\boldsymbol{u})\succeq 0\\
&\Leftrightarrow \min_{\boldsymbol{u}} M\left\{\left[\frac{\|\boldsymbol{y}\|_2}{\sqrt{M}}\boldsymbol{y}^{\mathrm{H}}\right][\operatorname{Toep}(\boldsymbol{u})]^{-1}\left[\frac{\|\boldsymbol{y}\|_2}{\sqrt{M}}\boldsymbol{y}\right]+u_1\right\},\ \text{s.t.}\quad \operatorname{Toep}(\boldsymbol{u})\succeq 0\\
&\Leftrightarrow \min_{t,\boldsymbol{u}} M\{t+u_1\},\ \text{s.t.}\ \begin{bmatrix} \operatorname{Toep}(\boldsymbol{u}) & \dfrac{\|\boldsymbol{y}\|_2}{\sqrt{M}}\boldsymbol{y} \\ \dfrac{\|\boldsymbol{y}\|_2}{\sqrt{M}}\boldsymbol{y}^{\mathrm{H}} & t \end{bmatrix}\succeq 0 \qquad (9.7.9)\\
&\Leftrightarrow 2M\left\|\frac{\|\boldsymbol{y}\|_2}{\sqrt{M}}\boldsymbol{y}\right\|_{\mathcal{A}}\\
&\Leftrightarrow 2\sqrt{M}\|\boldsymbol{y}\|_2\cdot\|\boldsymbol{y}\|_{\mathcal{A}}
\end{aligned}
$$

从以上结果可以看出，单快拍情况下无网格 SPICE 的优化模型等价于采样数据 $\boldsymbol{y}$ 的原子范数。

2. 多快拍均匀噪声情况

对于 $\mathbb{E}[\boldsymbol{e}(t)\boldsymbol{e}^{\mathrm{H}}(t)]=\sigma_0\boldsymbol{I}_M$ 的均匀噪声情况，当快拍数 L 小于阵元数 M 时，定义一个新变量 $\tilde{\boldsymbol{Y}}=\dfrac{1}{L}\boldsymbol{Y}(\boldsymbol{Y}^{\mathrm{H}}\boldsymbol{Y})^{1/2}$，那么有 $\hat{\boldsymbol{R}}^2=\tilde{\boldsymbol{Y}}\tilde{\boldsymbol{Y}}^{\mathrm{H}}$。则式（9.7.8）所示的无网格 SPICE 问题可以写成

$$
\begin{aligned}
&\min_{\boldsymbol{W},\boldsymbol{u}} \operatorname{tr}(\boldsymbol{W})+\operatorname{tr}\{\operatorname{Toep}(\boldsymbol{u})\}\\
&\quad \text{s.t.}\ \begin{bmatrix}\boldsymbol{W} & \hat{\boldsymbol{R}}\\ \hat{\boldsymbol{R}} & \operatorname{Toep}(\boldsymbol{u})\end{bmatrix}\succeq 0,\ \operatorname{Toep}(\boldsymbol{u})\succeq 0\\
\Leftrightarrow &\min_{\boldsymbol{W},\boldsymbol{u}} \operatorname{tr}(\boldsymbol{W})+\operatorname{tr}\{\operatorname{Toep}(\boldsymbol{u})\}\\
&\quad \text{s.t.}\ \begin{bmatrix}\boldsymbol{W} & \tilde{\boldsymbol{Y}}^{\mathrm{H}}\\ \tilde{\boldsymbol{Y}} & \operatorname{Toep}(\boldsymbol{u})\end{bmatrix}\succeq 0,\ \operatorname{Toep}(\boldsymbol{u})\succeq 0\\
\Leftrightarrow &\left\|\tilde{\boldsymbol{Y}}\right\|_{\mathcal{A}}
\end{aligned}
\tag{9.7.10}
$$

可以看到，无网格 SPICE 问题与 $\tilde{\boldsymbol{Y}}$ 的原子范数最小化问题等效。

当快拍数 L 大于阵元数 M，将 $\hat{\boldsymbol{R}}^{-1}$ 视为权值，可以得到 $\boldsymbol{Y}/\sqrt{L}$ 的加权原子范数

$$
\begin{aligned}
\left\|\boldsymbol{Y}/\sqrt{L}\right\|_{\mathcal{A}^q} &= \min_{\boldsymbol{W},\boldsymbol{u}} \operatorname{tr}(\boldsymbol{W})+\operatorname{tr}\{\hat{\boldsymbol{R}}^{-1}\operatorname{Toep}(\boldsymbol{u})\}\\
&\quad \text{s.t.}\ \begin{bmatrix}\boldsymbol{W} & \dfrac{\boldsymbol{Y}^{\mathrm{H}}}{\sqrt{L}}\\ \dfrac{\boldsymbol{Y}}{\sqrt{L}} & \operatorname{Toep}(\boldsymbol{u})\end{bmatrix}\succeq 0,\ \operatorname{Toep}(\boldsymbol{u})\succeq 0
\end{aligned}
\tag{9.7.11}
$$

由此可知，式（9.7.6）的无网格 SPICE 问题与加权原子范数 $\left\|\boldsymbol{Y}/\sqrt{L}\right\|_{\mathcal{A}^q}$ 问题等效，其中权值函数为

$$
q(\theta)=\left(\frac{1}{M}\boldsymbol{a}^{\mathrm{H}}(\theta)\hat{\boldsymbol{R}}^{-1}\boldsymbol{a}(\theta)\right)^{-1/2}
$$

3. 多快拍非均匀噪声情况

非均匀噪声情况指的是噪声协方差阵为对角阵，但对角线元素各不相同：

$$
\mathbb{E}[\boldsymbol{e}(t)\boldsymbol{e}^{\mathrm{H}}(t)]=\operatorname{diag}(\boldsymbol{\sigma})=\begin{bmatrix}\sigma_1 & & & \\ & \sigma_2 & & \\ & & \ddots & \\ & & & \sigma_M\end{bmatrix}
$$

由于噪声影响，协方差阵 $\boldsymbol{R}$ 不再是严格的 Toeplitze 阵，所以较均匀噪声情况略复杂。利用下列等式[13]

$$
\boldsymbol{y}^{\mathrm{H}}\boldsymbol{R}^{-1}\boldsymbol{y}=\min_{\boldsymbol{z}} \boldsymbol{z}^{\mathrm{H}}\{\operatorname{Toep}(\boldsymbol{u})\}^{-1}\boldsymbol{z}+(\boldsymbol{y}-\boldsymbol{z})^{\mathrm{H}}\operatorname{diag}(\boldsymbol{\sigma})^{-1}(\boldsymbol{y}-\boldsymbol{z})
\tag{9.7.12}
$$

式中，$\boldsymbol{z}$ 为数据 $\boldsymbol{y}$ 中去除噪声影响的接收信号。在快拍数 L 小于阵元数 M 情况下，令 $\tilde{\boldsymbol{Y}}=\dfrac{1}{L}\boldsymbol{Y}(\boldsymbol{Y}^{\mathrm{H}}\boldsymbol{Y})^{1/2}$，可以得到式（9.7.7）的最小化问题：

$$
\begin{aligned}
&\min_{\boldsymbol{u}} \operatorname{tr}(\hat{\boldsymbol{R}}\boldsymbol{R}^{-1}\hat{\boldsymbol{R}})+\operatorname{tr}(\boldsymbol{R}),\ \text{s.t. } \operatorname{Toep}(\boldsymbol{u})\succeq 0\\
\Leftrightarrow &\min_{\boldsymbol{u}} \operatorname{tr}(\tilde{\boldsymbol{Y}}\hat{\boldsymbol{R}}^{-1}\tilde{\boldsymbol{Y}}^{\mathrm{H}})+\operatorname{tr}(\boldsymbol{R}),\ \text{s.t. } \operatorname{Toep}(\boldsymbol{u})\succeq 0\\
\Leftrightarrow &\min_{\boldsymbol{u},\sigma,\boldsymbol{Z}} \operatorname{tr}\{\boldsymbol{Z}^{\mathrm{H}}[\operatorname{Toep}(\boldsymbol{u})]^{-1}\boldsymbol{Z}\}+\sum_{m=1}^{M}\frac{1}{\sigma_m}\left\|(\tilde{\boldsymbol{Y}}-\boldsymbol{Z})_m\right\|_2^2\\
&\quad +\operatorname{tr}\{\operatorname{Toep}(\boldsymbol{u})\}+\sum_{m=1}^{M}\sigma_m,\ \text{s.t. } \operatorname{Toep}(\boldsymbol{u})\succeq 0\\
\Leftrightarrow &\min_{\boldsymbol{Z}} \sqrt{M}\left\|\boldsymbol{Z}\right\|_{\mathcal{A}}+\left\|\tilde{\boldsymbol{Y}}-\boldsymbol{Z}\right\|_{2,1},\ \text{s.t. } \operatorname{Toep}(\boldsymbol{u})\succeq 0
\end{aligned}
\tag{9.7.13}
$$

式中，$(\tilde{\boldsymbol{Y}}-\boldsymbol{Z})_m$ 表示矩阵 $\tilde{\boldsymbol{Y}}-\boldsymbol{Z}$ 的第 m 行；$\left\|\tilde{\boldsymbol{Y}}-\boldsymbol{Z}\right\|_{2,1}=\sum_{m=1}^{M}\left\|(\tilde{\boldsymbol{Y}}-\boldsymbol{Z})_m\right\|_2$。可以看到，在快拍数 L 小于阵元数 M 的情况下，无网格 SPICE 问题可以解释为与 $\tilde{\boldsymbol{Y}}$ 有关的无噪声原子范数最小化问题，$L_{2,1}$ 范数起到数据拟合的作用。

同理，在快拍数 L 大于阵元数 M 的情况下，可以得到式（9.7.4）的最小化问题：

$$
\begin{aligned}
&\min_{\boldsymbol{u}} \operatorname{tr}\left(\frac{1}{\sqrt{L}}\boldsymbol{Y}\boldsymbol{R}^{-1}\frac{1}{\sqrt{L}}\boldsymbol{Y}^{\mathrm{H}}\right)+\operatorname{tr}(\hat{\boldsymbol{R}}^{-1}\boldsymbol{R}),\ \text{s.t. } \operatorname{Toep}(\boldsymbol{u})\succeq 0\\
\Leftrightarrow &\min_{\boldsymbol{u},\sigma,\boldsymbol{Z}} \operatorname{tr}\{\boldsymbol{Z}^{\mathrm{H}}[\operatorname{Toep}(\boldsymbol{u})]^{-1}\boldsymbol{Z}\}+\sum_{m=1}^{M}\frac{1}{\sigma_m}\left\|\left(\frac{1}{\sqrt{L}}\boldsymbol{Y}-\boldsymbol{Z}\right)_m\right\|_2^2\\
&\quad +\operatorname{tr}\{\hat{\boldsymbol{R}}^{-1}\operatorname{Toep}(\boldsymbol{u})\}+\sum_{m=1}^{M}\sigma_m\hat{\boldsymbol{R}}^{-1}(m,m),\ \text{s.t. } \operatorname{Toep}(\boldsymbol{u})\succeq 0\\
\Leftrightarrow &\min_{\boldsymbol{Z}} \sqrt{M}\left\|\boldsymbol{Z}\right\|_{\mathcal{A}^q}+\sum_{m=1}^{M}\sqrt{\hat{\boldsymbol{R}}^{-1}(m,m)}\left\|\left(\frac{1}{\sqrt{L}}\boldsymbol{Y}-\boldsymbol{Z}\right)_m\right\|_2,\ \text{s.t. } \operatorname{Toep}(\boldsymbol{u})\succeq 0
\end{aligned}
\tag{9.7.14}
$$

在快拍数 L 大于阵元数 M 的情况下，无网格 SPICE 可以解释为与 $\boldsymbol{Y}/\sqrt{L}$ 有关的无噪声加权原子范数最小化问题，噪声的附加项起到数据拟合的作用。关于无网格 SPICE 和原子范数最小化关系的详细论述见文献[31,32]。

9.8　仿真与性能分析

实验一：ANM、Root-MUSIC、ESPRIT 与 OGSBI 几种算法 DOA 估计精度的比较

仿真条件：假设空间远场存在两个不相关等功率辐射源，入射方向以 $\theta_1=0^\circ$ 、$\theta_2=30^\circ$ 为中心以均匀分布的方式随机变化，变化范围在1° 之内；使用阵元间距为半波长的 10 阵元均匀线阵接收信号，快拍数 L=200；噪声为零均值复高斯均匀白噪声；以不同的信噪比进行多次独立的蒙特卡洛实验。

图 9.7.1 给出了几种非网格化波达方向估计算法的精度曲线。可以看出，Root-MUSIC、ESPRIT 与 OGSBI 算法在信噪比大于 0dB 情况下，估计效果接近。ANM 算法性能在高信噪比情况下与其他几个算法性能基本一致，但随着信噪比逐渐减小其性能恶化较为严重。特别是在较低信噪比情况下，ANM 算法可能会出现估计值严重偏离真值，造成估计失效（未计入图 9.7.1 的统计），而其他几个算法未出现类似情况。ANM 算法虽然实现了无网格稀疏化 DOA 估计问题，但该类算法估计性能对噪声的影响较为敏感，不适合在较低信噪比情况下使用。

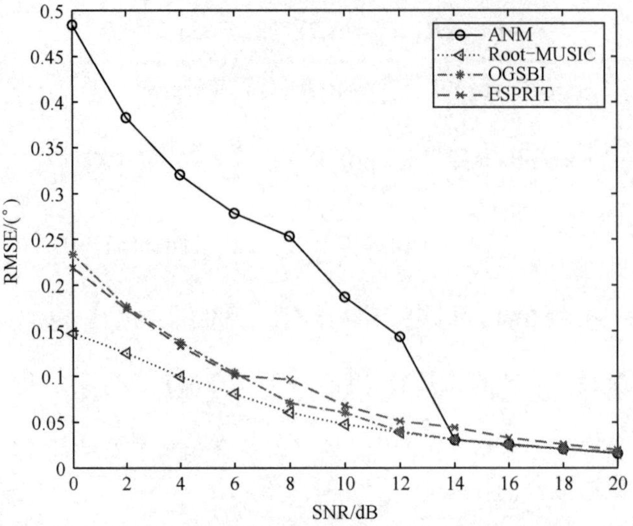

图 9.7.1 RMSE 随 SNR 变化关系

实验二：ANM、SPICE、M-SBL 与 L_1-SVD 几种算法的分辨力性能比较

仿真条件：空间远场存在两个等功率辐射源，空间入射方向分别为 $\theta_1 = 0^\circ$ 与 $\theta_2 = \Delta\theta$；使用阵元间距为半波长的 10 阵元均匀线阵接收信号，快拍数 L=200；噪声为零均值复高斯白噪声，信噪比 SNR=10dB。进行多次独立的蒙特卡洛实验。L_1-SVD、M-SBL 与 SPICE 算法空间网格大小设为0.5°。

图 9.7.2 给出了在非相关信号入射情况下各算法成功分辨邻近信号的最小间隔。从图中可以看出，在 SNR=10dB 条件下，ANM 算法的分辨力较其他几种稀疏重构算法有一定差距，两个信号相差 10° 以上才能达到 90%的分辨成功率。要提高分辨能力，必须增加阵元数以提高阵列孔径。文献[6]通过定理给出了在阵元数较多情况下最小分辨力的充分条件，可以作为 ANM 算法分辨性能的依据。

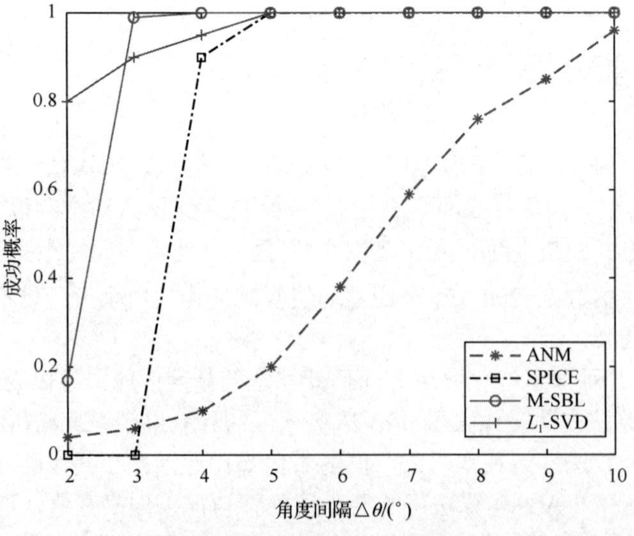

图 9.7.2 非相关信号分辨力（$\left|\hat{\theta}_k - \theta_k\right| \leqslant 1^\circ$）

图 9.7.3 给出了在相干信号情况下各算法成功分辨信号的最小间隔。这里将估计精度要求放宽到$\left|\hat{\theta}_k-\theta_k\right|\leqslant 3^\circ, k=1,2$。从图中可以看出，ANM 的分辨力与其他稀疏重构算法相比依然有差距，其性能甚至低于常规波束形成算法。因此，在应对相干信号问题上，ANM 算法不具备超分辨能力。

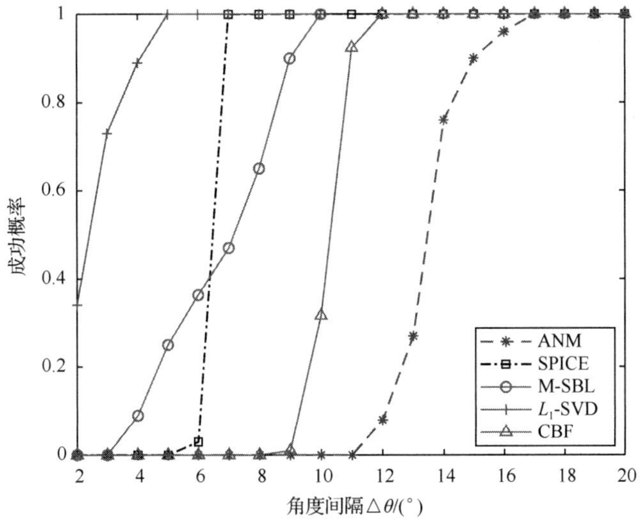

图 9.7.3　相干信号分辨力（$\left|\hat{\theta}_k-\theta_k\right|\leqslant 3^\circ$）

9.9　本章小结

原子范数对信号度量使用的多种范数进行了统一，通过构造恰当的原子集合，原子范数最小化可以实现稀疏重构问题的稀疏诱导。因此，基于原子范数理论的 DOA 重构问题可以等价为一个无穷网格划分下的 L_1 范数最小化问题。基于原子范数的 DOA 估计技术是波达方向估计较新的研究领域。该技术克服了网格划分方法中目标入射方向和网格失配的问题，在一定条件下提高了测角精度。其实质是通过原子范数的引入，构造一个半正定规划问题，用来估计接收信号的无噪声数据协方差矩阵，进而通过协方差矩阵特殊结构估计出目标的入射角度。无网格 SPICE 算法可以近似等效为原子范数算法，其估计性能相对于原子范数方法抑制噪声能力较弱。与前面几章讨论的算法进行对比，该类算法目前存在的突出问题包括：

（1）算法需要求解较高维度的半正定规划，算法复杂度很高。

（2）对噪声较为敏感，在小快拍和低信噪比条件下，估计性能较差，测角精度和分辨力指标都难以令人满意。

（2）在有噪声情况下，原子范数算法估计结果对预设的正则化参数较为敏感，有学者给出了正则参数选择的一些建议，但正则化参数的设定暂时没有文献给出完善的理论支撑。

附录 9.A 关于式（9.1.26）的推导

对于如下形式的半正定矩阵：

$$\begin{bmatrix} \mathrm{Toep}(\boldsymbol{u}) & \boldsymbol{y} \\ \boldsymbol{y}^{\mathrm{H}} & t \end{bmatrix} \succeq 0$$

式中，$\boldsymbol{u}, \boldsymbol{y} \in \mathbb{C}^M$，$t \geqslant 0$，则有 $\mathrm{Toep}(\boldsymbol{u}) \succeq 0$。

证明：对于 $\forall \boldsymbol{\xi} \in \mathbb{C}^M$，有以下不等式成立：

$$[\boldsymbol{\xi} \quad 0]^{\mathrm{H}} \begin{bmatrix} \mathrm{Toep}(\boldsymbol{u}) & \boldsymbol{y} \\ \boldsymbol{y}^{\mathrm{H}} & t \end{bmatrix} \begin{bmatrix} \boldsymbol{\xi} \\ 0 \end{bmatrix} \succeq 0 \Rightarrow \boldsymbol{\xi}^{\mathrm{H}} \mathrm{Toep}(\boldsymbol{u}) \boldsymbol{\xi} \succeq 0$$

由于矢量 $\boldsymbol{\xi}$ 的任意性，所以 $\mathrm{Toep}(\boldsymbol{u}) \succeq 0$。得证。

附录 9.B 关于式（9.1.27）的推导

对于形如式（9.1.26）的半正定矩阵，有 $\boldsymbol{y} = \mathrm{Toep}(\boldsymbol{u})\boldsymbol{w}$ 成立，其中，$\boldsymbol{w} \in \mathbb{C}^M$，即 $\boldsymbol{y}$ 为矩阵 $\mathrm{Toep}(\boldsymbol{u})$ 列的线性组合。

证明：对于 $\forall \boldsymbol{\xi} \in \mathbb{C}^M$，$\boldsymbol{\xi} \neq 0$，且满足 $\mathrm{Toep}(\boldsymbol{u})\boldsymbol{\xi} = 0$，则有

$$[\boldsymbol{\xi}^{\mathrm{H}} \quad 0] \begin{bmatrix} \mathrm{Toep}(\boldsymbol{u}) & \boldsymbol{y} \\ \boldsymbol{y}^{\mathrm{H}} & t \end{bmatrix} \begin{bmatrix} \boldsymbol{\xi} \\ 0 \end{bmatrix} = \boldsymbol{\xi}^{\mathrm{H}} \mathrm{Toep}(\boldsymbol{u}) \boldsymbol{\xi} = 0 \qquad (9.\mathrm{B}.1)$$

所以，

$$\begin{bmatrix} \mathrm{Toep}(\boldsymbol{u}) & \boldsymbol{y} \\ \boldsymbol{y}^{\mathrm{H}} & t \end{bmatrix} \begin{bmatrix} \boldsymbol{\xi} \\ 0 \end{bmatrix} = \boldsymbol{0} \Leftrightarrow \begin{bmatrix} \mathrm{Toep}(\boldsymbol{u})\boldsymbol{\xi} \\ \boldsymbol{y}^{\mathrm{H}}\boldsymbol{\xi} \end{bmatrix} = \boldsymbol{0} \Rightarrow \boldsymbol{y}^{\mathrm{H}}\boldsymbol{\xi} = 0 \qquad (9.\mathrm{B}.2)$$

由 $\boldsymbol{\xi}$ 的任意性，则 $\boldsymbol{y}$ 一定在 $\boldsymbol{\xi}$ 的正交补空间内。由 $\mathrm{Toep}(\boldsymbol{u})$ 为一个半正定矩阵且共轭对称，故有 $(\mathrm{Toep}(\boldsymbol{u}))^{\mathrm{H}}\boldsymbol{\xi} = 0$，所以 $\boldsymbol{\xi} \in \mathrm{Null}\{(\mathrm{Toep}(\boldsymbol{u}))^{\mathrm{H}}\}$。因为一个矩阵的值域是其共轭转置矩阵零空间的正交补空间，得到 $\boldsymbol{y} \in \mathrm{range}\{\mathrm{Toep}(\boldsymbol{u})\}$。所以一定存在 $\boldsymbol{w} \in \mathbb{C}^M$，使得 $\boldsymbol{y} = \mathrm{Toep}(\boldsymbol{u})\boldsymbol{w}$ 成立。得证。

本章参考文献

[1] Chandrasekaran V, Recht B, Parrilo P A, et al. The convex geometry of linear inverse problems [J]. Foundations of Computational Mathematics, 2012, 12: 805-849.

[2] Tang G, Bhaskar B N, Shah P, et al. Compressed sensing off the grid [J]. IEEE Transactions on Information Theory, 2013, 59(11): 7465-7490.

[3] Chi Y, Ferreira Da Costa M. Harnessing sparsity over the continuum: Atomic norm minimization for superresolution [J]. IEEE Signal Processing Magazine, 2020, 37(2): 39-57.

[4] Carathéodory C. Über den Variabilitätsbereich der Koeffizienten von Potenzreihen, die gegebene Werte nicht annehmen [J]. Mathematische Annalen, 1907, 64(1): 95-115.

[5] Bhaskar B N, Tang G, Recht B. Atomic norm denoising with applications to line spectral estimation [J]. IEEE Transactions on Signal Processing, 2013, 61(23): 5987-5999.

[6] Yang Z, Li J, Stoica P, et al. Sparse methods for direction-of-arrival estimation [M]//CHELLAPPA R, THEODORIDIS S. Academic Press Library in Signal Processing. New York, NY; Academic Press. 2018: 509-581.

[7] Pisarenko V F. The retrieval of harmonics from a covariance function [J]. Geophysical Journal of the Royal Astronomical Society, 1973, 33(3): 347-366.

[8] 张贤达. 矩阵分析与应用[M]. 北京：清华大学出版社，2013.

[9] Xu W, Cai J, V. Mishra K V, et al. Precise semidefinite programming formulation of atomic norm minimization for recovering d-dimensional (D⩾2) off-the-grid frequencies [C]. in Proceeding of the Information Theory and Applications Workshop (ITA), San Diego, CA, USA, 2014: 1-4.

[10] Deng J, Tirkkonen O, Studer C. MmWave channel estimation via atomic norm minimization for multi-user hybrid precoding [C]. in Proceeding of the IEEE Wireless Communications and Networking Conference (WCNC), Barcelona, Spain, 2018: 1-6.

[11] Georgiou T T. The Carathéodory-Fejér-Pisarenko decomposition and its multivariable counterpart [J]. IEEE Transactions on Automatic Control, 2007, 52(2): 212-228.

[12] Boyd S, Vandenberghe L. Convex Optimization [M]. Cambridge: Cambridge University Press, 2004.

[13] Yang Z, Xie L. Exact joint sparse frequency recovery via optimization methods [J]. IEEE Transactions on Signal Processing, 2016, 64(19): 5145-5157.

[14] Nemirovski A, Ben Tal A. Lectures on Modern Convex Optimization: Analysis Algorithms and Engineering Applications [M]. Philadelphia, PA: SIAM, 2001.

[15] Rockafellar R T. Convex Analysis [M]. Princeton, NJ: Princeton University Press, 1970.

[16] Candès E J, Fernandez-Granda C. Towards a mathematical theory of super-resolution [J]. Communications on Pure and Applied Mathematics, 2014, 67(6): 906-956.

[17] Tan Z, Eldar Y C, Nehorai A. Direction of arrival estimation using co-prime arrays: A super resolution viewpoint [J]. IEEE Transactions on Signal Processing, 2014, 62(21):

5565-5576.

[18] 史林. 无网格波达方向估计算法研究[D]. 哈尔滨：哈尔滨工程大学，2021.

[19] Nocedal J, Stephen J W. Numerical Optimization [M]. New York, NY: Springer New York, 1999.

[20] Yang Z, Xie L. Enhancing sparsity and resolution via reweighted atomic norm minimization [J]. IEEE Transactions on Signal Processing, 2016, 64(4): 995-1006.

[21] Fazel M, Hindi H, Boyd S P. Log-det heuristic for matrix rank minimization with applications to Hankel and Euclidean distance matrices [C]. in Proceeding of the American Control Conference, Denver, CO, USA, 2003: 2156-2162.

[22] Mohan K, Fazel M. Iterative reweighted algorithms for matrix rank minimization [J]. The Journal of Machine Learning Research, 2012, 13(1): 3441-3473.

[23] Sun Y, Babu, P., & Palomar, D. P. Majorization-minimization algorithms in signal processing, communications, and machine learning [J]. IEEE Transactions on Signal Processing, 2016, 65(6): 794-816.

[24] S. N. Parizi S N, K. He K, S. Sclaroff S, et al. Generalized majorization-minimization [J]. Computer Science, 2015, 121(2): 95-108.

[25] Mahata K, Hyder M M. Grid-less TV minimization for DOA estimation [J]. Signal Processing, 2017, 132: 155-164.

[26] Moffet A. Minimum-redundancy linear arrays [J]. IEEE Transactions on Antennas & Propagation, 1968, 16(2): 172-175.

[27] Pal P, Vaidyanathan P P. Nested arrays: A novel approach to array processing with enhanced degrees of freedom [J]. IEEE Transactions on Signal Processing, 2010, 58(8): 4167- 4181.

[28] Vaidyanathan P P, Pal P. Sparse sensing with co-prime samplers and arrays [J]. IEEE Transactions on Signal Processing, 2011, 59(2): 573-586.

[29] Chi Y, Chen Y. Compressive two-dimensional harmonic retrieval via atomic norm minimization [J]. IEEE Transactions on Signal Processing, 2015, 63(4): 1030-1042.

[30] Zhang Z, Wang Y, Tian Z. Efficient two-dimensional line spectrum estimation based on decoupled atomic norm minimization [J]. Signal Processing, 2019, 163: 95-106.

[31] Yang Z, Xie L. On gridless sparse methods for multi-snapshot direction of arrival estimation [J]. Circuits, Systems, and Signal Processing, 2016, 36(8): 3370-3384.

[32] Yang Z, Xie L. On gridless sparse methods for line spectral estimation from complete and incomplete data [J]. IEEE Transactions on Signal Processing, 2015, 63(12): 3139-3153.

[33] 吴晓欢. 基于稀疏表示的波达方向估计理论与方法研究[D]. 南京：南京邮电大学，2017.

反侵权盗版声明